산업 디지털 전환

Industrial Digital Transformation

산업 최적화, 인공지능 및 인더스트리 4.0을 활용한 디지털 전환의 가속화

Shyam Varan Nath | Ann Dunkin | Mahesh Chowdhary | Nitai Patel

김낙인 옮김

<packt>

박영사

"산업 디지털 전환에 관한 가장 포괄적이고 통찰력 있는 책. 변화하는 세계에서 경쟁할 수 있도록 10년간의 실제 경험을 기반으로 C 레벨 임원들에 도움이 되는 안내서."

– William Ruh, CEO, LendLease Digital

"21세기는 새로운 기술이 그 어느 때보다 빠른 속도로 발전하고 있으며, 정부 기관들은 이를 따라잡기 위해 고군분투하고 있습니다. Ann Dunkin, Shyam Varan Nath, Mahesh Chowdhary, 그리고 Nital Patel은 정부기관들의 산업 디지털 전환과정에서 어려움을 소개하고 독자에게 기술 발전에 맞추기 위해 최고의 속도를 내는 방법을 안내합니다."

– Rob Klopp, Former CIO, US Social Security Administration

"디지털 전환이 오늘날 산업 추세인 데는 이유가 있습니다. 단순히 유행어 문구가 아닙니다! 디지털 기술을 통해 절차를 간소화할 수 있는 방법을 고려하지 않는 기업은 생산성이 크게 떨어집니다. 이 책은 그러한 이유와 목표에 달성할 수 있는 개략적인 방법을 설명합니다."

– Dr. Richard Soley, Chairman and CEO of OMG ®, Executive Director Industrial Internet Consortium(IIC), Digital Twin Consortium(DTC), and Cloud Standards Customer Council

"산업 디지털 전환 여정은 단순한 시행착오의 장이 될 수 없습니다. 이 책은 회사가 앞서 나가기 위해 노력하는 사업 및 기술 책임자들이 반드시 읽어야 할 책입니다. 저자들은 산업전환에 대한 자신의 경험을 따라가기 쉽게 공유했습니다."

– Dr. Ashutosh Misra, Chief Technology Officer –Electronics; Senior Fellow, Air Liquide

"산업 디지털 전환은 각 분야의 전문가에 의해 작성되어졌습니다. 그들은 수년간의 경험을 가지고 있으며, 독자들이 그들 자신의 디지털전환 여정에 안내서로 활용할 수 있도록 최첨단 기술의 역사와 현황에 대한 사례를 제공했습니다. 디

지털 전환의 위험성과 이점, 그리고 빅 데이터와 기계학습에 대한 최신 연구가 어떻게 유익하게 활용될 수 있는지에 대해 배우는데 관심이 있는 모든 사람에게 이 책을 강력히 추천합니다.”

– Dr Diego Klabjan, Northwestern University; Professor, Industrial Engineering and Management Sciences;
Director, Master of Science in Analytics;
Director, Center for Deep Learning

“산업 디지털 전환은 아주 우수한 저서입니다. 차별을 가져오는 중요한 개발에 대한 개요를 제공할 뿐만 아니라, 사업 가치를 창출하는 주제로 깊이 파고듭니다. 그것은 제 시야를 넓혀 제가 관심을 가져야 할 필수적인 견문을 넓히는데 도움이 되었습니다.”

– Devadas Pillai, Intel Senior Fellow, Logic Technology Development, Intel Corporation

“산업 디지털 전환은 기업을 디지털 전환으로 이끄는 모든 사업 및 기술 전문가들이 반드시 읽어야 할 책입니다.”

– Diwakar Kasibhotla, VP Engineering, GE Digital

“산업 디지털 전환 과정에서 당신은 고비용의 실패를 감당할 수 없습니다. 이 책은 전 세계에서 벌어진 다양한 전환 여정에서 배운 교훈의 본질을 담고 있습니다.”

- Sabina Zafar, Architecture Leader at GE Digital, Grid Software Solutions and Vice-Mayor at the City of San Ramon

“AI, 기계학습, 자동화 사이의 연결고리를 만들어주는 디지털 전환의 새로운 기술을 설명하는 필독서.”

– Dr Jessica Lin, Associate Professor, George Mason University

“요즘 사업 책임자, 기술자, 기술 공급업체 및 관련 서비스 회사들 사이에서 디지털 전환에 대한 논의가 매우 인기가 있습니다. 이 책은 이러한 디지털전환 과제의 역사, 사용된 기술, 필요한 문화적 변화 및 경제적 영향에 대한 근거를 제공하는 데 중점을 둡니다. 산업 환경에서 이 주제를 처음 접한다면, 이 책에서 가치를 찾을 수 있을 것입니다.”

– Robert Stackowiak, Independent Consultant, Instructor, and Author, Coauthor of the Book Architecting the Industrial Internet

“산업 디지털 전환은 경쟁 우위를 위한 것이 아니라, 삶의 방식이며 생존에 매우 중요합니다. 저자들은 디지털 전환의 여정을 시작하기 위한 기본적인 접근 방식을 제공합니다. 저자들은 산업 디지털 전환의 실질적인 추진을 위한 근본적이고 미묘한 지침을 제공합니다.”

– Jim Kohli, DTM Principal Cybersecurity Architect at GE Healthcare and Past International Director at Toastmasters International

“Shyam은 디지털 전환 영역에 대한 풍부한 지식을 가지고 있습니다. 우리는 그와 공동 저자들이 그들의 지식을 우리와 공유하고 있어서 행운입니다.”

– Bett Bollhoefer, Instagram, Technical Product Manager, and Author

“산업 디지털 전환은 제조, 에너지, 의료, 운송 및 기타 산업 분야를 획기적으로 전환시킬 다음 세대의 기술 혁명입니다. 이러한 전환에는 데이터 센터, 산업 제어 시스템, 산업 기계 및 인간을 연결할 새로운 기술이 필요합니다. 이종 시스템의 연결성과 상호 운용성은 산업 디지털 전환의 기초이며, 그 잠재력을 최대한 실현하기 위한 주요 전제 조건입니다. 데이터 수집, 정리 및 집계를 자동화할 수 있는 시스템을 구축하는 것이 중요합니다.”

– Dr. Alisher Maksumov, VP Engineering and Architecture, Hitachi Vantara

기여자

공동 저자

Shyam Varan Nath는 "*Architecting the Industrial Internet*"이라는 **산업용 사물인터넷**(IIoT)에 관한 책의 저자입니다. Shyam은 오라클, GE, IBM, 딜로이트 및 할리버튼Halliburton을 포함한 대기업에서 근무했습니다. 그의 전문 분야는 IIoT, 클라우드 컴퓨팅, AI 및 기계학습 및 데이터베이스 등 다양합니다. 그는 여러 대기업에서 디지털 전환을 추진하는 업무를 해왔습니다. Shyam은 또한 국제 테스트마스터스Testmasters International에서 **Distinguished Testmaster**(DTM) 자격을 취득했습니다. 그는 인도의 칸푸르 공과대학IIT Kanpur에서 학사 학위를 취득했으며, 플로리다 보카레이턴 시의 FAU 대학에서 컴퓨터 과학 석사와 MBA를 취득했습니다. Shyam은 IoTWC의 프로그램 위원회의 일원입니다. 그는 트위터에서 @ShyamVaran으로 활동하고 있습니다. Shyam(shyamvaran@gmail.com)으로 연락하시면 됩니다.

오라클 및 GE에서 함께 일한 전문기술분야 동료와 업계에서 정기적으로 교류하는 다른 동료들에게 감사의 말씀을 드립니다. 저는 ***산업 인터넷 협회****(IIC) 참여를 통해 얻은 주요 경험과 수년간 바르셀로나에서 열린 IoTWC 행사에 참석한 결과에 대해 감사드립니다. 마지막으로, 이 책의 공동 저자들과 함께 매우 큰 감사를 드립니다.*

Ann Dunkin, P.E.는 델 테크놀로지의 최고 전략 및 혁신 책임자입니다. 그녀는 오바마 행정부에서 미국 환경보호청EPA의 CIO를 포함하여 10년 이상 CIO로 근무한 경험이 있습니다. 그녀는 대규모 조직에서 디지털 전환을 주도했으며,

관련된 기술 주제에 대해 광범위하게 글을 쓰고 발표를 했습니다. 현대화, 조직 혁신 및 디지털 서비스 등 그녀는 여러 비영리 및 영리 이사회에서 활동하고 있으며, 정부 디지털 전환에 기여한 공로로 수많은 상을 수상했습니다. 그녀는 조지아텍에서 이학 석사와 산업공학 학사학위를 받았습니다. 그녀는 캘리포니아와 워싱턴 주에서 자격증을 가진 전문 엔지니어입니다. 이메일(ann.dunkin@gmail.com)로 Ann에게 연락할 수 있습니다.

미국 환경보호청US EPA, 산타클라라 카운티, 팔로알토 국립교육구Palo Alto Unified School District 및 휴렛팩카드에서 제가 이끌었던 IT 팀에 감사드립니다. 저는 제가 함께 일했던 사람들로부터 기술 리더십과 디지털 전환에 대해 제가 알고 있는 모든 것을 배웠습니다. 저의 모든 공동저자들, 특히 저를 공동 저자로 초대해주신 Shyam씨에게 감사드립니다. 그리고 항상 저를 믿어주신 Kathleen에게 감사드립니다.

Mahesh Chowdhary, Ph.D.는 캘리포니아 주 산타클라라에 기반을 둔 ST 전략 플랫폼 및 IoT 전문가 조직IoT Excellence Center의 펠로우이자 이사입니다. 그는 휴대 전화, 소비재 전자제품, MEMS 센서를 활용하는 자동차 및 산업 응용, 컴퓨팅 및 연결 제품을 위한 솔루션 및 기초설계 개발에 앞장서고 있습니다. 그의 전문 분야는 AI 및 기계학습, MEMS 센서, IoT, 디지털 전환 및 위치 기술 등이며, 24개의 특허를 가지고 있습니다. 그는 기계학습, 스마트 센서 및 IoT 등에 대한 다양한 내용을 국제적으로 발표를 하였습니다. Mahesh는 버지니아에 있는 윌리암 & 메리 컬리지College of William and Mary에서 응용과학(입자가속기)로 박사학위를 받았습니다. 그는 델리 IIT의 겸임 교수이기도 합니다. Mahesh(mahesh.chowdhary@st.com)에 문의할 수 있습니다

저는 ST의 경영진과 고객, 전문기술분야 동료, 교수진, 그리고 제가 IoT와 디지털 전환에 대해 많은 통찰력을 얻은 대학의 학생들에게 감사를 드리고 싶습니다. 저는 또한 저의 공동 저자들에게 감사를 표현하고 싶습니다. 디지털 전환에 대한 우리의 아이디어를 책으로 발전시키기 위해 공동 저자들과 함께 일하는 것은 즐거웠습니다.

Nital Patel, Ph.D.는 인텔에서 혁신 제조시스템 연구 및 개발을 담당하는 수석 엔지니어입니다. 그는 데이터 융합, 기계학습 및 AI를 활용하여 기업의 공급망에서 빠른 대응을 하도록 지원할 뿐 아니라, 다양한 제조 영역 전반에 걸쳐 디지털 전환 활동 및 과제에 기여하면서 경력을 쌓았습니다. 그는 11개 특허에 대한 수석 발명가이며, 50개 이상의 논문을 발표했으며, 동료 평가 학술지인 *IEEE Transactions on Semiconductor Manufacturing*의 편집 위원입니다. 그는 애리조나 주립 대학의 겸임 교수였으며, 박사 과정 학생연구를 지도한 공로로 반도체 연구 회사로부터 마호브 칸 상Mahboob Khan Award을 수상했습니다. Nital(nital.s.patel@intel.com)에 문의할 수 있습니다.

디지털화와 스마트 제조 여정에서 정보에 입각한 새로운 시도를 장려해 준 인텔의 동료와 경영진에게 감사의 말씀을 드립니다. 많은 우여곡절과 함께 그것은 믿을 수 없는 놀라운 작업이었습니다. 마지막으로, 이 책을 함께 만들기 위해 함께 노력한 저의 공동 저자들에게 특별한 감사를 드립니다.

감수자

Dr. Hakim Laghmouchi는 정보기술 및 스마트 제품 분야에서 13년 이상의 경험을 가진 인더스트리 4.0의 수석 전문가입니다. 그의 전문분야는 주로 공정, 상태 및 생산 시스템 감시, 데이터 분석 및 인더스트리 4.0에 대한 응용입니다. 그는 독일의 선도적인 인더스트리 4.0 응용 지향 기관인 IPKFraunhofer Institute for Production Systems and Design Technology에서 7년 이상 근무한 후, 엑센추어 인더스트리 X.0Accenture Industry X.0.으로 이직 하였습니다. 그는 베를린 공과대학교에서 컴퓨터 공학 학위diploma-ing와 박사 학위diploma-diploma-ing를 취득했으며, 베를린 경제법분야에서 지속 가능성 및 품질관리 석사학위를 취득했습니다.

이 멋진 책을 검토할 수 있는 기회를 주신 Packt 출판사에 감사드립니다. 게다가, 저는 제가 하는 모든 것에 대한 부모님, 형제자매, 친척들, 그리고 친구들의

지속적인 지지와 격려에 감사를 하고 싶습니다.

Bill Maile은 주지사 사무실, 법무장관 사무실, 캘리포니아 상원, 캘리포니아 기술청을 포함한 캘리포니아 주 정부의 행정부와 입법부에서 16년 동안 근무했습니다. Schwarzenegger 주지사의 행정부에서 근무하는 동안, 그는 주요 IT 과제를 감독하고 130개 이상의 부서에 걸친 국가 기술정책을 수립하기 위해, 2006년에 만들어진 주 전체 사무소인 주 CIO 사무소를 설립한 실행팀의 일원이었습니다. 그는 또한 2011년에 자신이 설립한 기술 무역 잡지인 테크와이어Techwire의 편집자로 5년을 보냈습니다. 현재 Bill은 정부 기술 통신을 전문으로 하는 소규모 전문 미디어 회사인 마일레 미디어Maile Media를 운영하고 있습니다.

Gopa Periyadan는 엔지니어와 MBA 출신으로 수십 년의 경험을 가진 기업가로서 모비베일(Mobiveil Inc., 현재 COO)과 GDA 테크놀로지(GDA Technologies Inc., 제품 엔지니어링 사업부의 사업 개발 부사장)의 공동 설립자였습니다. GDA는 이후 L&T 인텍L&T Intech에 인수되었습니다. Gopa는 GDA 이전에 옵티(OPTi)에서 일한 경험이 있었습니다. 당시 옵티는 주요 PC 칩셋 공급업체였으며, 또한 베리폰(VeriFone)에서도 일했었습니다. 그는 젬스토어Gemstone 시리즈 전자 현금 출납기의 I/O 서브시스템 개발에 참여했습니다. 그는 인도의 HCL Ltd.에서 하드웨어 엔지니어로 경력을 시작하여, 멀티프로세서 시스템에서 고성능 SCSI I/O 서브시스템 개발을 주도했습니다. Gopa는 또한 알비도Albeado Inc.의 이사회와 앤코리움nCorium Inc.의 자문 위원회의 구성원이기도 합니다.

저는 사회에서 과학적 기질과 지적 호기심을 유지하는 것이 생활수준 향상과 사회정의 증진에 매우 중요하다고 생각하며, 또한, 지구에 영향을 미치는 많은 깊은 문제들을 해결하기 위해 기후 변화를 역전시키는 것이 매우 중요하다고 생각합니다. 이 책은 지식의 가치를 전파함으로써, 그 지식을 홍보하는 데 도움이 될 것입니다. 저는 이 책의 저자인 Shyam V. Nath, Ann Dunkin, Mahesh Chowdary, Nital Patel, Packt의 출판사와 이 감수 과정을 정확하게 관리한 Neil D'mello에게도 감사를 드립니다.

서문

산업 디지털 전환을 위해서는 기회를 포착하고, 그 기회로부터 이익을 얻을 수 있도록 적절한 사업모델, 기술, 조직 및 문화적 변화를 정의하고 실행할 수 있는 모든 역량이 필요합니다. 이 책은 독자들이 전환 과정의 모든 측면을 이해하는 데 도움이 될 뿐만 아니라, 관련된 모든 정보를 전달하는 종합적인 자료입니다. 이 책에서는 다양한 산업에서의 활용사례와 사례 연구뿐만 아니라, 사업 및 기술 전문가가 자신의 환경과 쉽게 연관 지어 적용할 수 있는 절차 및 방법론을 제공합니다. 또한 업계의 사업 및 IT 책임자들이 전환 여정에서 중요한 중간 전문가들과 전문적인 분야에 대한 공동의 이해를 바탕으로 상호 대화를 효율적으로 할 수 있도록 그 방법을 제공합니다.

어떤 사람을 위한 책인가

이 책의 구독 대상은 IT 책임자, 조직 내 디지털 전환 기회를 모색하는 사업 책임자, 전문 서비스 및 관리 컨설팅 전문가 등입니다. 중간 IT 및 사업 전문가들은 이 책을 통해 산업 제조, 자동차 부문, 유통 및 정부를 포함한 다양한 분야에 적용할 수 있는 전환에 대한 접근 방식을 찾을 수 있습니다.

어떤 내용이 다루어지나

*1장, 디지털 전환의 소개*에서는 다양한 산업 분야에 걸친 산업 디지털 전환

의 개념을 설명하고, 다양한 내부 및 외부 이해 관계자에게 전환의 중요성을 설명합니다. 디지털 전환을 통해 얻을 수 있는 경제적 및 생산성 향상에 대한 독자의 이해를 높이는 데 도움이 될 것입니다.

*2장, 조직 내 문화의 전환*에서는 기업이 전환을 위해 조직적으로 자리를 잡아야 하는 문화의 전환에 대한 중요성을 다룹니다.

*3장, 디지털 전환을 가속화하는 새로운 기술*에서는 산업 디지털 전환을 촉진하고 가속화하는 현재 및 첨단 디지털 기술에 대해 설명합니다.

*4장, 산업 디지털 전환을 위한 사업 동인*에서는 성공적인 디지털 전환을 위해 적합한 디지털 기술들의 구성을 포함하여 필요한 사업 절차 및 사업 모델의 변경에 대해 설명합니다.

*5장, 개별 산업에서의 전환*에서는 화학, 반도체, 제조 및 건설 산업에서 산업 디지털 전환에 대한 사례를 살펴봅니다.

*6장, 공공 부문의 전환*에서는 연방, 주 및 지방 정부를 포함한 공공 부문에서 추진된 다양한 형태의 사례 연구를 설명합니다. 이러한 전환 시나리오는 수익성에 의해 추진되는 경우가 거의 없는 시민 경험과 사회적 필요성에 초점을 맞추고 있습니다.

*7장, 전환 생태계*에서는 산업 전체나 일부에서 대규모의 파급을 만들어 내는 데 필요한 완벽한 생태계에 대해 설명합니다.

*8장, 디지털 전환에서의 AI*에서는 AI, 기계학습, 심층학습을 포함한 다양한 형태의 학습과 디지털 전환의 과정을 가속화하기 위해, 이러한 학습이 어떻게 적용되고 있는지에 대해 고찰합니다.

*9장, 디지털 전환 여정에서 피할 수 있는 함정*은 디지털 전환 계획이 어떻게 잘못될 수 있는지, 그리고 부족한 전환이 기업의 장기적인 성공에 어떻게 영향을 미칠 수 있는지에 대해 설명합니다. 이 장은 독자들이 그러한 문제를 피하는 방법을 배우는 데 도움이 될 것입니다.

*10장, 전환의 가치 측정*에서는 사업 계획서를 개발하고, 사업 결과를 정량화하며, 전환 계획의 ROI를 개발하는 방법을 소개합니다.

*11장, 성공을 위한 청사진*에서는 독자들에게 디지털 전환 과제가 성공하도록 하고, 장기적으로 이를 유지할 수 있는 방법을 알려줍니다. 이 장에서는 다양한 환경에서 전환에 대한 세부 계획을 개발하기 위한 도구와 지침서를 제공합니다.

이 책을 최대한 활용하려면

독자들이 자신의 업무나 변화의 주도자가 될 수 있는 새로운 환경에서 디지털 전환을 위한 기회를 찾으려 한다면, 이 책을 최대한 활용할 수 있을 것입니다. 책을 읽으면서, 독자들은 책에서 논의된 원리와 기술을 적용하여 전환을 위한 자신만의 청사진을 만들 수 있을 것입니다. 업계 사례 연구를 통해 청사진과 조직 전환에 대한 전반적인 접근 방식을 개선할 수 있습니다.

예제 코드 파일 다운로드

이 책의 보충 자료는 깃허브 Packt 출판사의 산업 디지털 전환 사이트[1]에서도 제공됩니다. 관련 콘텐츠가 기존 GitHub 저장소에서 업데이트됩니다.

또한 깃허브 Packt 출판사[2]에서 이용할 수 있는 풍부한 책 및 비디오 카탈로그의 다른 코드 번들도 제공합니다. 그것들을 확인해 보세요!

컬러 이미지를 다운로드

이 책에 사용된 스크린샷/도면의 컬러 이미지가 있는 PDF 파일[3]도 제공하고

1 https://github.com/PacktPublishing/Industrial-Digital-Transformation

2 https://github.com/PacktPublishing/

3 http://www.packtpub.com/sites/default/files/downloads/9781800207677_ColorImages.pdf

다운로드할 수 있습니다.

사용된 규칙

이 책에서는 다음과 같은 텍스트 표기법을 사용합니다.

중요사항

팁들과 중요한 메모

이렇게 보이다.

목차

I 부

"왜" 디지털 전환인가?

I 부에서는 디지털 전환이 기업에서 중요한 추세로 인식되고 있는 이유와 모든 기업이 디지털 전환을 이해해야 하는 이유에 대해서 알게 될 것입니다.

이 책의 I 부는 다음과 같이 구성되어 있습니다.

01 디지털 전환의 소개

산업 디지털 전환은 기업이 사업 모델 변경, 절차 개선 및 문화적 전환을 통합하는 여정으로, 일반적으로 다양한 디지털 및 첨단 기술을 활용합니다. 우리는 주로 물리적 자산, 공장 및 현장 운영을 다루는 상업이나 공공 부문 기업들의 관점에서 산업 디지털 전환을 다룰 것이며, 일반적으로 제품, 장비 및 운영의 개선을 포함합니다. 반면에, B2C 기업을 포함하여 중소기업이나 순수한 3차 서비스 기업에서 소프트웨어나 사업 개선이 관련된 전환일 때도, 우리는 이를 디지털 전환digital transformation이라고 부를 것입니다. 이 두 가지를 모두 포함하기 위해, 간단히 전환transformation이라고도 설명할 것입니다. 마찬가지로 *산업*industrial이라는 용어는, 산업 혁명이 이 용어를 사용한 것과 같은 방식으로, 상업과 공공 부문을 모두 포함합니다.

이 책은 사업 책임자, **사업부**Line of Business, CIO최고 정보책임자, Chief Information Officer 및 CTO최고 기술책임자, Chief Technology Officer를 포함한 C 레벨 경영진 및 디지털 책임자를 위한 안내서가 될 것입니다. 이 책은 IT정보 기술, Information Technology 및 사업 분야의 중간 전문가들에게는 디지털 기술의 선택 및 실행 측면에서, 전환 여정의 성공 비결을 제공하여 관련된 사업성과를 달성하는 데 도움을 줄 것입니다. 기술 전문가들에게는 사업 의사결정권자들에게 산업 디지털 전환을 추진하도록 설득하는 데 도움을 줄 것입니다. 이러한 과정에서 중간 전문가들은 상당한 전문적인 발전을 이룰 것입니다.

이 장에서는 다음 항목에 대해 살펴보겠습니다.

- 산업 디지털 전환의 탐색
- 산업 디지털 전환을 위한 사업추진 요인 파악
- 산업 전환의 진화
- 산업 디지털 전환이 사업에 미치는 영향
- 사업성과 및 주주 가치 계량화
- 디지털 전환 여정의 단계

1.1 산업 디지털 전환의 탐색

산업 디지털 전환은 종종 기업에서 기술, 문화, 인력 및 절차의 사용에 대하여 근본적인 생각의 변화를 가져올 수 있습니다. 이는 사업 성과와 결과뿐만 아니라, 고객이 회사를 어떻게 인식하는지에 대한 근본적인 변화로 이어질 수 있습니다. 그림 1.1은 전환을 쉽게 확인할 수 있는 방법을 제공하며, 문화 및 기술 변화가 사업 절차 및 사업 모델 변화와 함께 진행된다는 것을 보여줍니다. 디지털 전환이라는 광범위한 주제에 대해 여러 권의 책이 출판되었으며, 이 중 일부는 여기에서 참조될 것입니다. George Westerman과 Didier Bonne은 "*디지털로 리딩하라*[1]"라는 책을 저술하였습니다.

그림 1.1 디지털 전환

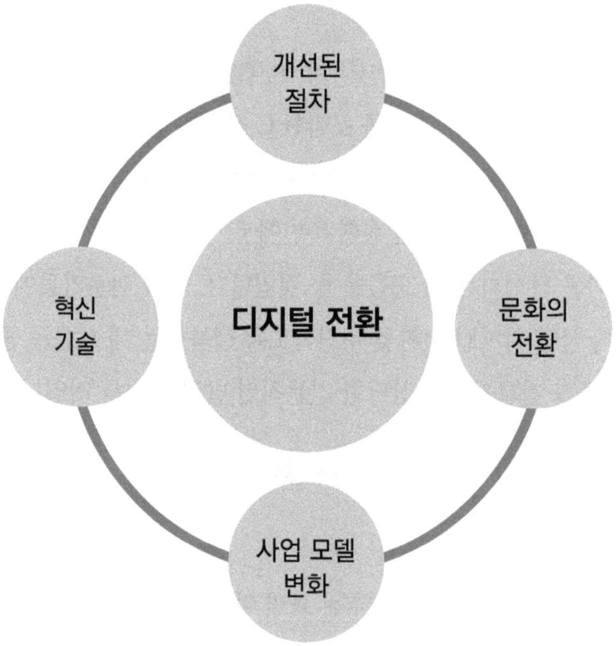

1 Leading Digital: Turning Technology to Business Transformation, George Westerman, Didier Bonne, Andrew McAfee, Harvard Business Review Press, 2014년 발간

산업 디지털 전환을 추진하는 데 사용되는 기술은 IoT사물인터넷, Internet of Thing, 클라우드 및 엣지 컴퓨팅Edge computing, AI인공지능, Artificial Intelligence, 빅데이터 및 분석, 블록체인, 로봇, 드론, 3D 프린팅, AR증강현실, Augmented Reality 및 VR가상현실, Virtual Reality, RPA로봇 절차 자동화, Robot Process Automation 등이 있습니다. 그리고 모바일 기술 등 첨단 기술이 계속해서 개발되기 때문에, 앞에서 제시된 이러한 기술들이 전부라고 단정할 수 없습니다. 이러한 전환의 주요 목표는 경쟁 우위를 확보하고, 새로운 수익을 창출하며, 생산성과 효율성을 개선하고, 고객과 이해관계자의 참여도를 높이는 것입니다. 산업 디지털 전환의 맥락에서 *기술이나 디지털 기술*이라는 용어는 소프트웨어나 IT에만 국한되지 않습니다. 물리적, 화학적 또는 생물 및 생명과학 관련 기술도 포함될 수 있습니다. 예를 들어, 자율주행 차량의 맥락에서는 LiDAR라이다, Light Detection and Ranging나 더 효율적인 자동차 배터리일 수도 있습니다. 산업 안전 측면에서, 추락 감지를 위한 센서나 시스템, 감염병 감지나 예방을 위한 열화상 카메라일 수 있습니다. 산업 디지털 전환을 가속화하는 이러한 첨단기술에 대해서는 *"3장, 디지털 전환을 가속화하는 새로운 기술"*에서 자세히 설명합니다.

IDC국제 데이터 분석 회사, International Data Corporation의 고객 통찰 및 분석 그룹[2]에 따르면 산업 디지털 전환 관련의 전 세계 투자계획은 향후 4년(2020년~2024년) 동안 6조 달러를 초과할 것으로 예상하였습니다. 이러한 비용 중 스마트 제조는 큰 부분을 차지할 것이며, 금융, 소매, 물류 관리 및 운송과 같은 다른 부문에서도 대규모 산업 디지털 전환이 추진될 것입니다.

2020년 4월, MS의 분기별 수익을 공개하면서, CEO인 Satya Nadella는 *"우리가 2개월 동안에 2년 동안에 진행될 디지털 전환을 경험했다"*고 말했습니다. 흥미롭게도, 이 책은 거의 비슷한 시기에 작성되었고, 최근의 관련된 많은 전환 계획들을 확인할 수 있습니다. 다음 절에서는 산업 디지털 전환을 위한 사업추진 요인에 대해 알아보겠습니다.

---

2 https://www.businesswire.com/news/home/20190424005113/en/Businesses-Spend-1.2-Trillion-Digital-Transformation-Year

1.2 산업 디지털 전환을 위한 사업추진 요인 파악

전환의 힘은 조직의 일부나 모든 영역에 적용되어, 사업 가치, 민첩성 및 탄력성 등을 만들어 낼 수 있습니다. 회복력의 중요성은 지역적이나 세계적 위기의 시기에 더욱더 높이 평가됩니다. 이 책은 혁신적인 계획 및 문화의 전환과 함께 디지털 기술을 함께 사용함으로써, 사업성과를 가속화하기 위한 산업(상업 및 공공 부문 모두에서)의 전환을 추진하는 데 초점을 맞출 것입니다.

조직에서 산업 디지털 전환을 추진하는 데 도움이 되는 다양한 노력은 그림 1.2에 나와 있습니다. 산업 디지털 전환은 주로 대규모 혜택이나 경쟁 우위를 얻기 위한 일련의 대담한 조치들을 수반합니다. 이러한 전환은 주로 선형적이거나 작고 점진적인 변화와는 구별됩니다. 사람들은 역사적인 노력을 통해 마침내 에베레스트 산을 올랐습니다. 하지만, 이와 같은 일련의 점진적인 개선은 인간을 달에 착륙시킬 수 없었습니다. 이것은 아마도 인류 역사에서 *새로운 높이*에 올라가는 극단적인 사례일 것입니다. 1885년에 제작된 내연기관을 가진 최초의 자동차와 비교했을 때, 레벨 5의 자율주행차[3]도 마찬가지입니다(독일 특허 DRP 37435호).

그림 1.2 산업 디지털 전환의 힘

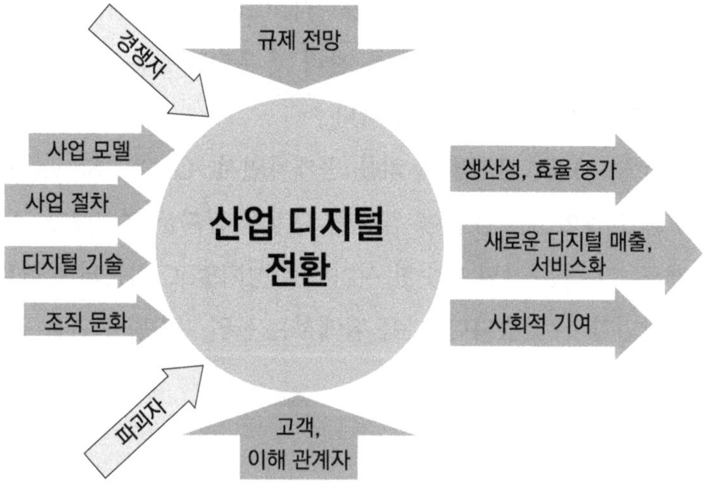

3 https://www.nhtsa.gov/technology-innovation/

그림 1.2와 같이 왼쪽은 전환의 주도적인 요인들로서, 기술적, 문화적 변화 등이 이에 해당됩니다. 이러한 변화는 주로 기존 경쟁업체나 파괴자들에 의해 강요됩니다. 규제의 변화와 고객과 주주들의 기대는 시간이 지남에 따라 변화합니다. 전환을 통해 생산성, 수익성 및 사회적 책임이 개선되며, 이해 관계자들의 기대와 반드시 일치하도록 할 수 있습니다.

상업부문의 사업 동인

상업 부문에서 산업 디지털 전환의 필요성은 다음과 같은 두 가지 전략에 의해 결정됩니다.

- 방어 전략
- 공격 전략

방어전략 관점에서 전환은 경쟁업체와 외부 위협요인으로부터 사업을 보호하기 위함입니다. 대부분의 자동차 제조업체들은 방어 전략으로 전기 자동차를 생산하기 시작했습니다. 무디스Moody에 따르면, 전통적인 미국 자동차 제조업체들은 전기 자동차 한 대당 7,000달러에서 10,000달러의 손실을 보고 있습니다. 그럼에도 자동차 제조업체들이 전기 자동차에 계속 투자하는 주요 이유는, 이 시장이 향후 10년 동안 거의 20%정도 성장할 것으로 예상되기 때문입니다. 배터리 및 관련 기술에서 획기적인 혁신이 예상됨에 따라 생산 비용은 내려갈 것으로 예상됩니다.

대부분의 자동차 제조업체들이 방어적인 전략을 추구했지만, 테슬라Tesla 사례는 다른 자동차 산업을 파괴하려는 공격적인 전략을 사용합니다. 오늘날 자동차 산업의 대부분 전망과 예측은 대부분의 미국 및 글로벌 자동차 대기업보다 신생기업인 2003년에 만들어진 자동차 기업인 테슬라에 의해 주도되고 있습니다. 오늘날, 자동차 기업에 대한 경쟁력으로 인식되고 있는 차별화된 운전자 지원 기술은, 자동차에 가격에 프리미엄을 부과하여 판매 손실을 일부 낮출 수 있습니다. 테슬라는 2020년 초 현재 수익성이 높은 회사는 아니지만, 사람들에 대한 생활형태의 변화와 가격 프리미엄을 부과할 수 있는 혁신기술을 가지고 있기 때문에 적극적으로 손실을 줄이고 있습니다. 테슬라는 자동차 산업에서 산업 디지털 전환의 좋은 사례입니다. 테슬라 세미Tesla Semi는 트럭 운송 산업을 파괴할 다음 목표입니다.

테슬라는 자율주행이 가능하도록 점차적으로 자동차에 필요한 하드웨어 기능을 높일 것이며, OTAOver the Air 방식으로 소프트웨어 갱신을 통해 자동차의 가치를 높이고, 현재 차량 소유주들의 이익을 극대화할 것입니다. 테슬라는 새로운 기업이므로, 전통기업이 가지는 제약이 없어 내부적으로 자유롭게 새로운 길을 모색할 수 가 있습니다. 특히, 차량 도어 디자인의 문제로 인해 모델 XModel X의 신뢰성 점수가 낮았습니다. 테슬라는 운전하기에 재미있는 자동차이기 때문에 정서적 애착이 높다는 역설을 가지고 있지만, 차량도어 디자인 문제로 인해 품질 점수는 그리 높지 않습니다[4].

테슬라의 전환은 제품, 서비스 및 운영의 통합을 통해, 전체 자동차 사업의 가치사슬에 걸쳐 효과적으로 구현됩니다. 테슬라는 자동차의 디지털 트윈digital twin을 만들 수 있는 커넥티드 카connected car의 한 사례입니다. 디지털 트윈은 물리적 객체나 시스템을 가상으로 표현한 것으로, 물리적 객체의 성능과 효율성을 향상시키는 데 사용할 수 있습니다. 테슬라는 자동차의 디지털 트윈을 사용하여 소프트웨어에 대한 OTA 갱신으로 새로운 서비스를 제공합니다. 디지털 트윈digital twin의 역할과 디지털 스레드digital thread의 일부 관련된 개념에 대해서는 *"3장, 디지털 전환을 가속화하는 새로운 기술"*에서 자세히 알아보겠습니다. 디지털 스레드는 일반적으로 산업 제조 분야에서 제품의 전체 수명 주기에 걸쳐 제품 품질과 생산성을 향상시키기 위해 사용됩니다.

다음 절에서는 수익성의 개념이 민간부문과 다른 공공부문의 전환 동력에 대해 알아보겠습니다.

---

4 https://www.forbes.com/sites/petercohan/2020/07/25/The-beta-highest-highest-highest-highest-attachment-quality-quality-hyd-power/#3bd0e5a97594

공공부문의 사업 동인

정부에서의 디지털 서비스는 2013년 오바마케어Obamacare로도 알려진 ACA 건강보험 개혁법, Affordable Care Act의 시행 과정 중에서 일반인들에게 알려졌습니다. 여러 가지 이유로 인해 연방 의료시스템의 교체개발(즉, HealthCare.gov로 알려진 프론트엔드 웹 사이트와 백엔드 데이터베이스 및 절차)이 늦게 시작되어 개발에 실패했습니다[5].

HHS미국 보건복지부, Health and Human Services는 정부가 수년간 솔루션 개발 및 공급을 위해 사용해 온 것과 같은 동일한 절차를 사용했으며, 수십 년 동안 정부 기술 과제의 성과와 같이 거의 동일한 결과를 내놓았습니다. HHS 내부팀은 개발을 위한 일련의 요구 사항을 개발하고, RFP제안 요청서, Request for Proposal를 발행하고, 입찰을 수락하고, 공급업체를 선택한 다음, 최종 제품의 결과를 기다렸습니다. 하지만, 결국 보건복지부의 요구 사항을 충족하지 못한 것으로 드러났으며, 개발된 제품은 실제로 새로운 의료 시장에 성공적으로 출시되기 위해 필요한 기능을 제공하지 못했습니다.

서명 법안 획득의 실패에 직면한 오바마 행정부는 과거 행정부나 과제 책임자들과는 다른 접근방법을 선택하였습니다. 그들은 민간 부문에 도움을 요청했습니다. Mikey Dickerson이 이끄는 엔지니어 그룹은 HealthCare.gov를 개선하고 현대화하기 위해 몇 달 동안 밤낮으로 매달렸으며, 이러한 개선 과정에서 문제가 무엇인지 명확하게 인식하게 되었습니다. 이 팀의 구성원들과 정부 내의 다른 구성원들은 공공부문이 기술 솔루션을 구축하고 구입하는 방식에 근본적인 문제가 있고, HealthCare.gov 문제는 그중 하나의 사례에 불과하다는 것을 파악하였습니다[6].

---

5 https://www.gao.gov/assets/670/668834.pdf

6 https://money.cnn.com/2017/01/17/technology/us-digital-service-mikey-dickerson/index.html

Dickerson을 포함한 HealthCare.gov 개선노력에 참여했던 많은 책임자들은 **USDS**미국 디지털 서비스, United States Digital Services의 핵심 멤버가 되었습니다. 이들은 당시 미국 CTO인 Todd Park에게 보고하는 대통령 행정실의 일부가 되었습니다. USDS, **GSA**미국 서비스청, General Service Administration의 18층 등 다른 디지털 서비스팀들은, 연방정부 내에서 기술 과제가 너무 오래 걸리고, 비용이 많이 들며, 자주 실패하고, 성공적으로 평가되더라도, 대부분 대중의 필요에 부응하지 못한다는 일반적인 인식 때문에 설립되었습니다.

미국 정부는 2014년 연방 기관을 포함한 모든 정부 기관에서 IT 과제[7]에 756억 달러에 가까운 예산을 사용했습니다. 정부기관은 국방부, 노동부, 교통부, 농림부와 같은 대형 기관, 환경보호국과 같은 중형 기관, 중소기관과 핵 규제위원회 등이 포함됩니다. 또한 스탠디쉬 그룹Standish Group에 따르면 2003년부터 2012년까지 정부가 수행한 인건비가 1,000만 달러를 초과하는 3,000개 이상의 IT 과제 중 6.4%만이 성공한 것으로 평가되었으며, 41% 이상이 완전한 실패로 평가되었습니다. 즉, 과제를 폐기하고 다시 시작해야 했습니다. 이 문제는 연방 정부나 새로운 솔루션 개발에 국한되지 않았으며, 이러한 문제로 인해 주 및 지방 정부를 난처하게 만들었습니다.

정부의 비효율성이 이러한 실패의 원인으로 주로 지목되지만, 주요한 원인은 더 복잡하고 더 이해하기는 쉽습니다. 대형 소프트웨어 시스템이 개발 절차가 시작되기 전에, 모든 기능을 지정하고 모든 복잡성을 예측하는 것은 불가능합니다. 기술 수명주기가 2년 미만인 시대에, 사용자의 기술 디자인과 필요성이 개발 완료 수년 전에 완전히 결정될 수 있을 것이라는 기대를 하는 것은 합리적이지 않습니다. 간단히 말해, 수십 년 동안 대규모 실패를 겪은 후, 몇 년 동안 요구 사항을 수집하고, 몇 달 또는 몇 년 동안 공급업체를 선정하는 데 시간을 소비한 다음, 몇 년 동안 사용자와 개발자가 더 이상의 대화를 하지 않은 상태에서 개발된 솔루션이 어느 날 갑자기 제공되기를 기다렸던 관행이 효과가 없었고, 효과가 없었을

7 https://www.brookings.edu/blog/techtank/2015/08/25/doomed-challenges-and-solutions-to-government-it-projects/

가능성도 분명했습니다.

기존의 정부 과제 개발 절차는 과제팀이 처음에 설정한 요구 사항을 충족하고 일관성 있게 작동하는 소프트웨어를 개발하지 못하도록 했을 뿐만 아니라, 개발된 모델은 최종 사용자의 요구 사항을 충족하는 소프트웨어인 사례가 거의 없었습니다. 정부 소프트웨어는 주로 소수의 이해관계자들을 고려하여 개발되었습니다. 정부의 이해관계자들은 일반적으로 솔루션 개발을 후원하거나 자금을 지원하는 개인들이지만, 시스템 사용자의 대부분을 대표하는 경우는 거의 없습니다. 예를 들어, 새로운 출퇴근 관리 시스템이 이해관계자 중심으로 설계되었다는 것은 회계 부서의 소수 인력들을 위해 백오피스 절차를 관리하는 과정을 간소화하기 위해 설계되었을 것입니다. 대조적으로, 사용자 중심 설계는 시스템과 상호 작용하는 대다수 사용자의 요구에 초점을 맞출 것입니다.

사용자 중심 설계의 또 다른 사례는 EPA미국 환경보호청, US Environmental Protection Agency의 전자화물 적하목록eManifest 시스템입니다. 이것은 EPA에 의해 2018년에 성공적으로 적용된 자발적인 수수료 기반 시스템이지만, 과제가 성공할 것이라고 확신하지는 않았습니다. 2015년 과제가 지연되어 상세 조사를 받는 과정에서 EPA의 새로운 CTO인 Greg Godbout는 프로그램 개발의 책임을 이어 받았습니다. 그가 가장 먼저 알게 된 것 중 하나는, 과제팀이 단 한 명의 최종 사용자와도 대화한 적이 없다는 것입니다. 그래서 그는 개발팀이 사용자와의 대화를 위한 간담회를 갖도록 하였습니다. 이 간담회가 진행되는 동안, 과제팀은 개발 제안 솔루션이 사용자가 필요로 하는 솔루션이 아니라는 사실을 알게 되었습니다. 그들은 잘못된 솔루션을 개발하려는 노력을 하고 있었습니다. 개발 과제팀은 상용화 코드를 개발하기 전에 사용자와의 대화를 해야 하고, 재설계 비용이 적게 사용되는 시점인 초기에 필요한 결정을 해야 합니다. 코드 변경 비용이 수백만 달러에 달하는 완전한 재설계가 필요한 과제를 완료한 후가 아니라 말입니다. 사용자 중심 설계의 핵심 아이디어는, 디지털 서비스로의 전환이 정부를 대중에게 더 가깝게 이동시켜 정부가 구성원의 요구에 더 부합하는 솔루션을 개발할 수 있도록 해야 한다는 것을 의미합니다.

이 장의 앞에서 언급했듯이, 기존 개발 절차는 새로운 기능을 대중에게 제공하는 것을 방해할 뿐만 아니라, 기존과 같은 서비스 제공에 위험을 빠트리게 할 수 있습니다. 코로나19 펜데믹 상황에서 주 정부가 낡은 아키텍처와 시대에 뒤떨어진 하드웨어를 사용하여 실업 청구를 처리하는 전산 시스템을 확장할 수 없었습니다. 이로 인해 적시에 실업 수당을 신청할 수 없었던 실직한 수백만 명의 미국인들에게 시스템의 취약성을 노출시켰습니다. 주 정부들이 조치를 내렸을 때, 신청자들은 보험금 신청을 처리하기 위해 온라인으로 접속하는 도중에 시스템다운, 사이트 접속 불가, 그리고 수시로 전화선이 불통되는 상황 등을 경험하였습니다. 그 결과 많은 주 들은 신청자들이 온라인 시스템에서 시작한 보험금 신청을 완료하기 위해 전화로 요청하는 것이 보편화되었습니다. 이러한 많은 정부 시스템들은 메인프레임에서 실행되지만 **코블**COBOL과 같은 구식 언어로 프로그램이 되어 있었으며, 오늘날의 코딩에서 사용되는 최신의 방법으로 만들어지지 않았습니다. 혼란스러운 *스파게티식*spaghetti 코드는 개발 당시에 중요한 개발 속도를 높이기 위해 코드에 대한 주석이 없었습니다.

중요사항

수많은 오래된 정부 IT 시스템이 코로나19의 발생으로 인해 그 한계를 시험하였고, 기존 시스템에 대한 현대화 필요성이 제기되었습니다. 이러한 기존 시스템의 대부분은, 1970년대 이후 대부분의 대학에서 가르치지 않았던 코블 언어로 작성되었습니다. 1990년대 후반 Y2K 버그가 그랬던 것처럼, 이러한 시스템을 지속적으로 운영하는 것으로부터 왜 코블 프로그래머의 필요성을 만들어냈는지 알 수 있었습니다.[8]

정부 정책을 지원하고, 대중에게 새로운 역량을 제공하고, 기존 서비스의 신뢰성을 보장하는 것 이외에도, 911, 코로나19 펜데믹, 허리케인, 지진 및 산불과

8 https://nymag.com/intelligencer/2020/04/what-is-cobol-what-does-it-have-to-do-with-the-coronavirus.html

같은 위기 상황에도 정부가 신속하고 민첩하게 대처하기 위한 기술의 적용이 필요합니다. 정부는 위치기반 센서와 사람간의 접촉을 추적할 수 있는 응용프로그램의 조합을 통해 코로나19 감염 확산을 제어해야 했습니다. 정부는 위기에 대응하기 위해 기존 시스템의 기능을 확장하고, 이전에는 예상하지 못했던 새로운 솔루션을 배치할 수 있어야 합니다. 아이러니하게도, 이 같은 위기 상황에서 정부가 민첩하게 행동할 수 있다는 것을 보여주었습니다. 코로나19 발생으로 긴급사태가 선포되고 조달 규정이 중단된 상황에서, 어떤 연방 기관은 주말 동안 계약 인력을 고용하여 정부 대출 프로그램 신청서를 재배치했습니다. 다른 주 기관은 표구매 시스템인 콜센터 소프트웨어를 공급하기 위해 회사를 고용하였고, 또 다른 주말동안 실업보험 체계를 보강했습니다. 정부는 매우 엄격한 조달 시스템의 제약 없이 긴박감을 가지고 신속하게 움직이고, 구성원들에게 더 나은 서비스를 제공할 수 있었습니다.

HealthCare.gov 같이 명확하고 위대한 성공 사례가 알려지면서, 전 세계 정부 모든 계층의 개인 및 팀들은 정부 전반에 걸쳐 디지털 서비스를 제도화하기 위한 노력을 시작했습니다. 정부의 디지털 서비스 여정에 대해서는 *"6장, 공공 부문의 전환"*에서 우리는 매우 상세하게 그 운동이 어떻게 발전했는지, 지금은 어떤 수준인지, 다음 단계는 무엇인지에 대해 더 자세히 논의할 것입니다.

다음 절에서는 새로운 기술이 어떻게 전환 여정의 필수적인 부분이 되고 있는지 살펴봅니다.

전환을 위한 기술 동인

이 책에서 우리는 산업적 규모의 전환과 관련된 다양한 기술을 설명할 것 입니다. 특정 기술이 인더스트리 4.0의 모든 영역을 해결하기 위한 솔루션은 아니지만, 그 한계를 이해하는 것과 함께 적절한지에 대한 문제 정의도 같이 논의해야 합니다. 또한 기술 성숙 주기의 *과도*hype 단계로 설명될 수 있는 몇 가지 기술이 있으며, 이러한 기술이 향후 실행 가능한지 여부는 두고 봐야 합니다. 실무자는 이러한 기술에 대해 객관적인 입장을 취함으로써, 유행에 편승하지 않고 더 합리적으로 대응할 수 있습니다.

오늘날 관련된 구체적인 사례는 블록체인입니다. 블록체인은 익명의 신뢰할 수 없는 당사자들이 서로 거래하고 이중 지출 문제를 피하기 위한 해결책으로 고안되었습니다[9]. 블록체인은 산업 환경의 문제를 해결하기 위한 해결방안으로 볼 수 있습니다. 비트코인이 실행 가능한 해결방안으로 평가되기 위해서는 문제가 비트코인의 근본적인 핵심 전제, 즉 익명의 신뢰할 수 없는 당사자 간의 거래관계를 충족해야 합니다. 하지만, 대다수의 산업용 사례들은 분산 원장보다는 전통적인 데이터베이스에 훨씬 더 적합한 거래들로 구성되어 있습니다. 우리는 이후 장에서 공급망 전반에 걸쳐 블록체인이 적합한 한 가지 실행 가능한 사례를 다룰 것입니다.

가트너Gartner의 *블록체인 기술을 위한 하이퍼 사이클*(2019년 7월)은 블록체인이 주류가 되고 산업 전반에 걸쳐 혁신적인 영향을 미치기까지 5년에서 10년의 기간이 소요된다는 것을 보여주었습니다[10]. 블록체인 활용을 면밀히 검토하여 개별적인 시나리오에 가장 적합한지 확인하는 것이 좋습니다. 블록체인은 대부분의 운송과 물류, 공급망과 스마트 계약 및 보험에 사용할 수 있습니다. 업계적인 관점에서 하이퍼 사이클Hyper cycle을 볼 때, 대부분의 최고 기업들은 향후 10년 이내에 공급망 및 유통 공간에서 블록체인 주도의 전환 가능성을 주장합니다. 하지만 지역경제 활성화를 위해 만들어진 도시의 디지털 통화를 기반으로 하는 Colu의 적용사례는 기대했던 만큼 성공적이지 못했습니다[11].

앞으로 나올 기술의 한 가지 사례를 설명하고, 이 책의 후반부에서는 고려해야하는 다른 기술들을 소개 하겠습니다. 이들 중 일부는 블록체인보다 훨씬 더 발

---

9 Satoshi Nakamoto, Bitcoin: A Peer-to-Peer Electronic Cash System, 2008, available at www.bitcoin.org

10 https://www.gartner.com/en/newsroom/press-releases/2019-09-12-gartner-2019-hype-cycle-for-blockchain-business-shows

11 https://www.wired.com/story/whats-blockchain-good-for-not-much/

달되었으며, 그림 1.3은 다음에 다룰 내용을 미리 보여주고 있습니다.

그림 1.3 디지털 전환을 위한 핵심 기술 구성 요소. 피라미드는 우리가 바닥에서 꼭대기로 이동함에 따라 정보를 증류하고 데이터 지능을 증가시키는 것을 의미합니다.

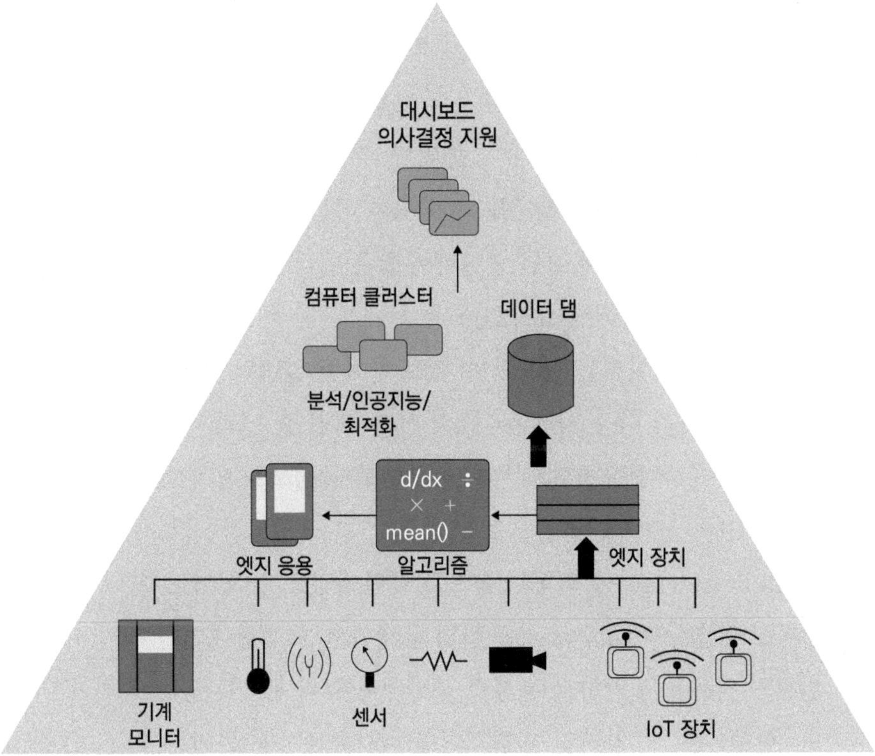

이제 그림 1.3에 표시된 몇 가지 구성 요소를 살펴보겠습니다.

- **감지:** 디지털화에 대해 논의하기 전에 기업 전체에서 데이터를 측정하고 수집할 수 있는 탄탄한 기반을 확보하는 것이 중요합니다. 데이터 측정은 공정의 흐름 내에서 센서들로부터 시작하여 확장할 수 있습니다. 데이터를 측정하고 집계하는 엣지의 IoT 장치가 물류 및 수요 감지와 관련된 외부 영역으로 확대될 수 있습니다. 감지의 또 다른 측면은 엣지 컴퓨팅을 통해 영상 데이터를 분석하고, 요약된 데이터를 데이터 집계 시스템으로 보내는 머신비전 시스템 및 관련 알고리즘입니다. 이러한 센서 데이터는 ERP전사적 자

원 계획, Enterprise Resource Planning 및 기타 제조나 유지보수 시스템에서 생성될 수 있는 기업 전반적인 데이터 관점으로 광범위하게 분석되어야 합니다.

- **데이터 집계:** 데이터를 분리하여 보관하는 대신, 내부에서 통합 관리되는 내부 데이터 댐data lake에서 외부 클라우드 서비스 공급자가 주도하는 STaaS저장장치 서비스, Storage as a Service에 이르기까지, 다양한 공용 위치에 데이터를 저장해야 합니다. 일반적으로 후자는 고객이 플랫폼으로 이동하도록 유인하는 추가 서비스도 제공합니다. 데이터 수집은 기업과 관련된 모든 사람이 단일 버전의 데이터에 접근할 수 있도록 하는 데 있어서 매우 중요합니다. 기업의 다양한 부문에 걸친 연결과 통합은 이러한 단일 버전의 데이터 확보를 가능하게 하는 핵심 요소입니다.
- **분석:** 집계된 데이터를 활용할 수 있도록 하는 일련의 방법론이 포함됩니다.
- **통계 분석:** 초기 사용 사례는 제2차 세계 대전 중 널리 사용된 것으로 밝혀진 SPC통계적 공정 제어, Statistical Process Control를 중심으로 이루어졌으며, 이는 식스 시그마Six sigma 방법론으로 이어졌습니다. 통계적 공정제어는 1924년 Walter Shewhart에 의해 처음으로 제안되었으며, 제어도Control chart[12]를 포함하고 있습니다. Shewart는 산업 문제에서 초기 현대적인 제어 시스템 방법론의 적용을 제약하고 통계적 공정제어에 더 큰 의존을 초래하게 만들었던, 현재에도 잘 알려진 실험계획법funnel experiment을 만든 W.E. Deming에게 큰 영향을 미쳤습니다. 1951년, Box와 Wilson은 반응 표면 방법론response surface methodology을 도입하여 실험 설계의 개발을 이끌었습니다. 이는 공정을 최적의 운영 지점으로 유도하기 위해 산업 공정의 입출력 모델을 체계적으로 개발하려는 첫 번째 시도였습니다. 또한 통계 분석은 산업 공급망 전체의 재고 관리에 널리 사용되었습니다.
- **AI:** 이것은 전통적인 규칙 기반 시스템, 통계적인 기계학습, 그리고 최근의 심층 학습을 다루는 광범위한 분야입니다. 이 주제는 *"8장, 디지털 전환에*

12 Walter Shewhart, Economic Control of Quality of Manufactured Product, American Society for Quality Control, 1931

서의 AI"에서 세부적으로 다루며, 이 절에서는 그림 1.4와 같이 이러한 다양한 AI 사이의 관계를 간단하게 보여 줍니다.

그림 1.4 AI의 다양한 분야와 적용의 대략적인 기간

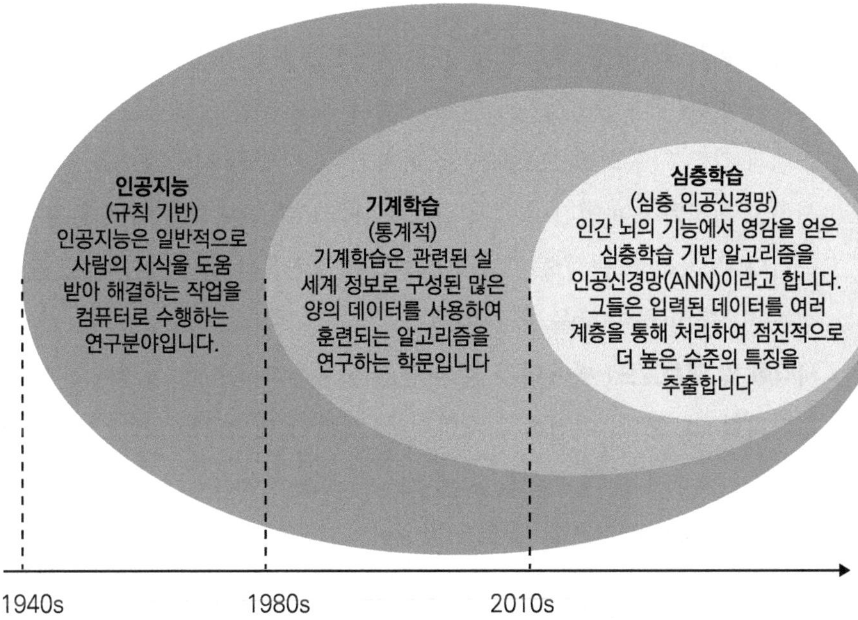

인공지능
(규칙 기반)
인공지능은 일반적으로 사람의 지식을 도움 받아 해결하는 작업을 컴퓨터로 수행하는 연구분야입니다.
기계학습
(통계적)
기계학습은 관련된 실세계 정보로 구성된 많은 양의 데이터를 사용하여 훈련되는 알고리즘을 연구하는 학문입니다
심층학습
(심층 인공신경망)
인간 뇌의 기능에서 영감을 얻은 심층학습 기반 알고리즘을 인공신경망(ANN)이라고 합니다. 그들은 입력된 데이터를 여러 계층을 통해 처리하여 점진적으로 더 높은 수준의 특징을 추출합니다
1940s
1980s
2010s

- AI 분야에서 대중화된 특정 기술의 몇 가지 사례는 다음과 같습니다. **전통적인 AI**Traditional AI: 규칙 기반 시스템 및 퍼지 논리 추론[13], **통계적 기계학습**Statistical machine learning: 랜덤 포레스트[14] 및 서포트 벡터 머신[15], **심층 학습**Deep learning: 영상 처리를 위한 합성곱 신경망[16], 그리고 심층 강화학습[17].

---

13 Zadeh, L.A. (1965), Fuzzy Sets, Information and Control. 8(3): 338~353

14 Breiman L. (2001), Random Forests, Machine Learning, 45(1): 5~32

15 Cortes, C. and Vapnik, V. N. (1995), Support-vector networks, Machine Learning. 20(3): 273~297

16 Lecun, Y., Bottou, L., Bengio, Y. and Haffner, P. (1998), Gradient-based learning applied to document recognition, Proceedings of the IEEE, 86(11): 2278~2324

17 Arulkumaran, K., Deisenroth, M. P., Brundage, M. and Bharath, A. A. (2017), Deep Reinforcement Learning: A Brief Survey, IEEE Signal Processing Magazine, 34(6): 26~38

주어진 문제에 적합한 방법론을 선택하는 데 있어서 주의를 해야 합니다. 흔히 그렇듯이, 가장 간단한 방법론은 가장 강력하고 지속 가능한 솔루션을 만들 수 있습니다. 이 책의 이후 장에서는 특정 시나리오에 적용할 수 있는 몇 가지 사례를 제공합니다.

- **최적화 및 시뮬레이션:** 최적화 및 시뮬레이션은 모든 종류의 의사 결정 시스템을 구현하는 데 있어서 중요한 도구입니다. 이러한 시스템은 일정관리 시스템과 같은 자동화된 모드에서 작동하거나, 다양한 시나리오를 시뮬레이션하고 최적화하여 인간이 의사 결정을 내리도록 안내하는 데 사용될 수 있습니다(즉, *xyz가 발생하면* 시스템이 해당 조건을 시뮬레이션하고, 시스템 성능을 최적화하여 답을 제공합니다).
- **시각화 및 대시보드:** 데이터가 분석 엔진을 통해 이동하는 동안에도 수시로 시각화할 필요성이 여전히 존재합니다. 사람이 데이터를 이해하기 위해서는, 모든 소스에 대해 분석을 통해 원시정보를 사용자에게 의미가 있는 몇 가지 주요 지표로 추출할 필요가 있습니다.

AI 응용프로그램이 확산됨에 따라 사용자는 일상적인 의사 결정에 관여 빈도를 낮추어야 하며, 자율적인 의사 결정 시스템이 의사 결정을 내릴 수 없거나 잘못된 의사 결정을 수정할 수 없는 상황에서만 대응하면 됩니다. 따라서 평가 기준은 산업 시스템의 전반적인 상태(제조 공장이나 전체 공급망)뿐만 아니라 AI 모델의 타당성 판단도 고려해야 합니다.

기계학습과 관련된 *빅 데이터*big data라는 용어도 듣게 될 것입니다. 기계학습과 빅 데이터 사이에는 분명히 연계성이 있습니다. 그러나 빅 데이터는 이러한 대용량 데이터를 기계학습 알고리즘에 적용할 수 있도록 데이터 저장 인프라, 효율적인 방식으로 데이터를 분석하는 플랫폼, 그리고 특징 추출(또는 차원 축소)을 위한 계산적으로 확장 가능한 알고리즘에 더 중점을 둡니다.

가장 성공적인 빅 데이터 플랫폼 중 하나는 하둡Hadoop으로 분산 파일 시스템과 대량 데이터에 대해 확장성이 뛰어난 처리를 제공하는 맵리듀스MapReduce 알고리즘을 효율적으로 구현할 수 있습니다[18].

이러한 디지털 기술이 채택되는 과정에서 사람, 자산의 보안과 안전을 염두에 두는 것이 중요합니다. IoT로 인해 물리적 세계가 통신망에 연결됨에 따라, 사이버 보안cyber security에 대한 고려 사항이 가장 중요해집니다. 디지털 트윈이 생성 및 저장됨에 따라, 디지털 트윈이 공개 정보가 아닌 제한된 데이터나 운영 세부 정보에 접근하므로 보안 침해의 원인이 될 수 있습니다. 보도에 따르면 911 항공기 납치범들은 비행 시뮬레이터와 소프트웨어 게임으로 훈련을 하였다고 합니다[19]. 발전소나 원자력 발전소 및 기타 중요 시설의 디지털 트윈이 잘못된 사람의 손에 넘어가지 않도록 하는 것이 중요합니다. 이 책은 *"8장, 디지털 전환에서의 AI"*과 *"9장, 디지털 전환 여정에서 피해야 할 함정"*에서 사이버 보안, 데이터 보안, 개인정보 보호 및 규제 고려 사항을 다룰 것입니다.

다음 장에서는 대규모 형태의 역사적 산업전환과 산업 디지털 전환으로 이어지는 방법에 대해 알아보겠습니다.

1.3 산업 전환의 진화

코로나19[20]로 인해 2020년 상반기 의료 및 경제 위기 동안 나타난 글로벌 환경의 변화로 인해 가족이 운영하는 사업이나 글로벌 수준의 기업과 연방, 주 및 지방과 같은 다양한 수준의 정부와 관계없이, 전환에 대한 더 깊은 이해와 준비가 필요하다는 것이 제기되었습니다.

이 책은 지난 수십 년간 세계가 경험한 주요 위기 중 일부와 각각의 위기로부

18 Dean, J. and Ghemawat, S. (2004), MapReduce: Simplified Data Processing on Large Clusters, Communications of the ACM, 51(01): 137~150

19 https://publicintegrity.org/national-security/authorities-question-criteria-for-access-to-flight-simulators/

20 https://www.cdph.ca.gov/Programs/CID/DCDC/Pages/Immunization/ncov2019.aspx

터 얻은 교훈을 다룰 것입니다. 이를 통해 업계가 전환의 기회를 성공적으로 찾은 구체적인 사례를 확인할 수 있습니다.

표 1.1에서 과거 위기를 통해 배운 몇 가지 교훈을 살펴보겠습니다.

표 1.1 과거 위기를 통해 배운 몇 가지 교훈

번호	위기	지역	기간	배운 것	기술이 전환에 기여
1	코비드 19 펜데믹	전세계	2020(H1)	원격 근무 역량, 의료, 식품 및 필수 공급품에 대한 소매점과 유통 시스템 같은 기초 산업의 중요성.	클라우드 컴퓨팅, 화상회의, 3D 프린팅, 오픈소스 및 협업 제조, 연락처 추적
2	금융위기	미국	2008~2009	규제의 변화, 도드-프랭크 법 (Dodd-Frank)	통치, 위험 관리 및 통제 (GRC) 툴
3	911	미국	2001	항공안전	공항에서 검색기술
4	에이즈, 사스, 돼지 독감, 조류독감 등등	전세계		헬스케어 인식	열 감지 카메라, 빠른 백신 및 신약 개발
5	걸프 전	중동, 아시아	1991	석유위기	석유의존을 낮추기 위한 재생에너지원 및 에너지 저장을 위한 배터리 저장 장치
6	대공황	미국, 전 세계	1929~1933	식료품 저장 및 통조림 식품의 사용	농업의 기계화
7	세계대전, 기근, 자연재해 등등	전 세계	1990s	국가 간 연합의 강력 함	2차 세계대전-기계화된 암호해독[실제적으로 최초의 컴퓨터], 1차 세계대전-비행기를 사용한 현대전의 시작

진보적인 기업들은 어떤 위기의 경험도 헛되이 해서는 안 된다는 생각을 가집니다. 따라서 시간이 지남에 따라 산업 지형에 미치는 영향을 연구하기 위해서

는 주요 위기를 살펴보는 것이 중요합니다. 이는 산업 디지털 전환에서 미래 기회를 찾는 방법에 대한 귀중한 통찰력을 제공합니다. 우리는 이러한 전환과 변화의 몇 가지 사례를 살펴볼 것입니다.

전환 기회 측면에서 위기가 우리에게 가르쳐 주는 것은 무엇입니까?

코로나19 위기로 인해 단기적으로 볼 수 있는 모든 전환을 살펴보겠습니다. 그림 1.5는 사람들 사이의 감염전파 위험을 추적하기 위해 스마트폰 위치 기술을 자발적으로 사용하는 방법을 설명합니다. 스마트폰 데이터는 사회적 거리두기 지침 준수를 추적하는 데 활용되었습니다[21].

그림 1.5 스마트폰을 사용하여 코로나19 감염자의 위치 추적

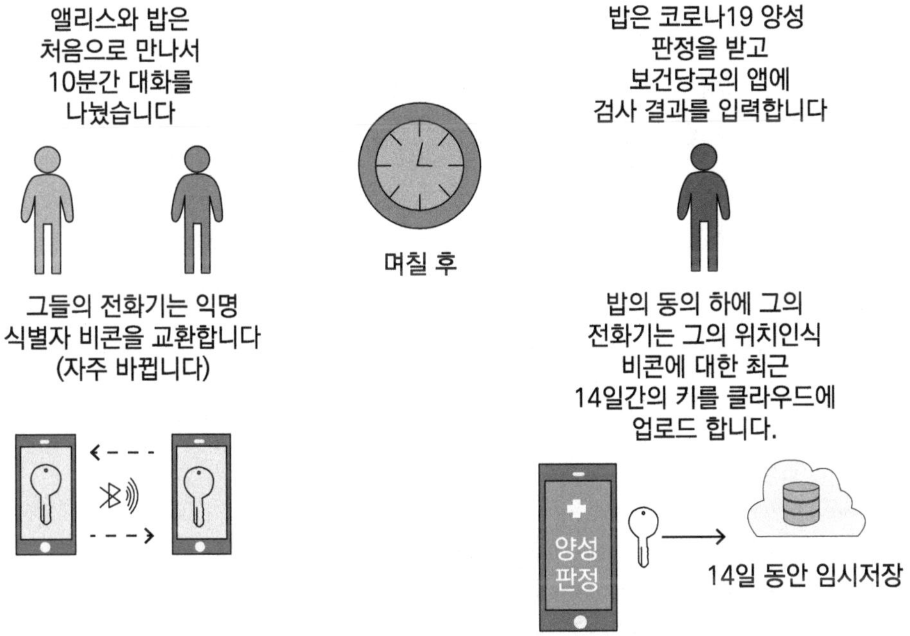

21 https://www.washingtonpost.com/technology/2020/03/24/social-distancing-maps-cellphone-location/

또 다른 방법은 마스크와 인공호흡기를 3D 프린팅 하여 매우 중요한 재료와 장비의 생산 속도를 높이는 것입니다. 같은 맥락에서 의료기기 제조회사인 메드트로닉Medtronic과 인텔은 PB980 인공호흡기에 원격 관리 기능과 같은 IoT 기능을 추가하기 위해 협력하고 있습니다[22]. 이를 통해 임상의는 원격으로 인공호흡기 설정을 제어하고 조절할 수 있습니다. 따라서 ICU중환자실, Intensive Care Unit에 갈 필요가 없으므로, 환자와 멀리 떨어져 있어도 됩니다. 이를 통해 의료 종사자와 임상의가 코로나19에서 회복 중인 환자에 대한 노출을 낮출 수 있습니다.

이러한 맥락에서 메드트로닉은 인공호흡기 설계도를 공개했습니다[23]. 다른 업체들이 협력하여 제조 속도를 높이고, 이 중요한 장치의 개선에 기여할 수 있도록 지원합니다. 인공호흡기의 정상적인 작동을 확인하기 위한 블록체인 기술의 사용은 새로운 기술의 또 다른 중첩 사용입니다[24]. GE 헬스케어GE Healthcare는 임상의가 위험한 코로나19와 싸울 수 있도록, IoT 기반으로 원격 환자에 대한 데이터를 측정하여 관찰할 수 있는 기술도 구현했습니다.

이 솔루션을 사용하면 의료 시스템 전반에서 중요 환자를 관찰할 수 있습니다[25]. 앞의 사례들은 관련 산업에 종사하는 기업들이 위기에 빠르게 대응했던 산업 디지털 전환의 좋은 사례들입니다. 그러나 이러한 대부분의 전환은 위기 이후에도 계속될 것이며, 다른 분야의 전환을 촉진할 것입니다. 또 다른 사례로는 드론을 사용하여 바이러스 살균제를 살포하고 시골 지역에 의약품을 전달하는 것이 있습니다.

미국의 911 위기는 항공 산업에 몇 가지 전환을 가져왔습니다. 공항에서 승객 심사를 훨씬 더 엄격하게 관리하기 위해 많은 새로운 기술이 등장했습니다. 규

22 https://news.medtronic.com/innovators-unite-for-covid19

23 https://www.medtronic.com/us-en/e/open-files.html?cmpid=vanity_url_medtronic_com_openventilator_Corp_US_Covid19_FY20

24 https://www.industryweek.com/technology-and-iiot/article/21127623/getting-ventilators-to-the-people-is-a-problem-built-for-blockchain

25 https://www.businesswire.com/news/home/20200415005370/en/GE-Healthcare-Deployments-Remote-Patient-Data-Monitoring

제 환경도 바뀌었습니다. TSA미국 교통 안전국, Travel Security Administration는 2001년 11월 19일 미국에서 만들어졌습니다[26].

2004년에 만들어진 클리어Clear와 같은 회사는 공항검색을 위해 생체 인식을 사용함으로써, 자주 공항을 사용하는 공항 이용객들에게 편의를 제공하였습니다. 클리어는 이러한 기회를 포착하여 2011년 10월에 시작된 TSA 사전검사 서비스TSA PreCheck 시스템을 고도화 하였습니다. 이는 국가 및 글로벌 위기가 종종 첨단 기술을 가속화하고, 이를 활용하는 기업이나 정부 기관에 산업 디지털 전환 기회를 새롭게 창출한다는 것을 보여주는 좋은 사례입니다.

회사의 사전 예방 준비가 위기를 방지하거나, 위기를 신속하게 극복하는 데 도움이 될 수 있습니까? 최근 보잉 737 MAX 항공기[27]는 많은 논란의 대상이 되고 있습니다. 이 사고는 항공기 추락으로 인한 인명 손실로 이어졌습니다. 안타깝게도 보잉은 코로나19 위기 이후 미국 여행이 90% 이상 감소한 항공 운항사의 파급효과에도 영향을 받았습니다. 이 책은 대기업에서 회사 내부나 외부와 관계없이 파괴적인 영향을 어떻게 경계해야 하는지에 대해 설명합니다. 위기나 운영 중단 위협에 대응하여 신속하게 전환할 수 있는 능력은 이 시대에서 매우 중요합니다.

산업 디지털 전환은 산업에서 생존만을 위한 것입니까? 흥미롭게도, Siebel은 그의 책[28]에서 그것을 *대량 멸종*mass extinction의 개념과 결부시킵니다. 우리는 위기로 인해 멸망한 문명들뿐만 아니라, 글로벌 대기업들도 보았습니다. 금융 위기 직후인 2008년에 붕괴된 리만 브라더스Lehman Brothers가 하나의 사례입니다. 디지털 전환이 대기업 몰락의 재발을 막기 위한 위험 관리에 도움이 될 수 있습니까? 반면 넷플릭스Netflix의 부상과 블록버스터Blockbuster의 몰락을 사례로 든다면, 넷플릭스가 비디오 실시간 재생 기술을 활용해 관련업계를 혁신시켰다는 것을 알 수 있습니다.

---

26 https://www.tsa.gov/about/tsa-mission

27 https://boeing.mediaroom.com/2019-04-05-Statement-from-Boeing-CEO-Dennis-Muilenburg-We-Own-Safety-737-MAX-Software-Production-and-Process-Update

28 Digital Transformation: Survive and Thrive in an Era of Mass Extinction, Tom Siebel, RosettaBooks

최근 많은 기업들이 경쟁사보다 먼저 자기를 스스로 파괴시킬 수 있는 기회를 모색하고 있습니다. 결과적으로 기업들은 흐름을 앞서기 위해 다음과 같은 자원을 투자했습니다.

- **내부로부터의 파괴 필요성:** 엑셀론Exelon과 같은 유틸리티 기업이 재생 가능한 자원(태양광 및 풍력)을 향해 사업을 전환하는 것은 내부에서 발생하는 파괴의 한 사례입니다. 아마도 인튜이트Intuit는 클라우드 기술을 사용하여 디지털화하는 좋은 사례일 것입니다. 그들은 71억 달러에 터보텍스Turbo Tax라는 회사를 인수하여 중소기업 분야뿐만 아니라, 개인의 세금납부를 위한 서비스 시장에서도 높은 점유율을 차지했습니다. 따라서 전환 계획에는 인수합병뿐만 아니라 유기적인 변화가 모두 포함될 수 있습니다.
- **파괴적 변화에 대한 두려움:** GE가 하나의 사례입니다. IBM과 다른 기술 회사들이 화물 열차 운영 사업자들에게 **예측 유지보수**predictive maintenance 서비스를 제공하기 위해 노력하고 있었습니다. GE 운송GE Transportation은 회사들에게 수익성이 높은 서비스 계약과 함께 기관차를 판매했습니다.

우리는 대규모 전환의 역사적인 사례를 살펴볼 것입니다. 산업혁명은 현재의 사회와 경제 수준이 기술에 의해 다음 단계의 발전된 국가로 변화하는 과정으로 정의될 수 있습니다. 이러한 혁명들은 지난 수백 년 동안 인간에게 기념비적인 변화를 가져왔습니다. 그렇기 때문에 앞으로 어떤 형태로든 전환을 논의하기 전에 이러한 혁명을 이해하는 것이 중요합니다. 우리가 다음 절에서 보게 될 것처럼, 세상은 각 단계의 산업혁명 이후에 더 좋게 발전하였습니다. 물론, 각 단계마다 대규모의 혼란도 있었습니다. 도시의 높은 인구밀도, 천연자원에 대한 추가적인 제약 등 앞으로 해결해야 할 기회로 볼 수 있는 과제들도 각 단계에서 소개 되었습니다. 4단계의 산업혁명은 다음과 같습니다.

- **1차 산업혁명:** 첫 번째 산업혁명은 18세기 영국에서 시작되었고, 그 후 세계의 다른 지역으로 퍼져나갔습니다.
- **2차 산업혁명:** 1차 산업혁명 이후, 거의 한 세기가 지난 후, 세계는 2차 산

업혁명을 겪었습니다.

- **3차 산업혁명:** 3차 산업혁명은 오늘날 주류인 인터넷과 많은 기술의 기초를 다졌습니다.
- **4차 산업혁명, 즉 인더스트리 4.0:** 4차 산업혁명은 2010년대 초에 시작되었고, 이 책을 작성하고 있는 지금도 우리는 그것을 경험하고 있습니다. 산업 디지털 전환은 2020년대의 가장 큰 기회 중 하나입니다. 이 책은 기업이 각 산업 분야의 혁신을 추진할 수 있도록 돕기 위해 작성되었습니다[29].

그림 1.6 산업혁명의 역사

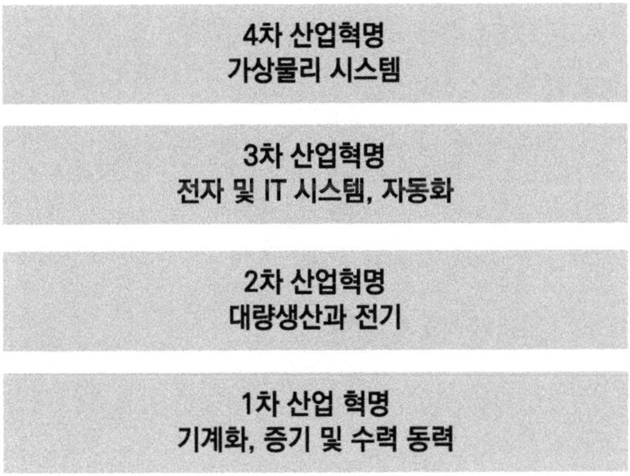

그림 1.6은 산업혁명의 역사를 보여주고 있으며, 다음에서 자세히 설명할 것입니다.

1차 산업혁명

첫 번째 산업혁명은 기술적, 사회 경제적, 문화적 특징을 많이 가지고 있었습니

---

29 https://trailhead.salesforce.com/en/content/learn/modules/learn-about-the-fourth-industrial-revolution/meet-the-three-industrial-revolutions

다. 1차 산업혁명의 시작은 영국에서 섬유 산업의 빠른 기계화와 관련이 있으며[30], 최종 결과는 공산품의 대량 생산이었습니다. 표 1.2와 같이 이 기간 동안 세상을 발전시킨 획기적인 발전이나 변화로 간주되는 27개의 발명품이 있었습니다.

표 1.2 1차 산업혁명 과정에서 발명된 발명품[31]

번호	발명	기간
1	직조를 용이하게 만든 플라잉 셔틀(flying shuttle)	1733
2	양모 공장의 생산성을 높인 제니 방적기(spinning jenny)	1764
3	워터 스팀 엔진: 세상을 바꾼 엔진	1775
4	코튼 진(Cotton gin): 면화 생산 혁신을 만든 엔진	1794
5	산업혁명의 한 축인 전신통신업	1800
6	포틀랜드 시멘트(Portland cement)와 콘크리트의 발명	1824
7	존 맥아담(John McAdam)이 설계한 현대식 도로	1800s
8	강철을 바꾼 베세머(Bessemer) 공정	1856
9	볼타(Volta)의 현대식 최초의 배터리	1800s
10	기관차 혁명	1804
11	롬베(Lombe)에 문을 연 첫 공장	1721
12	동력 직기는 영국의 모든 공장에 적용	1784
13	아크라이트의 워터 프레임(Arkwright's water frame) 방적기	1769
14	방적 노새: 방적사의 게임 체인저	1775
15	헨리 코트(Henry Cort)의 퍼들 공정(puddle process)	1783
16	현대의 거리를 비추는 가스 도로 등	1804
17	최초의 아크등을 개발하기 위한 2000개의 셀	1807
18	새로운 높은 생산을 달성하는 주석 캔	1810

30 https://www.economist.com/leaders/2012/04/21/the-third-industrial-revolution

31 https://interestingengineering.com/27-inventions-of-the-industrial-revolution-that-changed-the-world

19	수소연료전지 분광기(광채를 내는 물체를 연구한 방법)	1814
20	카메라 옵스쿠라(Carmer Obscura) : 첫 번째 사진	1814
21	첫 번째 전자석 발견	1832
22	매킨토시(Mackintosh) 우비	1823
23	나무를 사용한 현대적인 마찰 성냥	1826
24	모든 위대한 작가의 동반자: 타자기	1829
25	패러데이(Faraday) 원리에 의해 작동되는 다이나모	1830s
26	허쉘과 포이트빈(Herschel and Poitevin)의 청사진	1839
27	수소연료전지(hydrogen fuel cell)	1838

1차 산업혁명 기간 동안의 기술 발전은 다음과 같습니다.

- 제조의 기본 원료인 철과 강철
- 석탄, 석유 등의 에너지원과 증기기관, 내연기관, 전기 등의 동력원
- 사람의 에너지를 증폭시켜 대규모 생산을 할 수 있도록 동력을 사용하는 직기와 회전하는 기중기 같은 기계들
- 분업과 역할의 전문화를 강조한 공장 시스템 등의 조직
- 증기기관, 증기선, 자동차, 전신, 라디오 등의 운송 및 통신수단
- 산업 분야에 적용된 과학

그림 1.7은 1차 산업 혁명으로 거슬러 올라갑니다.

그림 1.7 1차 산업혁명[32]

산업혁명의 첫 번째 물결에 대한 앞에서의 설명은, 산업혁명이 일정 기간 동안 사회와 경제를 함께 전환한 일련의 변화로 구성되어 있음을 알 수 있습니다. 그림 1.7은 그 시기의 산업 및 사회 환경을 보여줍니다. 이는 일련의 산업혁명이 어떻게 혁신을 가속화하여 현재의 환경으로 우리를 인도하는지 대한 이해를 하는 데 중요합니다.

이 책은 잘 조율된 산업 디지털 전환 기회가, 세계를 어떻게 이끌고 있는지 탐구하고 설명할 것입니다.

2차 산업혁명

2차 산업혁명(1870년~1914년)은 대규모 전기화와 철도시설의 구축을 하였습니다. 전기의 사용은 사람들의 생활 방식과 직업을 극적으로 변화시켰습니다.

32 https://brewminate.com/the-market-revolution-in-early-america/, License: CC BY-SA-NC

1870년대에 최초의 상업용 전기 발전기가 사용되었습니다. 영국은 1881년경에 최초의 발전소를 건설하였습니다. 1900년대 초에, 이 발전소들은 전체 마을이나 더 큰 도시의 일부에 전력을 공급하기 시작했습니다.

Alexander Graham Bell은 1876년에 전화기를 발명했습니다. 곧, 1879년에, Thomas Edison 및 Joseph Swan은 가정용 전구를 개발했습니다. 이 시기는 또한 독일에서 최초의 전기 철도가 만들어졌고, 유럽 주요 도시에서 말이 끄는 마차를 대체하는 전기 노면 전차가 만들어졌습니다. Gullielmo Marconi에 의해 개발된 최초의 전파는 1901년에 대서양을 가로질러 보내졌습니다. 라이트 형제는 1903년에 최초의 비행기를 발명했습니다. 현대 영화 산업의 기반이 되는 영화 또한 이때 시작되었습니다.

그림 1.8 2차 산업혁명[33]

북미에서도 이 시기에 대규모 사회 및 경제적 변화가 일어났습니다. 1913년까지, 미국은 산업 생산성에서 영국, 프랑스, 독일을 추월했습니다. 미국은 세계 생산량의 3분의 1을 차지했으며, 이것은 중산층의 경제적 지위를 향상시켜 구

33 https://en.wikipedia.org/wiki/File:Ford_assembly_line_-_1913.jpg, License: CC BY-SA

매력을 증가시키는 데 도움이 되었습니다. 이것은 빠른 도시화로 이어졌고, 약 1,100만 명의 미국인들이 1870년과 1920년 사이에 시골과 농업에서 도시 기반 생활로 이동했습니다. 이 시기가 끝날 무렵에는 농장에 사는 사람들보다 도시에 사는 사람들이 더 많았습니다. 이 시기에는 아메리카 대륙으로의 대규모 이민도 있었습니다.

전반적으로, 2차 산업혁명은 사회를 농경지에서 주로 도시로 변화시켰다는 것을 보여줍니다. 이 시기는 기술이 빠른 속도로 발전하였고, 개인의 능력을 바탕으로 번영을 추구할 수 있는 토대가 마련되었습니다. 그림 1.8은 공장의 조립 라인 개념을 보여줍니다. 오늘날의 제조업도 이러한 조립라인에 기반을 두고 몇 세대의 자동화 기술이 추가 적용된 조립라인을 사용합니다. 이를 통해 전환이 단순히 기술만을 교체하는 것이 아니라, 잘 작동하도록 완벽한 방향으로 진화하는 것임을 알 수 있습니다.

3차 산업혁명

3차 산업혁명, 즉 컴퓨팅과 디지털 혁명은 1950년대에 시작되었습니다. 핵심 발명품은 트랜지스터였습니다. 트랜지스터는 AT&TAmerican Telephone and Telegraph의 연구 부서였던 뉴저지 주 머리 힐의 벨 연구소Bell Laboratories에서 개발되었으며, 세 명의 과학자, 즉 William Shockley, John Bardeen, Walter Brattain에 의해 발명되었습니다. 3차 산업혁명으로 인해 아날로그 기술에서 디지털 기술로 대규모 전환을 경험했습니다. 반도체 산업은 메인프레임과 개인용 컴퓨팅, 그리고 결국에는 인터넷으로 가는 길을 열었습니다. 이것이 정보화 시대의 시작이었습니다. 이 시기에 가전제품과 기기들이 가정에서 사용되었습니다.

4차 산업혁명(인더스트리 4.0)

4차 산업혁명은 2010년대 즈음에 시작되었습니다. 인더스트리 4.0이라는 용어는 2011년 독일 정부에 의해 만들어졌습니다. 이 단계에서 기업의 초점은 순수한 제품 제조에서 제품에 대한 서비스 및 활용 중심으로 이동합니다. 서비스화는 차별화의 핵심 특징이자 요점입니다. 이 용어는 1988년에 Sandr Vandermerwe와 Juan Rada가 게재한 논문[34]에서 처음 사용되었습니다. 서비스화는 제조 기업이 제품 제조 및 판매에 집중하는 것에서, 고객에게 제품의 사용가치를 전달하는 것으로 전환하는데 기여합니다.

세일스포스Salesforce라는 회사에 따르면, 4차 산업혁명은 물리적, 디지털 및 생물학적 세계 사이의 경계가 모호해지는 것으로 설명됩니다. 그 결과 AI, 로봇공학, IoT, 3D 프린팅, 양자 컴퓨팅, 유전 공학, **GPS**위성 위치확인 시스템, Global Positioning System 및 관련 기술의 발전이 함께 융합되어 과거에는 볼 수 없었던 결과를 달성했습니다.

오늘날 음성 작동 시스템은 인간과 자동차 내비게이션 시스템 간의 대화를 가능하게 하여 내비게이션이 여행 시 최적의 경로를 추천합니다[35].

4차까지의 산업혁명과 이 책에서 언급한 *산업 디지털 전환*은 어떤 관계가 있습니까? 우리는 산업혁명의 4번째 물결에서 2번째 10년 구간에 있습니다. 이 책의 저자들은 2020년이 공공부문과 상업부문을 모두 아우르는 산업용 디지털 전환을 수행하는 새로운 10년을 형성하는 데 큰 역할을 할 것이라고 강력하게 믿습니다. 따라서 산업 디지털 전환은 세계에 4번째 산업혁명의 진정한 힘을 발휘하는 데 도움이 될 것입니다.

지난 300년 동안 우리 문명이 대규모로 발전했음에도 불구하고, 그 혜택은

---

34 Servitization of Business: Adding Value by Adding Services, in the European Management Journal, https://www.sciencedirect.com/journal/european-management-journal/vol/6/issue/4

35 https://www.salesforce.com/blog/2018/12/what-is-the-fourth-industrial-revolution-4IR.html?

공평한 방식으로 지구의 70억 인구에게 미치지 못했습니다. 그 결과, 표 1.3과 같은 유엔은 2030년까지 세계를 전환시키는 데 도움이 되는 17개의 SDG지속 가능성 개발목표, Substantiality Development Goals[36]를 설정했습니다.

표 1.3 유엔의 2030년 지속 가능성 개발목표

번호	설명	디지털전환 기회
목표 1	모든 형태의 빈곤 퇴치	소액대출 및 개인 간 대출
목표 2	기어해소와 지속 가능한 농업	스마트 농업, 자원을 보호하는 새로운 기술, 수직 농업
목표 3	건강과 웰빙	사람에 대한 디지털 트윈
목표 4	양질의 교육	원격 교육
목표 5	양성 평등	공공 및 민간부문에서의 평등에 대한 더 나은 추적
목표 6	물과 위생	스마트 물 관리
목표 7	저렴하고 깨끗한 에너지	스마트 마이크로 그리드
목표 8	양질의 일자리와 경제성장	
목표 9	혁신과 인프라 구축	IIoT 테스트베드
목표 10	불평등 완화	
목표 11	지속가능한 도시	스마트 시티
목표 12	지속가능한 소비와 생산	
목표 13	기후변화 대응	
목표 14	해양 생태계	DARPA 해양 IoT
목표 15	육상 생태계	
목표 16	평화와 정의 제도	
목표 17	파트너십	컨소시엄 및 민관협력체

36 https://www.un.org/development/desa/disabilities/envision2030.html

DARPA의 해양 IoT DARPA Ocean of Things의 자세한 내용은 다음 사이트[37]에서 참고하면 됩니다.

앞의 유엔 목표는 산업 디지털 전환을 사용하여 해결해야 할 몇 가지 근본적인 문제를 보여주며, 이는 세계에 지대한 영향을 미칠 것입니다. 민간 부문의 기업이 이러한 문제해결을 위해 완전한 솔루션이나 기술의 일부를 만들어 낼 때, 이를 구현하고 채택할 가능성이 매우 높습니다. 이를 통해 전환을 위한 사업 계획서 business case를 만들어 투자 위험을 낮출 수 있습니다. 이러한 전환적인 솔루션의 수익은 정부 기관이나 최종 소비자 및 수혜자로부터 나올 수 있습니다. 이러한 전환적인 계획이 성공적인 민관 협력을 가속하는 경우가 매우 많습니다.

1.4 산업 디지털 전환이 사업에 미치는 영향

인터넷, 웹 응용프로그램, 그리고 엄청난 양의 컴퓨팅 성능, 손쉬운 저장능력의 가용성과 낮은 비용은 기업 운영 방식에 혁명을 일으켰고, 그 과정에서 경쟁 환경을 재구성 하였습니다. 어떤 경우에는 산업 디지털 전환이 경쟁력이 되기도 하지만, 어떤 경우에는 단순히 사업을 유지하는 데 필요한 최소한의 노력에 불과합니다. 많은 조직에서 디지털 전환은 반드시 해야 할 일입니다.

산업 디지털 전환은 다음과 같은 세 가지 목적 중 하나 이상을 수행할 수 있습니다.

- 내부 절차를 개선하여 비용을 절감하고 경쟁력을 높입니다.
- 기존 사업 모델 내에서 기존 솔루션의 공급을 간소화하여, 비용을 절감하거나 고객 서비스를 개선합니다.
- 사업을 완전히 전환하여 새로운 제품 및 사업 모델을 만듭니다.

37 https://www.darpa.mil/program/ocean-of-things

진정한 디지털 전환은 사용자 경험을 근본적으로 변화시키는 파괴적인 혁신입니다. 이 새로운 경험이 제대로 전달된다면, 고객을 기쁘게 할 것이며, 향후 고객에게 더 나은 서비스를 제공할 수 있는 방법에 대한 통찰력을 사업에 제공할 것입니다. 또한 고객 지원 절차를 개선하여, 지원 비용을 절감하고 고객으로부터 새로운 통찰력을 얻을 수 있습니다.

산업 디지털 전환은 단순히 새로운 기술을 사용하여 기존 절차를 자동화하는 것이 아니라, 근본적으로 다른 해결방안을 제공하기 위해 기존 절차와 제품을 재설계하는 것입니다. 내부 절차 개선의 간단한 사례는, 검토를 위한 문서 경로 지정의 개선입니다. 서류상으로 배달된 문서는 각 개별 검토자에게 순차적으로 이동합니다. 해당 문서가 단순이 디지털화되면, 각 검토자에게 순차적으로 전달될 수 있습니다. 그러나 절차가 재설계된 경우 최종 승인자를 제외한 모든 검토자에게 전달되어, 검토과정이 며칠이나 몇 주가 단축될 수 있습니다.

제품 수준에서 산업 디지털 전환은 디지털 솔루션이 존재하기 이전에는 없었던 완전히 새로운 제품을 개발하여 전체 시장을 파괴합니다. 예를 들어, 사업 모델의 디지털 파괴가 없다면 리프트Lypt와 우버Uber는 존재하지 않았을 것입니다. 스마트폰이 등장하기 전에는 수요와 공급이 고르게 일치하도록 하는 정교한 알고리즘이 등장할 수 없어, 승객과 운전자를 빠르게 연결하고 가격을 관리해 수요와 공급이 고르게 일치하도록 하는 차량 공유 서비스가 존재할 수 없었을 것입니다. 그들은 택시와 렌터카 시장 모두를 파괴하였습니다.

디지털 전환이 기업에게 중요한 이유는 거의 모든 기업이 어려움을 겪고 있기 때문입니다. 신규 진입자들은 더 낮은 비용과 기존 사업에 대한 새로운 접근 방식이나 기존사업을 침범할 수 있는 새로운 사업 모델을 개발하여, 시장에 진입하기 위해 대기하고 있습니다. 기존 기업은 이러한 변화하는 환경에서 경쟁하고 지속적으로 성장하기 위해 문화, 절차 및 기술 등을 혁신해야 합니다.

1.5 사업성과 및 주주 가치의 계량화

대규모 공공이나 사설 조직에서의 의사결정 과정은 일반적으로 전략적 목표나 이해관계자에 대한 투자 가치를 중심으로 이루어지며, 이는 동시에 조직을 더 강하고 지속 가능하게 만듭니다. 결과적으로 사업을 지속하기 위한 점진적인 노력 이외의 새로운 계획은, 사업 계획서에 대한 ROI투자 수익률, Return on Investment 분석을 거치게 됩니다. 따라서 산업 디지털 전환이 사업에 미치는 주요 이익을 이해하는 것이 중요합니다. 디지털 전환의 바람직한 결과는 다음과 같습니다.

- 새로운 디지털 수익
- 생산성 향상
- 기업의 사회적 책임

*"10장, 전환의 가치 측정"*에서는 이러한 결과를 정량화하는 방법에 대해 자세히 살펴보겠습니다. 여기서는 이러한 결과를 질적으로 이해해 봅시다.

새로운 디지털 수익

이 시나리오에서는 전환을 통해 새로운 사업을 만들거나, 기존 사업에 새로운 디지털 수익을 창출할 수 있습니다. 좋은 사례는 제품의 서비스화입니다. 회사에서의 이러한 사업모델은 물리적 제품에 서비스를 포함하여 반복적인 수익을 가져올 수 있는 형태로 재구성 하려고 합니다. 예를 들어, 자동차를 구입할 때 예정된 유지보수 서비스를 구입하도록 하는 것입니다. 이를 통해 서비스 수익이 애프터마켓 부품 및 타사 서비스 공급업체로 이동하는 것을 방지할 수 있습니다. 보다 복잡한 사례로는 제트 엔진 공급업체가 항공기의 시간당 *추력*thrust이나 모델별 *시간당 출력*power by the hour을 판매하는 경우가 있습니다. 산업 디지털 전환 결과로 창출된 사업 계획서를 추진하기 위해 제안된 투자는 가능한 다른 새로운 수익과 비교하여 평가됩니다[38].

생산성 향상

이 시나리오에서 산업 디지털 전환의 주요 목표는 수익을 개선하고 효율성을 높이는 것입니다. 풍력 터빈 소유자나 운영자의 사례를 보겠습니다. 오일 교환을 포함한 특정 유형의 풍력 터빈을 수리하고 풍력 터빈의 베어링을 수리하는 비용은 건당 약 8,000달러입니다. 지나치게 빈번한 서비스는 일상적인 유지보수 비용을 증가하게 하거나 규정된 정비 예정일에도 정비를 하지 않아 풍력 터빈에 막대한 손상을 입히게 되는 결과를 초래합니다. 그 결과, 이러한 빈번한 서비스를 방지하기 위해 회사는 CBM상태기반 유지보수, Condition-Based Maintenance 방안을 도입하는 것으로 결정합니다. 회사는 오일의 점도와 입자 수준을 감시하기 위해 센서를 추가하여 풍력 터빈을 원격으로 감시함으로서 최적의 서비스 빈도를 도출할 수 있습니다. 이것은 산업에서 디지털 전환으로 생산성 향상을 개선한 좋은 사례 연구입니다.

기업의 사회적 책임

민간 및 공공 부문 모든 기업의 사회적 책임의 목표를 만족시키기 위한 혁신적인 방법을 모색하는 경우가 많습니다. 이러한 사업 계획서는 유형 및 무형의 이익으로 구성될 수 있습니다. 예를 들어, 항공사는 탄소 저감에 대한 엄격한 목표를 설정하고, 이를 달성하기 위한 혁신적인 전환을 모색할 수 있습니다.

다음 장에서는 산업 디지털 전환 여정의 다양한 단계에 대해 살펴보겠습니다.

38 https://knowledge.wharton.upenn.edu/article/power-by-the-hour-can-paying-only-for-performance-redefine-how-products-are-sold-and-serviced/

1.6 디지털 전환 여정의 단계

자동차 산업의 사례를 사용하여 디지털 전환에 대한 단계적 접근 방식을 살펴보겠습니다. 최근 수십 년 동안, 우리는 석유에서 전기 자동차로 가는 단계부터, 운전자 보조 기술을 사용하는 단계까지, 다양한 수준의 자율주행으로 가는 과정에 있습니다. 이 여정이 계속되어 미래에는 무인 택시와 하늘을 나는 택시를 보게 될 것입니다.

이러한 자율주행 자동차의 사례에서는 이로 인한 파장의 범위를 고려하는 것이 중요합니다. 자율주행 자동차가 주류가 되면, 도로 체계, 교통 표지판, 심지어 도시와 공항의 설계에도 영향을 미칩니다. 마찬가지로, 자율주행 자동차는 자동차 산업뿐만 아니라 전기 자동차로 인해 공익 사업자, 그리고 결국에는 자동차와 트럭 운송 산업 분야의 고용에도 높은 경제적 영향을 미칠 수 있습니다.

마침내, 자동차 보험과 도로 교통국도 이러한 변화에 적응해야 할 것입니다. 따라서 기술 주도의 자동차 디지털 전환은 사회 경제적, 정치적으로 큰 영향을 미칩니다. 변화 관리 및 단계적 접근 방식은 전환의 *기술적* 측면뿐만 아니라, 사업 환경의 변화와 사회활동의 변화에도 영향을 미칩니다.

향후 장에서는 제시된 방법론이 적용된 구체적인 사례를 함께 재검토하고, 전환 활동의 성공을 보장하기 위한 접근 방식 및 방법론에 대해 논의할 예정입니다.

이 책은 산업 디지털 전환이 어떤 모습인지에 대한 몇 가지 사례를 다룰 것이지만, 올바른 기회를 발견하는 방법에 대한 몇 가지 아이디어를 제공할 것입니다. 산업이 상품을 제조하거나 서비스를 공급하는 과정의 일반적인 사업 단계를 조사함으로써 많은 것을 얻을 수 있습니다. 구체적으로 기업이 신제품을 도입하는 사례를 살펴보겠습니다. 일반적인 단계는 그림 1.9에 나와 있습니다.

그림 1.9 신제품 도입에서의 일반적 과정

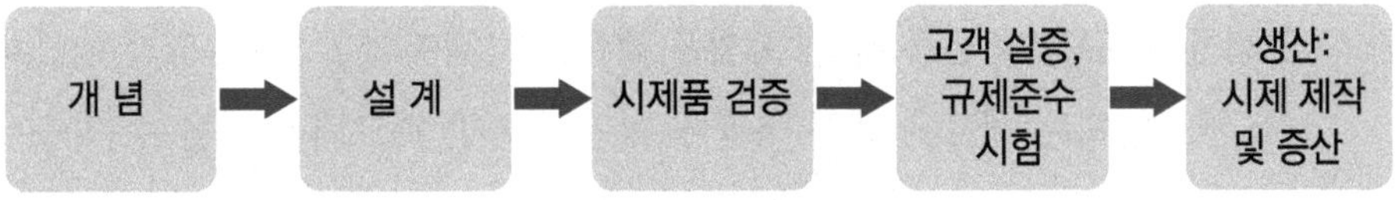

산업 디지털화는 이러한 각 단계에서 중요한 역할을 할 수 있습니다. 여기서는 몇 가지 사례를 간략하게 살펴보겠습니다.

- **개념:** 이 단계는 신제품에 대한 요구사항을 정의하는 데 도움이 되는 초기 아이디어 단계입니다. 디지털화는 비정형 데이터를 결합하여 주요 고객 동향을 찾는 기계학습 솔루션을 사용함으로써, 이 단계에 도움이 될 수 있습니다. 여러 공급업체가 플랫폼을 제공합니다. 예를 들어 SNS 메시지를 분석하여 기존 제품의 기능과 관련된 긍정적이거나 부정적인 정서를 찾아냅니다.

  또한 개념단계에서 생산 단계로 전환하는 데 소요되는 시간을 고려할 때, 제품이 판매될 시점에서 관심을 가질 제품 기능들과 예상 판매량을 예측하는 것이 회사에게는 중요합니다. 기계학습과 데이터 마이닝data mining은 이 분야에서 상당한 효과를 발휘합니다.
- **설계:** 디지털화는 설계자 간의 협업을 확대함으로써 설계 과정에 도움이 될 수 있습니다. 전 세계 설계자들이 공동 플랫폼에서 함께 작업할 수 있는 협업 도구(실제로 도면을 동시에 공유하고 편집할 수도 있음)는 설계 과정을 가속화하는 데 큰 도움이 됩니다. 또한 디지털화는 기업에서 이미 사용 중인 구성 요소를 재사용할 수 있는 수단을 제공하며, 향후 원재료 SKU제품의 최소수량 단위, Stock Keeping Unit 관리에 대한 문제를 최소화할 뿐만 아니라, 규모의 경제성을 높여 비용을 절감할 수 있습니다.
- **시제품 및 검증:** 신속한 시제품 제작은 설계의 적합성과 기능성을 평가하고 제품이 제조되어 출시되기 전 최종 수정을 하는 데 핵심적인 역할을 합니다. 적층 제조는 기계 부품의 신속한 시제품 제작에 핵심적인 역할을 할 수 있습니다. 전자 제품의 경우, 고객에게 샘플을 최단시간으로 공급하기 위해 소량 주문을 전문으로 하는 특별한 회사가 있습니다. 이러한 기업은 컴퓨터 통합 제조를 활용하여 고객이 주문하는 사이에 신속하게 공구를 재구성합니다.
- **고객 평가, 규정 및 인증 시험:** 시제품 샘플을 고객에게 보낼 수 있게 됨으로서, 제조업체는 새로운 제품 특징에 대한 신속한 피드백을 얻을 수 있습니

다. Steve Jobs는 다음과 같은 발언을 하였습니다. *"사람들은 당신이 그들에게 무엇을 원하는지 보여줄 때까지 그들이 무엇을 원하는지 모릅니다*[39]*."* 신속한 시제품 제작은 이러한 수단을 제공합니다. 시제품을 사용하는 고객 평가는 디지털 트윈과 같은 기술을 사용함으로서 평가 속도를 높일 수 있습니다. 이들은 극한 환경 조건에서 시험을 수행하는 데 사용될 수 있으며, 이는 규제 요건을 충족하도록 설계하는 데 도움이 될 것입니다.

- **제조:** 여기서는 제조를 단일 단계로 취급하지만(이후 장에서 더 자세히 설명), 이는 디지털화를 위한 고유한 문제와 기회를 가진 여러 영역을 포함합니다. 제조는 단위 공장이나 연결된 공장뿐만 아니라, 전체 공급망으로 구성됩니다. 제조 중 일부는 책의 뒷부분에서 다룰 예정이지만, 이러한 제조 영역에만 수많은 디지털화 기회가 존재합니다.

  AR, 제어실, 기계학습 및 AI, 상세한 실시간 시뮬레이션 모델(예를 들어, 항공기 엔진 모델에 대한 GE의 시연으로서 *디지털 트윈*이라고도 함), 자율적인 계획 및 일정관리와 관련된 여러 출판물 및 동영상을 찾을 수 있습니다.

  제조 및 관련 과정이 상대적으로 잘 정리되어 있기 때문에 이러한 센서 활용과 측정 기술을 설계할 수 있습니다. 예를 들면, 개념 단계에서 고객을 이끌 수 있는 새로운 특징을 도출하기 위해 비구조화된 데이터를 사용하여 자연어 처리와 감정 분석을 적용하는 것과는 대조적입니다. 연결된 제품과 운영은 고객 지원 운영을 개선하고 효율성을 높일 수 있는 기회를 제공합니다.

마지막으로, 디지털 전환의 목표는 다음과 같은 것들을 가능하게 하는 것입니다. 즉, 더 낮은 비용으로 시장 출시 기간을 단축하고, 환경보전에 대한 관리 및 자원을 절감하고, 공급망과 인력관리를 디지털화함으로써 생산에서의 위험요소를 낮추는 것입니다. 상업 기업의 목적은 이윤, 수익, 시장 점유율을 극대화하는 것

39 Isaacson, W. Steve Jobs: The Exclusive Biography. New York: Simon & Schuster, 2011

입니다. 디지털화 기술이 올바르게 구현될 경우 가시성, 효율성 및 민첩성을 제공하는 다양한 기회를 제공합니다.

산업 디지털 전환은 미래의 일하는 방식에 어떤 영향을 미칠까요? 이는 전략 추진과 전환 실행을 책임질 사람들의 관점에서는 핵심 동력이 될 것입니다. 자동화의 확대와 유비쿼터스 AIUbiquitous AI의 사용은 우리가 일하는 방식을 크게 변화시킬 것입니다. *무인화*light out 데이터 센터가 그 좋은 사례입니다. 마찬가지로, 사람이 공장에서 로봇과 함께 일할 수 있게 하는 코봇이나 협동 로봇은 공장작업의 미래를 보여주는 또 다른 지표입니다.

코로나19 펜데믹 기간인 2020년 1분기 줌Zoom 및 웨벡스Webex와 같은 원격 화상회의 기술에 대한 업무활용이 폭발적으로 증가한 것도 극단적인 시나리오에서 일하는 방식의 본질적인 변화를 보여주는 또 다른 사례입니다. 이 기간 동안 원격 의료도 성장하여 규제 환경이 완화되었습니다[40].

*긱 경제*gig economy, 즉 공유 경제는 관련 산업의 전환으로 인해 가능해졌습니다. 자율주행 트럭과 같은 자율주행차로 이동하면 트럭 운전자들의 직업에 지장이 생길까요? 흥미롭게도, 2020년 상반기 동안, 소매 산업에서 장거리 트럭 운전자들에게 식품과 식료품을 배달해달라는 수요가 매우 높았습니다. 이와 관련하여 지난 10년 동안 종이 지도가 지도 앱으로 이동하는 것을 보았습니다. 지도와 지리적 위치 정보를 기반으로 하는 이러한 지도 앱은 운송 산업을 크게 변화시켰습니다. 트럭 운전자들은 이러한 앱을 통해 무게 제한이 있는 다리나, 높이 제한이 있는 고가도로를 가진 고속도로와 같은 상용 차량에 제한이 있는 도로는 피하여 목적지까지 가장 빠른 경로를 찾을 수 있습니다.

이 책의 초점 중 하나는 전환 여정에 참여하는 사람들의 전문적인 개발을 돕는 것입니다. 이 책의 저자들은 대기업의 다양한 산업 디지털 전환에서 일부를 담당하였습니다. 이 책은 그들이 추진한 전환 여정에서 얻은 직접적이고 전문적인 경험을 담고 있습니다.

---

40 https://www.hhs.gov/hipaa/for-professionals/special-topics/emergency-preparedness/notification-enforcement-discretion-telehealth/index.html

요약

이번 장에서는 산업 디지털 전환을 위한 문화, 기술 및 사업 동인의 중요성에 대해 알아봤습니다. 우리는 향후 전환을 위한 과제를 찾아내고 선택하는 방법을 이해하기 위해, 대규모 산업혁명의 역사에 대해 배웠습니다. 이 책의 I 부에서는 이러한 주제에 대한 세부 사항을 더 자세히 설명하고, II 부에서는 진행 중인 산업 디지털 전환의 자세한 사례를 보여줄 것입니다.

다음 장에서는 성공적인 디지털 전환을 가능하게 하는 데 필요한 역량에 대해 살펴보겠습니다. 기존 문화에서 기존 기술을 보유한 기존 직원으로는 디지털 전환을 수행할 수 없습니다. 우리는 전환을 위해 올바른 문화와 필요한 기술을 만드는 방법에 대해 논의할 것입니다. 우리는 CDO의 부상과 디지털 전환 구현을 위한 그들의 역할에 대해 논의할 것입니다.

질문

다음은 이 장에 대한 이해도를 평가하기 위한 몇 가지 질문입니다.

1. 산업 디지털 전환의 주요 동력은 무엇입니까?
2. 공공부문과 비교하여 상업부문의 전환목표에 큰 차이가 있습니까?
3. 전환을 주도하는 데 있어 디지털 기술의 역할은 무엇입니까?
4. 산업 디지털 전환이 조직에 주는 이점은 무엇입니까?
5. 산업 디지털 전환을 이해하기 위해 산업혁명의 역사를 이해하는 것이 왜 중요합니까?

02 조직 내 문화의 전환

이전 장에서는 상업 및 공공 부문에서 산업 디지털 전환의 중요성에 대해 배웠습니다. 전환을 가능하게 하는 디지털 기술과 사업 동인도 설명하였으며, 현 단계로 이어지는 산업 혁명의 역사적 진화도 다루었습니다. 마지막으로, 우리는 글로벌 및 지역 위기가 종종 전환의 속도를 가속화할 수 있다는 것을 배웠습니다.

이 장의 첫 번째 부분에서는 성공적인 디지털 전환을 가능하게 하려면 문화적 전환이 필요하다는 것을 설명할 것입니다. 성공적인 디지털 전환을 위해 조직이 갖춰야 할 문화적 환경에 대해서도 알아보겠습니다. 다음으로 디지털 전환을 성공적으로 완료하는 데 필요한 새로운 역할과 첨단기술을 개발하는 방법에 대해서도 알아보겠습니다. 또한 CDO최고 디지털 책임자, Chip Digital Officer의 등장과 CDO가 디지털 전환의 중요한 원동력이 되는 이유에 대해서도 알아보겠습니다. 마지막으로, 이 장에서는 디지털 전환을 성공적으로 실행하기 위해, 인력 및 조직이 필요로 하는 기술과 조직의 개별 직원 및 팀에서 이러한 기술을 개발할 수 있는 방법에 대한 검토로 마무리합니다.

요약하면 다음과 같은 내용에 대해 우리는 배울 것입니다.

- 디지털 전환의 문화적 전제 조건
- CDO의 출현과 디지털 역량
- 전략적 전환에 대비한 조직 개편
- 디지털 전환을 위한 기술 및 역량

2.1 디지털 전환의 문화적 전제 조건

디지털 전환을 위해서는 개발되는 제품이 최종 사용자의 요구에 충족하도록 보장하기 위해 기술팀이 사업 요구를 보다 깊이 이해해야 합니다. 또한 디지털 전환에서는 이러한 제품을 개발하기 위해 첨단 기술을 사용해야 합니다. 그러나 성공적인 디지털 전환은 기능을 개발하는 데 사용되는 기술만을 변경함으로서 이루어지지는 않으며, 조직이 일하는 방식도 변경해야 합니다. 사실, 조직의 업무 방식(조직 문화)을 바꾸는 것은 디지털 전환의 중요한 부분 중 하나이며, 디지털 전환의 성공에 있어서 매우 중요합니다.

디지털 전환을 위한 기반으로서 애자일 개발의 개념

디지털 전환은 자주 제품, 서비스, 그리고 전체 사업 모델이 전통적인 제품과 서비스와 어떻게 다른지에 대한 관점에서 논의되지만, 디지털 전환은 그러한 제품, 서비스, 그리고 사업 모델이 어떻게 만들어지는지에 대한 방식부터 시작되어야 합니다. 모든 디지털 전환을 뒷받침하는 기본 개념은 애자일agile 개발 아이디어입니다.

디지털 전환의 많은 제품들은 궁극적으로 하드웨어나 사업 모델 및 절차의 전환에 의한 것이지만, 소프트웨어는 모든 디지털 전환의 기초가 되며, 디지털 전환이 일어나는 방식을 이해하기 위해서는 현대적 개발 관행에 대한 확고한 이해가 필요합니다. 또한 실험, 가장 어려운 문제의 우선 해결, MVP최소 실행 가능한 제품, Minimum Viable Product 파악 등 애자일 작업 방식으로 구현된 핵심 아이디어는 절차, 제품 및 사업 개발에도 적용되며, 이 장의 뒷부분에서 설명할 린 작업 방식과 밀접하게 관련되어 있습니다. 또한 일부 하드웨어 중심의 개발팀은 애자일의 하드웨어 제품 최적화 버전인 RLCRapid Learning Cycles를 사용합니다[1]. RLC의 설립자인

1 https://www.leanfrontiers.com/wp-content/uploads/2016/10/Katherine-Radeka-LPD.pdf

Katherine Radeka에 따르면, 이 방법론은 볼보Volvo, 선파워SunPower, 하이스터-예일Hyster-Yale, 필립스Phillips, 존슨앤존슨Johnson & Johnson, 그리고 노보 노르디스크Novo Nordisk를 포함한 다양한 회사들에 의해 채택되었다고 합니다.

다양한 산업 분야의 기업들은 애자일 방법론을 제품, 절차 및 사업 모델의 디지털 전환을 위한 기반으로 채택하여 왔습니다. 주목할 만한 기업으로는 IBM, 시스코, MS, 3M 및 AT&T이고, 덜 알려진 기업으로는 카페프레스CafePress, 슐럼버그Schlumberger, 레고 디지털 솔루션Rego Digital Solutions, 보험 및 은퇴 계획 회사인 프린시플 파이낸셜Principal Financial Group 등이 있습니다.

애자일 개발은 2001년 스노우버드Snowbird 회의에서 애자일 선언문[2]이 작성된 것이 최초의 사례로 받아들여 지고 있습니다. 그러나 애자일은 1980년대로 거슬러 올라가 폭포수 개발waterfall development 관행의 잦은 실패에 대한 좌절에 뿌리를 두고 있습니다. 이러한 좌절은 반복 개발iterative development, 익스트림eXtreme 프로그래밍과 같은 새로운 프로그래밍 기술, 그리고 궁극적으로 애자일 개발로 이어졌습니다.

폭포수 개발과 반복 개발 방법론 모두 이 책의 범위를 벗어납니다. 폭포수 개발에 대한 자세한 내용[3]과 반복 개발에 대한 자세한 내용[4]은 관련 사이트를 참조하십시오.

애자일은 개발 방법론이지만, 애자일 선언문에 설명된 것처럼 규칙과 절차 집합이 아닌 *공유된 가치 집합a set of shared values*을 기반으로 하는 개발에 대한 접근 방식이라는 점에서, 우리가 논의한 역사적 방법론과는 매우 다릅니다. 이러한 가치는 민첩성과 호환되는 다양한 개발 관행 및 도구(가장 일반적으로 스크럼 및 익스트림 프로그래밍)를 사용하여 적용됩니다.

애자일 방법론의 기초로서 애자일 선언문을 구성하는 네 가지 가치를 이해하

---

2 https://agilemanifesto.org/

3 https://www.toolsqa.com/software-testing/waterfall-model/

4 https://www.agilebusiness.org/dsdm-project-framework/iterative-development.html#:~:text=Iterative%20development%20is%20a%20process,something%20with%20acknowledged%20business%20value.

는 것이 중요합니다.

- 절차와 도구보다는 개인과 상호작용을 우선
- 포괄적인 문서화보다는 작동하는 소프트웨어를 우선
- 계약 협상보다는 고객 협업을 우선
- 계획에 따르는 것보다는 변화에 대응을 우선

애자일 선언문의 저자들은 앞의 네 가지 가치에 대해서 다음과 같이 말했습니다.

"왼쪽 항목에 가치가 있지만, 우리는 오른쪽 항목을 더 중요하게 생각합니다."

즉, 절차와 도구보다는 개인과 상호 작용을, 포괄적인 문서보다는 소프트웨어 작업을, 계약 협상보다는 고객과의 협업을, 계획을 따르는 것보다는 변화에 대응하는 것을 중요시 여깁니다. 이러한 가치는 과거의 매우 체계적인 개발 절차와 현재와 같이 고객의 요구에 부응하여 사용할 수 있는 제품을 개발하려는 필요 사이의 균형을 맞추고자 하는 의지를 반영합니다. 이러한 가치는 이 책에서 설명한 그동안의 관행과 문화를 알려줍니다.

신속한 변화를 위한 개발 과제는 그림 2.1과 같이 발견, 개발 및 지속적인 개선의 세 단계로 나눌 수 있습니다.

그림 2.1 애자일 개발 단계

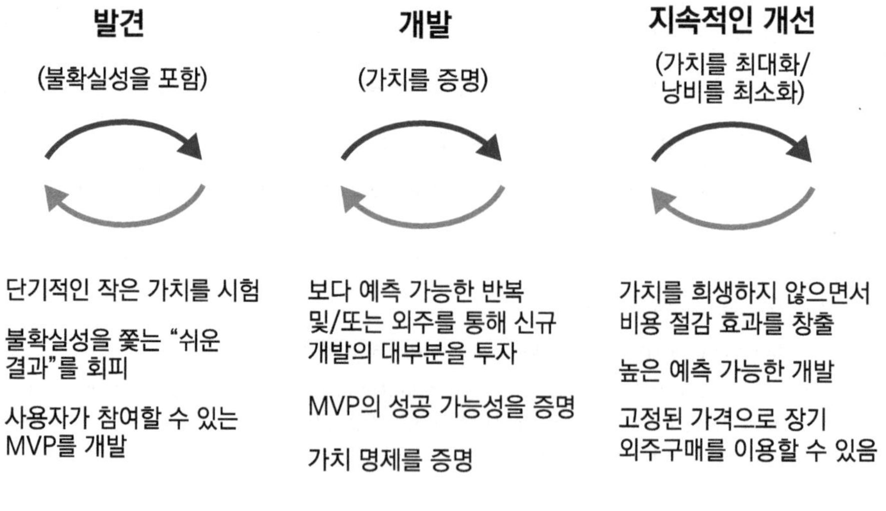
발견
(불확실성을 포함)
단기적인 작은 가치를 시험
불확실성을 쫓는 "쉬운 결과"를 회피
사용자가 참여할 수 있는 MVP를 개발
개발
(가치를 증명)
보다 예측 가능한 반복 및/또는 외주를 통해 신규 개발의 대부분을 투자
MVP의 성공 가능성을 증명
가치 명제를 증명
지속적인 개선
(가치를 최대화/ 낭비를 최소화)
가치를 희생하지 않으면서 비용 절감 효과를 창출
높은 예측 가능한 개발
고정된 가격으로 장기 외주구매를 이용할 수 있음

다음은 각 단계에 대해 자세히 살펴보겠습니다.

- **발견 단계:** 발견 단계에서는 해결해야 할 가장 복잡한 문제를 파악하는 것이 목표입니다. 가장 복잡한 문제는 궁극적으로 실행 가능한 제품이 개발될 수 있는지 여부를 결정하는 문제입니다. 이 개발 단계에서 가장 단순한 기능이나 매력적인 사용자 인터페이스 또는 산업 디자인을 제공하고자 하는 유혹에 이끌립니다. 하지만 이러한 유혹은 첫 단계 목표인 솔루션 제공이 가능할 수 있는지에 대한 판단을 방해하기 때문에 이러한 접근 방식은 피해야 합니다. 발견 단계의 결과는, 제품이 성공하지 못해 최종 사용자에게 전달될 수 없거나, 받아드려지지 않을 수 있는 잠재적 MVP일수도 있다는 인식이 있어야 합니다. 제품을 성공적으로 개발할 수 없다고 판단되면 과제는 중단됩니다. 저비용의 실험으로 가능한 이러한 실패는 현 시점의 개발 단계에서 자주 발생하는 적절한 결과입니다.
- **개발 단계:** 개발 단계에서는 제품의 대부분이 개발됩니다. 가장 어려운 문제가 해결되었기 때문에, 개발 단계에서 진행 상황을 보다 예측할 수 있습니다. 개발의 각 단계에서는 새로운 기능이 개발됨에 따라 사용자와 상호 작용이 빈번하게 발생합니다. 이를 위해서는 사용자 피드백을 MVP에 통합되게 하고, 제품이 사용자 가치를 가지고 있는지 확인해야 합니다.
- **지속적인 개선 단계:** 지속적인 개선 단계에서는 보다 강력한 사용자 환경을 제공하기 위해 제품에 새로운 기능이 추가됩니다. 지속적인 개선 단계에서는 개발결과를 보다 예측할 수 있는 경향이 있습니다. 그러나 팀은 애자일 개발의 기본 원칙이나 사용자의 요구에 적합한 특성을 계속 제공할 수 있도록, 고객과 긴밀한 연락을 유지해야 할 필요성을 간과해서는 안 됩니다.

발견 단계에서는 제품을 개발할 수 있다는 것을 입증하고, 개발 단계에서는 제품이 고객의 요구를 충족할 수 있다는 것을 입증하고, 지속적인 개선 단계에서는 완벽한 기능 구성으로 제품의 기능을 확장해야 합니다. 각 단계에 대한 일반적인 요구사항은 잘 알고 있지만, 각 개별 과제의 단계별 이동에 대한 구체적인 기준도 결정하는 것이 중요합니다. MVP에 대해서는 린 스타트업 절에서 자세히 설명합니다.

기존 개발과 애자일 개발 방법의 비교

기존의 폭포수나 반복 개발 절차와 관련된 어려움 중 하나는, 많은 조직이 과제를 시작하기 전에 작성된 일련의 요구 사항에 따라 개발을 외부로 위탁하거나 내부 개발 일정을 결정한다는 것입니다. 이러한 계약사항 및 개발 프로그램은 폭포수나 반복 개발 과제에서 실패의 주요 원인이 됩니다. 하드웨어나 소프트웨어 개발하거나 또는 새로운 사업 모델을 구축하는 것과 관계없이 제품 개발팀은 일반적으로 개발 과정에서의 요구 사항을 고정된 것으로 취급합니다. 또한 개발팀은 개발 과정에서 새로운 정보를 얻어 요구 사항이 변경될 수 있음에도 불구하고, 개발 과정에서 변화를 받아드릴 수 있는 구조가 아니기 때문에 이를 무시합니다.

애자일 개발은 사업 모델, 소프트웨어 및 하드웨어 과제, 신기술의 요구사항 등이 유동적이며, 제품의 개발자와 대상 사용자가 제품을 개발하기 시작한 이후에도 변화한다는 현실을 인정합니다. 소프트웨어, 하드웨어 또는 신기술 과제에 대한 모든 요구사항이나, 과제가 시작되기 전에 이러한 요구사항을 제공하는 데 걸리는 시간을 정확하게 예측하는 것은 불가능합니다. 이것이 바로 애자일 개발 방법이 발견 단계에서 그 가치가 입증되는 이유입니다.

불확실성의 원뿔cone of uncertainty은 제품의 전체 요구 사항에 대한 이해 부족과 해결해야 하는 가장 어려운 문제에 대한 이해 부족을 설명하는 데 사용되는 용어입니다. 그림 2.2에서 볼 수 있듯이, 불확실성의 원뿔은 과제 시작점에서는 매우 넓으며, 과제가 진행되는 동안 더 작아집니다.

과제가 전통적인 폭포수나 반복 개발 방법론을 사용하는 경우, 불확실성의 원뿔이 가장 넓은 과제의 시작 시점에서 요구 사항을 결정해야 합니다. 따라서 공급업체는 매우 높은 가격을 제시하고, 개발자와 엔지니어는 일정에 대한 높은 불확실성을 고려하여 긴 일정을 제안하게 됩니다. 애자일 개발 방법을 개념 단계에 사용하면 불확실성의 원뿔이 줄어들게 되어, 제품 개발 과정에 걸쳐 점점 일정과 납품에 대한 예측 가능성이 높아지게 됩니다.

그림 2.2 애자일/린 절차

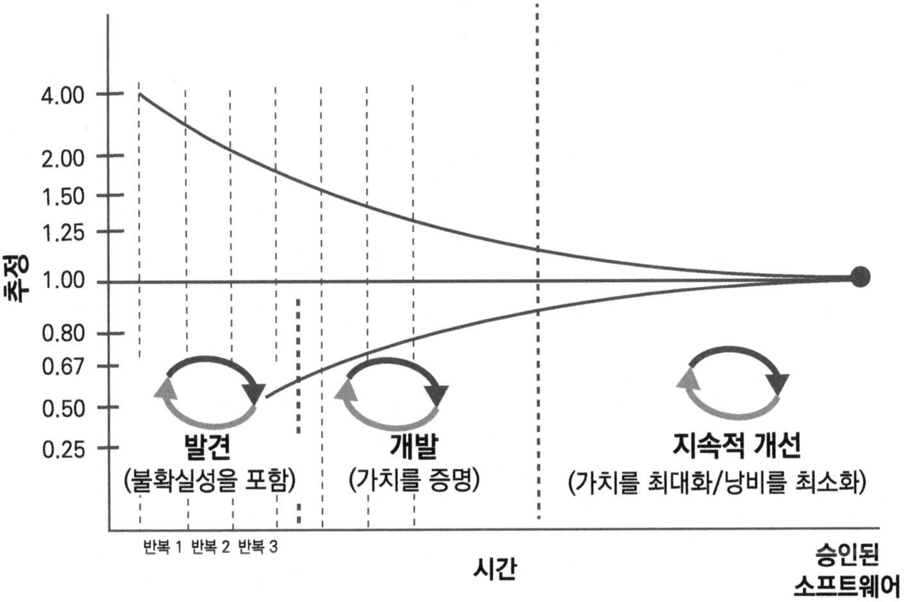

이제 애자일 개발의 기본 개념을 이해했으므로, 신제품 개발에 자주 사용되는 애자일 방법론의 구체적인 구현인 린 스타트업Lean Startup에 대해 설명하겠습니다.

린 스타트업

거대 산업체인 하니웰Honeywell은 대략 2020년 4월 경, 로드아일랜드 스미스필드 공장에서 코로나19 감염으로부터 보호를 위한 N95 마스크 생산을 시작했습니다. 이 회사는 다음과 같이 밝혔습니다.

"장비의 설치는 보통 약 9개월이 걸리지만, 코로나 바이러스 발생기간에 현장 작업자들의 긴급한 수요를 충족시키기 위해 5주 만에 완료되었습니다."

하니웰은 2020년 5월에 마스크를 제조하기 위해 애리조나 피닉스에 있는 항공 우주 생산시설을 사용했습니다. 이 두 시설을 합치면 매달 2천만 개 이상의 마스크를 생산하고, 미국에서 1천 개 이상의 일자리를 창출했습니다. 이것은 위기 상황에서 산업 디지털 전환의 좋은 사례입니다. 직원 수가 100,000명이 넘고, 100년이 넘은 하니웰만큼 큰 회사도 위기 상황에서 린 스타트업처럼 행동을 할 수 있었습니다.

하니웰과 같은 기업은 사업 모델, 직원 및 고객과의 상호 작용을 지배하는 신뢰를 전환시키고 있습니다. 이와 동시에 개인 정보보호 및 규정준수를 염두에 두고, 데이터 공유를 장려하면서 보다 탄력적인 공급망을 구축해야 합니다. 요즘시대의 딜레마 중 하나를 매킨지McKinsey & Company는 다음과 같이 잘 표현하였습니다.

"당신의 경쟁자들처럼 며칠이나 몇 주 안에 디지털 제품을 어떻게 출시할 것입니까?"

코로나19와 같은 위기로 인해 산업에 종사하는 대기업들이 직면한 어려움은 다음과 같습니다.

- 급속한 디지털 전환
- 데이터를 최대한 활용
- 가상 고객 참여

이제 위기나 파괴적인 경쟁에 직면했을 때, 산업의 거인들이 민첩하게 대처할 수 있도록 지원하는 방법론과 실행을 살펴보겠습니다. 린 스타트업 방법론은 2008년 Eric Ries에 의해 제안되었습니다. Eric Ries는 *"린 스타트업"*이라는 책[5]의 저자입니다. 책을 통해 린 스타트업 방법을 사용하여 스타트업을 운영하는 가장 좋은 방법을 알려주었습니다. 린 스타트업에 대하여 어떻게 운영할 것인지, 언제 방향을 전환할 것인지, 그리고 언제 끈질기게 버티고 사업을 최대 가속도로 성장시킬지 대해 설명합니다. MVP의 개념은 주로 린 스타트업과 관련이 있습니다. 이러한 맥락에서 *스타트업*startup은 하니웰, GE나 인텔과 같은 대규모 산업체 내

5 The Lean Startup: How Today's Entrepreneurs Use Continuous Innovation to Create Radically Successful Business, published by Crown, in 2011.

부에 있을 수 있거나, 실리콘 밸리 설립자의 차고에서 벗어난 새로운 혁신 기업일 수 있습니다.

그림 2.3 최소 실행가능 제품(MVP)

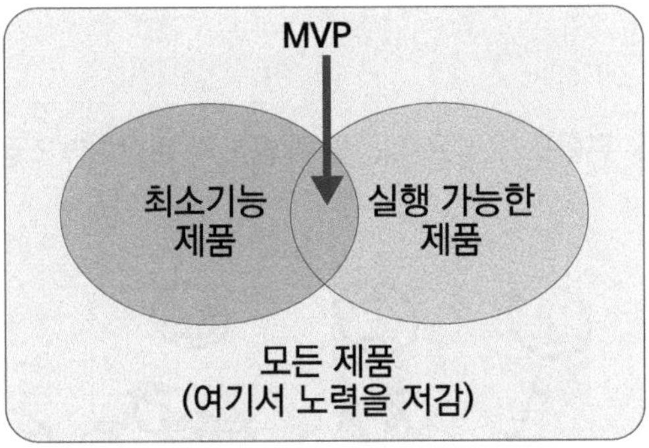

MVP는 신제품이나 서비스 개발에서 반복적인 학습을 지지합니다. Eric Ries는 특정 제약 조건 하에서 고객에게 제공할 수 있는 제품 형태로 MVP를 정의했습니다. 그러나 MVP를 통해 제품이나 서비스 개발팀은 실제 사용자로부터 귀중한 사용 경험 및 피드백 정보를 수집할 수 있도록 하여 개발기간을 단축하고 위험을 낮출 수 있습니다. 추가적으로 고객이 개발에 참여하고 개선의 방향과 속도를 주도할 수도 있다고 생각할 수 있습니다. 그림 2.4는 제품을 개발하기 위한 기존의 접근 방식을 보여줍니다.

그림 2.4 제품을 개발하기 위한 기존의 접근 방식

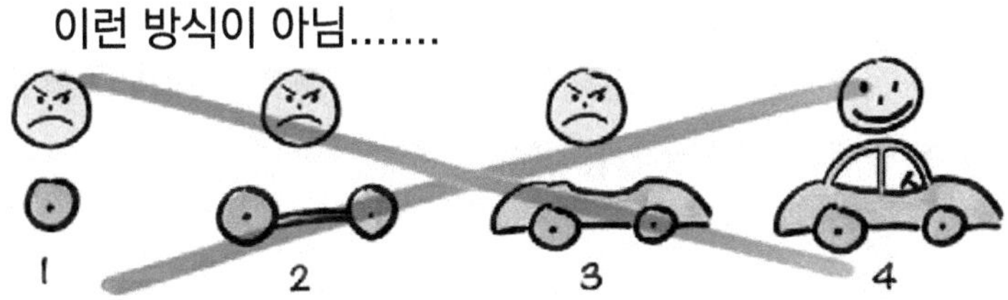

* 출처: Henrik Kniberg

그림 2.4와 2.5는 MVP 접근법을 사용한 제품 개발의 개념을 설명합니다. 주요 개념은 각각의 MVP 단계를 사용자 집단에서 사용 가능하고 실험이 가능하

다는 것입니다. 기존의 접근방식인 그림 2.4는 바퀴에서 차축, 차체에서 전체 차량에 이르는 차량의 진화를 보이며, 사용자는 차축이나 차체를 사용하여 중간 피드백을 제공할 수 없습니다. 그러나 그림 2.5에서 사용자는 운송을 위해 이륜차와 삼륜차를 사용할 수 있으며, 이를 통해 보다 의미 있는 제품 피드백을 제공할 수 있습니다.

그림 2.5 위험도가 낮은 제품을 개발하기 위한 MVP 접근 방식

* 출처: Henrik Kniberg

이제 애자일 그 이상을 논의해 보겠습니다.

애자일 개발과 린 스타트업을 넘어

지금까지 이 장은 애자일 선언문과 린 스타트업이 설명한 애자일 원칙에 주로 초점을 맞추었습니다. 그러나 진정한 디지털 전환을 위해서는 완벽하게 진화된 형태의 애자일이 필요하며, 애자일 이상의 다양한 역량이 포함됩니다. 이 장에서는 최신 디지털 서비스를 제공하는 데 필요한 추가 역량과 이러한 역량을 채택하는 조직의 발전에 대해 살펴봅니다. 이러한 역량은 표 2.1에 요약되어 있습니다.

표 2.1 애자일 이상의 다양한 역량

가치	진화	성숙
애자일	훈련된 민첩한 방법론	정기적으로 참여하는 교차 기능 팀(사용자 포함)
사용자 중심 설계	정기적으로 사용자가 참여하고 개발 주기에 통합	제품 상태에서 사용자 참여가 발생
공유 서비스	디지털 서비스 컨설턴트 권장 사항에 따라 일부 공유 서비스 통합	디지털 서비스 컨설턴트 권장사항별로 모든 공유 서비스를 통합
API 우선 개발	API는 아키텍처에 필수적인 요소	API가 승인된 API 게이트웨이를 사용하고 있음
클라우드	IaaS, PaaS 또는 SaaS를 탄력적이고 확장 가능한 클라우드에 통합하는 명확한 전략	IaaS, PaaS 또는 SaaS를 탄력적이고 확장 가능한 클라우드에 통합
DevOps	자동화 시험 통합	자동화되고 지속적인 구축 툴과 보안을 통합하여 DevSecOps 및 사이버 물리적 보안으로 진화
오픈소스 및 툴 적용	오픈 소스 코드 및 도구의 제한적 사용	오픈 소스 코드 및 툴의 상당한 사용
오픈소스 코드 저장소	비공개로 작업하지만 개방형 저장소에 코드를 단계적으로 배포	개방형 저장소에서 작업
린 실천	시스템 개발을 사업/목표 절차 변화에 맞추어 조정	시스템 개발을 사업/목표 가치 측정과 일치(자체 보고 측정이 아님)

이제 각 역량에 대해 자세히 설명하겠습니다.

애자일

애자일을 채택하는 첫 번째 단계는 개발팀이 그들의 개발 활동들을 구조화하는 스크럼Scrum[6]을 실제에 사용하여, 규칙에 따라 애자일 방법론을 채택하고 따르는 것입니다. 성숙한 조직은 규칙적이고 체계적인 절차를 따르는 것뿐만 아니라,

6 Scrum: 애자일 개발 방법의 하나로서 복잡한 문제를 해결하기 위해 팀이 협업하여 일을 처리하는 프로젝트 관리 방법론

최종 사용자를 포함한 다기능팀이 정기적으로 개발 과정에 참여하도록 합니다.

사용자 중심 설계

*"1장, 디지털 전환의 소개"*에서 논의했듯이, 역사적으로 많은 제품이 실제 시스템을 사용하는 사람들의 참여가 없이 설계되었습니다. 주로 관심 부족이나, 부적합한 특징을 가지는 기능들의 집합으로 구성되어 있는 실패한 제품에 대규모 투자가 이루어졌습니다. 사용자 중심 설계는 개발과정 전체에 걸쳐 의도적으로 제품 사용자를 참여시킴으로서, 이러한 문제를 해결합니다. 사용자 중심 설계에서 사용자를 참여시키고 있는 조직은 설계과정 전반에 걸쳐 정기적으로 사용자와 협의하여, 개념과 완성된 소프트웨어를 함께 검토할 수 있습니다. 완벽하게 사용자 중심 설계를 도입한 조직은 제품팀에 사용자가 포함되어 팀 회의와 설계 검토에 참여하며, 각 단계과정에서 제품을 평가합니다. 이러한 조직에서는 최종 사용자가 개발자만큼이나 제품팀의 일원처럼 활동합니다.

공유 서비스

공유 서비스는 기존 개발팀의 일부는 아니지만, 개발팀의 성공에 중요한 광범위한 기술 전문가들입니다. 공유 서비스로 간주되는 특수 기능에는 다음과 같은 항목이 포함될 수 있습니다[7].

- 애자일 소프트웨어 및 시스템 엔지니어링 코치
- 응용프로그램 및 웹 포털 관리
- 구성 관리
- 데이터 모델링, 데이터 엔지니어링 및 데이터베이스 지원
- 데스크톱 지원
- 최종 사용자 교육
- 전사적 아키텍처Enterprise architecture

---

7 https://www.scaledagileframework.com/shared-services/

- 정보 구조도Information architecture
- 시설 및 도구 관리
- 국제 및 현지화 지원
- **IT 서비스 관리**IT Service Management **및 구축 작업**
- 보안 전문가InfoSec
- 규제 및 규정 준수
- 시스템 QA 및 탐색적 시험
- 전문 기술 작가Technical writers

실제적인 디지털 서비스 관행을 발전시키고 있는 조직에서는, 특히 코치와 같은 몇몇 개인들은 팀에 참여하는 자원의 형태로 포함됩니다. 조직의 디지털 서비스 완성도를 높이려면, 이러한 자원들이 점점 더 제품팀에 포함될 것이며, 대부분 또는 모든 전문 분야가 지속적으로 팀과 함께 활동하게 될 것입니다.

API 우선 개발

API응용 프로그램 인터페이스, Application Programming Interfaces 우선 개발은 제품의 API 구조를 먼저 정의하고, API를 사용하여 제품 내의 모든 상호 작용을 조정하는 방식입니다. API를 통해 개발자는 제품의 구성 요소를 논리적으로 분리하여, 단일 제품이 아닌 마이크로서비스로 제공할 수 있습니다. API 및 마이크로서비스Micro-Service의 구현을 통해 개발 절차의 유연성을 확보할 수 있습니다. 여러 서비스를 병렬로 제공할 수 있으며, 개별 제품 구성요소를 개별적으로 수정 및 보완할 수 있으므로 사용자 환경이 개선됩니다. 모든 디지털 서비스는 API가 제품 체계에 통합되어야 합니다. 조직이 디지털 서비스 성숙도를 높임에 따라, 팀은 제품 전반에 걸쳐 API 요청 절차를 관리하고 조정하기 위해 API 게이트웨이를 사용하는 방향으로 나아가고 있습니다.

매킨지는 API를 시장, 기술 및 조직의 생태계를 연결하는 *결합조직*connective tissue으로 정의합니다. *"7장, 전환 생태계"*에서는 이러한 생태계에 대해 자세히 설명합니다. API는 기업이 데이터와 통찰력을 통해 그들의 운영, 제품 및 서비스를 수익화 할 수 있게 합니다. API는 수익성 있는 협력을 구축하고, 혁신과 성장을 위한 새로운 길을 여는 데 사용할 수 있는 디지털 플랫폼의 핵심 부분입니다. 디지털 플랫폼은 *"3장, 디지털 전환을 가속화하는 새로운 기술"*에서 논의될 것입니다.

클라우드

디지털 서비스의 기본 개념 중 하나는 클라우드를 지원하도록 개발되어 클라우드에 구축된다는 것입니다. 즉, 응용프로그램은 개인, 공공 또는 혼합 클라우드에서의 구현 여부와 관계없이 클라우드가 제공하는 이동성 및 확장성의 이점을 활용할 수 있습니다. 아키텍처가 클라우드에 적합하려면 일반적으로 다음과 같은 다섯 가지 요구사항을 충족해야 합니다.

- 응용프로그램은 마이크로서비스의 모음입니다.
- 데이터 계층이 응용프로그램 계층에서 분리되어야 합니다.
- 소통은 API 기반으로 합니다.
- 응용프로그램은 확장성을 위해 설계 되어야 합니다.
- 보안은 응용프로그램 구조의 일부이며 나중에 생각하는 것이 아닙니다.

성숙한 디지털 서비스는 클라우드에 따라 설계되지 않고, 응용프로그램에 따라 IaaS인프라 서비스, Infra as a Service, PaaS플랫폼 서비스, Platform as a Service 또는 SaaS소프트웨어 서비스, Software as a Service 모델로 클라우드에서 완벽하게 구현됩니다.

DevOps, DevSecOps 및 사이버 물리적 보안

DevOps 또는 DevSecOps의 개념은 현대 개발에 직면한 가장 큰 어려움 중 하나인 *릴리즈 트레인*release train[8]을 해결합니다. 릴리스 트레인은 역사적으로 생산과 출시를 위해 제품이 대기 열에 들어가기 전까지 다양한 그룹의 시험을 거쳐야 하는 긴 절차였습니다. 기존에 릴리스 트레인은 6주에서 6개월 정도 소요되었

8 상위 모듈이 만들어지면 이 상위 모듈에 대해서도 버전 관리를 해야 하는데 하위 모듈의 여러 버전을 관리하는 모듈의 버전이기 때문에 릴리즈트레인이라 부른다.

으며, 매 주마다 기능을 단계적으로 제품에 적용하는 것이 목표인 환경에서는 이러한 절차를 사용할 수 없습니다. DevOps는 시험 및 출시 절차를 자동화하여 릴리스 트레인을 간소화하며, DevSecOps의 경우 보안 검토 자동화도 포함됩니다. DevOps에는 강력한 시험 자동화와 공유 서비스를 포함 하는 것이 모두 필요합니다. 시험, 보안 및 운영팀이 개발팀에 포함되지 않은 경우 출시 절차를 자동화할 수 없습니다. 초기 DevOps 절차는 전통적으로 개발팀이 완전히 제어하는 절차인 간단한 시험 자동화였습니다. 완전히 성숙한 DevSecOps 절차는 모든 단계가 자동으로 수행하며, 새로운 코드가 버튼 하나로 빈번하게 배포됩니다.

카메라, 센서 및 산업 및 가정용 자동화 제품과 같은 물리적 장치가 소프트웨어 시스템과 통합되어 개인 및 공공망을 통해 통신하는 경우가 증가함에 따라, DevSecOps 및 사이버 물리적 시스템Cyber Physical System에 대한 보안의 중요성이 증가하고 있습니다. 개발팀은 자신이 개발하는 소프트웨어와 하드웨어의 보안뿐만 아니라, 이러한 시스템에 통합된 타사 구성 요소와 물리적 장치 및 펌웨어를 제공하는 공급망의 보안도 보장해야 합니다. 개발팀은 제품 아키텍처에 보안 설계가 되어 있고, 취약점이 발견될 때 빠르게 갱신하고 문제를 해결할 수 있도록 솔루션이 설계되었는지 확인하기 위해 보안 전문가와 긴밀하게 협력해야 합니다. 좋은 코딩 원칙으로 활용할 수 있는 재사용 가능한 아키텍처 형태들도 있습니다.

오픈소스 코드 및 도구 채택

현대 디지털 서비스 개발의 모든 모범 사례 중에서, 디지털 서비스를 위한 오픈소스 도구의 사용은 아마도 가장 불명확할 것입니다. 이 책에서 지금까지 정의한 현대적 관행은 어떤 제품이든 개발을 위해 사용할 수 있는 것처럼 보일 수 있습니다. 그리고 개발팀이 독점적인 소프트웨어 언어와 도구를 사용하여 제품과 서비스를 개발할 때 애자일한 방법을 사용하는 것은 사실입니다. 그러나 대부분의 디지털 서비스는 오픈소스 도구를 사용하여 개발됩니다. 현대의 개발 공동체가 오픈소스 도구를 채택한 이유는 여러 가지가 있습니다. 오픈소스 회사OpenSource.com에 따르면 가장 중요한 몇 가지 이유는 다음과 같습니다.

- 다른 개발자들이 콘텐츠 관리나 운영 체제 기능과 같은 쉬운 문제를 해결했기 때문에 개발자들이 더 높은 가치의 작업에 집중할 수 있습니다.
- 라이센스 비용을 제거하여 총 소요 비용을 절감할 수 있습니다.
- 오픈소스 소프트웨어와 도구의 품질은 독점 제품보다 더 많은 개발자가 코드를 검토했기 때문에 더 높은 경향이 있습니다.
- 오픈소스 제품은 또한 이 책에 열거된 현대적인 개발 관행을 따르므로, 개발 주기가 더욱 빨라지고 기능이 향상되며 오류 수정이 더 빨라집니다.
- 패치 적용 일정은 판매자가 강제하는 것이 아니라, 개발팀에서 설정할 수 있습니다.

조직이 보다 성숙한 최신 개발 방식을 개발함에 따라 오픈소스 코드 및 도구의 가치가 팀에 점차 명확해지므로, 오픈소스 코드 및 도구를 제한적으로 사용하는 것으로부터 중요하거나 완전하게 사용할 수 있도록 자연스럽게 도구모음이 진화합니다.

오픈소스 코드 저장소

대부분의 전통적인 개발 환경에서는 각 개발자가 메인 코드로 추가할 때까지 자신의 코드를 작업 컴퓨터나 개인 저장소에 보관합니다. 대부분의 디지털 서비스의 노력은 이런 방식으로 작업하는 개발자들과 함께 시작합니다. 시간이 지남에 따라 개발 방식이 현대화되면서 팀은 모든 코드를 모든 개발자가 항상 공유하고 접근할 수 있도록 오픈소스 저장소에서 직접 작업하는 방향으로 변화합니다. 과제에 따라 저장소는 비공개로 팀에만 표시될 수도 있고, 공용화 하여 조직 외부의 다른 사용자에게 공개될 수도 있습니다.

린 실천

이 장의 앞부분에서 논의했듯이 린 개념은 현대적인 개발방식에서 중요한 부분입니다. 현대의 개발 과제는 기존의 오래된 사업 절차나 제품을 그대로 복제하는 코드를 작성하는 것이 아니라, 사업 절차와 제품을 최적화하거나 재창조하는 것으로 시작합니다. 현대 디지털 서비스에서 모든 제품은 사업과 임무의 변화에 맞춰 조정되고 지원되며, 때로는 주도적으로 변화합니다. 디지털 서비스가 성숙됨에 따라 제품팀은 사업을 추진하는 이유를 더욱 잘 이해하고 제품팀이 개발한 내부 성과 측정 기준보다는, 사업이 보고한 사업 가치 측정 기준에 부합하는 제품이 개발되도록 하는 데 최선을 다 합니다.

파괴적 혁신

*"1장, 디지털 전환의 소개"*에서 설명한 바와 같이, 디지털 전환은 내부 사업 절차 개선, 기존 사업 모델의 효율성 및 효과성 향상, 새로운 사업 모델 창출이라는 세 가지 주요 목적을 수행할 수 있습니다. 새로운 사업 모델을 만드는 것이 파괴적 혁신disruptive innovation이란 것은 당연하지만, 내부 사업 절차나 기존 사업 모델을 파괴하는 것도 혁신일 수가 있습니다. 점진적인 혁신보다는 사람들과 시스템이 전환을 만들어내기 위해 노력하는 근본적인 방법을 바꿀 때 혁신이 발생합니다.

그림 2.6은 포괄적이지는 않지만 파괴적인 혁신과 진정한 디지털 전환을 가져오는 몇 가지 조건을 보여줍니다.

이러한 분류에서 하나의 조건이 나쁜 것을 나타내고 다른 하나가 좋은 것을 나타내는 경우가 아니라, 지속적인 혁신을 지원하는 요소들도 파괴적인 혁신을 위해서 필요한 경우가 많다는 것을 보여줍니다. 따라서 당신 조직이 종종 지속적인 혁신 활동에 참여하고 있다는 것을 발견하더라도 실망해서는 안 됩니다. 이러한 활동 역시 여러분이 파괴적인 혁신을 향해 나아가고 있다는 것을 보여줍니다.

그림 2.6 혁신 연속체

지속적인 혁신	파괴적 혁신
기존 사업/운영 모델 기존 문화	새로운 사업/운영 모델 새로운 문화
애자일/린 모듈러 개발 모듈러 계약 IaaS PaaS 가시화 비용/절차 최적화	사용자 중심 개방형 혁신 DevOps 애자일 보안 탄력적이고 확장 가능한 클라우드 SaaS 목표 활성화

디자인 씽킹

디자인 씽킹Design thinking이라는 용어는 IDEO의 Tim Brawn에 의해 만들어졌습니다. 디자인 씽킹은 주로 팀 기반 협업을 설명하는 일련의 어림법heuristics[9]입니다. 디자인이 현대의 제품과 서비스에 어떻게 기여하는지 설명하는 데 도움이 됩니다. IDEO는 다음과 같이 주장합니다.

"다양한 분야에서, 높은 수준의 전문가들은 특정 전문 분야와 응용 프로그램에 맞게 디자인 씽킹을 적용하고 이를 장려함으로써 디자인 씽킹을 육성하고 있습니다."

이 책의 저자들은 산업 디지털 전환의 맥락에서 디자인 씽킹을 적용한 직접적인 경험을 가지고 있습니다.

---

9 heuristics: 어떤 사안 또는 상황에 대해 엄밀한 분석에 의하기보다 제한된 정보만으로 즉흥적·직관적으로 판단·선택하는 의사결정 방식을 의미

포브스Forbes는 디지털 전환을 가속화하기 위해 디자인 씽킹 원리를 활용하는 다섯 가지 단계에 대해 설명하였으며, 주요 단계는 다음과 같습니다.

- 공감Empathize
- 정의Define
- 발상Ideate
- 시제품 제작Prototype
- 시험Test

Moore의 책[10]에서는 기술 채택 생애주기에 대해 설명을 합니다. 혁신은 이해 관계자들에게 상당한 적응이 필요한 대규모 변화를 야기할 수 있습니다. 기존 IT 공장들이 애자일한 방법론을 채택할 때, 이해 관계자들 사이에서도 비슷한 차이를 경험할 수 있습니다. 가장 큰 차이는 초기 사용자와 초기 다수자 사이에서 관찰되는 차이입니다. 케즘Chasm이라는 용어는 그림 2.7과 같이 함정과 같은 틈을 가리킵니다.

그림 2.7 케즘의 극복

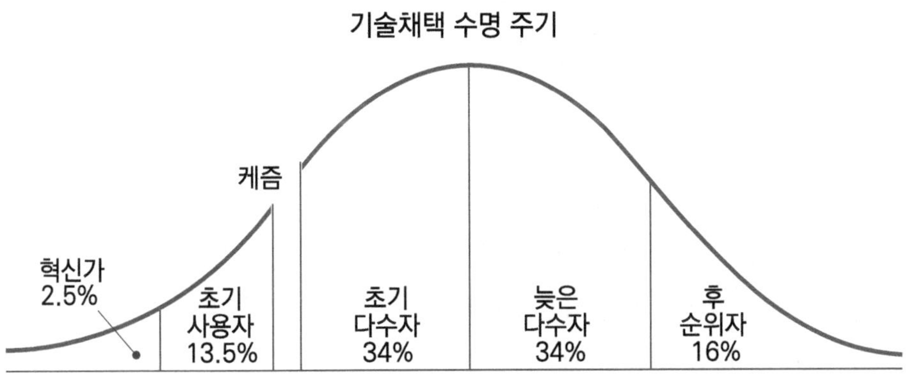

그림 2.8과 같이 디자인 씽킹 체계를 효과적으로 사용하여 조직에서 이러한

10 Crossing the Chasm: Marketing and Selling Disruptive Products to Mainstream Customers, by Geoffrey A. Moore, published by Harper Business

케즘을 극복할 수 있습니다. 팀 중심의 작업 절차에서 사용자 중심의 솔루션을 찾고 지속적인 혁신 문화를 조성하는 것이 목표입니다. 디자인 씽킹은 문제 영역을 정의하고 공개적으로 질문하여 설계 기회로 전환하는 것부터 시작합니다. 디자인 씽킹은 혁신을 주도해야 하는 사람들과 팀에 더 많은 방점을 둡니다.

디지털 전환의 주요 목적 중 하나는 우수한 고객 경험을 제공하는 것입니다. 이를 위해 디자인 씽킹은 제품이나 서비스팀이 고객과 공감하고 제품 생애주기 초기에 고객의 요구사항, 동기 및 문제점에 대한 통찰력을 얻을 수 있도록 안내합니다.

그림 2.8 디자인 씽킹의 다섯 단계

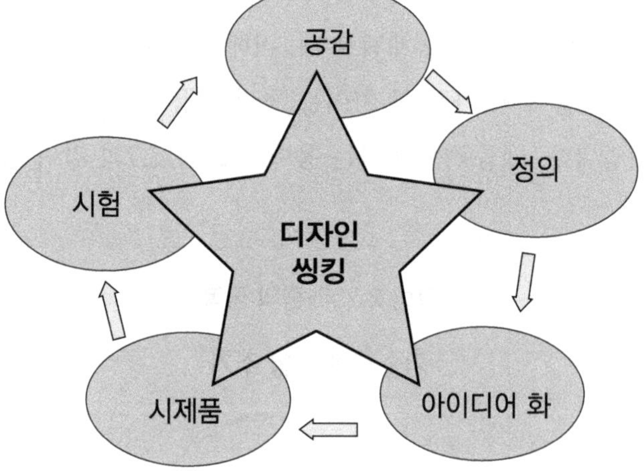

혁신을 위해 이러한 구조화된 절차가 필요한 이유는 무엇입니까? 어쨌든, 이야기에 따르면 뉴턴은 나무에서 사과가 떨어지는 것을 보고 중력 이론을 생각해 냈다고 합니다. 이와 같이 디자인 씽킹 철학은 *문제가 매우 잘 설명*되면 거의 반쯤 해결된다는 것입니다. 올바른 렌즈로 문제를 보는 것과 같습니다. 그러나 디자인 씽킹은 해결해야 할 복잡한 문제에 대한 충분한 이해를 할 수 있도록 하는 지속적인 문화를 조성하는 데에도 도움이 됩니다. 이는 지속 가능한 혁신 및 디지털 전환의 문화로 이어집니다. 디자인 씽킹은 전환에 대한 인간 중심의 접근법을 강조합니다. *디자이너*처럼 생각하기 위해 디자이너가 될 필요는 없습니다. 디자인 씽킹은 산업체들이 빠른 혁신과정에서 종종 발생하는 불확실성을 최소화하는 데 도움이 됩니다.

"기업이 여러 가지 해결 가능한 솔루션을 가지고 있는 다양한 문제에 직면 할 때 디자인 씽킹은 매우 유용할 수 있습니다. 이 솔루션은 해결해야 할 올바른 문제를 정의하고, 사용자 요구를 충족하고, 채택이 가능하도록 다양한 잠재적 솔루션을 제공할 수 있습니다."

- David Glenn, Director at KPMG.

이전 절에서는 산업 디지털 전환 여정에서 디자인 씽킹과 린 스타트업 방법론의 역할에 대해 배웠습니다. CIO가 주도하는 기존 IT 조직에서는 이러한 접근방식이 주류가 아닐 수 있습니다. 그 결과 디지털 전환을 가속화하기 위해 새로운 역할과 조직 구조가 등장했습니다. 이 장에서 인용된 cio.com 기사는 대담한 관찰(*혁신에서는 근본적인 조직 변화 요구를 필요로 합니다*)을 하였습니다. 성공적인 혁신과 디지털 전환을 위해서는 고객을 최우선으로 하는 전사적인 참여가 필요합니다. 흥미롭게도, 1981년부터 2001년까지 GE의 전 CEO이었던 젝 웰치는 주주 가치만을 극대화하려는 지속적인 추구가 "*세상에서 가장 멍청한 생각*"이라고 말했습니다. 기업이 주주 가치 극대화만을 집중할 때, 분기별이나 단기 전망을 가진 비전문가가 기업을 경영하는 경향이 있습니다. 성공적인 혁신과 전환은 기업들이 사용자를 최우선으로 생각하는 전사적인 참여가 있을 때만 가능합니다.

Didier Bonnet의 책[11]에서는 전통적인 산업체들이 직면할 수 있는 운영상의 역설에 대해 그림 2.9와 같이 설명을 합니다. 이러한 역설은 운영 개선의 여섯 가지 수단에 의해 만들어집니다. 산업 디지털 전환의 목표는 이러한 발판을 사용하여 기업이 비전통적인 경쟁업체로부터 와해되기 쉬운 많은 전통적인 운영방법에서 벗어나는 것입니다. 소포 우편물 배달 회사인 **UPS**United Parcel Service는 배달 절차의 표준화로 유명합니다. IoT, AI 등 새로운 디지털 기술을 활용해 **ORION**도로용 통합 최적화 네비게이션, On-Road Integrated Optimization Navigation라는 차량 경로설계 소프트

11 Leading Digital: Turning Technology into Business Transformation, by George Westerman, Didier Bonnet, and Andrew McAfee, published by Harvard Business.

웨어를 개발했습니다. UPS는 100,000명 이상의 운전자가 매일 운전 거리를 1마일 더 적게 운전함으로써 연간 약 5천만 달러를 절약했습니다. 연간 총 1억 마일의 운전 거리 절감 효과로 약 1천만 갤런의 연료 절감 효과를 얻을 수 있습니다. 이로 인해 연간 10만 톤의 온실가스 배출량이 감소했습니다. 6가지 수준의 운영 개선 사항을 시각적으로 살펴보겠습니다.

그림 2.9 역설

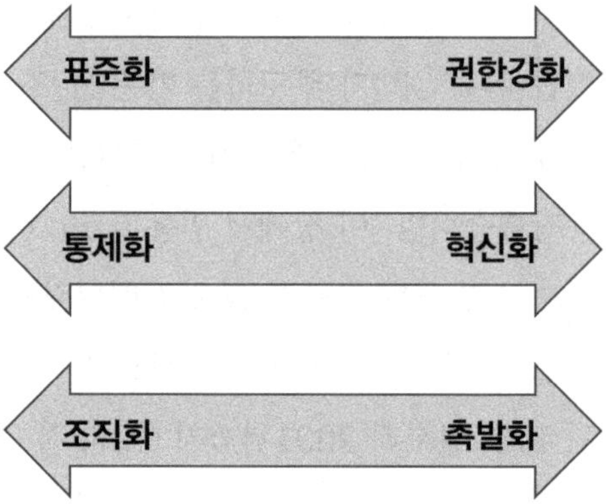

* 출처: 디지털로 선도하라

혁신적인 기술의 이점을 최대한 활용하려면 현재의 사업 모델과 절차도 변경해야 하는 경우가 많습니다. UPS의 절차 관리 책임자인 Jack Levies는 다음과 같이 말하였습니다.

"ORION과 같이 전환적인 기술로 기존의 사업 패러다임을 포기할 수 있어야 합니다. 기술이 사업을 어떻게 변화시킬 수 있는지에 대해 열린 마음으로 시작해야 합니다[12]."

UPS는 또한 2017년부터 트럭에서 이륙하는 드론을 주거지에 물건을 배달할 목적을 가지고 시험적으로 운용을 했습니다. 2019년 말, **FAA**미국 연방항공청, Federal

12 https://www.bsr.org/en/our-insights/case-study-view/center-for-technology-and-sustainability-orion-technology-ups

Aviation Administration는 UPS가 약물 전달을 위해 드론을 사용할 수 있도록 허용했습니다.

2018년부터 UPS는 의료상자의 드론 배송을 위해 FAA 및 북 캐롤라이나 롤리Raleigh 대학의 웨이크메드 캠퍼스와 협력했습니다. UPS의 최고 전략 및 전환 책임자인 Scott Price에 따르면, 이 협력은 혈액 샘플과 조직이 들어 있는 상자를 웨이크메드 캠퍼스의 다른 건물로 배달하는 것에 대한 실험이라고 하였습니다. 1년 동안 수행된 드론 배송 실험은 캠퍼스를 가로질러 1,000회 이상의 비행을 했습니다. UPS는 연간 2억 달러 이상의 생산성 향상을 목표로 **EDGE**Enhanced Dynamic Global Execution와 유사한 다른 사업계획을 추진하고 있습니다. 이러한 일련의 사례는 UPS가 혁신적인 문화를 가지고 있으며, 디자인 씽킹 원칙을 진정으로 구현하고 있음을 보여줍니다. 그림 2.10은 UPS가 어떻게 MVP 기반 접근 방식을 실행에 옮겼는지를 잘 보여주는 개념입니다.

그림 2.10 MVP를 사용한 혁신 가속화

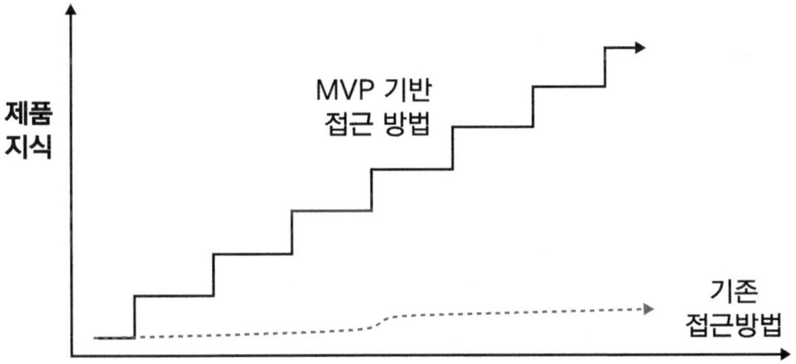

기업의 자체 사업에 대한 지식개발을 가속화하여 신속한 혁신을 가능하게 하려는 정신이 그림 2.10에 가장 잘 담겨 있습니다. UPS와 같은 회사는 한 장소에서 다른 장소로 물건을 옮기는 사업을 한 세기 이상 해왔습니다. UPS는 끊임없이 진화하는 일련의 혁신을 위해 이러한 접근방법을 사용해 왔습니다. 그림 2.10은 대담한 단계를 나타냅니다. 이러한 대담한 단계들이 모두 주요사업에 진입하는 것은 아닙니다. 회사는 각 중요한 시점에서 포기할 것인지 아니면 지속할 것인지를 결정해야 합니다. 예를 들어, UPS는 2018년 시애틀 지역에서 전기 화물 자전거로 배달하기 위한 실험을 하였습니다. 이 계획의 미래와 다른 택배 회사들이 어떻게 반응하는지 보는 것은 흥미로울 것입니다.

디지털 전환은 팀 스포츠이다

이 장의 첫 번째 부분에서는 디지털 전환을 위한 문화적 기반을 만드는 원칙과 실천에 대해 설명하였습니다. 이러한 실천에 대한 논의를 통해 개발팀, 최종 사용자 및 조직 내 다른 주체들이 혁신에 있어서 매우 중요하다고 언급하였습니다. 각 개인은 개발자, 사용자, 스크럼 마스터Scrum Master나 공유 서비스팀을 구성하는 수십 명의 전문가 중 어느 누구도 팀에서 각자의 역할을 수행해야 합니다. 또한 각 개인은 변화 관리자change agent여야 합니다. 디지털 전환팀의 각 구성원은 디지털 전환이 지속되고 확장될 수 있도록 문화적 변화를 위한 전도사 역할을 해야 합니다.

이 책의 저자 중 한 명인 Ann Dunkin이 미국 환경 보호국의 CIO로 재직할 때, 그녀의 CTO인 Greg Godbout는 *정책 및 관리 에코-챔버*Echo-Chamber[13]*의 개념*을 제시했습니다. 디지털 전환 지지자들이 조직의 모든 부분에서 육성되었기 때문에, 개인이 조직에서 디지털 전환의 가치와 행동과는 다른 방향으로 행동을 하려고 할 때, 조직의 디지털 전환에 적합한 방향으로 행동하도록 피드백을 받게 됩니다. 이 정책 및 관리 에코-챔버 개념은 그림 2.11에 나와 있습니다.

---

13 정책과 관리에 대한 에코-챔버는 유사한 정치적 견해나 이념을 가진 개인이나 그룹이 그러한 의견을 공유하는 다른 사람들과 주로 상호 작용함으로써 그들의 믿음을 강화하는 상황을 의미

그림 2.11 정책 및 관리 에코-챔버

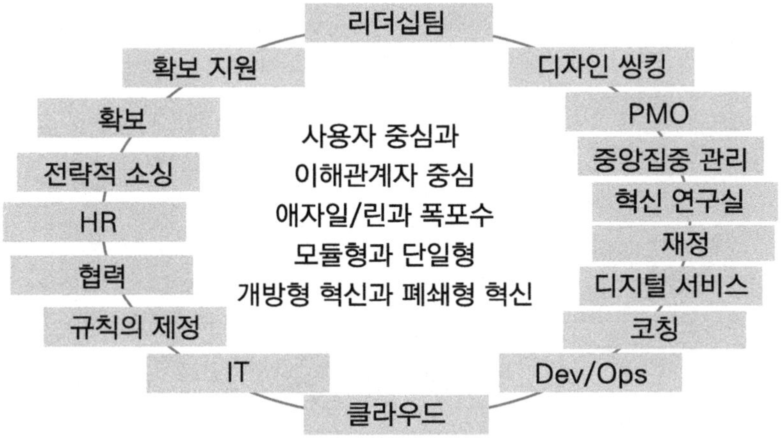

이제 디지털 전환을 위한 문화적 전제 조건을 알게 되었으니, CDO가 이러한 디지털 전환에서 어떤 역할을 하는지 살펴보겠습니다.

2.2 CDO의 출현과 디지털 역량

2015년~2019년까지 지난 10년의 후반기에는 여러 상업 및 공공 부문 조직이 디지털 경쟁을 시작했습니다. 이들은 전통적인 IT 그룹 밖에 상주하는 경우가 많았으며, 여러 분야의 지식을 가진 사람들로 구성되었습니다. 다음 장에서는 이러한 새로운 그룹의 역할과 권한에 대해 살펴보겠습니다.

CDO의 부상

딜로이트Deloitte의 연구에 따르면 그림 2.12와 같이 대기업은 일반적으로 전체 매출의 3%에서 5% 정도를 IT에 지출한다고 합니다.

그림 2.12 부문별 매출 대비 IT 예산 비율

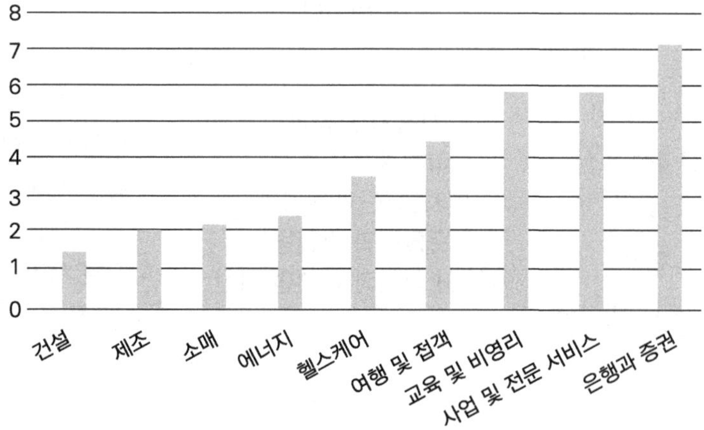

이는 CIO의 예산에 해당하는 경우가 많습니다. 계산을 단순화하기 위해 회사 매출 100달러당 5달러가 IT에 사용된다고 가정해 보겠습니다. 이제, 만약 CIO가 IT 조직의 효율성을 20% 향상시키고 비용을 같은 비율로 저감한다면, 회사의 매출은 변하지 않지만 수익성은 1%가 개선됩니다. 반면, 이 20% 절감 효과가 다른 전환 계획에 투자되어 200%의 혜택(즉, 1달러 투자하여 2달러 매출)을 창출하는 경우, 수익성은 동일하게 유지하며 매출이 2달러 증가할 수 있습니다. 간단히 말해서 CIO 조직에서는 이러한 새로운 계획에 대한 200% 매출을 가지는 20% 절감 효과를 재투자할 경우, 이 단순화된 사례에서 회사의 매출 증가율은 2%에 불과합니다.

이것은 점진적인 전환의 사례입니다. 그러한 점진적인 노력은 자주 점진적인 개선으로만 이어졌습니다. 유사한 변화가 회사 예산이나 매출의 더 큰 부분을 담당하고 있는 다른 C 레벨 책임자 조직의 일부일 경우 대규모 전환이 가능합니다. 하지만 위험도 더 높습니다.

CIO 와 CDO, 역할 및 책임

CIO는 기업 IT의 기본적인 기능을 *유지*하고, 필요한 서비스를 *계속* 제공해

왔습니다. 그들의 역할은 다양한 분야의 사업 운영을 지원하기 위해 기술을 배치하고 유지합니다. CDO는 현재의 사업 자산이나 새로 획득한 기능을 사용하여 사업 가치를 창출하는 것을 목표로 도입되는 경우가 많습니다. CDO는 주로 **수익 및 손실**P&L에 책임이 있습니다. 이들은 기업의 새로운 가치 창출자로 인식되는 사례가 많습니다. CDO의 역할은 새로운 시장과 새로운 운영 채널을 생각하고, 새로운 사업 모델을 개발할 것으로 받아드려지고 있습니다. 일부 기업에서는 CDO 조직이 본질적으로 파괴적이거나 전환적인 문제가 아닌 한 기존 사업에 개입할 수 없습니다. 결과적으로 CDO는 자사의 물리적 제품을 위한 서비스 개발과 더불어 가끔씩 경쟁사 제품에 부가가치 서비스를 제공하는 것과 같이, 기존의 일부 사업부와 *경쟁*할 수 있는 새로운 아이디어를 다루어야 합니다.

CDO는 사업, 운영 및 기술을 포함한 다양한 분야에서 경험을 가졌기를 기대합니다. 때로는 CDO가 CEO나 사업부에 직접 보고하기도 합니다. 이러한 배경 때문에 CDO는 주로 외부 동종 업계와의 공개 토론장이나 회사 내의 여러 부서와 대화하는 것에 익숙합니다. 그러므로 CDO가 정리되지 않은 혼란스러운 회사의 디지털 환경을 조화롭게 상호협업 할 수 있도록 변화시킬 것으로 기대합니다. 이것은 CDO 역할과 관련된 문제 해결에서 디지털 창의성을 발휘할 수 있는 많은 여지를 남겨둡니다. 어도비Adobe의 Stephanie Overby는 CDO의 중요한 특성에 대한 블로그 기사에서 "*CDO가 매우 창의적인 문제 해결사이자 능숙한 이야기꾼*"이라고 언급했습니다. 우리는 개인적으로 GE의 CDO인 Bill Ruh와의 교류를 통해 이를 확인했습니다. 흥미롭게도, 2016년부터 ABB의 CDO를 맡고 있는 Guido Jouret도 다음과 같이 언급했습니다. "*저는 CDO를 회사의 최고 이야기꾼으로 부르는 것을 좋아합니다.*"

가트너의 저명한 분석가이자 펠로우인 Debra Logan은 CDO와 같은 디지털 책임자가 CIO나 CTO와 같은 IT 책임자 역할을 대체하는 것은 아니라고 말했습니다. 일반적으로 CIO는 CDO가 추진할 것으로 예상하는 결과에 대해 책임을 지지 않습니다. CDO의 역할은 디지털 주도 전환의 맥락 안에서 사업 책임자로 진화하고 있습니다. CIO와 CDO는 이러한 디지털 시대의 전환에 필요한 다양한 역량을 지속적으로 입증하고 선도할 것입니다. CDO의 역할은 회사의 현재 수준을 평가하고, IDC에서 설명한 대로 디지털 성숙도 모델에 따라 회사를 발전시키는 비전을 만드는 데 도움을 줄 것이라고 생각됩니다.

IDC는 디지털 성숙도 모델을 다음과 같이 5가지 수준으로 정의했습니다.

- 디지털 저항자
- 디지털 탐구자
- 디지털 활동자
- 디지털 전환자
- 디지털 파괴자

2010년~2019년까지 지난 10년 동안 다수의 CDO가 임명되었으며, 몇 가지가 사례는 다음과 같습니다.

- 2015년 미국 연방정부 오바마 행정부 CDO로 Jason Goldman
- 2015년 GE의 Bill Ruh
- 2013년 맥도널드McDonald의 Atif Rafiq
- 2016년 ABB의 Guido Jouret
- 2011년 뉴욕시의 Rachel Hot, 그리고 이후에는 뉴욕 주
- 2014년 로레알L'Oréal의 Rochet Lubomira

앞의 CDO 목록은 상업 및 공공 부문의 대표적인 사례입니다. 각각의 CDO가 산업 디지털 전환 여정에서 얼마나 성공적이었는지에 대해서는 구체적으로 설명하지 않겠습니다. 전환에 대한 사례 연구를 살펴보면서 이후 장에서 이에 대해 더 논의할 것입니다. 책의 저자[14]이자 P&GProcter & Gamble IT 임원이었던 Tony Saldanha는 CEO들이 CDO 역할을 만든 것은, CIO 역할이 산업 디지털 전환을 주도할 수 있는 충분한 사업 통찰력이 부족하기 때문이라고 말합니다. 마찬가지로, CEO는 사업부들이 전환을 통해 가능성 있는 결과를 도출하는 데 필요한 전문

14 Why Digital Transformations Fail, published by Berrett-Koehler

적인 디지털 기술이 부족하다고 생각했습니다.

Saldanha는 CDO 및 CIO와 같은 지도부 계층을 추가하면 내부적인 문제가 발생할 수 있다고 경고합니다. 예를 들어, 전환을 추진하고 지원하는 데 필요한 디지털 시스템은 CIO가 담당할 수 있습니다. 향후 장에서는 CDO의 성과나 실패에 대해 몇 가지 사례를 들어 자세히 살펴보겠습니다. GE 및 ABB와 같은 경우 CDO 역할은 결국 없어졌습니다. 마찬가지로 CDO 아래에 있는 전체 디지털 조직이 산업 디지털 전환을 시작한 다음, 현장에 이전하기 위해 제한된 기간 동안 존재해야 하는지, 아니면 CDO가 조직의 영구적인 부분으로 진화할 것인지는 두고 봐야 합니다.

CDO 역할을 바라보는 방법은 여러 가지가 있으며, 각각 다른 기대를 가지고 있습니다.

공공 부문에서의 CDO 역할

대부분은 아니지만, 많은 민간 부문 조직이 CDO에게 고객 대면사업에 대한 전환 권한을 부여하고, CIO가 내부 운영 및 절차 개선에 집중하고 있습니다. 공공 부문에서는 소수의 CDO만 고용되었으며, 주목할 만한 성공을 거둔 사례는 거의 없습니다. 많은 경우 초기 CDO가 떠난 후 새로 채용되지 않았습니다. 공공 부문 조직이 디지털 전환을 위한 새로운 지도층을 만들 때 가장 일반적으로 사용하는 세 가지 방법은, CIO 역할에 디지털 전환을 포함시키는 것, 독립적인 디지털 서비스 사무소를 만드는 것, CIO를 고용하는 것입니다.

디지털 전환의 선두주자인 CIO

대부분의 공공 부문 조직에서 디지털 전환에 대한 책임은 CIO에게 있습니다.

대부분의 공공 부문 조직은 수익창출이 가능한 기술제품을 대중에게 제공하지 않기 때문에, 기관의 보유 기술 대부분은 CIO가 관리합니다. 또한 많은 경우, 임무수행자 외에 공공 부문 조직의 책임자는 기술에 관심이 없으며, 기술이 중단될 때만 관심을 보일 가능성이 높습니다. 이러한 태도는 기관장이 CIO에게 "*당신의 업무는 제가 기술에 대해 생각할 필요가 없도록 하는 것*"이라는 말을 자주 듣는 것을 통해 가장 쉽게 알 수 있습니다. 이러한 상황에서 전환의 실행은 CIO 조직 내의 최고 기술 책임자나 혁신 책임자에게 위임될 수 있지만, CIO는 일반적으로 모든 디지털 전환 노력의 기획자, 책임자 및 후원을 하는 경영진입니다.

독립 디지털 서비스 사무소

최근 오바마 행정부의 미국 디지털 서비스를 시작으로, 수많은 연방, 주 및 지방 기관이 기관의 CIO와 독립적으로 운영되는 디지털 서비스 사무소를 설립했습니다. 이들 단체는 자신들이 지원하는 기관 전체의 임무 책임자들과 협력하여 새로운 디지털 서비스를 창출하고 기존 시스템을 현대화할 수 있는 기회를 찾도록 상당한 자율성을 부여받고 있습니다. 그러나 많은 산업군의 CDO들과는 달리, 디지털 서비스 사무소는 주로 그들이 참여할 수 있는 업무영역을 가지지 않는 경우가 많습니다. 이러한 구조는 CIO와 디지털 서비스팀과의 갈등을 초래할 수도 있습니다.

최고 혁신 책임자

지난 몇 년 동안 여러 기관에서 보통 임명되거나 선출된 고위 관리에게 IT부문 아닌 다른 조직에서 보고할 수 있는 최고 혁신 책임자Chief innovation officer를 고용했습니다. 최고 혁신 책임자는 일반적으로 직원 수가 적거나 직원이 전혀 없으며, 조직이 지역사회에 디지털 서비스를 제공할 수 있는 새로운 기회를 찾아내는 업무를 맡고 있습니다. 혁신 책임자는 CIO의 기존 기술영역에서 과제를 담당하는 업무를 거의 수행하지 않기 때문에, 디지털 서비스팀보다 CIO와 갈등을 빚는 빈도가 낮습니다.

2.3 전략적 전환에 대비한 조직 개편

많은 경우, 회사들은 회계 연도의 시작 시점에 사람들을 이동시키는 조직 개편을 합니다. 일부 회사는 재정적인 어려움 때문에 유사한 사업을 통폐합하는 구조조정을 겪을 수 있습니다. 이러한 변화는 일반적으로 사후 대응적이며, 산업 디지털 전환을 위한 방향에는 적합하지 않습니다. 반면에, 혁신 문화를 개발하고 이를 회사의 DNA 일부로 만들기 위해서는 전략적 전환이 필요합니다.

인노사이트Innosight에 따르면 전략적 전환을 위한 조직의 타당성 평가는 조직이 다음과 같은 내용을 수행할 수 있는지에 대한 것으로 판단합니다.

- 전환과 혁신의 문화를 일정 기간에 걸쳐 지속
- 고객 및 이해 관계자 경험을 크게 개선
- 디지털 인재 유치 및 보유
- 긍정적인 방식으로 업계에 영향을 미침

다음으로 하향식과 상향식 디지털 전환을 비교해 보겠습니다.

하향식 대 상향식 디지털 전환

*디지털로 리딩하라*Leading Digital라는 책에서는 산업 디지털 전환에 성공하기 위해서는 최고위층에서 시작해야 한다고 말합니다. 대기업에서는 상향식 접근방법으로 디지털 전환에 성공했던 좋은 실제적 성공 사례는 없습니다. 상향식 접근

법은 기껏해야 대기업의 부서를 전환시키는 데 도움이 될 수 있습니다. 하지만, Douglas Squirrick, Jeffrey Fredrick은 디지털 전환을 상향식으로 이끌어야 한다고 주장합니다[15]. 그들은 팀에 대한 신뢰를 구축하고, 성공에 필요한 애자일 및 스크럼 도구로 그들을 강화하는 것을 제안합니다.

고위층의 지지 없이는 기업의 전환이 불가능한 것도 사실이지만, 일선 직원들의 참여 없이는 조직의 전환이 불가능한 것도 사실입니다. 개발 및 운영팀이 디지털 전환의 목적과 가치를 이해하지 못한다면, 그들의 노력은 성공적이지 못할 것입니다. 또한 직원이 주도하는 전환의 힘을 고위 책임자들이 인정하고 축하한다면, 전환을 위한 일반 직원의 노력은 전반적으로 조직의 모델이 될 수 있습니다.

디지털 전환에도 상향식과 하향식이 혼합된 접근 방식이 있을 수 있습니다. *현장*의 중요성도 무시할 수 없습니다. 실현 가능한 접근 방식은 기업(하향식)과 현장(상향식)이 강력한 혼합팀으로 통합되어, 기회를 찾아내고 함께 전환을 추진할 수 있는 방법입니다.

디지털 전환은 본질적으로 중간 관리자에게 힘을 실어주지 못합니다. 일부 책임자들은 조직 내에서 자신의 역할에 의문을 제기할 수 있으며, 이로 인해 많은 책임자들은 이러한 노력을 지원하는 데 어려움을 겪을 것입니다. 디지털 전환은 일반적으로 조직의 한 계층씩 단계적으로 수행하는 일반적인 조직 혁신이 아니라, 한 번에 모든 조직에게 영향을 미치는 영감을 주는 책임자의 비전이기 때문입니다. 대규모 전환 노력에는 조직 전반에 걸친 대화와 직원들이 새로운 행동을 실천하도록 장려하는 작업이 동시에 수반되는 경향이 있습니다.

정리하자면, 새로운 행동은 주로 자체 조직화된 팀에 의해 수행되는 자기 주도적인 작업의 형태를 취합니다. 중간 관리자는 단순한 업무관리에서 벗어나 직원 코칭 및 개발, 팀의 장애물을 제거하는 업무로 전환해야 합니다. 팀들이 자신들의 일을 책임지도록 고취되기 때문에, 관리자들은 조직에서 자신들의 역할에 의문을 품기 시작할 수도 있습니다. 최악의 경우, 관리자들은 적극적으로 전환 노력을 약

15 https://techbeacon.com/enterprise-it/why-you-should-lead-your-digital-transformation-bottom

화시킬 것입니다. 디지털 전환을 추진하기 위한 노력을 주도하는 경영진은 조직의 모든 계층, 특히 중간 관리자가 조직에서 자신의 역할과 전환의 가치를 이해할 수 있도록 도와주는 것이 중요합니다.

전환의 지속

2017년 MIT 슬론 경영대학원 설문조사에서 응답자의 80%가 자신의 회사가 강력한 디지털 사업 문화를 배양하여 디지털 전환을 추진한다고 답했습니다. 이러한 문화는 협업, 애자일, 위험 감수 및 지속적인 학습을 촉진합니다. 마하트마 간디는 다음과 같이 말했습니다.

"우리는 세상에서 보고자 하는 변화를 실천해야 한다."

이러한 발언은 그림 2.13과 같이 조직의 디지털 성숙도 맥락과 매우 관련이 있는 것으로 보입니다.

그림 2.13 사업 추진을 주도하는 요인

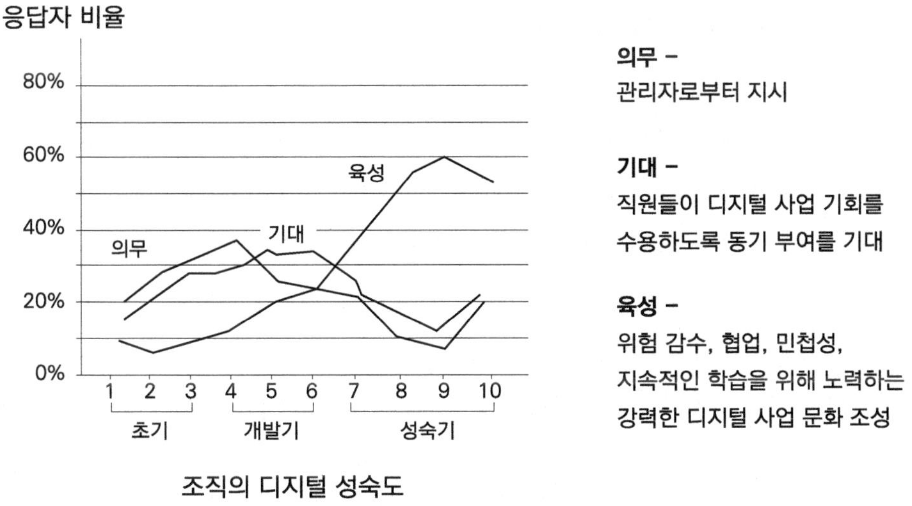

그림 2.13은 다양한 조직이 다양한 수준의 디지털 성숙도를 거치면서, 디지털 전환을 어떻게 추진하는지 보여줍니다. 초기 단계에서는 하향식 명령으로 시작할 수 있지만, 성숙한 조직은 올바른 문화에 크게 의존합니다.

디지털 인재

산업 디지털 전환에 성공하려면 기업은 전환에 대한 비전을 세우고 이를 중심으로 전략을 수립하는 데 노력해야 합니다. 비전과 전략은 전환된 상태가 어떻게 보일 것인지 명확하게 표현하고, 이를 직원과 이해관계자들에게 전달해야 합니다. 다음으로, 회사는 산업 디지털 전환 비전을 실현하기 위한 여정이 시작할 때 디지털 인재를 활용해야 합니다. 캡제미니Capgemini 조사에 따르면 77%의 기업이 디지털 기술의 부족을 디지털 전환 여정의 주요 장애물로 생각하고 있습니다. 전통적인 인사과는 디지털 기술 개발에 적극적으로 참여하지 않았으며, 교육과 디지털 전략이 일치하는 경우는 거의 없습니다. 그림 2.14는 조직에서 디지털 인재를 구축하고 향상시키는 방법을 보여줍니다.

가트너는 출판물 "*디지털 인재 발굴 로드맵*A Roadmap to Discover Digital Talent"에서 필수 디지털 기술을 정의했습니다. 그러나 저자의 관점에서 디지털 인재의 정의는 단순히 디지털 기술보다 더 광범위합니다. 디지털 인재가 가져야할 역량은 조직이 디지털 전환 전략과 계획, 실행 및 유지를 추진하는 데 필요한 모든 핵심 기술을 포함할 수 있어야 합니다. 디지털 전환은 절차와 사고에 대한 변화를 추진할 수 있는 능력을 바탕으로 이루어집니다. 적절한 디지털 인재는 내부 조직의 벽을 허무는 변화를 주도하는 데 도움이 될 수 있습니다. 결과적으로 디지털 기술 능력, 리더십 능력 사이의 구분은 더 이상 의미가 없습니다. 때때로, 이것들은 혼합 디지털 기술hybrid digital skills이라고 불립니다. 이들은 사업에 정통하기 위해 노력하는 기술 인력들일 수 있고, 마찬가지로 기술에 정통하기 위해 노력하는 기술 인력들일 수 있습니다.

그림 2.14 디지털 인재 육성 주기

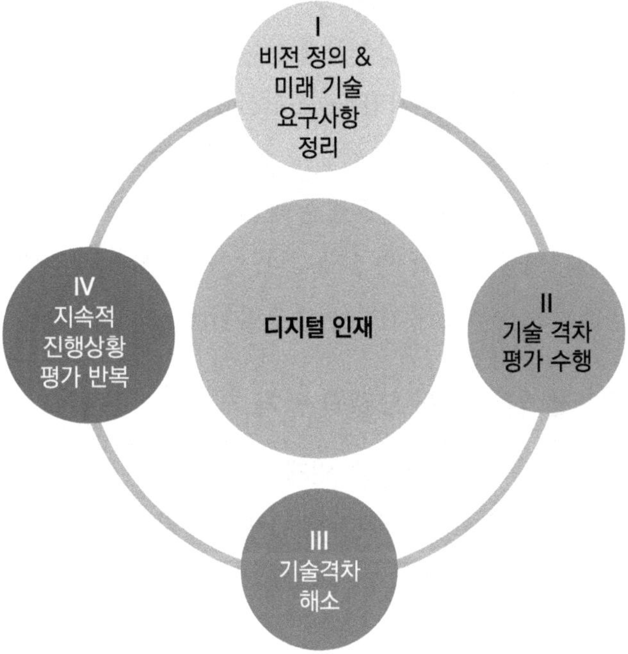

디지털 인재 능력은 코드 개발자 능력뿐만 아니라, 사업과 소프트스킬도 포함되어야 합니다. 디지털 전환을 배우기 위해 학교에 다닐 수 있을까요? 마치 데이터 과학자들이 학교를 졸업하면서 고용될 수 있는 것과 같이요? 세계 각지에서 온 많은 산업체들이 디지털 전환을 추구하는 이러한 문화와 디지털 인재들을 보기 위해 실리콘 밸리를 방문합니다. 이 책의 저자들Nath, Chowdhary은 삼성, LG전자, 에어 리큐이드Air Liquide, 보잉 등의 대기업들이 실리콘밸리를 방문하는 임원진 방문 과정에 참여했습니다. 이러한 방문과정에서 자주 접하는 질문은 "*디지털 인재를 어떻게 육성하고 유지할 수 있는가?*"라는 것이었습니다. 그림 2.14는 디지털 인재의 주기를 보여주며, 이 주기의 성공적인 관리는 전환 계획의 핵심입니다.

크라우드 소싱cloud souring과 해커톤hackathons[16]은 디지털 인재를 개발하는 또

---

16 다양한 기술을 가진 사람들이 팀을 이뤄 마라톤을 하듯 긴 시간 동안 시제품 단계의 결과물을 완성하는 대회

다른 방법입니다. 이러한 해커톤에서 융합 기능팀들이 경쟁을 합니다. 해커톤은 게임화를 통해 기업 내부나 관련 생태계에서 디지털 인재를 참여시키고, 다듬고, 동기를 부여하는 새로운 방법이 가능하게 합니다. 페덱스FedEx 회사의 기원에 대해 잘 알고 있을 것입니다. 설립자인 Frederick Smith는 자신의 대학 학기 논문에서 중앙 거점을 통해 물건을 효율적으로 전달하는 페덱스 시스템의 핵심 개념을 연구했습니다. 마찬가지로 해커톤을 통해 IT 및 업종 종사자와 학자를 결합하면 혁신적인 아이디어를 창출할 수 있습니다. 이러한 계획은 보상에만 의존하지 않고 디지털 인재를 육성하고 유지하는 데 도움이 될 수 있습니다.

디지털 인재를 위한 역량 모델과 평가 기록표의 진화

GE와 인텔과 같은 회사들은 IoT 인재 협회IoT Talent Consortium와 같은 산업융합 계획을 옹호해 왔으며, 차세대 디지털 인재를 개발하는 데 도움이 되는 "*사업 전환을 가능하게 하는 것*Enabling Business Transformation"이라는 태그라인을 가지고 있습니다.

"*디지털로 선도하라*"라는 책에서는 Kurt De Ruwe는 내부에서 디지털 인재를 양성하는 다양한 방법에 대해 인용하고 있습니다. Kurt는 2007년부터 2013년까지 베이어 재료과학Bayer Material Science 회사의 CIO였습니다. 그는 개방형 정보와 지식 관리를 주도하고 실현하기 위해 마이크로 블로그를 통해 디지털 인재를 참여시키는 데 중점을 두었습니다. Kurt는 디지털 인재가 자신의 아이디어를 개발하고 실현하기 위한 적절한 플랫폼을 찾게 되면 마법이 일어난다고 믿었습니다. 이는 기업 내부의 문화적 전환을 주도합니다.

디지털 계획을 추진하는 과정에서, 실패로부터의 학습에 대한 중요성을 인텔의 사례를 통해 살펴보겠습니다. 인텔의 CIO인 Kim Stevenson은 실패한 실험을 통해 얻은 지식을 활용하는 것이 중요하다고 강조합니다. 인텔에서 Stevenson은 정보에 입각한 계산된 위험 감수를 장려하기 위한 과제를 추진했습니다. 인텔은 직원들을 위해 "*제가 위험을 무릅썼지만 실패했고, 저는 이를 통해 무언가를 배워서 적용했습니다.*"라고 적힌 카드를 디자인했습니다. 이러한 카드를 통해 인텔은 디지털 인재들이 실패로부터 배우고 위험을 회피하지 않도록 장려했습니다.

이러한 경험은 실패한 시도를 통해 배울 수 있는 기회로 활용하기 위한 아이디어였으며, 인텔이 디지털 인재들이 혁신 여정을 시작하도록 장려하는 한 가지 방법입니다. 내부 참여 및 크라우드 소싱 등의 이러한 문화는 모든 사람이 산업 디지털 전환 계획을 구체화하는 데 도움을 줄 수 있다는 강력한 하향식 메시지를 전달합니다.

인텔과 마찬가지로 영국의 소매업체인 세인스버리Sainsbury도 중요한 경영 결정 사항에 매월 2,000명 이상의 직원을 참여시키고 있습니다. 기업은 올바른 소셜 플랫폼을 활용하여 디지털 인재를 지속적으로 참여시키고, 새로운 디지털 비즈니스 방식, 생산성 향상 및 고객 협업에 대한 통찰력을 확보하기 위해, 포용 및 다양성 문화를 조성하는 것이 중요합니다.

이전 절에서는 디지털 인재 양성을 위한 내부 활동 및 투자에 대해 살펴보았습니다. 오늘날 업계에서는 많은 CIO와 IT 직원이 컴퓨터 과학, 컴퓨터 공학, 또는 관련 공학 학위와 관련된 대학 학위를 보유하고 있습니다. 또한, 많은 사업 책임자들은 MBA를 가지고 있으며, 많은 데이터 과학자들은 관련 분야에서 박사 학위나 석사 학위를 가지고 있습니다. 따라서 디지털 전환에 대한 것을 학교와 대학교에서 가르칠 수 있는지 묻는 것은 당연합니다. 2020년 초를 기준으로 디지털 전환과 관련된 다음과 같은 석사 수준의 프로그램을 확인할 수 있습니다.

- 애리조나 주립 대학교ASU에서 글로벌 디지털 전환 분야 글로벌 경영학 석사MGM
- 바르셀로나 공대의 디지털 전환 리더십 경영진 과정
- IE 인간 과학 및 기술 대학원IESchool of Human Sciences and Technology의 디지털 전환 및 혁신 리더십 경영진
- 런던대학의 ESCP 경영대학원의 디지털 전환 관리 및 리더십 분야의 석사

이러한 대학 프로그램들이 디지털 전환을 공식적으로 배우기 위한 전체 목록은 아니지만, 학교들이 디지털 인재를 보강하고 빠르게 육성함으로서 산업 디지털 전환을 돕기 위해 노력을 하고 있다는 좋은 지표입니다.

디지털 전환의 유지

산업 디지털 전환의 탄력을 유지하는 것은 항상 까다롭습니다. 이러한 맥락에서 대형 보험 회사인 알리안츠 그룹Allianz Group의 Joe Gross는 전환의 초기 추진력을 유지하고 추진하는 능력에 대한 어려움을 토로했습니다. 전환을 가속화하고 새로운 디지털 기회를 지속적으로 모색할 수 있는 능력이 핵심입니다. 그렇지 않으면 회사는 현재에 만족하여 전통적인 사업 방식과 관행에 의존하여 편안한 기존 사업영역과 환경에 머무를 수 있습니다.

역 멘토링 프로그램 소개

1981년에서 2001년 사이에 GE의 CEO였던 Jack Welch는 역 멘토링reverse mentoring의 개념을 개척했습니다. Jack Welch는 이것이 디지털에 정통한 인재를 비계층적인 방식으로 경영진과 결합하는 강력한 기술이라고 생각했습니다. 비전통적인 멘토-멘티 관계에서 조직의 다양한 수준에 걸쳐 사람들을 연결한다는 이 개념은, 산업 디지털 전환에 대한 새로운 차원의 인식과 더 깊은 이해를 불러일으킬 수 있습니다.

다음 절에서는 전환을 성공적으로 추진하는 데 필요한 조직의 기술과 역량에 대해 살펴보겠습니다.

2.4 디지털 전환을 위한 기술 및 역량

이 장의 앞부분에서는 조직이 성공하기 위해 수용해야 하는 새로운 관행과 디지털 전환을 주도하는 조직이 가지는 새로운 역할에 대해 설명했습니다. 새로운 방식으로 작업하고 혁신적인 제품을 공급하기 위해서는, 직원들도 새로운 기술을 배워야 합니다. 직원들이 새로운 기술을 배워야 한다는 것은 분명하지만, 새롭게 일하는 방식도 배워야 한다는 것은 상대적으로 중요하지 않게 평가될 수 있습니다. CEO와 CDO는 혁신의 속도를 가속화하기 위해 최고 경영진이 힘을 실어주어야 하며, 동시에 조직의 문화를 하루아침에 바꾸는 것이 어렵다는 사실도 이해해야 합니다.

GE는 차세대 지도자들을 훈련시키기 위해 리더십 프로그램을 운영하는 것으로 알려져 있습니다. 역사적으로, 이러한 리더십 프로그램들은 영업부터 운영, 인사부터 정보 기술, 재무부터 홍보에 이르기까지 특정 영역에서의 학습과 개발을 가속화하는 데 완벽한 기반이 되었습니다.

Tisoczki와 Beviers는 그들의 저서[17]에서 이것을 "*미래의 리더들을 육성하기 위한 개인 맞춤형 순환 프로그램*"이라고 설명했습니다. 이 책의 저자 중 한 명(Nath)은 2013년 캘리포니아 주 산 라몬에 있는 GE의 전문가 조직Center of Excellence에서 열린 **EALP**경험적 아키텍처 리더십 프로그램, Experienced Architecture Leadership Program에 참여했습니다. 이곳은 나중에 GE 디지털의 본사가 되었습니다. EALP는 디지털 책임자들의 온상이 되었습니다. 2013년의 첫 EALP 프로그램은 20명이 참가하였고, 참가인원의 약 3분의 2가 GE 외부에서 왔습니다. 그들은 애플Apple, 시스코Cisco, IBM, MS, 오라클Oracle, SAS와 같은 회사들뿐만 아니라, 퍼시픽 가스와 전기Pacific Gas & Electric, 웰스파고Wells Fargo, 네이션와이드Nationwide와 같은 회사들로부터 왔습니다. 그 단계에서 GE는 디지털 기업으로 변신하기 위해 내부와 외부의 디지털 인재가 필요하였고, 문화적 진화를 통해 이들을 하나로 묶어야 한다는 것을 깨달았습니다. 당시 GE의 CDO였던 Bill Ruh 아래에서 GE 디지털의 성장은 산업 디지털 전환을 촉진하기 위해 디지털 인재와 조직 구조를 일치시키는 것을 목표로 하였습니다.

---

17 Experience-Driven Leadership Program, published by Wiley

디지털 전환을 위한 리더십 원칙

모든 조직은 팀의 가치를 더 효과적으로 발휘할 수 있도록 팀에 심어주고자 하는 가치와 원칙을 선택해야 합니다. 따라서 각 조직은 서로 다른 원칙을 가지고 있지만, 디지털 전환을 수행하는 모든 조직에는 다음 네 가지 원칙이 매우 중요하며, 책임자는 이러한 아이디어를 자신의 원칙에 포함해야 합니다.

- 계산된 위험 감수
- 학습하는 조직
- 고객 중심
- 협력 관계

성공적인 디지털 전환을 위해 책임자는 이러한 원칙을 형식화하고, 전환 노력의 일환으로 조직에 내재화해야 하는 책임을 가져야 합니다.

계산된 위험 감수

디지털 전환의 기본 전제는 사람들이 일하는 방식과 제품과 서비스가 제공되는 방식을 근본적으로 바꾸는 혁신을 제공한다는 것입니다. 변화, 특히 크고 파괴적인 변화는 위험 없이 발생하지 않습니다. 또한 신속한 변화를 위한 개발절차에서 초기개발에서는 실험에 중점을 두고, 어떤 솔루션이 작동하고 어떤 솔루션이 작동하지 않는지를 결정함으로써, 실패의 위험을 자연스럽게 노출시킵니다.

Robert F. Kennedy는 다음과 같이 말했습니다.

"감히 큰 실패를 경험하는 자만이 큰 성취를 이룰 수 있습니다."

그러나 실패를 받아들이는 것은 개인이나 실패를 보상하는 조직의 일반적인 현실이 아닙니다. 따라서 전환을 추구하는 조직은, 직원들에게 위험 감수와 초기의 저비용 실패가 예상되는 환경에서 처벌이 아닌 보상을 받을 수 있다는 것임을 분명히 해야 합니다. 고위 경영진은 직원들이 자신의 실패를 받아들이고, 조직 내 다른 사람들의 실패를 문제로 인식하여 해결해야 할 대상으로 인식하는 게 아니라, 무엇이 효과가 없었는지를 보여주는 실험으로 인식되도록 만들어야 합니다.

학습 조직

전환을 원하는 조직은 위험 감수와 함께 학습 조직이 되어야 합니다. David Garvin에 따르면 학습 조직은 다음과 같습니다.

"지식을 만들고, 습득하고, 전달하고, 그리고 새로운 지식과 통찰력이 반영되도록 행동을 수정하는 데 있어서 숙련된 조직"

그는 또한 학습 조직의 다섯 가지 특징을 다음과 같이 설명합니다.

- 체계적인 문제 해결
- 실험
- 과거의 경험에서 배우는 것
- 다른 사람에게 배우는 것
- 지식 전달

이 목록을 보면 학습 조직이 되는 것이 디지털 전환에 중요한 이유를 쉽게 알 수 있습니다. 학습 조직을 구축하는 기본 원칙은 제품 개발팀이 실험하고, 학습하며, 새로운 제품을 개발하고, 제공하는 능력이 중요합니다. 학습 조직에서 배울 수 있는 기술이 없다면, 혁신은 억눌리고 디지털 전환은 불가능할 것입니다.

고객 중심

사용자 중심 설계는 디지털 전환의 중요한 원칙이기 때문에 이 장에서 광범위하게 논의되었습니다. 또한 *"1장, 디지털 전환의 소개"*에서 개발팀이 고객이 아닌 이해 관계자를 위해 제품을 설계하는 경우에 대해 설명했습니다. 일부 사용자를 개발 절차에 참여시키는 것만으로는 충분하지 않습니다. 팀은 적절한 사용자를 설계 및 개발 절차에 참여시켜야 합니다. 사용자들은 개발팀의 다른 직원, 제품을 구매하는 고객, 정부 서비스를 사용하는 일반인 등 제품의 최종 고객입니다.

제품 개발팀은 사용자의 요구를 이해하기 위해 피드백을 열심히 듣고 탐색적인 질문을 해야 합니다. 고객이 만족할 수 있는 제품을 개발하고, 개발 과정 내내 그 초점을 변하지 않는 목표로 유지하려는 욕구가 있어야 합니다.

협업 관계

개발팀이 폭포수 모델로 작업을 진행할 때, 사업 분석가 그룹으로부터 일련의 개발 요구 사항을 받아 분석가나 최종 사용자와 협업을 가지지 않고 독립적으로 제품을 개발하는 경우가 종종 있었습니다. 판매 시스템이나 영업 및 마케팅에서 개선 요청이 들어오기 전까지는 고객이 제품을 어떻게 생각하는지조차 모를 수 있습니다. 개발 과정도 마찬가지로 단절되어 있으며, 하드웨어와 코드는 결함 추적 시스템에서 보고된 결함 이외는 피드백이 없이, 실험, 보안, 배포나 제조팀에게 인계될 수도 있습니다. 이러한 개발 환경에서는 누구와도 협력자 관계를 맺을 필요가 없습니다. 모든 규칙은 고객과 연계되지 않고 분리됩니다.

그러나 애자일 환경에서는 전혀 다릅니다. 사용자 피드백을 정의, 개발, 제공 및 수신하는 데 필요한 모든 기술 분야는 제품팀이 해야 하는 일부입니다. 이러한 환경에서 성공적인 제품을 제공하려면, 개발팀은 제품 생애 주기 내내 공유 서비스 공급자 및 고객과 협력자 관계를 맺어야 합니다.

디지털 전환을 위한 소프트스킬

디지털 전환을 고려 중인 모든 조직은 조직의 현재 상태와 조직의 미래 상태 목표에 따라 직원의 다양한 소프트스킬Soft skills[18]을 개발해야 합니다. 조직은 공식적으로 인력의 기술을 평가하고 전환 계획을 수립해야 합니다. 인력 분석은 이 책의 범위를 벗어납니다. 그러나 디지털 전환은 개발팀 구성원 간, 그리고 개발팀과 협력자 및 사용자 간의 효과적인 상호 작용에 크게 의존합니다. 그러기 때문에, 디지털 전환을 수행하는 모든 조직이 성공적인 팀 협업이 가능하도록 필요한 소

---

18 기업 조직 내에서 커뮤니케이션, 협상, 리더십, 팀워크 등을 활성화할 수 있는 능력

프트스킬을 강조하는 것이 중요합니다.

조직은 공식 교육 과정을 통해 본 장에서 확인된 소프트스킬을 효과적으로 제공할 수 있습니다. 그러나 이러한 소프트스킬이 약화되는 대신 강화되고 활용되도록 보장하기 위해서는 교육 지원과 리더십팀이 주도하는 비공식적인 활동이 필요합니다. 이러한 소프트스킬을 제공하기 위해 개발된 모든 교육 프로그램에는 실행 및 유지를 보장하기 위한 후속 활동이 포함되어야 합니다. 이 장에서는 각 소프트스킬과 소프트스킬의 중요성에 대해 간략하게 설명될 것입니다. 이 장에서 설명할 구체적인 소프트스킬은 다음과 같습니다.

- 정서 지능
- 개인 책임
- 회의 관리
- 효과적인 피드백
- 진실성 및 신뢰
- 다양성, 형평성 및 참여
- 코칭 및 직원 육성
- 성격 및 업무 능력

그것들을 하나씩 살펴보도록 하겠습니다.

정서 지능

정서 지능emotional intelligence은 다음과 같이 정의됩니다.

"자신과 다른 사람들의 감정을 관찰할 수 있는 능력, 다른 감정들을 구별하고 적절히 분류하고, 생각과 행동을 지도하기 위해 감정적인 정보를 사용합니다."

- Peter Salovey and John D. Mayer, 정서 지능, 1990년.

디지털 전환팀의 구성원들은 엔지니어링 및 개발 작업에 시간을 사용하는 한

편, 개발팀의 동료, 공유 서비스의 협력자 및 최종 사용자와 만나는 것에도 많은 시간을 사용합니다. 이는 하루 종일 코드를 작성하거나 하드웨어를 설계하는 외톨이로 사회성이 부족하다고 인식되는 엔지니어와 개발자에 대한 고정관념과는 다릅니다. 자신의 행동과 타인에게 미치는 영향을 이해하는 개인의 능력은, 결과를 얻기 위해 긴밀히 협력해야 하는 디지털 전환팀의 구성원들에게는 매우 중요한 능력입니다.

팀원들이 업무 관계를 강화하도록 도움을 줄 뿐만 아니라, 정서 지능은 Carol Dweck이 그녀의 책[19]에서 소개한 개념인 성장형 사고방식을 가능하게 합니다. 성장형 사고방식은 고정형 사고방식과는 반대로 새로운 기술과 능력을 배울 수 있고, 개인이 피드백에 개방적이고 새로운 아이디어를 수용하는 생각을 가지는 것입니다. 그것은 또한 개인들이 위험을 피하기보다는 위험을 받아들이는 쪽으로 방향을 잡아주는 사고방식입니다. 성장형 사고방식은 학습 조직의 성공에 매우 중요합니다. 분명히, 정서 지능은 디지털 전환에 참여하는 직원들에게 중요한 능력입니다.

개인적인 책임

전통적인 개발 방법론을 사용해 온 조직에서는, 팀원들이 몇 주나 몇 달 간격으로 하드웨어와 코드를 별로도 개발하여 제공하는 데 익숙할 수 있습니다. 조직이 전환할 때 개발자와 엔지니어는 갑자기 일상적인 회의에 참여하여 설계, 코드 및 그리고 기타 개발제품들을 수시로 제공해야 합니다. 일부 조직에서는 팀 구성원이 일주일 동안 대부분의 작업 시간을 공동 작업하는 데 사용해야 하는 협력 프로그래밍과 같은 작업 방식을 활용합니다. 이러한 작업 환경에서는 개별직원이 팀의 전반적인 목표를 달성하기 위한 개인의 목표를 달성해야 합니다. 조직의 상하 개념으로 팀에 대한 개인적인 책임감을 설명합니다. 직급의 상하 행동은 Carolyn Taylor가 *코너스톤*Cornerstone 출판사에서 발간한 책인 *언행일치*Walking the Talk에서

19 Mindset: The New Psychology of Success, Carol S. Dweck, Ballantine Books.

Carolyn Taylor에 의해 처음 대중화된 아이디어로, 팀의 성과에 도움이 되는 행동과 성과에 해로운 행동을 논의하기 위한 체계를 제공합니다. 이 체계는 긍정적인 책임감을 위한 모델을 제공하며, 팀원들이 이러한 업무 방식에 적응하는 데 유용할 수 있습니다.

회의 관리

디지털 전환팀은 주로 자체적으로 구성하고, 작업을 할당하며, 고객과 협력자에게 연락하고, 그룹별로 밀린 작업들을 관리합니다. 디지털 전환의 일부인 이러한 새로운 작업 방식은 팀을 관리하기 위해 더 많은 회의를 필요로 합니다. 그리고 그들은 팀원들이 과거의 업무 환경보다 더 적극적으로 회의에 참여할 것을 요구합니다. 회의 의제, 작업 항목 추적 및 팀 규범과 같은 도구는 디지털 전환팀의 성공에 매우 중요합니다.

효과적인 피드백

디지털 전환을 위해서는 기존의 작업 방식보다 훨씬 더 많은 팀원 간 및 조직 전체의 소통이 필요합니다. 과거에는 팀원들이 자체 코드와 하드웨어 서브시스템을 개발하고 인터페이스에 대해 논의했으며, 관리자는 팀 간 및 협력자와 소통을 했습니다. 팀원, 협력자 및 고객이 지속적으로 소통하는 디지털 제품 개발 환경에서는 피드백이 중요합니다. 개인은 요구사항, 결과 및 행동에 대한 효과적인 피드백을 주고받을 수 있는 도구와 능력을 가지고 있어야 합니다. 조직은 팀원들이 자신의 스타일과 주어진 상황에 적합한 도구를 선택할 수 있도록, 피드백을 주고받을 수 있는 다양한 기술들을 팀원들에게 교육시켜야 합니다.

진실성과 신뢰

디지털 전환 과제를 수행하는 팀은 솔루션을 설계하고 제품을 개발 및 공급하기 위해 긴밀하게 상호 협력을 해야 합니다. 이러한 활동은 팀 내 강력한 주장과 의견 차이를 유발할 수 있습니다. 정서 지능과 효과적인 피드백 기술은 팀이 이러한 논의를 진행하는 데 도움이 될 것이지만, 팀원들은 또한 개방적이고 정직한 토론과 의사 결정을 용이하게 하도록 성실하게 행동하고 신뢰할 수 있는 환경을 만들어야 합니다. 신뢰는 조직의 가치관과 그 가치관에 부합하는 개별적인 행동을 공유하는 데서 비롯됩니다. 팀은 공유된 가치관을 채택하고 그 가치를 지키기 위해 팀 내에서 책임감을 창출해야 합니다.

다양성, 형평성 및 참여

글로벌 인력이 계속 다양해지면서 애자일팀의 다양성도 자연스럽게 증가합니다. 디지털팀에서 인종, 종교, 성별, 성적 지향, 성 정체성의 다양성을 수용하는 것이 중요하지만, 다양성이 가져오는 작업 행태의 차이를 이해하고 받아들이는 것도 동일하게 중요합니다. 팀원들은 서로 상호 작용할 때 자신이 가지고 있는 암묵적인 편견, 즉 우리가 알지 못하지만 여전히 우리의 행동에 영향을 미치는 편견을 인식해야 합니다. 그리고 모든 팀원들에게 효과적이 될 수 있는 안전한 공간을 만들어야 합니다. 모든 팀원들이 안전하고 소속되어 있다고 느낄 때만 디지털 전환의 잠재력을 최대한 발휘할 수 있습니다.

코칭 및 직원 육성

디지털 전환팀은 자체적으로 관리되는 경향이 있기 때문에, 관리자는 코칭과 직원 개발을 소홀히 하기 쉽습니다. 그러나 빠른 속도와 역동적인 환경을 가진 디지털 전환팀에서 관리자는 과거처럼 직원에게 업무를 지시하는 것이 아니라, 직원들을 코칭하고 육성하는 능력을 필요로 합니다. 또한 팀원들은 함께 일하면서 서로에게 제공하는 피드백 효과를 높이기 위해 코칭 기술을 배워야 합니다. 또한 직원들은 자신을 효과적으로 옹호하고 변화하는 조직을 통해 자신의 진로를 설계하는 방법도 배워야 합니다.

성격과 업무 스타일

많은 조직은 전체 팀이 개인적인 성격이나 작업 스타일에 대한 평가를 해놓으면, 팀원들이 서로의 장점과 관심사를 더 잘 이해하고 더 효과적으로 협력할 수 있다는 것을 알게 됩니다. 평가결과는 또한 작업방법을 논의하기 위한 공통의 언어를 제공합니다. 일반적으로 사용되는 평가에는 마이어스-브리그스Myers-Briggs 유형 표시기, DISC, 헥사코Hexaco 및 에너그램Enneagram 등이 있습니다. 다른 유형의 평가로는 강점 탐색기Strength Finder(최근에는 Clifton Strength로 명칭 변경) 평가가 있습니다. 이 평가는 팀원의 가장 큰 장점을 파악하여 해당 강점을 활용하는 데 집중할 수 있도록 하고, 팀원들이 필요할 때 필요한 기술을 습득할 수 있도록 도와줍니다.

앞서 언급했듯이, 자신과 자신이 속한 팀을 이해하는 데 도움이 될 수 있는 많은 유형의 성격 평가 방법이 있습니다. 다음은 이들 중 일부에 대해 자세히 알아보고 평가를 받는 방법을 알아볼 수 있는 곳입니다.

- 마이어스-브리그스 유형 표시기[20]
- DISC[21]
- 헥사코[22]
- 에너그램[23]
- 클립톤스트렝스Cliftonstrengths[24]

이제 전문적인 기술에 대해 알아보겠습니다.

디지털 전환을 제공하기 위한 전문 기술력

디지털 전환을 제공하는 데 필요한 기술력은 개발할 제품과 사용할 기술에 따라 다릅니다. 이 장에서는 팀이 배워야 하는 특정 기술력을 논의하기보다는 조직에서 새로운 기술을 개발하는 방법에 초점을 맞추겠습니다.

---

20 https://www.mbtionline.com/

21 https://www.discprofile.com/what-is-disc/overview/

22 https://hexaco.org/

23 https://www.truity.com/test/enneagrampersonality-test

24 https://www.gallup.com/cliftonstrengths/en/strengthsfinder.aspx

사내 교육

디지털 전환에 효과적으로 기여하기 위해 많은 또는 모든 팀원이 필요로 하는 기본적인 기술은 단일 혹은 융합팀을 구성하여 사내에서 교육을 시켜야 합니다. 이러한 기술은 조직에 따라 다르겠지만, 팀이 사용할 개발 언어 및 라이브러리 또는 CAD컴퓨터를 이용한 설계, Computer Aided Design 시스템, 다양한 예제 코드나 자동화 도구 사용에 대한 교육이 포함될 수 있습니다. 또한 팀이 스크럼 및 **IT 서비스 관리**와 같은 방법론과 체계를 숙지할 수 있도록 사내 교육을 활용해야 합니다.

교차 훈련[25]

조직에서 새로운 기술을 개발하는 가장 빠른 방법 중 하나는 새로운 직원을 고용하는 것입니다. 그러나 이러한 방법이 문제가 없는 것은 아닙니다. 만약 새로운 직원을 고용한 후 디지털 전환에 대한 책임을 부여한다면, 기존 직원들은 불만이 쌓일 것이고 이로 인해 전환에 기여할 가능성이 크지 않을 것입니다. 또한 기존 직원은 조직이 어떻게 작동되는지 알고 있고, 신규 직원은 그렇지 않습니다. 따라서 디지털 기술을 위해 새로 채용된 직원은 조직에 대해 잘 알고 있는 기존 직원과 협력자 관계를 맺어 서로를 가르쳐야 합니다. 이러한 방식으로 기존 직원은 새로운 기술을 배우고, 신입 직원은 조직의 인력, 제품 및 사내 정치를 보다 신속하게 이해하여 빠른 성과를 달성할 수 있습니다. 통합된 팀은 개별 그룹이 단독으로 실행하는 것보다 조직의 디지털 전환을 효과적으로 구현할 수 있는 기반이 더 잘 되어 있을 것입니다.

컨퍼런스 및 사외 교육

신제품을 제공하는 데 필요한 광범위한 기술은 다양한 조직에 걸쳐 많은 기술이 필요하지만, 많은 기술을 보유한 전문적인 팀원들도 많이 필요하다는 것을 의미합니다. 조직은 해당 직원들이 업무를 효과적으로 수행하는 데 필요한 기술

---

25 Cross-training: 하나의 직무 이상을 수행하기 위한 종업원의 교육훈련

과 인증을 획득할 수 있도록, 외부 컨퍼런스 및 교육 과정에 파견하여 해당 직원들을 훈련시켜야 합니다.

학위 프로그램 및 기타 정규 교육

디지털 전환팀이 일하는 환경은 계속해서 빠르게 발전하고 있으며, 최신 도구를 사용하는 숙련도와 기술들은 항상 우위에 있어야 합니다. 개방형 마켓에서 이러한 새로운 기술을 구입하기 위해 노력하는 것보다, 새로운 기술에 관심이 있는 기존 직원에게 투자하는 것이 대부분의 조직에 있어서 매우 효과적입니다. 조직이 거주하는 위치에 따라 학교의 학위 프로그램이 제공될 수 있습니다. 조직의 거주위치에 상관없이 데이터 분석 및 보안과 같은 최첨단 기술에 대한 온라인 학위 프로그램이 최고의 대학에서 제공됩니다.

2년, 4년제 학위 외에도 기업 고용주와 학생들의 재교육을 위한 마이크로러닝microlearning[26], 나노학위nano degrees[27], 평생 교육 등이 고등교육기관에서 자리를 잡아가고 있습니다. 2020년 봄에 코로나19 위기로 인해 고등 교육이 온라인 학습으로의 빠른 전환은 성공적으로 보였고, 이로 인해 아마도 평생 학습을 위한 새로운 교육모델의 개발을 가속화할 것입니다.

---

26 2~3분 정도에 학습할 수 있는 간단한 테마 교육

27 온라인 학습 플랫폼인 Udacity에서 제공하는 인증 프로그램의 일종으로. 데이터 분석, AI, 디지털 마케팅 등 특정 분야의 실무 기술을 학습할 수 있도록 디자인된 학위

요약

이번 장에서는 애자일 개발, 린 스타트업, 디자인 씽킹 등 지난 20년간 제품 개발 문화와 관행의 변화에 대해 알아보았고, 이러한 새로운 작업 방식이 성공적인 디지털 전환을 달성하는 데 있어서 중요한 이유를 알아보았습니다. CDO의 역할, CDO와 CDO팀이 민간 및 공공 부문에서 어떻게 발전해 왔는지, 그리고 전환에서 조직의 모든 계층을 참여시키는 것에 대한 중요성에 대해서도 배웠습니다. 마지막으로 강력한 디지털 전환을 보장하는 데 필요한 소프트스킬과 조직의 새로운 기술, 리더십 및 협업 기술을 개발하기 위한 전략에 대해 배웠습니다.

다음 장에서는 산업 디지털 전환을 위한 디지털 기술 촉진자들에 대해 알아보겠습니다. 디지털 트윈과 디지털 스레드의 개념이 소개될 것이고, 디지털 플랫폼의 필요성과 역할에 대해서도 논의할 것입니다. 마지막으로, 이러한 디지털 기술이 소비자 부문의 디지털 전환을 위해 어떻게 활용되고 있는지 설명하겠습니다.

질문

다음은 이 장에 대한 이해도를 평가하기 위한 몇 가지 질문입니다.

1. 산업 디지털 전환의 성공을 위해 조직의 문화가 중요한 이유는 무엇입니까?
2. 애자일 개발 생애주기의 주요 단계는 무엇입니까?
3. 최신 디지털 서비스를 제공하는 데 필요한 역량은 무엇입니까?
4. 공공부문과 비교하여 상업부문의 디지털 리더십에 큰 차이가 있습니까?
5. 전환을 주도하는 데 있어 디지털 인재의 역할은 무엇입니까?
6. 제품 혁신에서 디자인 씽킹의 이점은 무엇입니까?
7. CDO의 역할과 CIO의 역할은 어떻게 다릅니까?

추가적으로 읽을 만한 자료

우리는 다음과 같은 자료를 추천합니다.

- Leading Digital: Turning Technology into Business Transformation, George Westerman, Didier Bonnet, Andrew McAfee, Harvard Business Review Press
- Why Digital Transformations Fail: The Surprising Disciplines of How to Take off and Stay Ahead, Tony Saldanha, Berrett-Koehler Publishers
- Mindset: The New Psychology of Success, Carol Dweck, Ballantine Books
- Now, Discover your Strengths: How to Develop your Talents and those of the people you manage, Marcus Buckingham, Donald Clifton, Simon & Schuster
- High Velocity Innovation: How to Get Your Best Ideas to Market Faster, Katherine Radeka, Career Press

03 디지털 전환을 가속화하는 새로운 기술

"*2장, 조직 내 문화의 전환*"에서는 조직의 문화가 산업 디지털 전환을 가능하게 하는 핵심 역할이란 것에 대해 배웠습니다. 혁신과 위험 감수의 문화는 전통적인 조직에게 도전이 될 수 있습니다. 주로 CDO나 그와 유사한 역할 하에서 이루어지는 디지털 인재와 리더십의 투입은 성공적인 전환을 위한 문화의 전환과 조직 구조를 촉발할 수 있습니다. 전환 문화는 디지털 기술, 사업 모델 및 절차 변화를 사용할 수 있는 기반을 마련합니다. 이에 대해서는 이번 장과 다음 장에서 자세히 알아보겠습니다.

주요 디지털 기술에 대한 산업 환경도 이 장에서 논의될 것입니다. 소비재 산업과 제품은 다른 산업과는 달리 매일 전 세계 사람들의 삶을 변화 시킵니다. 이 장에서는 소비재 산업의 디지털 전환과 성과를 위해 이러한 새로운 기술을 어떻게 활용하고 있는지 소비자 산업의 사례를 소개하겠습니다.

이 장에서는 다음 항목에 대해 살펴보겠습니다.

- 새로운 디지털 역량의 필요성
- 첨단기술의 산업 환경
- 소비재 산업의 전환사례 연구

3.1 새로운 디지털 역량의 필요성

기술이 의사소통에서 의학과 농업, 제조업 등에 이르기까지 우리 사회의 모든 측면에 영향을 미치기 시작한 전환이 진행 중입니다. 일상생활에서 통신 시스템, 유비쿼터스 센서 및 착용 장치는 물리적 세계와 디지털 세계 사이의 경계를 허물기 시작했습니다.

전 세계의 컴퓨팅 성능은 지난 40년 동안 기하급수적으로 증가했습니다. **VLSI**초 고밀도 집적회로, Very Large Scale Integration의 트랜지스터 수가 약 2년 동안 두 배로 증가하는 무어의 법칙Moore's law은 여전히 유효합니다. 무어의 법칙은 실제로 인텔[1]의 공동 설립자인 Gordon Moore의 관찰을 기반으로 합니다. 컴퓨팅 비용은 계속해서 낮아지고 있으며, 이것은 디지털 전환을 가능하게 합니다. 여기서 우리는 현재 진행 중인 디지털 전환을 가능하게 하는 새로운 기술에 초점을 맞출 것입니다.

대부분의 디지털 전환에 대한 성과는 새로운 기술로 인한 결과입니다. 많은 경우, 새로운 기술은 비상업적인 용도로 개발되었으며, 기술의 가능성을 확인한 기업들이 사업 모델이나 운영 부분의 전환에 적용하였습니다. 다른 기술들은 문제를 해결하거나 새로운 시장을 만들기 위해 발명되었습니다. 제품 제조업체들은 수십 년 동안 제품 개발계획을 촉진하기 위해 지속적으로 혁신을 거듭해 왔기 때문에, 이는 특이한 현상이 아닙니다. 그러나 최근 몇 년 동안 이러한 촉진 기술은 과거의 노력보다 더 파괴적인 결과를 가져왔습니다.

디지털 전환의 힘은 절차와 사업적 전환을 가능하게 하는 몇 가지 신기술들의 조합에 의해서 발생됩니다. 닷컴 시대 동안, 하나의 기술인 인터넷은 대부분의 전환에 대한 촉매제였습니다.

산업 디지털 전환의 특징은 비교적 짧은 기간 동안 극적으로 발전하고 있는 광범위한 기술입니다. 이러한 기술들에는 **GPS**, **IoT**, 클라우드 컴퓨팅, **AI**, 빅데

1 https://www.intel.com/content/www/us/en/history/museum-gordonmoore-law.html

이터 및 분석, 블록체인, 로보틱스, 드론, 3D 프린팅, AR 및 VR, RPA 및 5G 등을 포함한 모바일 기술입니다.

새로운 기술은 산업의 유형, 규모 또는 기업이 공공, 민간이나 비영리에 관계없이 모든 기업에 걸쳐 전환이 가능하도록 하였으며, 실제적으로 전환을 필요하도록 하였습니다. 새로운 기술을 채택하지 못하거나 전환에 실패한 기업은 주로 시대에 뒤떨어지거나 경쟁을 확보하지 못해 파산할 위험이 존재합니다.

산업에 미치는 영향을 이해하기 위해 제조업, 소비재 제품 및 공공 부문의 디지털 전환 사례를 살펴보고, 이러한 신기술의 광범위하고 전환적인 영향을 소개하겠습니다.

제조업의 디지털 전환

디지털 전환이 제조 공정에 미치는 영향에 대한 한 가지 사례는 세계 최대 항공기 제조업체 중 하나인 에어버스Airbus에서 확인할 수 있습니다.

에어버스는 항공기의 육안 검사를 수행하기 위해 드론 기술을 사용했습니다. 생산 시설 내에서 드론은 항공기의 동체를 검사하기 위해 행거 내에서 사전에 정의된 경로를 따라 이동합니다. 드론은 레이저 장애물 탐지를 통해 항공기와 안전한 거리를 유지합니다. 고해상도 영상은 실시간 검토를 위해 견고한 태블릿으로 무선 전송되고, 다음 단계로 영상이 데스크톱 검사 스테이션으로 전송됩니다. 여기서 기술자는 3D 모델을 사용하여 측정된 이미지를 항공기의 구조 모델과 비교하고 사람의 눈에 보이지 않는 결함을 탐지합니다. 이에 대한 사례로는 항공기 구조물 표면의 미세 균열입니다. 비행기 검사는 전통적인 시각 검사 방법으로는 하루가 소요되는 것에 비해 드론을 사용하면 오직 3시간 이내에 수행할 수 있습니다[2].

2 https://www.airbus.com/en/newsroom/press-releases/2018-04-airbus-launches-advanced-indoor-inspection-drone-to-reduce-aircraft

소비재 제품의 디지털 전환

우리 모두에게 익숙한 소비재 제품의 디지털 전환 사례는 수많은 혁신기술을 가지고 있는 회사인 테슬라입니다. 저렴한 전기 자동차의 실현 가능성을 입증하기 위해 테슬라는 비용을 절감하고 배터리 차량의 주행거리를 늘려야 했습니다. 테슬라는 300마일이 넘는 주행거리를 가진 전기 자동차를 최초로 선보였으며, 충전을 최적화하고 배터리 수명을 극대화하기 위해 AI를 활용하였습니다.

테슬라는 또한 IoT 기능, 센서 및 카메라를 사용하여 자동차 주변 환경에 대한 정보를 수집하고, 차량에 탑재된 컴퓨터에서 실행되는 자율주행 기술을 발전시켰습니다. 테슬라 차량은 무선 기술을 사용하여 운전 정보를 회사로 보내고, 회사에서 정보를 받아 차량에 필요한 소프트웨어를 갱신합니다. 기계학습을 통해 회사로 보낸 차량 데이터를 분석하여 차량의 주행 성능을 향상시키는 데 사용됩니다. 테슬라 차량은 블루투스BlueTooth 지원 키, 리모컨이나 스마트폰의 모바일 앱으로 제어할 수 있습니다. 테슬라는 디지털 전환을 가능하게 하는 기술을 자동차에 결합하여, 기술이 제공할 수 있는 것 이상의 새로운 경험을 운전자에게 제공하는 좋은 사례입니다.

공공부문의 디지털 전환

공공 부문은 시민 경험을 개선하기 위해 새로운 디지털 기술을 사용할 수 있는 기회를 놓치지 않았습니다. 많은 경우, 우리는 공공 부문의 디지털 기술을 사용할 때 정부와 상호 작용을 하고 있다는 것을 알지 못합니다. 그러한 사례 중 하나가 캘리포니아 산타클라라 카운티의 교통 관리입니다. 실리콘 밸리의 중심부에 있는 산타클라라는 교통 문제와 장거리 통근으로 유명합니다. 카운티에서 관리하는 도로에서 혼잡을 줄이기 위해, 카운티의 교통 엔지니어는 130개 교차로에 센서와 카메라를 설치했습니다. 카메라의 데이터가 클라우드로 전송되어 실시간으로 분석되므로, 교통량이 많은 곳에서부터 자전거와 10차선 도로를 횡단하는 느린 보행자에 이르기까지 모든 것을 수용할 수 있도록 교차로에서의 교통신호를 조정할 수 있습니다. 카운티는 예측 분석을 사용하여 향후 15분 동안의 교통 상황을 예측하고, 이 정보를 카운티 주민들에게 웹사이트를 통해 제공합니다. 이를 통해 개인은 출퇴근 시간과 경로를 조정할 수 있어 교통 혼잡을 더욱 줄일 수 있습니다.

공공 비상사태에 대응하는 전환

지금까지 논의한 세 가지 사례 이외에도, 우리는 항상 우리 주변에서 디지털 전환을 볼 수 있습니다. 2020년 첫 몇 달 동안, 많은 기업이 코로나19 펜데믹에 대응하기 위해 사업 모델을 일시적, 혹은 영구적으로 전환했습니다.

신속한 시제품 제작 서비스를 제공하던 회사들은 개인 보호 장비에 대한 시급한 요구와 시장의 급격한 변화에 대응하기 위해, 밤새 3D 프린터로 마스크를 제작 할 수 있도록 전환했습니다. 동시에, 대형 기술 회사들은 모바일 장치, GPS 및 블루투스를 사용하여 코로나19에 대한 잠재적 노출을 확인할 수 있는 근접인식 프로그램을 신속하게 배포했습니다. 다른 회사들은 환승공간과 같은 공공장소에서 밀집도를 확인할 수 있는 열 영상 기술을 빠르게 개발하였습니다. 이 기술은 마스크를 착용하지 않은 사람들뿐만 아니라, 발열 가능성이 있을 수 있는 사람들을 구분합니다. 정부는 결혼 허가증 발급과 같은 서비스를 온라인으로 제공하고, 원격 회의를 통해 결혼식을 합법화하는 규칙을 변경함으로써 코로나19 펜데믹에 대응을 하였습니다.

첨단 기술의 확인

코로나19 펜데믹에 대응해 신제품이 빠르게 등장하는 것은 보면, 첨단 기술은 항상 개발되고 있다는 것을 알 수 있습니다. 지금은 진부해 보이지만, 첨단 기술이 새로운 사업 기회를 열어주고 새로운 실험을 주도함에 따라, 변화가 매년 더 빠르게 일어나고 있습니다. 이 장에서 확인된 기술은 오늘날 비교적 새로운 기술이지만, 일부는 이미 주류를 이루고 있으며 나머지는 몇 년 후에 일반화될 것입니다. 따라서 향후 절차를 개선하거나 새로운 사업 모델을 개발하는 데 사용할 수 있는 신기술을 파악할 수 있어야 합니다. 새로운 촉진 기술을 가장 먼저 확인한 사람들이 가장 먼저 이를 활용할 것입니다.

새로운 촉진 기술을 확인할 수 있는 여러 가지 방법이 있습니다.

- **전 세계 동향 파악:** 세계의 다른 지역에서 새롭게 부상하고 있는 새로운 사업을 살펴보고, 이러한 사업을 가능하게 하는 새로운 기술을 확인합니다. 예를 들어, 모바일 결제는 전 세계로 확산하기 전에 중국에서 먼저 나타났습니다.
- **관심 분야 기술개발 자료를 조사:** 모든 분야에는 학자들이 그들의 연구를 발표하는 학술지와 학회가 있습니다. *미국 전기전자 학회지*IEEE Transactions와 같은 초기 응용 연구가 많이 출판되는 저널은 구독하거나 도서관에서 찾을 수 있습니다. 만약 여러분이 특별한 관심 분야가 있다면, 학술회의도 참석할 수 있습니다.
- **기본적인 과학적 연구의 추종:** *사이언스*Science와 같이 매우 초기단계의 기술 동향을 이해하는 데 도움이 되는 저널들이 있으며, 모든 독자가 접근할 수 있습니다.
- **VC 자금, 엔젤 투자 동향과 새로운 뉴스를 확인:** 예를 들어, 자율주행 자동차와 지원 기술에 대한 투자는 최근 실리콘 밸리에서 주목의 대상이 되고 있습니다.
- **기업에서의 연구를 추적:** 기업들이 수행한 많은 연구는 기밀이지만, 많은 기업들은 제품에 연구 결과를 적용하기 시작한 후 웹사이트에 발표합니다. 이것은 제품에 적용할 수 있는 충분한 가능성을 보여주는 기술에 대한 통찰을 줄 것입니다. 출원 중인 특허의 유형도 유용한 정보입니다.
- 가트너와 같은 분석 회사는 *"1장, 디지털 전환의 소개"*에서 설명한 하이퍼 사이클을 발표합니다. 이것은 새로운 기술동향에 대한 좋은 성숙도 지표로 사용될 수 있습니다. 혁신적인 기업들은 새로운 기술을 찾기 위해서는 최고 수준보다 앞서야 하지만, 이 단계에서는 위험과 보상이 모두 더 높을 수 있다는 것을 알아야 합니다.

역사적으로 많은 첨단기술이 성숙하는 데 8년에서 10년이 걸렸습니다. 비트코인과 블록체인은 2008년에 시작되었습니다. 아마존은 2006년에 **아마존 AWS**를 시작했으며, 지난 10년의 후반기에 공용 클라우드가 주목을 받았습니다. 5G는 2018년 말에 출시되었습니다. 따라서 CIO와 CDO는 현 단계에서 어떤 디지털 기술이 실제로 도움이 되는지, 어떤 것이 단순히 과대광고인지를 파악하는 데 중대한 책임이 있습니다.

다음으로 디지털 전환을 지원하는 새로운 기술에 대해 자세히 알아보고, 몇 가지 사례 연구를 살펴보겠습니다.

3.2 첨단 기술의 산업 환경

앞에서 설명한 디지털 기술은 여러 산업분야에서 전환을 가능하게 하는 핵심 요소입니다. 예를 들어, IoT는 연결된 제품과 운영의 기본이며, 새로운 사업 모델을 출시하는 데 도움이 됩니다. 특히 제품이 현장에서 운영되는 경우 연결된 제품은 다양한 연결 방법에 따라 달라집니다. 측정 기술은 제품의 실제 물리적 상태 정보를 제공합니다. 다음 절에서는 주요 기술에 대한 세부 정보를 살펴봅니다. 우리는 주요기술의 기원, 현재 상태, 그리고 주요 기술들이 구체적으로 전환적인 성과물에 어떻게 사용되었는지 살펴볼 것입니다.

IoT

IoT는 디지털 전환을 가능케 하는 강력한 기술입니다. 그림 3.1과 같이 IoT의 세 가지 주요 구성 요소는 연결, 감지 및 컴퓨팅입니다.

그림 3.1 개념도

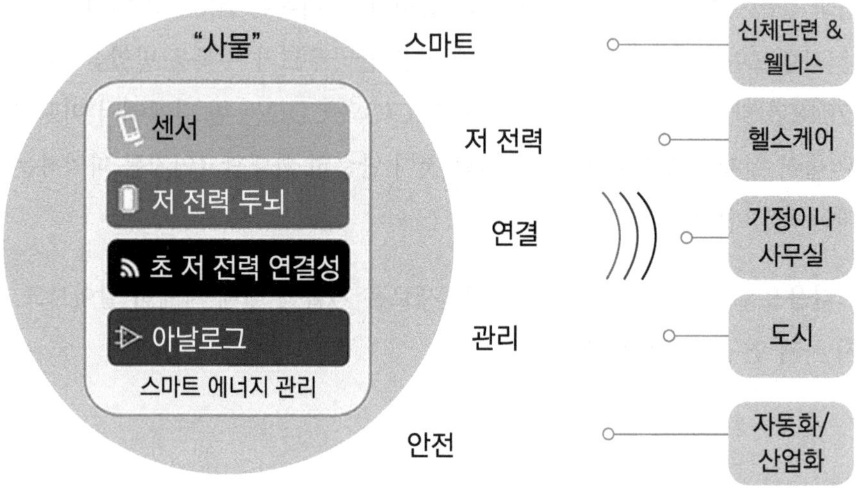

IoT는 그림 3.1의 오른쪽에 표시된 것처럼 여러 가지 전환적인 결과를 가능하게 합니다. 신체활동 추적기는 사람들의 활동을 추적하고 건강 조언을 받을 수 있게 해줍니다. 스마트시티와 커넥티드 자동차도 IoT에 의해 가능합니다. 항공기 몸체나 엔진의 IoT 센서와 같은 산업 자산은 예측 유지보수를 통해 항공기의 계획되지 않은 운항중단 시간을 낮춥니다. 제트 엔진의 센서는 IoT 시스템이 사업 결과를 이끌어 내기 위해 필요한 온도, 압력 및 진동과 같은 데이터를 수집하는데 사용합니다.

퀄컴Qualcomm은 1985년 상용 트럭을 위한 위성 통신 시스템 판매에 초점을 두기 시작했습니다. 옴니트레이스Omnitracs라고 불린 시스템은 트럭 수송을 위한 군집 관리trucking fleet management를 위해 개발되었습니다. 이 사업은 CDMA코드분할 다중접속, Code-Division Multiple Access 기술 연구에 자금을 지원했고, 이로 인해 오늘날 우리가 알고 있는 퀄컴이 탄생했습니다.

공간에서 디지털 전환의 초기 기술사례는 GNSS글로벌 위성 항법 시스템, Global Navigation Satellite System입니다. GNSS는 회사 차량의 위치, 구동장치 상태, 연료 소비 및 화물 상태 등의 정보제공이 가능하게 하는 무선전화 기반 센서 게이트웨이입니다. 이 기능을 통해 차량의 경로 및 유지관리 계획과 같은 중요한 작업(디지털 전환)을 자동화할 수 있습니다. 데이터 분석을 통해 어떤 차량모델의 운영비용이 가장 높은지도 파악할 수 있습니다.

연결

연결connectivity 기술 군은 IoT 솔루션을 배포하기 전에 전략적 관점에서 고려해야 할 중요한 구성 요소입니다. IoT 솔루션을 위한 분산 컴퓨팅 구조에서 연결 솔루션은 적용 사례에 따라 다릅니다. 이러한 구조에서 고려할 요소는 센서 노드, 연결 장치 또는 클라우드 간에 분산될 수 있으므로, 연결 처리량, 범위, 수요 전력, 통신망 구조, 상호 운용성 및 비용이 중요한 검토 사항입니다. 연결 요구사항은 산업 부문의 적용 사례에 따라 가변적입니다.

IoT 연결을 위해 고려해야 할 가장 일반적인 선택을 살펴봄으로써, 이 주제를 더 자세히 살펴보겠습니다.

연결 기술 사례-블루투스

블루투스Bluetooth는 지난 수십 년 동안 진화한 단거리 통신 기술입니다. 블루투스 클래식Bluetooth Classic은 최대 7개의 연결된 장치에서 최대 2.1Mbps의 처리량으로 양방향 점 대 점, 또는 점 대 다중 점 연속 통신을 지원합니다. 변형 모델인 **BLE**저 전력 블루투스, Bluetooth Low Energy는 처리량(0.3Mbps)은 낮지만 전력 소비는 100배 낮으며, 소규모 소비자 IoT 응용사례에 적합합니다. BLE는 스마트시계, 부착형 추적기 및 기타 착용장치와 같은 소비재 장치에 일반적으로 사용됩니다. 이러한 기기에 연결된 스마트폰은 클라우드 응용프로그램의 게이트웨이 역할을 합니다.

블루투스 메시Bluetooth Mesh를 사용한 이 기술의 확장으로 BLE 장치의 광범위한 활용이 가능합니다. 블루투스 메시는 스마트 실내조명부터 스마트 홈의 제어 시스템에 이르기까지 다양한 응용프로그램을 지원합니다. BLE 신호등 기반 솔루션은 실내 위치 및 특정 대상을 목표로 하는 광고에 사용되고 있습니다.

연결 기술 사례-저 전력 광역 통신망

저 전력, 신뢰성, 보안 및 장거리 통신의 IoT 연결 요구사항을 해결하기 위해 LPWAN저 전력 광역 통신망, Low Power Wide Area Network 기술이 개발되었습니다. 사업권licensed이 있는 대역과 사업권이 없는 대역에 각각의 솔루션이 있습니다. NB-IoT와 LTE-M은 사업권이 부여된 대역에 속하며, 로라LoRa, 시그폭스Sigfox 및 마이씽스MYTHINGS는 사업권이 부여되지 않은 대역에 속합니다. LPWAN 솔루션은 산업 단지 또는 쇼핑몰과 같은 상업적 환경에 넓게 퍼져있는 대규모 통신망의 IoT 노드에서 소형 배터리를 이용한 장거리 통신을 제공합니다. 이러한 기술은 게이트웨이 장치에서 IoT 노드까지 최소 500m의 신호 범위를 제공하나, 도시나 지하와 같은 까다로운 사용 환경에서는 신호범위에 제약을 받습니다.

연결 기술 사례-무선 전화

3G 및 4G 무선 전화 망은 매우 광범위한 범위 영역에서 신뢰할 수 있는 광대역 통신을 제공합니다. 4G 망은 2018년에 전 세계 인구의 약 75%가 사용하고 있으며, 2025년에는 90% 이상으로 확대될 것입니다. 그러나 IoT 솔루션을 위한 무선 전화망 연결 장치는 운영비용이 매우 높습니다. 배터리 구동 IoT 노드의 경우 전력 요구량도 매우 높습니다. 그러나 이러한 통신망은 공급망 가시성을 위해 운송 및 물류 분야의 군집 관리에서 오랫동안 널리 사용되어 왔습니다. 많은 커넥티드 자동차들은 ADAS첨단 운전자 지원 시스템, Advanced Driver Assistance Systems 및 추적 서비스와 함께 판매됩니다. 이를 통해 더 나은 경로 안내를 위한 실시간 교통 정보 제공 및 클라우드 서비스 기반의 인포테인먼트infotainment와 같은 기능이 지원됩니다. 유비쿼터스 고 대역폭 무선전화 연결은 이러한 응용사례에 필수적입니다.

연결 기술 사례-와이파이

가정 및 사업 환경에서 높은 처리량의 데이터 전송에 가장 일반적으로 사용되는 솔루션입니다. 와이파이Wi-Fi 대역폭은 블루투스, 지그비Zigbee 및 지웨이브Z-Wave보다 높습니다. 이 절의 마지막 부분에서 지그비와 지웨이브 연결기술에 대해서 살펴보겠습니다. 와이파이는 연결망이 크고 배터리로 구동되는 IoT 센서에 의존할 때, 전력 소비가 증가하기 때문에 때로는 연결을 위한 좋은 선택이 아닙니다. 이러한 현상은 산업 IoT 사용 사례에서 가장 어려운 측면입니다.

2019년에 출시된 와이파이 6은 많은 연관된 기능을 제공합니다. 최대 이론 속도는 9.6Gbps로 와이파이 5보다 3배 빠릅니다. 새로운 표준(OFDMA, MU-MIMO)은 중계기가 한 번에 많은 장치와 통신할 수 있기 때문에, 중계기는 동일한 송신장치에서 여러 장치로 데이터를 전송할 수 있습니다. 와이파이 6를 사용하면 장치가 목표 작동 시간Target Wake Time이라는 기능을 사용하여 중계기와의 통신을 계획할 수 있습니다. 이를 통해 중계기는 장치들과의 접속 시간을 계획할 수 있습니다. 따라서 IoT 노드가 안테나 전원을 켜고 전송 및 신호 검색을 수행하는 시간을 낮출 수 있어 배터리의 사용량을 상당히 낮추어 줍니다.

연결 기술 사례-5G 기술

5G 기술 구축이 완료됨에 따라 2020년에는 2억 대의 5G 장치가 가동될 수 있습니다. 5G는 초고속 이동성 및 초저 지연 기능을 제공합니다. 이러한 기능으로 인해 수많은 분야에 다양한 목적으로 사용되게 될 것입니다. 이러한 특성으로 인해, 이 기술은 이미 자율주행 차량 시스템 개발에 사용되고 있습니다. 5G가 제공하는 초 광대역 및 초 저 지연은 AR 및 VR 경험을 향상시키고, 사업, 교육 및 산업적 응용에 그 사용을 확산시킬 것입니다.

연결 기술 사례-지그비

지그비Zigbee는 사용범위를 확장하는 데 사용되는 또 다른 망형Mesh topology 솔루션입니다. 센서 데이터를 여러 IoT 노드를 통해 연결함으로써 그 역할이 수행되며, LPWAN에 비해 높은 처리량을 제공하는 단거리 저 전력 연결에 사용됩니다. 그러나 망형 구성으로 인해 LPWAN만큼 전력이 효율적이지는 않습니다. 지그비를 포함하는 유사한 망형 기술은 100m 미만의 범위에서 작동할 수 있는 중간 범위 IoT 응용사례에 가장 적합합니다. 지그비는 상업용 건물 제어 시스템에 사용되어 왔습니다.

감지

감지Sensing 기술은 그림 3.2와 같이 오감의 디지털화를 돕기 위해 빠르게 발전했습니다.

그림 3.2 오감의 디지털화

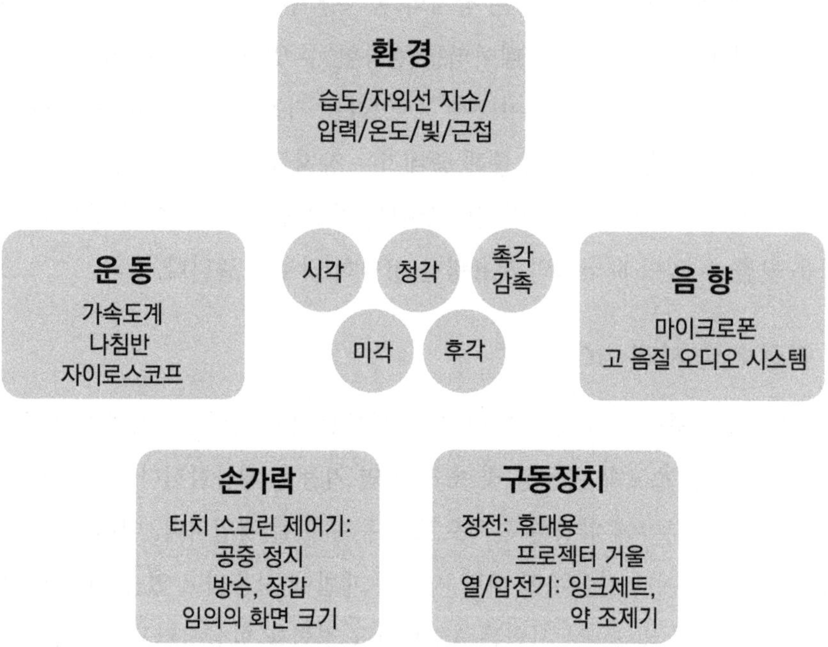

MEMS미세전자기계시스템, Micro Electric Mechanical System 센서 개발의 기술 혁신으로 높은 정밀도를 가지는 센서가 대량 생산이 가능해졌습니다. 이 MEMS 센서들은 크기가 1mm 미만이라는 요구사항 내에 충분히 들어맞을 만큼 작습니다. 또한, MEMS 센서는 전력 소비도 작아서 휴대폰이나 운동량 측정과 같은 이동식 장치의 배터리로 구동되는 산업용 센서 노드에 여러 개 사용될 수 있습니다. 최신 고급 휴대폰에는 이러한 MEMS 센서가 10개 이상 사용되고 있습니다.

MEMS 가속도계와 자이로스코프는 지난 10년 동안 지속적으로 개선되었습니다. 초기에 MEMS 가속도계는 주로 휴대 전화 디스플레이의 세로 또는 가로 모드를 자동 조정하는 것과 같은 자세인지 기능에 사용되었습니다. 그 이후로, MEMS 센서는 소비자, 자동차 및 산업 응용 분야에서도 광범위하게 사용되고 있습니다.

자력계는 자기장을 감지합니다. 자력계의 일반적인 활용 중 하나는 지구의 자기계를 측정하여 북극을 향하는 나침반을 만들 수 있습니다. 자기계가 디지털 지도에 활용될 때 휴대폰 사용자의 방향을 결정하는 데 가장 일반적으로 사용됩니다[3].

음성은 상황 인식 및 상태 인식에 사용할 수 있는 매우 강력한 신호이며, 마이크는 이러한 목적으로 사용되는 센서입니다. 전화기 개발 초기부터 지금까지 마이크에 대한 많은 발전이 있었습니다. 휴대폰은 세 개 이상의 마이크를 사용합니다. 이러한 마이크 배열은 아마존의 알렉사Amazon's Alexa나 구글 어시스턴스Google Assistant와 같은 음성 작동 스피커의 기본 센서 역할을 합니다.

압력 센서는 다양한 용도로 사용할 수 있습니다. 휴대 전화에서 압력 센서는 주변 압력을 측정하여 사용자가 위치한 건물의 바닥을 확인합니다(E911 유형의 경우). 타이어 공기압 감시 시스템은 센서를 사용하여 타이어가 차량의 안전 및 연비를 위해 적합한 공기압력을 가졌는지를 확인합니다.

습도 센서는 공기 중에 존재하는 수증기의 양을 측정합니다. 산업 환경에서 습도가 임계값 이상으로 상승하면 전자 시스템의 성능에 영향을 미칠 수 있습니다. 가스 센서는 공기 중의 **초미세먼지**PM2.5, 유해 가스, **VOC**휘발성 유기 화합물, Volatile Organic Compounds 및 이산화탄소의 함량을 측정할 수 있습니다. 실내나 실외 공기 품질 측정은 이러한 센서를 사용합니다. 산업 환경에서 가스 센서는 가연성이나 독성 가스를 감지하는 안전감시 분야에 매우 중요한 역할을 합니다.

근접 센서는 물리적 접촉 없이, 외부 물체의 존재여부와 거리를 감지할 수 있습니다. 이 센서는 광학, 정전 용량, 자기 또는 초음파와 같은 다양한 기술을 사용하여 구현할 수 있습니다. 광전 근접 센서에는 IR적외선, Infrared LED와 적외선 감지기IR light detector가 포함되어 있습니다. 주변 조도 센서는 입사하는 빛의 양을 측정

---

3 https://www.w3.org/TR/magnetometer/

합니다. 일반적으로 휴대 전화, 노트북 및 자동차 디스플레이에서 주변 조명 조건에 따라 디스플레이 조명 밝기를 증가나 감소시키는 데 사용됩니다.

그림 3.2와 같이 감지 기술은 디지털 전환을 가능하게 하고 가속화하고 있습니다.

그림 3.3 IoT 아키텍처 개념도

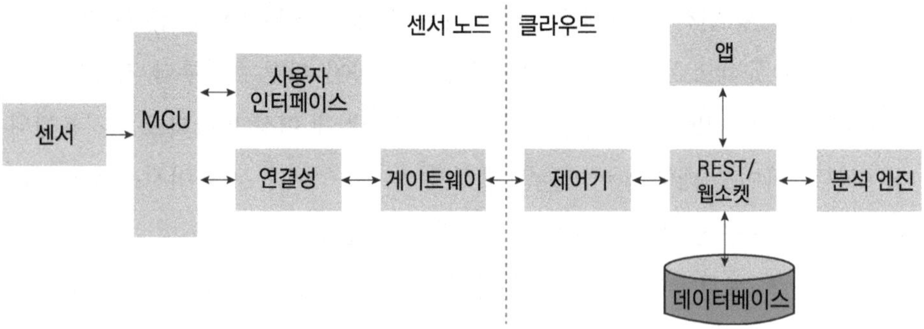

IoT 시스템과 물리적 세계의 상호 작용은 감지 및 구동 기능을 통해 달성됩니다. 그림 3.3은 하나의 적용사례에서 데이터와 클라우드 부분으로 만들어진 IoT 노드 아키텍처를 보여주고 있습니다. 센서 데이터는 센서, 게이트웨이나 클라우드에서 처리할 수 있습니다. 따라서 요구사항에 따라 다양한 수준의 컴퓨팅 기능을 사용할 수 있습니다. 센서 노드나 게이트웨이 장치에서 클라우드로 센서 데이터를 전송하려면 연결 솔루션이 필요합니다.

컴퓨팅

다음으로 컴퓨팅의 다양한 활용 체계에 대해 살펴보겠습니다. IoT 시스템에서 생성된 데이터를 처리하고 분석하여 사업 가치를 도출해야 합니다. 센서 데이터 및 관련 속성의 규모가 매우 크고 시간에 민감한 경우, 이 처리는 엄청난 양의 컴퓨팅 성능이 필요할 수 있습니다. 활용사례의 특성에 따라 컴퓨팅이 최대 효율성과 적시성을 위해 어떤 위치에서 수행되는지 여부가 결정됩니다.

컴퓨팅 사례-분산 컴퓨팅

IoT 활용을 위한 계산은 센서 노드, 게이트웨이 장치 및 클라우드를 포함한 분산 아키텍처에서 수행할 수 있습니다. 엣지 계산은 데이터가 측정된 곳이나 그 주변에서 수행됩니다. 엣지 장치인 IoT 센서 노드는 분석 및 AI 알고리즘을 실행하고, 관련 센서 데이터나 메타데이터 중 일부를 저장할 수 있습니다. 이러한 장치는 메모리와 저장 공간이 적은 ARM 또는 x86 클래스 프로세서에서 분석 및 분류 논리를 자동으로 실행할 수 있습니다.

게이트웨이는 IoT 또는 현장의 센서 노드와 같은 엣지 장치, 클라우드 및 스마트폰과 같은 장치 간의 연결을 제공합니다. IoT 게이트웨이는 모든 센서들과 클라우드, 응용프로그램 또는 사용자들에 대한 원격 연결이 가능한 통신 링크를 제공합니다. IoT 게이트웨이는 다양한 센서의 데이터를 분석하고, 서로 다른 IoT 장치에서 사용되는 통신규약에 대한 변환을 제공하며, 전송하기 전에 데이터를 필터링하거나 분류할 수 있습니다. IoT 장치는 이전 절에서 언급한 연결 기술을 사용하여 게이트웨이에 연결할 수 있습니다. 게이트웨이는 MQTT, CoAP, AMQP, DDS 및 웹소켓WebSocket과 같은 전송 통신규약을 지원할 수 있습니다.

다음으로, 우리는 일반적으로 상당히 표준화된 상업적 조건으로, 공유 자원을 수요에 따라 편리하게 활용할 수 있는 클라우드 컴퓨팅의 다양한 형태를 살펴볼 것입니다.

컴퓨팅 사례-클라우드 컴퓨팅

클라우드 컴퓨팅은 네트워킹, 서버, 데이터 저장, 데이터베이스 관리 및 AI를 포함한 소프트웨어 활용과 같은 하드웨어 및 소프트웨어 자원을 사용합니다. 이러한 하드웨어 및 소프트웨어 자원은 사용자가 인터넷을 통해 자동으로 접근하도록 되어 있습니다. 클라우드 컴퓨팅 자원은 태블릿, 휴대폰이나 랩톱과 같은 독립적인 고객 연결 플랫폼을 통해 접근할 수 있습니다. 주요 클라우드 서비스 공급자로는 MS 애저MS Azure, **아마존 AWS**, 구글 클라우드, 알리바바Alibaba 클라우드, 오라클 클라우드 및 IBM 클라우드가 있습니다. 공유 클라우드 컴퓨팅 자원에 대한 종량제 방식을 사용하여, 여러 사용자에게 서비스를 제공할 수 있습니다. 따라서 최종 사용자는 이러한 기반시설을 설계, 구입, 설치, 구성 및 관리를 할 필요가 없습니다. 다양한 규모의 기업과 글로벌 기업에 대한 다양한 구현 요구사항을 충족하는 데 도움이 되는 여러 클라우드 공급자가 있습니다. 클라우드 컴퓨팅은 주로 재무관점에서 **자본 비용**CAPEX을 **운영비용**OPEX으로 전환하는 데 도움이 됩니다.

IaaS인프라 서비스, Infrastructure as a Service는 사용자에게 서버, 저장, 방화벽 및 분배기와 같은 네트워킹 자원 등과 같은 기본적인 컴퓨팅 시설의 구성 요소를 제공합니다. 이러한 자원은 사용자가 구성하고 관리할 수 있는 가상 시스템으로 접근할 수 있습니다. IaaS의 좋은 예로는 아마존 EC2, OCIBMIOracle Cloud Infrastructure Bare Metal Instance, 구글 클라우드 컴퓨터 엔진Google Cloud Compute Engine 등이 있습니다.

PaaS플랫폼 서비스, Platform as a Service는 사용자가 소프트웨어 응용프로그램의 개발, 시험 및 배포를 할 수 있는 클라우드 컴퓨팅 플랫폼을 제공합니다. 응용프로그램을 개발하기 위해서는 클라우드 서비스 **API**, 관련 소프트웨어 라이브러리 및 개발 도구가 필요합니다. PaaS 공급자는 사용자를 위한 플랫폼 소프트웨어 시설을 관리합니다. PaaS의 좋은 예로는 아마존 일래스틱 빈스토크AWS Elastic Beanstalk와 아파치 스트라토스Apache Stratos가 있습니다.

SaaS소프트웨어 서비스, Software as a Service는 클라우드에서 실행되는 사용자 연결을 포함한 완벽한 응용 소프트웨어 제품군을 제공합니다. SaaS로 활성화된 응용프로그램은 일반적으로 웹 브라우저를 사용하고 인터넷 연결을 통해 접근이 됩니다. 웹 브라우저를 실행할 수 있고, 상호 연결이 가능한 모든 장치는 SaaS 응용 프로그램에 접근할 수 있습니다. 이러한 유연성과 접근성은 SaaS를 클라우드 컴퓨팅에서 가장 널리 사용되는 서비스로 만듭니다. SaaS의 좋은 사례로는 세일즈포스, 오라클 인적자원관리Human Capital Management, 드롭박스Dropbox, 도큐사인DocumentSign 등이 있습니다.

일반적으로 사용되는 클라우드 컴퓨팅 모델은 4가지입니다.

- **공공 클라우드Public cloud:** 클라우드 제공자는 인터넷을 통해 클라우드 하드웨어 및 소프트웨어 서비스에 대한 접근을 제공합니다. 따라서 사용자는 하드

웨어, 소프트웨어, 지원 네트워킹, 보안 시설을 설계, 구입, 설치나 유지 관리를 할 필요가 없습니다. 클라우드 시설은 클라우드 공급자가 소유하고 관리하며, 사용자에게는 이러한 시설의 계량화된 사용량에 따라 요금이 부과됩니다. 이 모델에서는 여러 고객이 공공 클라우드의 시설을 공유할 수 있습니다. 공공 클라우드 서비스 공급자는 IaaS 컴퓨팅, 저장 자원, SaaS 응용 소프트웨어 및 PaaS에 접근하여, 응용프로그램 개발, 시험 및 배포를 수행할 수 있습니다.

- **사설 클라우드**Private cloud**:** 사설 클라우드는 한 회사에서만 운영되는 클라우드 시설 입니다. 이러한 클라우드는 회사 내부나 타사(또는 둘 다)에서 관리할 수 있으며, 주로 회사 내부에서 관리되는 경우가 많습니다. 이러한 사설 클라우드 접근 방식을 통해 기업은 다양한 클라우드 자원, 데이터 보안 및 규정 준수에 대한 제어 능력을 유지할 수 있으므로, 다른 클라우드 고객과 자원을 공유할 때 발생할 수 있는 잠재적인 문제를 피할 수 있습니다.
- **혼합 클라우드**Hybrid cloud**:** 혼합 클라우드는 사설 클라우드와 공공 클라우드를 통합하여 필요에 따라 업무부하를 원활하게 배분할 수 있는 기술 및 관리 도구를 사용하여, 최적의 성능, 보안, 규정 준수 및 비용 효율성을 제공합니다. 예를 들어, 혼합 클라우드를 통해 기업은 중요한 데이터와 임무 수행에 필수적인 클라우드로 이동시킬 수 없는 기존 응용프로그램을 사내에 저장할 수 있습니다. 동시에 혼합 클라우드는 공공 클라우드를 사용할 수 있습니다. 공공 클라우드를 통해 SaaS 응용프로그램에 접근하고, PaaS를 통해 새로운 응용프로그램을 신속하게 개발하며, IaaS를 통해 필요에 따라 실시간 저장이나 컴퓨팅 용량을 추가할 수 있습니다.
- **다중 클라우드**Multicloud**:** 이 구현은 서로 다른 공공 클라우드의 시설 및 구성 요소를 사용하며, 두 개 이상의 주요 클라우드 공급자의 서비스를 사용합니다. 또는 주요 클라우드 공급자와 하나 이상의 SaaS 소프트웨어 공급자 서비스를 사용합니다. 배치 모델로 혼합된 다중 클라우드를 채택하는 사업이 증가하고 있습니다. 이는 기업들이 기존 응용프로그램을 그들의 시스템으

로 통합하는 방향으로 이동함으로서, 보안 및 규정 준수에 대한 요구사항을 충족시키고 최대의 유연성을 확보하기 위해서입니다.

오늘날 많은 기업이 이러한 클라우드 컴퓨팅 모델 중 하나 이상을 자체 전환에 필요한 형태로 구성하여 사용하고 있습니다. 일반적으로 기업은 자체 데이터센터와 사내의 전용 응용프로그램을 줄이고, 클라우드 모델을 채택하여 대응력을 높이고 있습니다. 클라우드 컴퓨팅 모델을 사용하면 가입 모델로 인해 자본 비용에서 운영비용으로 전환되는 신속한 선제적 전환이 가능하므로, 디지털 기술에 더 빨리 접근하여 산업 디지털 전환을 지원할 수 있습니다. 종종 혁신 기술들은 클라우드에서만 이용 가능하거나 클라우드를 우선으로 하는 경우가 있습니다.

문맥 및 상황 인식 응용 프로그램

스마트폰, 태블릿, 스마트 워치 및 활동 추적기와 같은 이동 및 착용 기기는 가속도계, 자이로스코프, 자기계, 기압계 및 마이크와 같은 여러 가지 센서를 점점 더 많이 장착하고 있습니다. 이러한 센서는 단독이나 센서 융합으로 사용자의 동적 활동, 음성 활동 및 공간 환경과 같은 사용자의 상태를 감지합니다.

*"상황인식은 객체의 상황을 특성화하는 데 사용할 수 있는 모든 정보입니다"*와 같은 정의는 응용 프로그램과 사용자 간의 상호 작용을 설명하는 상황인식 Context에 대해 적절하게 설명하고 있습니다. 어떤 객체는 사용자와 응용사례 자체를 포함하여, 사용자와 응용 대상 간의 상호작용과 관련이 있는 것으로 간주되는 사용자, 장소 또는 대상입니다[4].

일반적으로 그림 3.4와 같이 상황 인식 정보는 하나의 센서나 가속도계, 기압계, 자이로스코프, 자기계, 마이크, GPS, 카메라, RF 센서, 광센서, 근접 센서, 다양한 가스 센서 등의 이종 센서로부터 입력 데이터를 받는 기능이 될 것입니다. 특정 응용프로그램에 사용되는 특정 장치는 이러한 센서의 일부나 모두를 가지고 있을 수 있으며, 사용 사례에 따라 달라질 수 있습니다. 특정 응용사례에 대

---

4 https://www.cc.gatech.edu/fce/ctk/pubs/PeTe5-1.pdf

한 센서의 선택은 에너지 제약, 상황 탐지 작업의 범위 및 기타 사양에 따라 달라질 수 있습니다.

대부분의 상황인식 탐지 작업에서는 하나의 센서 데이터만 사용됩니다. 가속도계는 일반적으로 활동을 감지하기 위한 동작 센서로 사용되고, 마이크는 음성 활동 및 공간 환경에 대한 감지에 사용됩니다. 가속도계, 마이크 및 압력 센서 등 세 개의 센서에서 얻은 데이터의 정보를 결합하여 움직임 활동을 분석하는 목적으로 사용할 수 있습니다.

그림 3.4 상황 인식 체계

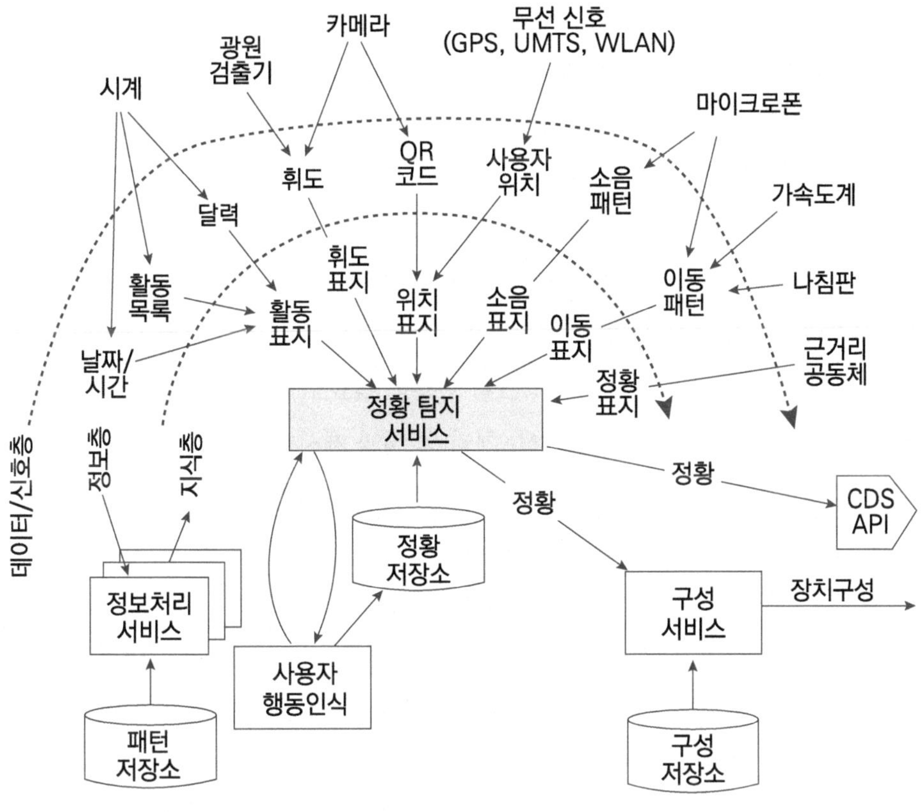

상황 인식을 위한 응용사례의 세 가지 정보 세분화 계층은 그림 3.4에 나와 있습니다. 가장 바깥쪽 계층은 데이터나 신호 계층입니다. 여기서 원시 센서 데이터나 신호는 다양한 센서로부터 측정되어 사용할 수 있으며, 정보를 도출하기 위해 추가적으로 처리될 수 있습니다. 예를 들어, 이동 패턴에 대한 정보를 얻기 위해 가속도 신호를 변환할 수 있습니다. 다음 계층은 단일 또는 여러 원인의 정보가 처리되어 상황인식에 대한 지식을 도출하는 지식 계층입니다. 예를 들어, 가속도 신호 및 마이크 데이터로부터 이동 패턴을 처리하여 장치의 특정 상태를 확인할 수 있는 처리를 할 수 있습니다. 시스템의 경우 이 상황에 맞는 정보를 사용하여 조건 기반 감시 시스템에서 경고를 발생시킬 수 있습니다.

AI

AI와 디지털 전환은 상호 보완적입니다. AI는 기계나 장치가 환경을 감지하고 바라는 목표를 성공적으로 달성하기 위한 행동을 발생할 수 있도록, 기술들을 조합하는 것으로 정의됩니다. AI는 기계학습과 심층학습과 같은 다양한 계산 방법을 사용합니다. 기계학습은 디지털 전환의 과정에 있는 조직에게 강력한 동력입니다. AI 기술은 주로 관련된 대량의 데이터를 활용합니다. 따라서 이러한 대량의 관련 데이터 필요성은, 결국 성공적인 AI 전환 노력을 위한 관련 데이터의 생성 및 확보를 위한 디지털 기술과 시스템 구축을 필요로 합니다. 이러한 디지털 구성요소는 데이터의 획득, 관리, 구성, 처리 및 결과 제시를 담당합니다. 따라서 디지털 전환은 AI 전환의 전제 조건입니다. AI 기술의 장점은 또한 디지털 시스템 구축에 대한 투자의 타당성을 정당화합니다.

전환은 대개 동시에 발생하는 다양한 영향력 있는 사건의 결과로, 필요하거나 강요되어야 하며, 이는 근본적으로 사업 환경을 바꾸게 됩니다. 이러한 사건 중 하나는 데이터 기반 기술의 개발입니다. 많은 발전 중에는 센서 데이터를 고속으로 전송할 수 있는 기술과 이와 같이 많은 양의 데이터를 실시간으로 처리하여 사용 가능한 정보를 추출할 수 있는 기술이 있습니다. 실제 환경과 상호 작용하는 지능형 센서 노드와 같은 엣지 장치는 데이터를 처리하고, 실행 가능한 정보를 생성하는 데 사용할 수 있는 컴퓨팅 기능이 제한적입니다. 또한 소프트웨어 프로세스software process 및 구현 공간의 성숙으로 인해 이러한 블록을 강력한 소프트웨어 제품 및 서비스의 형태로 결합하여 기존 시스템에 효율적으로 배포 및 통합할 수 있습니다.

다음으로, 우리는 기계학습 플랫폼과 그것들이 왜 필요한지에 대해 배울 것입니다.

기계학습 플랫폼

기계학습 알고리즘은 많은 양의 데이터를 사용하여 개발됩니다. 이 데이터 중 일부는 훈련에 사용되고, 다른 부분은 알고리즘의 성능을 평가하기 위해 남겨질 수 있습니다. 이러한 알고리즘은 탐지, 분류, 예측이나 의사결정과 같은 작업을 수행할 수 있습니다. 기계학습 알고리즘은 지도학습과 비지도학습과 같은 두 가지 범주로 분류될 수 있습니다. 지도학습에는 학습 과정에 특성 분류label 데이터가 필요합니다. 특성을 분류하는 것은 학습 데이터 수집 당시 시스템 상태를 잘 정의할 수 있는 정보가 분류되어 있음을 나타냅니다. 비지도학습 알고리즘은 훈련 데이터에서 특성을 분류하거나 분류 정보가 없이 패턴을 도출할 수 있습니다. 지도학습은 알고리즘의 일부 사례는 선형 회귀, 로지스틱 회귀, K-NN최근접 이웃 탐색, K-Nearest Neighbors, 의사결정트리, 랜덤 포레스트random forest 및 네이브 베이즈naïve Bayes입니다. 비지도학습 알고리즘의 일부 사례로는 클러스터링 및 차원 축소 알고리즘이 있습니다.

데이터 과학 및 기계학습 플랫폼은 사용자에게 기계학습 알고리즘을 개발하고 배포할 수 있는 도구를 제공합니다. 이러한 플랫폼은 기계학습 의사 결정 알고리즘과 데이터를 결합하고, 개발자가 사업 솔루션을 만들 수 있도록 지원합니다. 이러한 플랫폼의 주요 공급자는 아마존 세이지메이커SageMaker, MS 애져 기계학습 스튜디오Azure ML Studio, 레피드마이너RapidMiner, IBM 왓슨 기계학습 플랫폼 및 매스웍스MathWorks입니다.

AI와 기계학습 기술에 의해 가능한 디지털 전환의 수많은 사례가 있습니다. 인도 철도에서는 철도 객차의 기계 부품에 대한 실시간 검사를 수행하기 위해 AI로 작동되는 로봇 우스타드USTAAD를 사용하고 있습니다.

심층학습 플랫폼

심층학습은 **ANN**인공신경망, Artificial Neural Networks이라고 불리는 뇌의 기능에서 영감을 받아 개발되었으며, 알고리즘과 관련된 기계학습의 하위 분야입니다. **DNN**심층신경망, Deep Neural Networks, **RNN**순환신경망, Recurrent Neural Networks 및 **CNN**합성곱신경망, Convolutional Neural Networks과 같은 심층학습 아키텍처는 컴퓨터 화상처리, 음성 인식, 의료 영상 분석 및 재료 검사를 포함한 광범위한 분야에서 성공적으로 적용되었습니다. 심층학습 플랫폼의 선도적인 공급업체로는 구글 AI 플랫폼, 텐서플로TensorFlow, MS 애져 클라우드 AI 플랫폼, 에이치투오H2O.ai 등이 있습니다.

인공신경망과 같은 심층학습 모델은 현재 의료영상 분석에 사용됩니다. **MRI**자기공명영상, Magnetic Resonance Imaging의 전체 절차는 MRI 데이터에서 영상 획득부터 질병 예측에 이르기까지 많은 DNN 응용 프로그램이 있습니다. CNN은 가돌리늄과 같은 조영제의 투여량을 줄이면서, 뇌 MRI 영상의 조영제를 개선하는 데 사용됩니다. **PET 및 MRI**Positron Emission Tomography and Magnetic Resonance Imaging의 주요 문제 중 하나는 PET 감쇠 보정을 정확하게 추정하는 것입니다. 이 작업은 CNN을 사용하여 수행됩니다.

가상 에이전트

가상 에이전트Virtual agents는 AI 기술을 사용하여 고객과 상호 작용하고, 고객에게 서비스를 제공하며, 다양한 대화 창구에서 문제해결을 지원합니다. **챗봇**chatbot은 일반적으로 간단하고 일상적인 질문 및 FAQ를 처리할 수 있는 솔루션에 사용됩니다. 반면, **IVA**지능형 가상 비서, Intelligent Virtual Assistants는 **NLU**자연어 이해, Natural Language Understanding, **NLG**자연어 생성, Natural Language Generation 및 심층학습으로 설계된 고급 대화 솔루션입니다. 이러한 기술을 통해 상황을 이해하고 유지하며 사용자와의 보다 생산적인 대화를 관리할 수 있습니다.

영상 인식

영상 인식은 디지털 영상이나 동영상에서 개체, 장소, 사람이나 사물을 확인하고 탐지하는 절차입니다. AI 솔루션은 이러한 목표를 달성하기 위해 패턴 인식, 안면인식, 객체인식, 문자인식 및 영상분석을 지원합니다. 영상 인식 기술은 또한 얼굴이나 번호판을 인식하여 사용자를 확인하고, 질병을 진단하고, 고객과 그들의 행동을 분석하는 데 사용될 수 있습니다.

AI 기술이 큰 영향을 미치고 있는 다른 분야는 자연어 생성, 음성 인식, 마케팅 자동화, RPA 및 생체 인식입니다. 우리는 *"8장, 디지털 전환에서의 AI"*에서 이것들을 더 자세히 살펴볼 것입니다.

다음은 빅데이터에 대해 알아보겠습니다.

빅데이터

빅데이터big data는 기존의 데이터 처리 응용 소프트웨어로는 관리할 수 없는 매우 크고 복잡한 데이터 세트에서 사용 가능한 정보를 분석하고 추출하는 솔루션을 말합니다. 빅 데이터 환경은 지난 몇 년간 변화를 해 왔습니다. 최근에는 빅데이터라는 용어가 예측 분석, 사용자 행동 분석, 또는 데이터에서 가치를 추출하는 기타 고급 데이터 분석 방법을 사용하는 것을 의미하는 경향이 있습니다. 데이터 세트의 크기는 가장 중요한 특성이 아닙니다. 데이터 크기는 데이터 생성, IoT 장치의 확산과 함께 계속해서 증가합니다. 이러한 데이터 세트의 분석을 가능하게 하는 AI 기술은, 데이터 세트로부터 사업 동향을 파악하거나 질병을 예방하는 것과 같은 유의미한 성과로 이어질 수 있는 새로운 연관관계를 찾을 수 있습니다.

지난 10년 동안 하둡은 빅 데이터 분석을 위한 가장 잘 알려진 플랫폼이었으나, 현재는 클라우드 플랫폼과의 경쟁이 심화되고 있습니다. 하둡은 클라우드가 중요하지 않은 시기에 개발되었으며, 대부분의 데이터가 사내에 저장되었습니다. 오늘날 클라우드 서비스는 실시간 재생, 데이터 변환 및 AI를 포함한 IaaS, PaaS 서비스를 위한 완벽한 플랫폼을 제공합니다. 하둡 및 스파크Spark와 같은 솔루션에서 클라우드로의 전환은, 공공 클라우드, 사설 클라우드 및 사내 데이터 저장기기와 결합을 포함하는 혼합 클라우드 접근 방식으로의 진화 추세에 따라 가속화되고 있습니다. 아마존 및 MS 애져와 같은 클라우드 공급자는 거대한 규모에도 불구하고 계속해서 빠르게 성장하고 있습니다. 최근 호튼웍스Hortonworks와 클라우데라Cloudera의 합병 및 HP의 맵알MapR 인수는 하둡와 같은 단일 사업 공급자를 인수통합 하는 변화하는 시장 환경을 보여줍니다.

새로운 다중 클라우드 및 혼합 클라우드 시대에 또 다른 중요한 기술은 쿠버네티스Kubernetes입니다. 쿠버네티스는 컨테이너형 작업부하containerized workloads 및 서비스를 관리하고, 응용프로그램을 배포, 확장 및 관리를 자동화하는 오픈소스 솔루션이며 구글에 의해 설계되었습니다. 쿠버네티스는 도커Docker를 포함한 다양한 도구와 함께 작동합니다. 많은 클라우드 서비스는 쿠버네티스 기반 플랫폼이나 시설 서비스화(PaaS 또는 IaaS)를 제공하며, 쿠버네티스를 플랫폼 제공 서비스로 구현할 수 있습니다. 쿠버네티스는 인프라 전문가가 참여하지 않고도 언어, 기계학습 라이브러리 또는 프레임워크를 선택하고 모델을 훈련할 수 있는 유연성을 제공하기 때문에 기계학습 공동체에서도 인기를 얻고 있습니다.

우리는 다음으로 로봇공학과 로봇공학이 산업에서 의료 분야까지 어떻게 사용되고 있는지를 살펴볼 것입니다.

로봇공학

매킨지는 로봇의 활용이 지난 10년간 매년 19%씩 증가하고 있다고 보고[5]하였습니다. 로봇공학과 자동화의 성장 동력은 다음과 같습니다.

- 생산 비용 절감
- 품질 향상

5 https://www.mckinsey.com/~/media/McKinsey/Industries/Advanced%20Electronics/Our%20Insights/Growth%20dynamics%20in%20industrial%20robotics/Industrial-robotics-Insights-into-the-sectors-future-growth-dynamics.ashx

- 생산성 향상
- 로봇의 능력 향상

이러한 이유로 인해 계속해서 로봇의 활용이 확대될 것이며, 향후 몇 년 동안 이러한 경향은 계속될 것입니다. 로봇의 적용확대는 산업 로봇, 협동 로봇, 모바일 로봇, 의료 로봇 및 외골격 로봇 등 크게 다섯 가지 범주로 나눌 수 있습니다.

산업용 로봇

산업용 로봇의 가장 큰 활용 분야는 작업물 취급 작업, 용접, 도장, 팔레트 제작 및 조립 등입니다. 자동차 **OEM**주문자 상표부착 생산자, Original Equipment Manufacturers과 자동차 공급업체는 이러한 로봇을 사용하는 가장 큰 산업입니다. 산업용 로봇은 일반적으로 고정되어 있고, 작업자와 접촉하지 않은 안전한 울타리 안에서 작동하며, 특정 용도에 맞게 사전 계획된 대로 구동되도록 되어 있습니다.

그러나 또 다른 유형의 산업용 로봇인 **협동로봇**cobots은 안전 울타리 없이 인간 작업자와 직접 상호 작용을 하며, 일반적으로 기계학습 기술로 동작됩니다. 이 로봇들은 정밀한 작업을 위한 특정 동작과 강성도를 가지고 작업자를 보조하는 데 사용됩니다. 이러한 로봇은 유연성이 필요하고 작업 공간이 제한된 환경에 유용합니다.

이동 로봇에는 몇 가지 형태가 있습니다. 산업 응용 분야에서 인기 있는 범주로는 **AGV**무인운반차, Autonomous Guided Vehicles와 **AMR**자율주행로봇, Autonomous Mobile Robots이 있습니다. 이러한 이동 로봇에는 내부 설치된 센서인 카메라, 위치 기술 및 주사 기술이나 외부장치인 지상의 경로 기반 자기 테이프, 와이어나 레일의 정보를 받아 이동경로를 계획할 수 있는 기능이 있습니다. 이동 로봇은 물류 및 배송 업무에 사용됩니다. 예를 들어 박스, 팔레트나 도구와 같은 부품을 기계, 전송 지점 또는 저장 창고 간에 이동하는 산업 환경에서 사용할 수 있습니다.

의료 로봇

의료 분야에서 AI의 사용으로 인해 의료 로봇은 상당한 발전이 이루어졌습니다. 병원 로봇은 의약품, 실험실 검체 및 병원 환자 데이터와 같은 기타 민감한 물질의 이동을 포함하여 다양한 기능을 수행할 수 있습니다.

아에손Aethon은 이러한 모든 기능을 수행할 수 있는 TUG라고 불리는 자율이동 로봇을 개발했습니다. 독일 의료회사 메케슨McKesson의 로봇알엑스ROBOT-Rx와 같은 약국 로봇은 의약품을 자동으로 처리, 저장 및 재입고할 수 있어 병원비용과 전달 오류를 줄일 수 있습니다.

수술에서 가장 일반적인 로봇공학의 활용은 카메라 및/또는 외과 의사가 제어하는 수술 장비에 부착된 기계 팔을 사용하는 것입니다. 로봇 보조 수술은 복잡한 수술절차를 더 정확하고 더 나은 제어력으로 수행할 수 있음을 의미합니다. 로봇 보조 수술의 사례로는 생체검사, 암 종양 제거, 심장 판막 복구, 위 우회술 등이 있습니다. 현재, 인튜티브 서지컬Intuitive Surgical이 시장을 지배하고 있습니다. 그중 하나인 다빈치da Vinci 수술 로봇 시스템은 2000년에 FDA미국 식품의약국, Food and Drug Administration에 의해 승인된 최초의 수술로봇 중 하나였습니다. 이러한 기술의 대부분은 병원 및 기타 의료 센터에서 사용하기 위한 것이지만, 돌봄 로봇은 가정에서 노인이나 장애가 있는 환자를 도와 줄 수 있습니다. 돌봄 로봇은 아직 널리 활용되지 않고 있지만, 특히 일본과 같이 간병인이 부족한 국가에서 향후 10년 동안 상황이 크게 바뀔 것입니다. 오늘날 간병 로봇은 주로 환자들이 침대에 들어가고 나올 수 있도록 돕는 것과 같은 간단한 기능을 수행하는 데 사용됩니다. 한 사례로 리켄RIKEN과 일본의 연구소 및 제조 회사인 스미토모 리코Sumitomo Riko에 의해 개발된 돌봄 로봇인 로베어ROBEAR가 있습니다.

산업 환경에서 작업량이 많거나 인체공학적으로 까다로운 생산 공정에서 외골격을 인체에 연결하여 작업자를 보조할 수 있습니다. 이러한 유형의 로봇은 인간 작업자 힘을 증가시키도록 설계되었습니다. 예를 들어, 무거운 짐을 운반할 수 있도록 인간의 능력을 증가시킵니다.

드론

드론은 꽤 오랫동안 군사용으로 사용되어 왔습니다. 공격용 드론은 많은 언론 보도를 받았습니다. 드론 기술에 대한 군사 지출은 증가할 것으로 예상됩니다.

2019년 9월의 비즈니스 인사이더 보고서[6]는 전 세계 95개국이 어떤 형태로든 군사용 드론 기술을 보유하고 있다고 밝혔습니다.

디지털 전환 과정에서 드론과 UAS무인 항공 시스템, Unmanned Aerial Systems을 사용하는 다양한 산업, 공공 부문 유틸리티 및 기타 영역이 있습니다.

드론 활용사례-국방

드론은 국방 작전에 더 중요한 역할을 하고 있습니다. 무인 전투기와 유인 및 무인팀처럼 전투 능력을 갖춘 드론을 만들 수 있는 다양한 기술이 발전되고 있습니다.

드론 활용사례-비상 대응

드론은 다양한 방식으로 비상 대응을 전환시키는 데 도움을 줄 수 있습니다. 드론은 긴급 상황에서 지도 제작 기술과 3D 영상을 통해 신속한 상황 인식이 가능하도록 지원합니다. 드론은 소방관들이 점화 지점을 확인하고 재산 피해를 평가하는 데에도 사용되고 있습니다. 시설 및 기반 시설의 피해를 평가하기 위해서도 드론이 사용됩니다.

드론 활용사례-시설 검사

다음은 기반 시설 검사에 드론 및 UAS이 사용되는 방법의 몇 가지 사례입니다.

- **송배전 라인:** 초목 성장과 산불 가능성의 분석, 기울어진 전신주, 처진 전선, 장비 마모 및 파손 상태를 확인
- **석유 및 천연 가스 파이프라인:** 중요 장비의 누출 및 부식을 감지
- **수직 구조물:** 핵 냉각탑, 저장 탱크, 굴뚝 및 교각의 마모 및 이상 징후를 검사
- **댐 및 제방:** 구조적 결함 및 수리가 필요한 마모를 확인
- **교량, 지하도, 고가도로 및 암거:** 균열과 일반적인 마모 및 파손 상태를 확인

6 https://www.businessinsider.com/world-rethinks-war-as-nearly-100-countries-field-military-drones-2019-9

- **도로 및 고속도로:** 포장의 균열 및 유지보수 필요성 평가
- **지방 자치 상수도 시스템:** 수도관, 오래된 댐의 물고기 사다리, 누출 감지를 위한 저수지, 환경 감시, 식물 관리 및 보안
- **철도:** 선로의 마모, 초목, 암석 및 안전성은 물론 교량, 기둥 및 평지 공간의 상태를 점검
- **동력공급 기반시설 규모의 태양열 시설:** 성능이 떨어지는 태양 전지판 및 복구가 필요한 상황을 파악
- **육상 및 해상 풍력 발전기:** 균열 및 기타 유지관리 필요성을 감지

드론 활용사례-보존

드론은 야생 생물 조사, 육지 및 해양 생태계 감시 및 지도 작성, 밀렵 및 야생 생물 밀매 방지 노력 지원, 보호 지역에서의 인간 활동에 대한 제한 감시와 같은 여러 보존 작업에 사용됩니다.

드론 활용사례-의료

드론은 혈액, 백신, 뱀에 물린 혈청, 그리고 다른 의료용품들을 시골 지역에 전달하는 것을 가능하게 하고, 즉시 치료가 필요한 희생자들에게 몇 분 안에 도달할 수 있습니다.

드론 활용사례-보험 산업

드론은 보험에 대한 사전 분석과 피해를 평가하는 데 사용될 수 있습니다. 보험사들이 드론을 가장 많이 사용하는 것 중 하나는 옥상 점검입니다. 지붕은 특히 화재로 인한 손상이 발생한 이 후 검사하기 어렵고 위험합니다. 드론은 또한 보일러와 압력 용기에 대한 정기적인 검사를 수행할 수 있습니다.

드론 활용사례-예능 방송 생중계

드론은 독특한 집단 예술과 음악 경험을 만들기 위해 조명 쇼에 사용되고 있

습니다. 그것들은 또한 콘서트 관람객들을 위해 큰 화면으로 콘서트를 보여줌으로서 대규모 생중계 공연의 효과를 향상시키는 데 사용되고 있습니다.

드론 활용사례-스포츠 경기

축구, NFL, 그리고 럭비의 일부 프로팀들은 현장 훈련을 더욱 강화하기 위해 드론을 사용하고 있습니다. 드론을 통해 운동장 위쪽에서 훈련하는 영상을 보여줄 수 있는 장점과 360도 시각은 코칭스태프가 선수 위치와 선수의 배치 전법을 더 잘 이해하는 데 도움이 됩니다. 드론은 스포츠팬들에게 더 나은 관람 경험을 주기 위해 사용되고 있습니다.

AR 및 VR 환경

AR은 그림 3.5와 같이 스마트 안경과 같은 장치를 사용하여 실제 환경과의 상호작용이 가능한 경험을 제공하며, 가상 및 실제 개체의 정확한 3D 표현을 유지하면서 실시간 상호 작용을 통해 실제와 가상 세계를 결합합니다.

AR 장치에는 사용자의 위치를 결정하는 GNSS 수신기와 착용자의 머리의 움직임을 추적하고 그들이 어디를 보고 있는지와 그들의 움직임 방향을 결정하는 IMU관성 측정 장치, Inertial Measurement Units와 같은 다양한 센서가 포함되어 있습니다. 이 장치들은 또한 착용자에게 음성 신호를 제공할 수 있는 작은 스피커가 포함될 수 있습니다. 이러한 장치에는 40~80도의 FOV시야, Field of View에서 720~1,400 픽셀 해상도의 영상을 제공하는 소형 근거리 디스플레이 기술이 포함되어 있습니다. 이러한 기술의 조합을 통해 AR 장치에 의해 중첩되는 정보로 실제 세계를 증강하여 높은 수준의 실제감으로 상호 작용성을 향상시킬 수 있습니다.

그림 3.5 AR 장치[7]

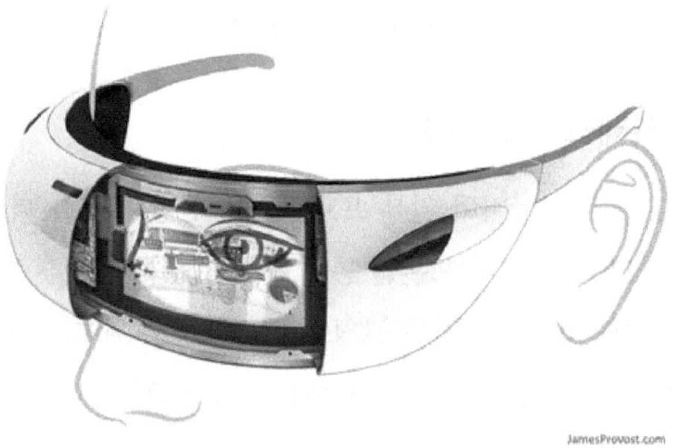

HTC의 바이브Vive와 같은 VR 장치는 가상 환경에서 사용자의 물리적 존재를 재현하기 위해 실제 영상, 소리 및 기타 감각을 생성하는 재현 경험을 제공합니다.

AR 및 VR 시장의 성장은 매우 낙관적인 예측을 가진 시장의 열기에 비해 뒤떨어지고 있습니다. 그러나 AR은 시장과 응용사례 전반에 걸쳐 착용장치 기술이 될 가능성이 있습니다. 기업, 의료, 산업 및 군사 시장에서의 다양한 응용이 가능한 AR 안경에 대한 많은 기술 개발이 진행 중입니다. 이 기술이 의학 분야에서 사용되는 몇 가지 중요한 사례에 대해 알아보겠습니다.

AR 및 VR 활용 사례-의료 응용

의료 영상처리 분야에서 지난 수십 년 동안 초음파 검사, MRI, 초고속 CT 검사 등의 발전과 같은 극적인 개발을 목격했습니다. 그러나 이러한 영상처리 정보의 시각화에는 여전히 제한이 있습니다. VR과 AR은 의료 영상처리분야에서 의료 전문가들을 도울 수 있습니다. 외과의사는 수술 전 심장, 눈, 무릎 관절 및 기타 인체기관을 3D 영상 형태로 의료 영상처리 정보에 접근할 수 있습니다. 프로파이오Propio와 같은 회사들은 기계학습과 AR을 결합하여 초정밀 3D 의료 영상을 만드는 AR 및 VR 솔루션을 제공하고 있습니다. 이러한 시각화 도구는 외과 의사

7 http://1319.virtualclassroom.org/media.html, License: CC BY

들이 장애물을 투시하고 동료들과 함께 수술 계획을 세울 수 있도록 도와줍니다.

MS는 AR을 통한 초음파 및 해부학 교육에서 몰입형 시뮬레이션 기반 교육을 가능하게 하는 MS 홀로렌즈MS HoloLens 기술의 상용 응용프로그램인 CAE 바이메딕스ARCAE VimedixAR을 개발했습니다.

AR 및 VR 활용 사례-제조 분야의 응용

산업현장의 고령화로 인해 제조업은 직장에서 오랜 경험을 쌓은 숙련된 노동자들이 퇴직을 하는 경우가 많습니다. AR은 제조 공정을 처음 접하는 근로자에게 현장 교육과 지침을 제공하는 좋은 방법을 제공합니다. AR은 작업공간에서 상황에 맞는 도움말과 안내를 제공합니다. 이러한 AR에 대한 활용의 확대는 신입 및 젊은 직원들에게 신속하게 업무 속도를 높이고 생산성을 향상시키는 데 도움이 됩니다. 보잉은 스카이라이트 AR 안경Skylight AR glasses을 사용하여 비행기의 전기배선 조립과 같은 복잡한 작업을 수행합니다. 구글의 포컬스 바이 노스Focals By North는 소비재 분야의 AR 기기 활용을 위한 흥미로운 사례 연구입니다. 미국의 한 선도적인 트럭 제조업체는 공장 근로자들이 최신 모델의 트럭 조립을 다룰 때 현장 교육을 위해 AR을 사용하고 있습니다. 이 경우 AR을 사용하면 공장 근로자가 새로운 트럭 모델의 차이점을 학습하기 위해 교육장에서 보내는 시간을 줄일 수 있습니다.

3D 프린팅

3D 프린팅 절차는 CAD 소프트웨어 모델을 사용하여 3D 객체를 구축합니다. 3D 프린터는 물체의 모델링된 모양이 형성될 때까지 재료를 층으로 추가하여 물체를 만들기 때문에 AM적층제조, Additive Manufacturing이라고도 합니다. 3D 프린팅 재료에는 플라스틱, 분말, 가는 섬유 및 종이가 포함됩니다.

3D 프린팅 기술은 제조에서 신속한 시제품 제작을 위해 처음 개발되었습니다. 3D 프린팅의 적용은 이제 시제품 제작을 넘어 의학, 건설, 로봇공학, 자동차

및 산업 제품으로 확산되었습니다.

3D 프린팅에는 여러 가지 형태의 기술이 있습니다. 가장 많이 사용되는 활용 기술은 다음과 같습니다.

- **FDM**용융 증착 모델, Fused Deposition Model
- **SLS**선택적 레이저 소결, Selective Laser Sintering
- **SLA**스테레오 리소그래피, Stereolithography
- **멀티젯 퓨전**FultiJet Fusion

항공우주, 국방, 의료 및 자동차 분야에서 3D 프린팅 솔루션에 대한 수요가 증가하고 있습니다. 다양한 부품으로 만들어진 매우 복잡한 부품을 사용하는 항공 우주 산업과 같은 산업에서, 3D 프린팅은 소량 생산을 위한 이상적인 솔루션을 제공합니다. 3D 프린팅 기술은 디지털 파일에서 시작하여 값비싼 공구가 없이 부품을 직접 제작합니다. 위상 최적화 및 격자 구조 소프트웨어와 같은 기술을 사용하여 3D 프린팅을 사용하면 경량 부품을 제작할 수 있으며, 부품에 대한 최소 중량이 매우 중요한 항공 및 우주 산업의 특수한 문제를 해결할 수 있습니다.

3D 프린팅의 혁신적인 응용은 보철물을 만드는 것입니다. 미국에서는 한 해에 20만 건 이상의 절단 수술이 이루어지고 있습니다. 의족은 사용자를 위해 맞춤 제작이 되어야 하며, 전통적인 과정은 생산하는 데 몇 주가 걸리고 5,000달러 이상의 비용이 듭니다. 용융 증착 모델 3D 프린팅 기술을 사용하면 200달러 미만의 비용으로 지역 사회에서 의족을 제작할 수 있습니다.

디지털 트윈

디지털 트윈Digital Twin은 개체의 동작 및 품질을 포함하여 개체의 가상적인 실체를 정의합니다. 이러한 맥락에서 개체는 물리적 자산, 자산 시스템, 절차 또는 인간 등일 수 있습니다. 사물인터넷과 관련하여, 디지털 트윈은 주로 다양한 작동 조건을 통해 사물이나 장치가 어떻게 작동하는지에 대한 요소와 역학 등에 대한 디지털적인 표현입니다. 디지털 트윈의 핵심 가치 제안은 복잡한 물리적 객체에 대한 이해를 단순화하는 것입니다. 인간의 디지털 트윈은 웰니스 모델링, 예방 또는 질병 치료에 사용될 수 있습니다. 선수들의 경우, 디지털 트윈은 높은 경기력을 위한 기준을 모델링하고 필요한 경우 부상 후의 회복을 추적할 수 있습니다. 가트너의 *첨단기술을 위한 하이퍼 사이클*Hype cycle, 2020에서는 *개인과 시민의 디지털 트윈*은 혁신의 도화선에 포함됩니다[8].

디지털 트윈의 개념은 2002년으로 거슬러 올라가며, 미시간 대학의 Dr. Michael Grieves 입니다. 디지털 트윈의 주요 특징은 다음과 같습니다.

- 물체의 물리학 기반 모델로서 물리적 물체가 실제 세계에서 어떻게 작동하는지를 설명합니다. 예를 들어, 금속은 높은 온도에 장시간 노출되면 일반적으로 부식됩니다. 물리적 법칙은 열역학 법칙일 수도 있고, 인간의 경우 생물학 법칙이나 의학 법칙일 수도 있습니다. 이러한 물리 기반 모델에 대한 명확한 이해가 없는 상황에서는 통계적 규칙은 관찰된 행동과 데이터를 통해 만들어집니다.
- 개체에서 수집된 센서 및 관련 데이터입니다.
- 데이터와 모델을 통합하여 가상 대상을 만들고, 시간이 지남에 따라 진화할 수 있는 디지털이나 소프트웨어 시스템입니다.

디지털 트윈은 물리적 자산의 수명에 따라 변경됩니다. 디지털 트윈을 위한 디지털 시스템은 디지털 트윈의 이러한 생애주기Life cycle를 처리할 수 있어야 합니다. 작동 중인 제품의 센서 데이터는 작동 수명 동안 트윈의 특성을 변경할 수 있습니다. 이는 발전소 장비나 정상 작동수명이 수십 년인 항공기와 같이 수명이 긴 자산에 중요합니다. 스마트폰과 같은 비교적 수명이 짧은 제품에서도 배터리 최대 사용시간은 1~2년에 걸쳐 감소합니다.

물리적 자산에 일반적으로 사용되는 디지털 트윈 유형은 다음과 같습니다.

---

8 https://www.forbes.com/sites/louiscolumbus/2020/08/23/whats-new-in-gartners-hype-cycle-for- emerging-technologies-2020/

- 설계된 대로: 자산의 엔지니어링 설계
- 제조된 대로: 자산의 출생 기록
- 설치된 대로: 예를 들어, 항공사에 인도된 대로 자산이 사용되는 현장에서
- 정상 작동 및 유지관리 되는 대로: 유지관리나 제품 개정으로 인한 부품 변경
- 폐기된 대로: 폐기 시 2차 용도로 사용 가능

디지털 트윈은 제조업의 디지털 전환을 돕고 있습니다. *설계된* 트윈의 디지털 트윈 기반 시뮬레이션은 물리적 제품에 적합한 재료와 구조를 설계하는 데 도움이 될 수 있습니다. 전체적인 목표는 공급업체 부품의 변동특성뿐만 아니라, 처리량 및 품질 고려 사항도 포함합니다. 제조 공정은 폐기물 및 제품 품질 문제를 낮추기 위해 지속적으로 관리되게 됩니다. *제조된* 트윈이 여기서 활용되게 됩니다. 제품의 판매 이후 지원 가능성은 *운영 중인* 트윈과 관련이 있습니다. 제품 보증 및 서비스 계약은 제조업체의 관점에서 트윈에 적용됩니다. 자산의 소유자 또는 운영자인 고객의 관점에서 가동 시간, 운영 효율성 및 안전이 가장 중요합니다.

디지털 트윈 시스템은 특히 제조업체가 판매 후 서비스 및 유지보수를 제공하는 연결 자산인 경우 생애주기에 걸쳐 디지털 트윈을 처리할 수 있어야 합니다. 디지털 트윈은 주로 IoT 시스템에서 예지보전 및 자산 운영 최적화와 같은 기능을 향상시키기 위해 사용됩니다.

산업 디지털 전환에서 많은 발전을 보인 한 분야는 예지보전입니다.

다양한 유형의 유지 관리

유지관리는 시스템을 최적으로 작동시키기 위해 수행되는 일련의 작업입니다. 일반적으로 유지보수에는 세 가지 범주가 있습니다.

- 예방적 유지관리
- 상태기반 유지관리
- 예지보전

조금 더 자세히 살펴보겠습니다.

예방적 유지관리

이전에는 유지 보수가 미리 결정된 시간 일정에 따라 수행되는 일정작업에 의해 주도되었습니다. 이러한 유지관리 계획에서는 장비의 실제 상태가 중요하지 않습니다.

이러한 방식의 장점은 계획을 세우는 것이 간단하다는 것입니다. 그러나 이 방법의 단점은 다음과 같습니다.

- 때로는 유지관리 시점이 너무 늦게, 또는 너무 일찍 발생할 수 있습니다.
- 경우에 따라 예약된 시간에 유지보수가 필요하지 않을 수 있습니다.

상태기반 유지관리

이러한 유형의 유지보수는 일반적으로 검사나 센서를 통해 감시되는 기계의 예상 조건을 기반으로 합니다. 예를 들어, 기계의 오일 품질 센서는 오일 특성저하를 실시간으로 감시할 수 있습니다. 오일 품질센서를 사용하여 오일 상태를 감시하면 기계에서 오일을 최적으로 교환할 수 있는 시간을 결정할 수 있습니다. 오일을 너무 일찍 교환하면 비용이 많이 들지만, 너무 늦게 교환하면 비용이 훨씬 더 많이 들 수 있습니다. 온도, 압력, 습도, 음향, 자력계 등의 센서는 적용하는 대상의 요구 특성에 따라 선택되어 사용되며, 이들은 센서 노드, 엣지, 또는 클라우드에 구현된 상태 모니터링 로직에 따라 실시간 또는 일괄적으로 정보를 제공합니다. AI와 기계학습 알고리즘은 이러한 과정을 능동적으로 만들 수 있습니다. 이 논리는 유지 관리에 대한 경고를 발생시키고, 기계에 대한 손상을 방지하기 위한 수정 조치를 발생시킵니다.

예지보전

예지보전의 경우, 고장 분석을 위한 동적 예측 모델과 결합된 기계의 상태 감시 기능을 사용하여 유지보수 조치를 사전에 예측합니다. 예지보전을 위한 전체 과정에는 센서 노드나 엣지 컴퓨팅 솔루션으로부터 원시 센서 데이터나 클라우드로 전송되는 메타데이터의 흐름과 대규모 데이터 저장소 및 클라우드 컴퓨팅 플랫폼에 접근하여 예측 모델을 실행할 수 있는 동적 예측 모델이 포함됩니다. 이 접근 방식의 가장 큰 장점은 유지보수가 기계의 수명과 생산 효율성에 최적화되어 있다는 것입니다.

다음으로 디지털 스레드가 디지털 트윈 및 공급망 시스템과 어떤 관련이 있는지 알아보겠습니다.

디지털 스레드 및 공급망

항공기와 같은 자산은 수백 개의 부품 공급업체에 의존합니다. 예를 들어, 보잉과 에어버스는 GE 항공, 프랫 & 휘트니Pratt and Whitney, Raytheon/United Technologies, 엔진은 롤스로이스Rolls Royce, 항공전자는 하니웰, 객실 시스템은 파나소닉Panasonic, 동체는 스피리트 에어로시스템즈Spirit Aerosystems에 의존하고 있습니다. 따라서 디지털 스레드Digital Thread는 제품 설계 및 엔지니어링에서 제조, 애프터마켓 및 사용 중인 제품에 이르기까지 전체 가치 사슬을 디지털 형태로 표현하는 데 가장 적합합니다. 설계 협력자, 부품 공급업체 및 서비스 협력자를 제조업체와 연결할 수 있습니다.

디지털 스레드는 고객이나 운영자의 영역에 설치된 자산의 초기 제조에서 판매 이후 운영에 이르기까지, 자산의 전체 공급망을 연결하는 것을 목표로 합니다. 이러한 운영자의 영역은 전통적으로 정보의 흐름이 좋지 않은 고립된 지역입니다. 디지털 스레드는 올바른 정보를 확보하여 적절한 시간에 적절한 장소에서 사용할 수 있도록 하는 것을 목표로 합니다. 자산에 문제가 발생하면 다음과 같은 원인이 있을 수 있습니다.

- 설계 결함
- 제조공정 결함

- 제조과정 중 특정 집단에서 공급업체에 의한 결함 부품
- 현장 환경에서의 과도한 작동 조건
- 적절한 유지보수 없이 자산의 과도한 운영
- 유지보수 및 수리에 사용된 불량 애프터마켓 부품
- 운영이나 수리에 있어 낮은 기술적인 문제

복잡한 자산은 다양한 문제를 야기할 수 있으며, 이로 인해 자산을 유지하고 제대로 운영하는 것은 많은 비용이 소요됩니다. 일정 기간 동안의 유지보수 비용은 자산 비용보다 훨씬 더 많이 소요될 수 있습니다. 디지털 스레드 시스템은 이러한 문제를 해결할 수 있습니다.

연간 25만 대 이상의 트럭을 생산하는 볼보그룹은 디지털 스레드의 개념을 활용하여 품질에 대한 관리방법을 전환시켰습니다[9]. 볼보는 공장에서 수천 가지 다양한 엔지니어링 부품을 취급합니다. 각 트럭이 거치는 40개 주요 검사의 경우 복잡한 공급망으로 인해 200개 이상의 가변성이 발생할 수 있습니다. 디지털 스레드를 구현하기 위해 볼보는 자산인 트럭의 전체 제조 기록을 디지털로 기록하는 제조 시스템에 연결된 AR, 엔진 CAD 및 PLM제품 생애주기 관리, Product Life Cycle Management 시스템을 함께 사용했습니다. 디지털 트윈은 제조 시나리오에서 디지털 스레드의 필수적인 부분입니다.

볼보는 IoT 플랫폼을 사용하는 트럭을 위한 원격 진단 시스템도 도입했습니다. 그 결과, 제조와 현장 운영 측 모두 디지털화되어 일대일 디지털 스레드로 이어집니다. 트럭이 현장에서 문제에 부닥쳤을 때 디지털 스레드는 다음 중 어떤 원인인지 여부를 파악하는 데 도움이 됩니다.

- 운전 조건: 주행 거리나 적재 하중
- 운전 환경 조건: 너무 덥거나 추운 날씨 또는 거친 도로
- 제조 위치 이력: 즉, 공장 위치, 공급업체 부품 등
- 공장 내 기계 상태를 포함한 공장 내 환경 조건

9 https://www.ptc.com/en/case-studies/volvo-group-digital-thread

• 트럭 모델 및 설계 고려사항

이러한 사례에서 디지털 트윈은 현장 작업과 같은 운영 측면에서 예지보전을 지원할 수 있지만, 부품 및 제조 공정에 따르는 환경 조건과 같이 제품 외부의 요인으로 인해 발생하는 문제를 진단하려면 디지털 스레드가 필요합니다.

디지털 플랫폼

디지털 전환에는 디지털 기술, 사업 모델, 절차, 고객 및 다양한 이해 관계자 간의 복잡한 균형이 필요합니다. 이러한 생태계는 회사 내외부에 걸쳐 있습니다. 이러한 생태계를 하나로 묶는 한 가지 방법은 디지털 플랫폼을 통해서 입니다. 디지털 플랫폼, 소프트웨어 및 클라우드 공급자는 다양한 이해 관계자를 하나로 모으기 위해 제품을 중심으로 시장Marketplace을 만들었습니다. 현재 소프트웨어 산업을 훨씬 뛰어넘는 이러한 시장의 몇 가지 사례는 다음과 같습니다.

- **세일즈포스 앱익스체인지**SalesForce AppExchange[10]
- **오라클 클라우드 마켓플레이스**OracleCloudMarketplace[11]
- **아마존 AWS 마켓플레이스**[12]
- **MS 애저 마켓플레이스**[13]
- **PTC 마켓플레이스**[14]
- **하니웰 마켓플레이스**[15]

---

10 https://www.salesforce.com/solutions/appexchange/overview/

11 https://cloudmarketplace.oracle.com/marketplace/

12 https://aws.amazon.com/marketplace

13 https://azuremarketplace.microsoft.com/

14 https://www.ptc.com/en/marketplace

15 https://www.honeywell.com/us/en/search?tab=All+Sites&search=Marketplace

- **인텔 마켓플레이스[16]**
- **헬스케어 마켓플레이스 어플리케이션[17]**

이러한 시장들은 주요 조정자의 핵심 사업 주변에서 특화된 전문 생태계를 한데 모읍니다. 시장은 주로 이해 관계자들이 이러한 생태계와 상호 작용할 수 있는 외부 매개체이지만, 전체 생태계의 관리는 상당히 복잡할 수 있습니다. 디지털 플랫폼은 혁신과 생태계의 잠재력을 최대한 활용하는 데 도움이 될 수 있습니다.

2020년 2월 10일, 롤스로이스는 항공 산업을 위한 데이터 주도 *디지털 플랫폼*인 요코바Yocova의 출시를 발표했습니다. 싱가폴 항공은 요코바의 첫 번째 주요 참가기업 중 하나입니다. 여기서 디지털 플랫폼이라는 용어는 과도하게 사용되었지만, *시장*marketplace과 *플랫폼*Platform의 개념이 소프트웨어 회사를 넘어 거대 산업체로 확산되었음을 보여줍니다. 요코바는 항공 부문을 위한 데이터 교환 및 협업 플랫폼으로 설계되었습니다. 이 플랫폼은 항공 산업 생태계의 힘을 활용하고 있습니다. 그것은 데이터와 통찰력을 개방적이고 안전하게 공유하기 위한 온라인 공간을 제공할 것입니다. 이를 통해 이해 관계자는 데이터 기반 자산 및 응용 소프트웨어를 공동으로 사용하고 수익을 창출할 수 있습니다. 요코바는 2020년에 아직 걸음마 단계이지만, 보수적인 것으로 유명한 산업 분야를 대표하는 롤스로이스와 같은 거대 산업체들이 생태계를 통한 혁신을 촉진하기 위해 디지털 플랫폼으로 나아가고 있음을 보여줍니다.

롤스로이스는 요코바 계획 외에도 *"MTU*모터와 터빈의 연합, Motoren-und Turbinen-Union*로 가자!"*와 같은 다른 디지털 계획을 시작했습니다. MTU를 소유한 롤스로이스는 자동차와 항공기 엔진으로 유명하지만, 보잉은 세계에서 가장 큰 항공기 제조업체 중 하나입니다. 보잉은 2017년에 애널리트엑스AnalytX 플랫폼을 출시하였으며, 2017년 10월까지 MRO 유럽 컨퍼런스[18]에서 200개 이상의 고객사를

---

16 https://marketplace.intel.com/

17 https://www.healthcare.gov/screener/

18 https://boeing.mediaroom.com/2017-10-04-Boeing-Announces-Agreements-with-Seven-Customers-for-Analytics-Solutions

확보했다고 밝혔습니다.

보잉의 애널리트엑스 플랫폼은 디지털 플랫폼의 좋은 사례입니다. 이러한 플랫폼은 기존 IT 시스템의 기능을 넘어 항공 운항사가 운영하는 항공기와 같은 물리적 세계와 항공기 제조업체인 보잉이 운영하는 디지털 세계를 통합합니다. 애널리트엑스는 다음과 같은 세 가지 광범위한 기능을 제공합니다.

- **디지털 솔루션:** 항공 운항사 승무원과 조 편성, 비행 계획 및 운영, 유지보수 계획, 재고 및 물류 관리를 위한 향상된 소프트웨어 기능
- **분석 컨설팅 서비스:** 항공 운항사의 운영 성과, 효율성 및 경제성을 개선할 수 있는 항공 분야 전문가를 통한 새로운 수익
- **자체 서비스 분석:** 항공 운항사가 비행경로 최적화나 연료 효율과 같은 새로운 통찰력과 기회를 탐색하고 발견할 수 있도록 디지털 솔루션에서 데이터를 활용하는 능력

보잉은 이러한 기본적인 능력을 바탕으로 향후 항공 운항사와 공항을 위한 여러 가지 다른 디지털 서비스를 시작할 수 있을 것입니다.

디지털 기술의 모든 힘을 활용하기 위해서는 디지털 플랫폼이 필요합니다. 이러한 플랫폼은 재무, 공급망, 조달, HCM인적 자본 관리, Human Capital Management, CRM고객 관계 관리, Customer Relationship Management 및 기타 협업 시스템을 포함한 ERP와 같은 기존의 기업 IT 시스템과 상호 작용을 할 수 있습니다. 때때로 디지털 플랫폼은 전사적 시스템 위에 구축되어 IoT, 하드웨어 가속 기능을 가진 AI나 엔지니어링 해석을 위한 HPC고성능 컴퓨팅, High Performance Computing 시스템 기능을 포함하도록 그 기능을 확장할 수 있습니다. 또한 이러한 시스템은 AR 및 VR, 블록체인과 같은 기능과 연결할 수 있습니다.

볼보 트럭의 사례로 돌아가자면, OTA는 트럭을 정비소에 가져가지 않고도 소프트웨어 개정과 수정 사항을 트럭에 전달할 수 있는 또 다른 핵심 기능입니다. 볼보는 디지털 플랫폼을 사용하여 OTA 및 기타 유사한 요구 사항을 관리합니다. 테슬라 자동차에도 OTA 기능이 탑재되어 있습니다. 디지털 플랫폼은 전환 여정에서 디지털 기술을 수용하여 전통적인 기업 IT 플랫폼을 확장합니다. 이러한 *디*

*지털 자원 부분*은 CDO의 책임 영역에 속하는 경우가 많습니다.

우리는 새로운 기술을 배웠고 이러한 기술이 다양한 분야에서 산업 디지털 전환에 어떻게 사용되고 있는지 배웠습니다. 클라우드 컴퓨팅이나 통신용 4G와 같은 기술 중 일부는 이미 주류에 속하지만, 일부는 5G와 같은 최첨단 기술입니다. 디지털 기술은 변화하는 현상이며, 어느 시점에서든 실현 가능성을 평가하려면 기술에 대한 충분한 이해가 필요합니다.

3.3 소비재 산업의 전환 사례 연구

다음으로, 우리는 일부 소비재 중심 산업 분야에서 디지털 전환의 몇 가지 사례를 살펴볼 것입니다. 이전 절에서 새롭게 등장하는 디지털 기술이 이러한 전환을 어떻게 가능하게 하는지 살펴보겠습니다. 이러한 전환 중 일부는 이 책을 집필할 당시 코로나19 펜데믹으로 인해 가속화되었습니다.

펠로톤

펠로톤Peloton은 이 책의 집필 시점에 전 세계적으로 260만 명의 회원을 보유하고 있습니다. 그들은 실내 자전거 수업의 세계에서 비교적 최근에 디지털 전환으로 두각을 나타내고 있으며, 이는 자전거 교실을 체육관에서 집으로 이동시켰습니다. 미국의 추수감사절 연휴 동안 펠로톤의 튀르키예 번라이드Burn ride는 매년 10,000명 이상의 자전거 타는 사람들을 끌어 모읍니다. 그것은 디지털 기술을 통한 자전거 운동의 서비스화를 보여주는 완벽한 사례입니다. 이 기술은 고급 체육관의 실내 사이클 스튜디오 환경을 집에서 재현하는 데 도움을 줍니다. 코로나19 펜데믹은 이러한 환경에 대한 펠로톤의 디지털 전환을 한층 더 가속화 하였습니다. 2020년 4월, 단일 클래스는 23,000명의 *실시간* 청중을 끌어 모았습니다. 흥미롭게도, 이 수업은 뉴욕이나 런던에 있는 펠로톤의 스튜디오 중 하나가 아니라 강사의 집에서 방영되었습니다.

그림 3.6과 같이 펠로톤은 실내 자전거 하드웨어 혁신 외에도 내장된 화면에 최신 방송 기술을 사용합니다. 연결된 센서는 참여자의 자전거 탑승경험을 개선하기 위해 데이터를 수집합니다. 자전거 경기 중 자전거에 장착된 두 개의 센서는 자전거의 RPM분당 회전수, revolutions per minute 및 주행 부하 데이터를 수집합니다. 이 자전거에는 센서 데이터와 전력과 같은 추가적인 파생 성능 측정 데이터를 실시간으로 표시하는 LED 스크린이 있습니다. 탑승자들이 원한다면 심박수를 측정할 수도 있습니다. 펠로톤 자전거는 사용자의 탑승 시간 이력을 저장합니다. 계기판의 자체 운영 시스템을 사용하여 집계된 사용자 데이터가 펠로톤의 클라우드 플랫폼으로 전송됩니다. 펠로톤의 CTO인 Yony Feng은 2018년에 공용 클라우드를 사용하여 자사 플랫폼 기능을 공개적으로 시연했습니다[19].

그림 3.6 펠로톤 디지털 경험[20]

19 https://aws.amazon.com/solutions/case-studies/Peloton/

20 https://medium.com/@FelixCapital/peloton-the-netflix-of-fitness-joins-the-felix-family-4c26d789314b

펠로톤은 리더 보드Leaderboard을 통해 회원들이 열광하고 자랑스럽게 생각하는 독특한 고객 경험의 결합을 창출함으로써, 건강과 웰니스 산업을 변화시키는 좋은 사례입니다. 펠로톤은 이 분야에서 혁신을 계속하기 위해 2018년에 스레드를 출시했습니다. 홈 기반 그룹 경험으로서 코로나19 펜데믹 동안 대피소로서 활용할 수 있는 완벽한 시장 위치를 차지했습니다. 이 사례 연구는 디지털 기술의 사용과 사업 모델 변경을 모두 포함합니다. 데이터를 활용하고 AI를 적용함으로써, 가치 흐름에 맞추어 새로운 디지털 수익 흐름을 구축할 수 있습니다. 미래의 데이터 및 분석 중심 제품에는 다음과 같은 것이 포함될 수 있습니다.

- 탑승자 기록의 이력 데이터를 사용하여, 요일 및 시간과 같은 사용자 기본 설정에 따라 자전거 타기 및 강사가 제안하는 사용자를 위한 맞춤형 추천 엔진을 구축할 수 있습니다.
- 참여 및 목표 달성 정보를 사용하여 강사의 성과를 평가합니다.
- 펠로톤은 다른 착용장치 회사와 협력자 관계를 맺고 사용자 데이터를 활용하여 회원의 건강과 웰니스에 도움을 줄 수 있습니다.
- 펠로톤은 의사 및 기타 의료 서비스 제공업체와 협력하여, 전체 가족 또는 직원 그룹의 웰니스를 증진할 수 있습니다.

승차 공유

승차 공유 서비스는 승객이 차량 소유자가 운전하는 개인 차량을 타고 이동하도록 지원을 합니다. 이것은 일반적으로 웹사이트나 모바일 앱을 통해 가능하며, 승차 요금을 지불합니다. 모바일 앱과 이를 지원하는 시스템은 승차공유 기술을 가능케 하는 요소이고, 차량은 상업용 차량이 아니며, 운전자는 전문 택시 기사가 아니라는 사실은 사업 모델의 변화를 보여줍니다. 이 부문의 주요 기업은 미국의 우버와 리프트, 중국의 디디Didi, 싱가포르의 그랩Grab, 인도의 올라Ola입니다. 이들

기업은 세계 주요 지역에 대한 교통수단의 디지털 전환을 책임지고 있습니다[21].

이러한 승차 공유 서비스의 디지털 기술 활성화 요소는 다음과 같습니다.

- 연결된 차량과 운전자는 종종 차량 공유 앱을 실행하는 범용 스마트폰을 통해 이루어짐
- 스마트폰 앱을 통해 승객을 연결
- 이용 가능한 차량과 요청하는 탑승자의 근접 위치를 파악하기 위한 위치 지정 서비스
- 최적의 경로를 찾기 위해 실시간 교통지도를 제공
- 승객과 운전자의 등록, 그리고 선호도에 대한 간단한 데이터베이스
- 종종 현금 및 카드 없이 앱 내부 계정을 통한 비용 계산 및 결제 과정
- 지역 관할권 및 규칙에 따른 공항 하차 또는 픽업이 가능하도록 지원하는 차량의 기능
- 개인 정보 보호를 염두에 두고 승객과 운전자 간에 알림을 전달하고 의사소통을 활성화
- 가까운 미래에 로봇 택시나 자율주행 무인차 탑승을 촉진하기 위해 필요성이 존재

일반적인 승차 공유 플랫폼의 아키텍처를 알아보겠습니다[22]. 모듈형 아키텍처를 사용하여 시간이 지남에 따라 타사의 전자 결제 기능을 추가할 수 있습니다. 오픈소스 데이터베이스인 포스트레스큐엘PostgreSQL 데이터스토어와 같은 기술 계층의 분리는 오픈소스나 적합성에 관계없이 다른 데이터베이스로 쉽게 전환할 수 있습니다. 이를 통해 시간이 지남에 따라 디지털 플랫폼을 보다 쉽게 유지하고 개선할 수 있습니다. 우버는 2016년경 자율주행 트럭 사업을 시작했지만 2018년경 폐쇄했습니다. *"2장, 조직 내 문화의 전환"*에서 우리는 혁신 여정을 따라 실험하고 중심을 잡는 능력에 대해 배웠습니다. 이것은 모든 전환적인 계획이 사업을

---

21 https://ride.guru/content/newsroom/is-ola-taking-over-the-rideshare-industry

22 https://static.thinkmobiles.com/uploads/2017/03/uber-app-backend.jpg

의미하지 않을 수 있다는 사실을 보여주는 좋은 사례입니다. 하지만 우버는 물류를 위한 우버 프라이트Uber Freights와 음식 배달을 위한 우버 이츠Uber Eats를 성공적으로 출시했습니다. 학령기 어린이와 노인을 위한 교통수단을 제공하는 것과 같은 다른 유사한 사업 기회를 가능하게 합니다. 마찬가지로, 많은 소매업체들이 고객이 차에서 내리지 않고 물건을 직접 받을 수 있는 서비스curbside pickup를 제공한다는 점을 감안할 때, 온라인으로 주문한 상품에 대한 가정 배송은 주문자 방식으로 이루어질 수 있습니다. 아마존과 같은 회사들은 특정 지역에서 1~2시간 이내에 배달 서비스를 제공하는 프라임 나우Prime Now를 실험했습니다.

네스트

네스트Nest 온도조절기는 일반적으로 가정의 디지털 전환을 위한 핵심기능 중 하나로 평가됩니다. 네스트 온도조절기는 주택의 냉난방 비용을 낮추는데 도움이 됩니다. 네스트는 적합한 온도를 학습하고 그에 따라 온도를 조절하는 기능을 가지고 있습니다. 기본적으로 네스트는 냉난방 비용을 10~15% 절감하여 주거지의 에너지 낭비를 줄입니다. 전력회사와 같은 전기의 가치 사슬기업에 에너지 소비 패턴에 대한 귀중한 정보를 제공합니다. 마지막으로, 2014년 34억 달러에 네스트를 인수한 구글은 지능형 제품군을 확장하여 스마트 홈에서 중요한 업체가 될 수 있었습니다.

그림 3.7에 표시된 네스트 온도조절기는 기계학습을 사용하여 가정에서 허용 온도 설정을 학습합니다. 게다가, 그것은 동작 센서를 사용하여 집에 거주자가 언제 머무는지를 알아냅니다. 네스트 제품군은 스마트 홈 제품군으로 성장했습니다.

그림 3.7 네스트 온도조절기[23]

- Nest Guard
- Nest Detect: Guard와 Detect가 함께 작동하여 홈 보안을 활성화함
- Nest x Yale Lock: 열쇠가 없는 가정용 스마트 잠금
- Nest Secure: 홈 알람 시스템
- Nest Connect: 네트워크 범위 확장기
- Nest Protect: 연기 및 일산화탄소 경보
- Nest Hub Max: 스마트 홈 디스플레이

이 제품군에서는 디지털 플랫폼이 네스트 온도조절기와 같은 하나의 제품으로 시작한 후 어떻게 다양한 제품으로 확장할 수 있는지 알 수 있습니다. 네스트에는 "*네스트와 함께 일하자*Works with Nest, Developers.Nest.com"라는 API 생태계가 있습니다. 네스트는 **HAN**가정 내부 통신망, Home Area Network을 생성합니다. 위브 통신망 응용 계층Weave network application layer의 오픈소스 구현체인 오픈위브OpenWeave를 사용합니다. 오픈스레드OpenThread는 구글의 스레드Thread라는 IoT 네트워킹 프로토콜

---

23 http://www.flickr.com/photos/nest/6264860345/, License: CC BY-NC-ND

의 오픈소스 구현체입니다. 오픈위브는 오픈스레드 상에서 실행할 수 있으며, 스레드의 신뢰할 수 있는 네트워킹 및 보안을 사용합니다. 그림 3.8과 같이 오픈위브 및 오픈스레드는 네스트 제품군을 위한 IoT 솔루션을 제공합니다. 자세한 내용은 오픈위브 사이트OpenWeave.io에서 확인할 수 있습니다.

그림 3.8 네스트 연결층

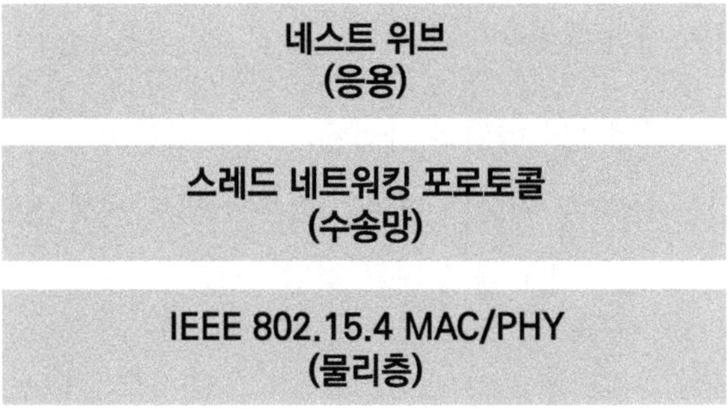

세 가지 사례 연구는 B2C 분야의 디지털 기술을 주도로 하는 전환 사례입니다. 이러한 사례는 최종 소비자의 관점에서 이해하기 쉽습니다. *"5장, 개별 산업에서의 전환"*부터는 이러한 디지털 기술을 보다 복잡한 산업의 디지털 전환 사례 연구에 사용할 것입니다.

요약

이 장에서는 산업 디지털 전환의 실행을 위해 사용되고 있는 새로운 디지털 기술에 대해 배웠습니다. 디지털 전환의 핵심 기술로는 GNSS, IoT, 클라우드 컴퓨팅, AI, 빅데이터 및 분석, 블록체인, 로봇공학, 드론, 3D 프린팅, AR 및 VR, RPA, 모바일 기술 등이 있습니다. 또한 일련의 작업을 통해 이러한 기술과 응용 프로그램에 대해 자세히 배웠습니다.

다음 장에서는 산업체의 현황과 산업체가 자주 직면하는 어려움에 대해 알아보겠습니다. 우리는 문화적, 기술적 변화와 함께 산업 디지털 전환의 핵심 요소로서 사업 모델과 사업 절차 변화를 살펴볼 것입니다.

질문

다음은 이 장에 대한 이해도를 평가하기 위한 몇 가지 질문입니다.

1. 산업 디지털 전환에서 실행 기술enabling technology이 중요한 이유는 무엇입니까?
2. 현재 수준의 디지털 전환을 가능하게 하는 몇 가지 핵심 기술은 무엇입니까?
3. 새로운 실행 기술을 어떻게 확인하시겠습니까?
4. 디지털 트윈이란 무엇이며 디지털 트윈은 디지털 전환에 어떤 도움이 됩니까?
5. 소비자 부문에서 실행 기술을 사용하는 몇 가지 사례를 제시하세요.
6. 어떻게 디지털 스레드는 공급망을 변화시키고 제품 품질을 향상시키나요?

04 산업 디지털 전환을 위한 사업 동인

이전 장에서는 전환을 추진하기 위해 어떤 종류의 디지털 기술이 필요한지, 그리고 왜 이러한 기술이 필요한지에 대해 문화 및 사업적 차원의 변화와 함께 알아보았습니다. 그리고 과거에 해결하기 어려웠던 문제를 해결하는 데 사용되고 있는 몇 가지 새로운 기술에 대해서도 알아봤습니다. 우리는 새로운 기술을 쉽게 이용할 수 있기 때문에, 디지털 트윈과 디지털 스레드와 같은 일부 개념이 더 실현 가능해졌으며, 디지털 플랫폼을 통해 조화를 이루는 경우가 많다고 설명했습니다. 마지막으로는 사업 및 소비자 환경에서 사용되는 몇 가지 사례를 살펴보았었습니다.

이 장에서는 산업 디지털 전환을 가속화하기 위한 사업 절차 및 사업 모델 변경의 중요성에 대해 살펴보겠습니다. 사업 절차 최적화를 통해 생산성과 비용 절감을 촉진할 수 있으며, 이를 통해 조직은 사업 모델 혁신을 실현할 수 있습니다. 이 장에서는 다음에 대해 알아보겠습니다.

- 사업 절차
- 사업 모델
- 산업 부문의 현황
- 산업체의 주요 문제
- 문제의 극복

4.1 사업 절차

이 절에서는 디지털 전환의 맥락에서 사업 절차나 기능상의 절차를 개선하는 목적에 대해 알아볼 것입니다. 사업 절차 개선은 주로 기능 전문가들이 마찰을 줄이고 효과성과 효율성을 높이기 위해, 절차 재설계를 주도하는 공식적인 관리 활동입니다. 이 활동은 주로 생산성 향상이라는 형태의 예상되는 결과에 따라, 개선할 영역을 확인하고 변경의 우선순위를 결정하는 작업이 포함됩니다. 이러한 생산성의 향상은 주로 회사 내부에서 이루어집니다.

기업은 사업 절차 개선 작업을 수행하면서, 다음 사항을 고려할 수 있습니다.

- **현재 사업 절차의 목록:** 현재 사업 절차의 현황을 평가하여 잘 작동하는 절차와 전환이 필요한 후보 절차의 우선순위를 결정합니다.
- **업무절차의 단순화:** 성숙한 사업은 복잡한 업무절차로 발전할 수 있으며, 이러한 업무절차를 단순화하면 비용이 절감될 수 있습니다.
- **표준화:** 반복 개발reinvent the wheel을 하려는 시도는 주로 여러 가지 형태의 복잡성과 관리하기 어려운 절차를 만들어 낼 수 있습니다.
- **고객 경험 개선:** 고객은 외부나 내부 이해관계자가 될 수 있습니다. 절차가 개선되면 고객 경험과 수익성이 향상되는 경우가 많습니다.
- **위험 감소:** 절차의 가변성과 업계 모범 사례를 추종하면 제품이나 서비스 품질 측면뿐만 아니라, 안전 및 규정 준수 측면에서도 사업에 미치는 위험을 낮출 수 있습니다.

사업 절차 개선은 직접적으로 새로운 수익을 창출하는 것이 아니라, 전반적인 조직 전환을 위한 기반을 제공할 수 있습니다.

앞서 언급한 사업 절차 최적화에 대한 5가지 고려사항은 개별 문제 영역이나 사업 절차에 차례로 적용하여, 생산성과 비용 절감 효과를 크게 높일 수 있습니다. 이러한 절차 개선에 대한 자세한 내용은 웹 사이트[1]에서 확인할 수 있습니다.

1 https://www.bizjournals.com/boston/news/2018/04/01/5-ways-to-improve-your-

GE는 유사한 절차를 사용하여, GE의 다양한 사업 부문과 여러 계약을 체결한 공급업체의 조달 비효율성을 제거했습니다. GE 전체에 걸쳐 공급업체로부터의 조달에 대한 이러한 관점을 통합함으로써, 더 나은 절차와 가격이 책정되었습니다.

사업 절차 개선을 통한 전환

사업 절차 개선이 기업에 전환적일 수 있습니까? 효율성과 전반적인 효과성 향상에 대해 알아보겠습니다. 효율성은 일을 더 잘 하고 낭비를 줄이는 것을 말합니다. 예를 들어, 특히 기업에 분산된 인력이 있는 경우 비용 보고서를 전자파일로 제출하는 것이 우편으로 보내는 것보다 더 효율적입니다. 직원들이 지출 보고서를 이메일의 첨부 파일로 보내고 영수증 사본을 스캔해서 첨부하더라도, 우편으로 보내는 것보다 더 효율적일 것입니다. 하지만, 이것이 대기업의 지출 보고서를 처리하는 효과적인 방법이 될 수 있을까요?

비용 관리 보고 자동화 문제는 10년 전에 기술적으로 해결되었지만, 43%의 기업이 여전히 수동 절차를 사용하고 있습니다[2]. 따라서 여기서는 이해하기 쉬운 사례를 설명하겠습니다. 자체 개발이나 COTS상용 기성품, Commercial Off the Shelf 비용 관리 시스템을 사용하여 다음 작업을 쉽게 수행할 수 있습니다.

- 비용과 영수증을 수집
- 어느 정도의 비용 정책 검증을 적용: 100달러가 넘는 저녁 식사비용은 추가 설명이 필요한 것과 같은 사례
- 비용 제출 및 승인 내역을 추적
- 지출 동향을 신속하게 보고
- 기업 신용 카드 통합 및 직원 은행 계좌로의 비용 상환과 같은 향상된 기능
- 부정행위 탐지 및 방지

business-processes.html

2 https://www.businesstravelnews.com/Payment-Expense/43-Percent-of-Companies-Rely-on-Manual-T-and-E-Systems

앞의 사례에서, 우리는 기업이 사업 절차를 개선하기 위해 효과성과 효율성을 모두 고려해야 하며, 일반적으로 이 둘 사이의 균형을 맞춰야 한다는 것을 알았습니다. 효과성과 효율성을 동시에 추진하는 것은 일반적으로 어렵습니다. 이전 사례에서는 비용 보고서를 제출하기 위해 우편에서 이메일로 이동함으로써 효율성을 빠르게 개선할 수 있었습니다. 직원들은 그 과정에 빠르게 익숙해질 수 있습니다. 반면에, 새로운 경비 보고 시스템을 시작하는 것은, 시간, 훈련 및 직원들의 사고방식에 대한 문화적 변화가 필요할 수 있습니다. 특히 시스템이 요구하는 규율을 지루한 과정으로 인식하는 경우에 그렇습니다. 그림 4.1은 X축을 전략적 관리 차원으로, Y축을 운영 또는 전술적 관리 차원으로 나타냅니다.

그림 4.1 효율적인 사업 대 효과적인 사업

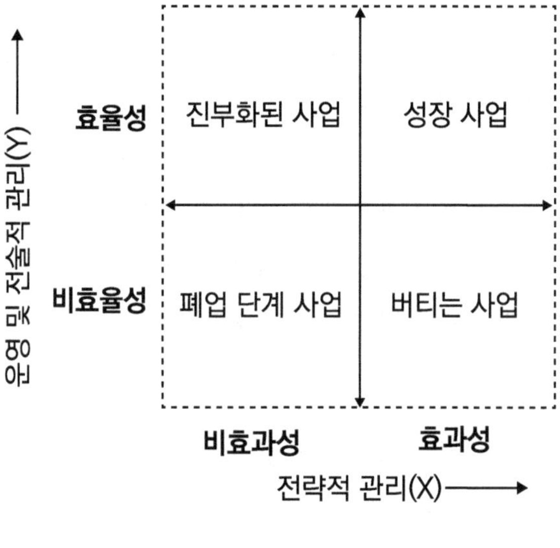

그림 4.1에서 중요한 점은 **효율성**을 나타내는 사분면에서 볼 수 있듯이 오로지 순수한 효율성은 기업을 진부화로 이끌 수 있다는 것입니다. 효과적이지만 효율적이지 않으면 회사는 생존 모드가 될 수 있습니다. 따라서 사업 절차에서 효율성과 효과성을 모두 달성하기 위한 미세한 균형은 전환을 향한 핵심 방점입니다. 이는 사업 절차의 문제를 해결하기 위해 기업이 따라야 하는 접근 방식입니다. 이를 통해 기업은 보다 빈번하고 안정적으로 원하는 결과를 얻을 수 있습니

다. 기업은 실제 고객 문제를 해결하고 내부 생산성 문제를 해결하는 데 계속 집중할 수 있습니다.

커스텀 플릿Custom Fleet이라는 회사의 사례를 살펴보겠습니다. 커스텀 플릿은 기업에 차량 군집 관리 및 관련 서비스를 제공합니다. GE 금융GE Capital은 2015년 호주와 뉴질랜드의 커스텀 플릿 사업을 캐나다의 엘레멘탈 금융 기업Elemental Financial Corp으로 분리했습니다. 이러한 분리 이후 커스텀 플릿은 GE의 시스템에서 신속하게 벗어나야 했으며, 오라클 클라우드 ERP 및 EPM기업 성과관리, Enterprise Performance Management으로 이동하였습니다. 이를 통해 커스텀 플릿의 사업 절차에 대한 효율성이 향상되었습니다. 커스텀 플릿의 CFO인 Heath Valkenburg는 재무 절차를 오라클 ERP 및 EPM과 통합함으로써, 어떻게 커스텀 플릿 운영에 대한 가시성을 향상시켰는지를 설명하였습니다. 커스텀 플릿은 수십만 건의 계약에서 얻은 실시간 데이터를 확인할 수 있었고, 이로 인해 계획 주기가 더욱 빨라졌습니다. 회사의 월간 장부 마감시간이 절반으로 줄었습니다. 오라클 HCM을 도입한 후에는 HR팀의 생산성 향상 효과가 30~50%에 달했습니다. 이것은 커스텀 플릿 경영진의 회사 운영능력을 향상시켰습니다[3].

내부 사업 절차를 개선함으로써, 커스텀 플릿은 자원을 확보하고 혁신적인 사업 창출에 집중할 수 있었습니다. 예를 들어, 세일즈포스 직원은 *커스텀 플릿을 통해 급여 패키지의 일부로 차량을 임대(호주만 해당)*할 수 있습니다. 이것은 커스텀 플릿의 사업 모델 변화에 대한 사례이며, 세일즈포스와 같은 대기업과 협력하여 자동차 임대 사업을 성장시키기 위한 것입니다.

커스텀 플릿은 연결된 생태계를 구축하기 위해 API 관리를 채택하여 시스템 절차를 개선하는 추가적인 투자를 했습니다. IAM확인 및 접근 관리, Identity and Access Management을 채택하여 고객과 연합할 수 있도록 함으로써, 안전하고 자동화된 사용자 접근, 기능 권한, 프로필 및 계정 특권을 제공하였습니다. 이렇게 향상된 IT 절차 기능을 통해 커스텀 플릿은 매우 짧은 시간 내에 관제 사무소Fleet Office의 사

---

3 https://www.oracle.com/au/customers/custom-fleet-1-financials-cl.html

용자 수를 두 배로 늘릴 수 있었습니다. 사업 절차 변경에 대해서는 이 장의 뒷부분에서 자세히 알아보겠습니다.

데이터 기반 절차 개선

식료품 슈퍼마켓 판매촉진 프로그램인 테스코 클럽카드Tesco Clubcard의 두뇌였던 영국 수학자 Clive Humby는 2006년에 "*데이터가 새로운 석유*"라는 문구를 만들었습니다. 지난 15년 동안 데이터 품질 및 데이터에서 파생된 분석과 관련하여 위생 및 표준을 높이기 위한 많은 노력이 있었습니다. 전환 절차는 기존 데이터와 비정형 데이터와 같은 새로운 유형의 데이터로부터 사업 통찰력을 확보하는 경우가 많습니다. 자동차 업계에서 보험 고객은 이제 사고로 손상된 자동차의 사진을 제출하여, 사고 자동차의 주변 환경과 충격 각도를 확인할 수 있습니다.

사업에서는 더 많은 데이터를 필요로 하지만, 데이터 품질 역시 향상되어야 하기 때문에 데이터는 흥미로운 역설을 야기합니다. 즉, 데이터의 양이 너무 많아서 통찰력을 얻지 못하는 역효과를 낳을 수 있다는 것입니다. 데이터를 모으고 주로 분석을 통해 통찰력을 얻어, 사업 절차를 간소화 하는 것이 사업 생산성의 핵심입니다. 이를 위해서는 보험 고객, 렌터카 업체 및 고객 상대 직원과 같은 데이터를 발생 시키는 사람이, 데이터를 만드는 시점에서 양질의 데이터를 확보할 수 있도록 교육되어야 합니다. 이를 통해 데이터 전달경로가 데이터로부터 촉발된 지식을 흡수하여, 데이터 소비자에게 사업 통찰력을 제공하도록 유도할 수 있습니다. 사업의 성숙도에 따라 데이터 요구 사항이 변하며, 사업이 전환의 여정을 따라가면서 현재, 단기, 그리고 장기적인 데이터 요구 사항을 생각해볼 필요가 있습니다.

데이터 및 분석에 대한 이러한 요구 사항을 커스텀 플릿에 적용해 보겠습니다. 과거에, 어떤 관제 관리 회사는 합의된 날짜와 시간에 회사 고객의 정확한 주소로 적절한 수의 차량을 제공하는 일만 처리했습니다. 커스텀 플릿이 여러 글로벌 기업 고객에게 상용 트럭과 자동차를 포함한 수백만 대의 차량을 제공할 때, 이러한 간단한 자동차 중매는 더욱 복잡한 절차로 전환됩니다. 커스텀 플릿은 차량 관제 배송 정보를 확보하는 것 외에도, 차량 활용도, 주행 습관, 연료 사용 및 관련 속성을 포함하여 각 운전자 수준에서 다양한 정보를 확보하고 있습니다. 커스텀 플릿의 CEO인 Aaron Baxter는 2017년에 다음과 같이 말했습니다[4].

"우리는 고객에게 효율적이고 생산적이며 안전하게 운영될 수 있는 데이터와 통찰력을 제공할 수 있다고 믿습니다. 당신이 그것을 실현할 기술이 없다면, 당신은 뒤처질 것입니다."

이러한 시장 역학은 커스텀 플릿과 같은 기업이 내부 사업 절차를 단순한 차량 임대 회사에서 데이터 및 분석 중심 회사로 전환하도록 유도합니다. "*2장, 조직 내 문화의 전환*"에서 논의한 바와 같이, 이러한 변화로 인해 커스텀 플릿의 경우 데이터 과학자와 같은 새로운 디지털 인재를 필요로 합니다. CEO인 Aaron Baxter은 다음과 같이 덧붙였습니다.

"저는 제가 많은 데이터 과학자들을 고용할 것이라고는 생각하지 못했습니다. 역사적으로 기술은 자동차 임대에 큰 역할을 하지 못했지만, 오늘날 업계에서는 세계적으로 큰 현상이 되고 있습니다."

이러한 데이터 과학자들은 운전자 행동, 경로, 운전자 안전 및 연료 효율 분석에 중점을 둡니다.

커스텀 플릿은 새로운 관제 관리 시스템을 포함하여 다양한 종류의 혁신에 5,500만 달러를 투자했습니다. 이러한 투자를 통해 커스텀 플릿이 어떻게 사업 모델을 변경하는지에 대해서는 이 장의 다음 절에서 설명합니다. 우리는 미쉘린Michelin도 비슷한 맥락에서 살펴볼 것입니다.

---

4 https://www.theceomagazine.com/executive-interviews/automotive-aviation/aaron-baxter/

고객 주도형 절차 재설계

고객 경험을 향상시키고 고객의 만족되지 않은 요구를 충족시키기 위해서는 전환을 향한 총괄적인 사고방식이 필요한 경우가 많습니다. 이는 조직 간 벽을 관통하는 원활한 절차 운영을 의미합니다. 대부분의 대규모 조직에서 전통적인 부서 간의 장벽은 이러한 작업을 어렵게 만듭니다. 조직을 관통하는 절차 개선은 주로 점진적인 개선으로만 이어집니다. 2017년, 레벨 시스템즈Revel Systems, 공항 소매업체인 퍼시픽 게이트웨이Pacific Gateway와 경비 보고 소프트웨어 공급업체인 익스펜시파이Expensify는 협력하여 비용 보고서 서비스를 시작하였습니다. 공항 여행객들이 공항 키오스크에서 영수증이 발행되면, 해당 영수증을 스캔하고 여행자의 회사 계정에 연결하여 비용 보고서를 자동으로 제출할 수 있는 서비스입니다. 이것이 핵심이 되지는 않았지만, 스마트폰에 디지털 지원도구를 추가하여 현장에서 지출 보고서를 신속하게 제출할 수 있도록 함으로써, 대기업 직원의 경험을 전환하도록 장려했습니다. 오라클의 지출 보고서를 신속하게 작성하기 위한 디지털 지원 및 챗봇의 사용은 오라클 사이트[5]에 설명되어 있습니다.

그림 4.2는 일반적인 가상, 또는 디지털 비서를 사용하여 비용 보고서를 훨씬 쉽게 작성할 수 있는 기술과 이러한 기술을 개발하는 방법을 보여줍니다. 그림은 슬랙이나 알렉사와 같이 기업 사용자에게 이미 익숙한 다양한 도구를 사용하여 디지털 비서와 상호 작용이 가능할 수 있다는 것을 보여줍니다. 이러한 디지털 비서 응용사례는 관련 기술을 사용하여 기업의 백엔드 시스템(예: HR 시스템 또는 재무 시스템, 미지급 계정 및/또는 비용 보고 시스템)에서 작업을 수행합니다.

5 https://docs.oracle.com/en/cloud/paas/digital-assistant/use-chatbot/overview-digital-assistants-and-skills.html

그림 4.2 가상 비서[6]

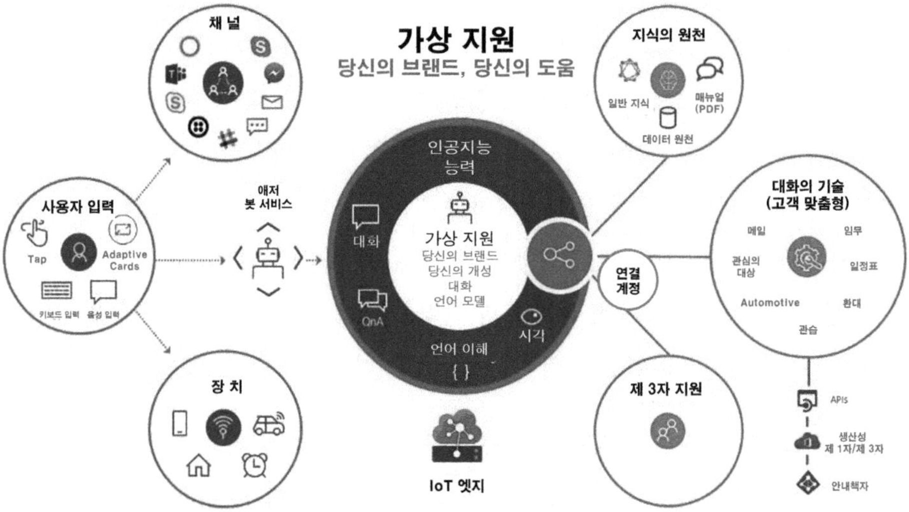

디지털 비서를 사용한 간편한 비용 보고서 작성 절차의 사례에서 가장 중요한 점은 유사한 기술을 구축하여, 다른 일반적인 사업 절차를 자동화하는 것입니다. 디지털 비서와 연관된 기술개발 후보로 검토될 수 있는, 회사에서 사용하는 일반적인 절차는 다음과 같습니다.

- 관리자 요청 및 승인
- 휴가 및 휴가 문의
- 작업표Timesheets
- 신입 직원 안내 교육Employee onboarding
- 설비 및 장비 요청
- 인사부 승인
- 교육
- IT 및 응용사례에 접근 요청

6 https://stackoverflow.com/questions/57204473/remembering-context-and-user-engagement, License: CC BY-SA

내부 및 외부 고객에 초점을 맞추어, 조직 전체에 걸쳐 수평적으로 절차 관리를 바라보는 부서를 초월한 접근 방식은 진정한 전환을 가져올 수 있습니다. *"2장, 조직 내 문화의 전환"*에서 논의한 바와 같이, 디지털 리더십은 점진적인 절차 개선이 충분할 때와 보다 포괄적이고 급진적으로 절차를 재설계해야 하는 필요성을 구분할 수 있는 전략적인 감각을 길러야 합니다. 이러한 탁월성은 다양한 기업 내부의 장벽을 고객 환경에 맞게 조정하고, 기존 사업 절차를 개선하고, 새로운 사업 절차를 설계하는 *고양이 무리*herd cats[7] 기능과 거의 비슷합니다.

좋은 절차는 기업의 중요한 자원과 인력을 해방시켜 그들이 혁신과 새로운 주어진 업무에 집중할 수 있도록 합니다. 이 절을 다음과 같이 요약합니다.

- 충족되지 않은 요구 사항과 기능적 공백을 확인하기 위해 현재의 사업 절차를 검토하고, 기존 또는 새로운 IT 및 디지털 역량을 적용합니다.
- 효율성과 효과성의 균형을 유지하여 사업 절차 전환을 수행합니다.
- 새로운 IT 및 디지털 기능이 도입되면, 데이터 과학자팀은 운영 데이터뿐만 아니라 전사적 데이터 및 행동적 데이터behaviral data도 사용하여, 데이터 및 분석을 사용한 수익화 모델을 제공할 수 있습니다.

개선된 사업 절차가 새로운 수익원이 될 수 있습니까? 제품 및 서비스 회사를 위한 새로운 디지털 수익원을 구축하기 위해 사업 모델을 재창조하는 데 도움이 될 수 있습니까? 이는 사업 모델 변경에 따라 논의될 것입니다.

4.2 사업 모델

오늘날 기업들은 새로운 도전을 하지 않고 기존의 운영방식에 따라 안전하게 운영함으로써 살아남을 수 있을까요? 경쟁사나 새로운 창업자들에게 강요당하기

7 본질적으로 하나의 무리로 통제하기 어려운 것을 말함

전에 스스로를 혁신해야 합니다. HBR 출판사에서 발행하는 "*스스로를 혁신하라* Disrupt Yourself"의 저자인 Whitney Johnson은 다음과 같이 말합니다.

> *"당신 스스로를 혁신 할 때, 당신은 현재의 자신이 아니라 미래에 당신이 되고자 하는 사람의 모습에 초점을 맞추게 되는 결정을 하게 됩니다."*

현재와 같은 경쟁시대의 세계에서, 파괴는 주로 성장의 과정에서 나타납니다. 사업 책임자들은 새로운 가치 흐름을 창출하고, 새로운 시장에서 거래할 수 있는 기회를 찾고 있습니다. 그들은 기회 창출을 가속화하기 위한 수단으로서 파괴적인 혁신에 의존합니다. 예를 들어, 구글은 사람들이 검색하는 것을 기반으로 검색 엔진을 수익화합니다. 이를 위해 더 나은 알고리즘을 사용하는 것은 점진적인 개선의 사례가 될 것입니다. 그러나 구글은 네스트 인수를 통해 네스트 생태계에 연결된 온도 조절이나, 기타 장치를 사용하는 사람들의 거주지에 설치된 물리적 환경에 접근할 수 있습니다. 인터넷 검색 정보와 가정용 기기의 소비자 정보에 모두 접근할 수 있고, 이를 수익화할 수 있는 것은 파괴적인 혁신의 한 사례가 될 수 있습니다. 파괴적인 혁신은 현재의 시장 역학 및 유사한 생태계에 지대한 영향을 미칠 수 있습니다. 오늘날, 우리는 구글 네스트와 아마존 에코Amazon Echo가 소비자들의 집에서 이 부분을 차지하기 위해 경쟁하는 것을 보고 있습니다.

다음은 파괴적인 혁신에 대한 몇 가지 잘 알려진 사례입니다.

- 블록버스터 등은 우편 예약구독 사업모델이 등장하면서 영화 대여사업에 어려움이 발생하였습니다. 넷플릭스는 이러한 영화 대여사업 시장을 파괴시킨 다음, 영화와 쇼를 물리적 미디어에서 디지털 실시간 재생 사업으로 이동시켰습니다.
- 아마존은 서적의 우편 주문 시스템을 활용하여 보더스Borders와 바네스Barnes, 노블Noble과 같은 서점들을 파괴시켰습니다. 책을 시작으로 아마존은 나중에 더 넓은 의미의 전자상거래로 옮겨갔고, 나중에 클라우드 컴퓨팅을 위한 **아마존 AWS**와 같은 다른 디지털 서비스를 시작했습니다.
- 엑스피디아Expedia는 항공 여행, 호텔 및 기타 여행 물류를 위한 여행 대리점들

을 파괴시켰으며, 에어비앤비는 전통적인 호텔 사업을 파괴시켰습니다.

이 세 가지 모든 사례에서, 현재 사업자는 비전통적인 경쟁자들에 의해 시장에서 퇴출됩니다. 산업체들은 주로 중공업, 대규모 공장 및 관련 시설이 요구되고 수익이 필요로 하는 규모의 경제 때문에 진입 장벽이 높았습니다. 핵심 산업 기술은 빠르게 변화하지 않기 때문에 주로 이러한 기업들에게 안전한 사업 환경을 제공하였으며, 이러한 사례는 신규 진입자가 시장 점유율을 빠르게 확보하기 어려운 철강 제조업입니다. 하지만, 최근 유사한 부문에서 *대체자*들로부터 위협을 받고 있습니다. 시장 대체자를 이해하는 또 다른 방법은 그들을 기존 사업의 파괴자로 생각하는 것입니다. 승차공유 업체들이 자동차 업체들을 교란하고 있고, 테슬라에게도 위협이 되고 있습니다. 테슬라를 소유한다는 것은 자산을 소유한다는 것을 의미하는 반면, 우버와 리프트와 같은 승차 공유 업계 선구자들의 성공은 자산을 가볍게 유지하는 것이었습니다. 하지만 테슬라는 2020년 초에 발표된 로봇택시 부문에 눈독을 들이고 있습니다.

2016년 10월 이후 출고되는 테슬라 차량은 현재 위치에서 목적지로 이동하는데 있어서, 사람이 운전하지 않아도 되는 자율주행이 가능하도록 할 계획입니다. 이러한 모델에는 카메라 및 센서와 같은 필요한 하드웨어가 장착되어 있으며, 주로 소프트웨어 갱신이 필요하기 때문에 가능합니다. 이것은 테슬라 자동차의 현재 소유자들이 자신의 차를 사용하지 않을 때, 자율적으로 다른 사람에게 차량을 제공할 수 있게 해줄 것입니다. 이는 운전을 위해 운전자가 필요하지 않음을 의미합니다. 테슬라는 타 운전자에게 차량공유를 용이하게 하도록 스마트폰 앱을 출시할 수 있습니다. 테슬라 소유자는 하루나 일주일 중의 일부 시간동안 차량을 자율적으로 공유 차량 풀에 제공하고, 유휴 차량으로 돈을 벌 수 있는 시간을 예약할 수 있습니다. 이 사례는 테슬라와 같은 진보적인 기업도 자산의 부담이 낮은 승차 공유 회사의 혁신 위협에 직면해 있지만, 고객과 *협력*하여 자체 사업 모델을 변화시킬 수 있을 정도로 유연하다는 것을 보여줍니다. 그 결과 테슬라 소유자는 초기 추정치에 따라 연간 최대 10,000달러를 벌 수 있습니다.

커스텀 플릿과 자동차 산업에 대한 논의를 이어가기 위해 미쉘린의 사례를 살펴보겠습니다. 미쉘린은 타이어를 만드는데, 이것은 커스텀 플릿이 관리하는 차량에 탑재되는 유형의 제품입니다. 타이어가 *서비스화*가 가능합니까? 미쉘린은 세계 3대 타이어 제조업체 중 하나입니다. 20.5R25 미쉘린 XTLA 레이디얼 로더Radial Loader와 같은 타이어는 건설 및 비포장 도로 차량에 사용됩니다.

미쉐린은 역사상 대형 차량을 운영하는 사업자들에게 더 높은 가치 창출을 하도록 지원하는 것을 목표로 하여, 타이어에 대한 가격 프리미엄을 부과합니다. 고객 기반 부가 가치 서비스를 만들기 위해, 미쉘린은 2016년 **TaaS**타이어 서비스, Tires as a Service 모델을 검토했습니다. 트럭 운송 회사 운영자의 경우 연료와 타이어는 미국에서 마일당 1.35달러에서 1.45달러에 이르는 인적 비용 외에도 운영비용의 두 가지 주요 요소입니다[8]. 다양한 비용 요소에는 다음이 포함될 수 있습니다.

- 연간 $15,000 범위의 유지보수 및 수리비용
- 주행 거리와 운반 중량에 따라 매년 수천 달러에 이르는 타이어 비용
- 승용차에 비해 약 4배에 이르는 연료비
- 일반적으로 운영비용의 1/4이 운전자 급여
- 보험, 통행료 및 기타 하드웨어

오늘날 **MFS**미쉘린 군집 솔루션, Michelin Fleet Solutions는 타이어를 선불로 구입하는 대신 **마일 단위로 지불**하는 등의 선택권을 제공합니다. 타이어 및 차량에 센서를 사용하면, 자동차 산업 **OEM**들은 주행 거리, 실제 마모나 도로 상태와 같이 소비량을 측정하는 기준에 따라 비용이 지불되게 할 수 있습니다. 마찬가지로, 이 회사들은 GPS 기술과 도로나 교통 상황을 기반으로 연료 및 경로 조언을 제공할 수 있습니다. 이는 새로운 디지털 수익원을 개발하기 위해 제품인 타이어에 *서비스를 제공*하는 사업 모델 변화의 좋은 사례입니다. 이 경우, 단골 고객에게 제공되는 부가적인 이점으로는 탄소 배출량을 줄이는 것입니다. 미쉘린은 타이어의 디자인과 연비 기준을 개선하기 위해 EPA의 스마트웨이SmartWay 프로그램[9]에 참여

8 https://www.imiproducts.com/blog/the-cost-of-trucking/

9 https://www.epa.gov/smartway/learn-about-smartway

하고 있습니다.

미쉘린의 CEO Florent Menegaux는 유네스코의 네텍스플로 혁신 포럼 2020NETEXPLO Innovation Forum 2020에서 디지털 전환을 다음과 같이 파도타기에 비유했습니다. "*여러분은 파도와 싸우는 대신에 파도를 타고 싶어 합니다*". 그의 관점에서 디지털 전환이 성공하기 위해서는 급진적인 인적 전환이 병행되어야 합니다. 회사의 경영진은 디지털 전환과 직원의 전환을 일치시키는 데 중추적인 역할을 합니다. 미쉘린의 TaaS 사례에서 탄소 총배출량carbon footprint의 감소는 트럭 타이어와 같은 제품의 전환으로 인한 사업 결과와 환경 결과가 일치함을 보여줍니다. 스마트폰의 트럭 커넥트Track Connect 앱은 관련 정보와 통찰력을 제공합니다[10]. 미쉘린은 경주용 자동차에도 비슷한 서비스를 제공하는 데, 여기에 타이어당 4개의 센서를 사용하여 경주중에 타이머의 실시간 온도와 압력 정보를 수집합니다. 수신기는 차량의 담배 라이터 또는 USB 포트로 구동됩니다.

이러한 인력과 기술의 융합을 수용하기 위해 미쉘린에는 기존의 CHRO최고 인력자원 책임자, Chief Human Resource Officer 대신 CPO최고 직원 책임자, Chief People Officer가 있습니다. 현재 CPO는 파리에 있는 미쉘린 본사에 기반을 둔 PATS Jean Claude입니다. "*2장, 조직 내 문화의 전환*"에서와 같이 사업 모델 전환의 사전활동으로 문화적 전환의 역할이 있으며, 미쉘린은 이를 매우 잘 수행하고 있습니다. 그것은 회사를 경직된 조직이 아니라, 인간 뇌의 뉴런처럼 다소 유동적이고 진화하는 관계 모델로 간주합니다. 사업 절차 및 사업 모델을 변경할 수 있는 회사의 강점은, 회사 내부의 다양한 부서 간 소통할 수 있도록 신경 연결망을 만들 수 있는 직원의 능력으로부터 발생합니다.

미쉘린은 회사를 지속적으로 전환시키기 위해, 순수 타이어 제조 회사에서 *커넥티드 모빌리티* 회사가 되겠다는 목표를 세웠습니다. 오늘날 미쉘린은 넥스트라크NexTraq, 사스카Sascar 및 마스터나우트Masternaut와의 협력을 통해 100만 대 이상의 연결된 차량을 관리하고 있습니다. 미쉘린은 2024년까지 주로 도로와 비도

---

10 https://www.michelinman.com/trackconnect.html

로 분야와 같은 B2B 공간에서 1억 6천만 개의 연결된 타이어를 보유하는 것을 목표로 하고 있습니다. 시간이 지남에 따라 사업영역도 B2C로 이동할 것입니다. 일반적으로 타이어는 차량에서 핵심적으로 관측해야 하는 그룹 중에 지속적으로 관측하는 유일한 차량 부품입니다. 연결된 타이어는 미쉘린에 데이터 자본을 제공하여 협력자와 함께 생태계를 운영하는 데 도움을 줄 수 있습니다. 미쉘린은 트럭 운전자들에게 트럭플라이 모바일 앱[11]을 제공하여 트럭 정류장, 디젤연료 공급 주요소, 주차장, 상용 차량에 대한 실시간 교통 정보 갱신, 트럭 운전자의 디지털 소통[12]에 참여할 수 있는 기능을 제공합니다.

다음 절에서는 기업이 산업 디지털 전환의 일환으로 사업 모델을 변경하여 어떻게 혁신하고 있는지 살펴보겠습니다.

사업 모델 재창조

다임러Daimler와 같은 회사들은 차량 공유 및 이와 유사한 회사들로부터 사업을 보호하기 위해 새로운 사업 모델을 탐구하며 개발하고 있습니다. 다임러는 자동차 산업의 디지털 전환을 위해 노력하고 있는 또 다른 회사입니다. 전반적으로 자동차 및 트럭 운송 산업은 빠르게 변화하고 있습니다. 다임러는 카투고Car2Go라고 불리는 차량 공유 서비스를 고안했습니다. 이것은 도시에 더 스마트한 교통 솔루션을 제공하기 위한 다임러의 진입 전략입니다.

이와 더불어, 포드Ford의 CEO는 100년 된 자동차 회사에 대한 그의 비전이 기술 주도 회사가 되는 것이라는 것을 공개적으로 발표하였습니다. 블룸버그Bloomberg 보고서에 따르면 2018년 포드는 회사의 사업구조 개혁과 향후 10년간 산업 디지털 전환의 기반을 마련하기 위해 110억 달러를 투자하겠다고 발표했습

11 https://www.truckfly.com/en/

12 https://www.michelin.com/en/news/today-a-leader-in-tires-tomorrow-a-leader-in-connected-mobility/

니다. 이는 그림 4.3과 같이 2030년까지 예상되는 차량 판매 둔화를 앞두고 새로운 제품과 서비스를 통해 수익을 강화하기 위한 포드의 방법입니다.

그림 4.3 자동차 업계의 매출 점유율 및 분할

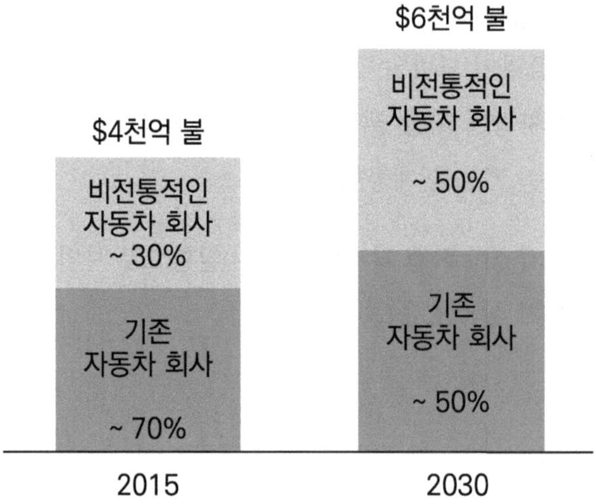

업계의 거시 경제 추세에 맞추기 위한 포드의 이러한 전략적 움직임은 사업 모델 전환과 기술주도 제품 및 서비스 혁신을 모두 필요로 합니다. 포드의 경우, 2016년에 인수하였지만 2019년에 운영을 중단한, 샌프란시스코의 샤로트 셔틀 기반 승차 공유 서비스와 유사한 계획이 포함될 것입니다. 포드는 또한 EV전기 자동차, Electric Vehicles 기술을 향해 나아가고, AV자율주행 자동차, Autonomous Vehicles와 함께 출시하기 위한 계획을 가지고 있습니다. 이는 자율주행 차량의 시스템이 기존의 내연 기관보다 전기 자동차에서 좀 더 쉽게 운용될 수 있기 때문에, 자율주행 차량으로의 전환을 원활하게 할 것입니다. 전체 투자금액 중 40억 달러가 포드 자율주행 자동차Ford Autonomous Vehicles라는 자율주행차 사업부에 배정되었습니다. ADAS는 완전 자율주행 차량(레벨 5)으로 발전될 것입니다. 이제 SAE미국 자동차 기술자 협회, Society of Automotive Engineers 기준에 따라 자율주행 자동차의 다양한 수준을 정리해 보는 것이 유용할 것입니다.

- **레벨 0:** 자동화 없음. 이것은 현재 우리의 일상적인 자동차를 설명합니다.

- **레벨 1:** 운전자 지원. 차량은 능동형 주행제어와 차선 유지 보조 기능을 활용하여 운전자의 운전 피로를 낮추어 줄 수 있습니다.
- **레벨 2:** 부분 자동화. 이 차량은 두 가지 자동화된 기능을 처리할 수 있지만 차량은 사람이 운전해야 합니다. 2020년 초 현재 테슬라 오토파일럿이 해당합니다.
- **레벨 3:** 조건부 자동화. 차량은 동적 주행 작업을 처리할 수 있지만 필요에 따라 운전자의 개입이 필요합니다. 제한된 시나리오에서는 테슬라 s/x/3, 2020년에 예상되는 아우디 R8이 해당합니다.
- **레벨 4:** 고도의 자동화. 이 차량은 대부분의 자동차 운전환경 조건에서 운전자의 개입이 필요 없습니다.
- **레벨 5:** 완전 자동화. 이 차량은 운전자 없이도 완전히 무인으로 주행할 수 있습니다.

그림 4.4는 레벨 0에서 레벨 5까지 자율주행 자동차의 다양한 수준과 자율운전의 레벨 5로의 여정 관계를 보여줍니다. 이 그림은 우버와 같은 승차 공유 산업, 테슬라, 포드 및 다임러와 같은 자동차 제조업체 및 미쉘린과 같은 OEM과 같이, 이 책에서 사용한 몇 가지 사례에 커다란 영향을 미치기 때문에 중요합니다. 차량공유에서 운전자가 없거나, 배달 기사가 없는 아마존 프라임Amazon Prime 배달 트럭이 여러분의 집에 방문하거나, 우버가 로보택시 회사로 변신하는 모습을 상상해 보세요. 또는 쓰레기 수거 서비스 트럭이 완전 자동화된 서비스로 일주일에 한두 번 온다고 상상해 보십시오. 이것은 자동차 보험, 렌터카 서비스, 주유소, 전기차 충전망 및 자동차 수리 서비스와 같은 인접 서비스에 커다란 영향을 미칩니다. 포드의 사례를 보면 향후 10년 이내에 이러한 변화에 어떻게 대비하고 있는지 알 수 있습니다.

그림 4.4 자율주행 차량의 진화[13]

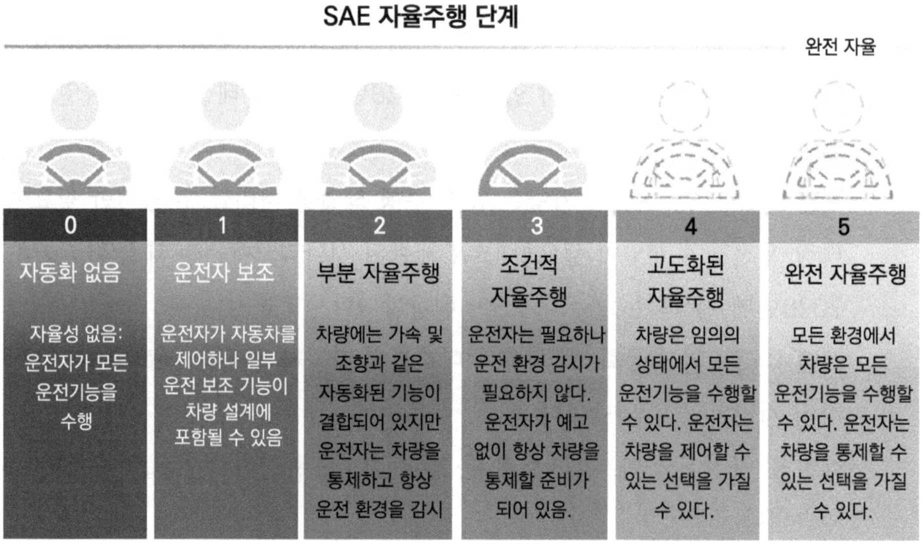

SAE 자율주행 단계
완전 자율
0
자동화 없음
자율성 없음: 운전자가 모든 운전기능을 수행
1
운전자 보조
운전자가 자동차를 제어하나 일부 운전 보조 기능이 차량 설계에 포함될 수 있음
2
부분 자율주행
차량에는 가속 및 조향과 같은 자동화된 기능이 결합되어 있지만 운전자는 차량을 통제하고 항상 운전 환경을 감시
3
조건적 자율주행
운전자는 필요하나 운전 환경 감시가 필요하지 않다. 운전자가 예고 없이 항상 차량을 통제할 준비가 되어 있음.
4
고도화된 자율주행
차량은 임의의 상태에서 모든 운전기능을 수행할 수 있다. 운전자는 차량을 제어할 수 있는 선택을 가질 수 있다.
5
완전 자율주행
모든 환경에서 차량은 모든 운전기능을 수행할 수 있다. 운전자는 차량을 통제할 수 있는 선택을 가질 수 있다.

포드는 자동차 소유자들을 위한 포드패스 커넥티드FordPass Connected 앱을 선보였는데, 이 앱은 미쉐린의 트럭플라이와 같은 서비스 앱입니다. 포드패스와 같은 스마트폰 앱은 자동차 운전자에게 긴급출동 서비스Roadside assistance를 제공합니다. 포드패스 케넥티드는 다음과 같이 차량 소유자에게 다양한 기능을 제공[14]합니다.

- **차량 상태 점검:** 차를 사용하지 않을 때 연료량을 확인하거나, 예정된 다음 정비 시점을 확인
- **차량 잠금 및 잠금 해제:** 원격으로 차량을 잠금 및 잠금 해제. 예를 들어 세차 서비스 업체가 사무실 차고에 도착한 경우, 업무 회의실에서 차량 잠금을 해제할 수 있습니다.

---

13 fttps://www.researchgate.net/publication/326656172/figure/fig1/AS:653049580240896@1532710561156/Levels-of-automation-set-forth-in-SAE-J3016-standard-SAE-International-2016-Reprinted.png

14 https://owner.ford.com/fordpass/fordpass-sync-connect.dll

- **차량 찾기:** 차를 어디에 주차했는지 잊으셨습니까? 익숙하게 들립니까? 포드는 이러한 문제 해결을 위한 앱을 가지고 있습니다.
- **원격 시동:** 특정 시간에 시동을 걸 수 있어 극한 날씨에 초기 탑승자의 편안함을 위해 차를 예열하거나 냉각하기에 좋습니다.

요약하자면, 자동차 산업은 실리콘 밸리를 미국의 새로운 디트로이트로 활용하고 있으며, 사업 모델을 빠르게 전환시키고 기술을 활용하여 현 시대에 적합하게 움직이고 있음을 알 수 있습니다. 자동차 회사들은 자동차 소유자와 운전자가 소비할 수 있도록 그들의 생태계를 활용하여 차량을 제조하는 것뿐만 아니라, "*소프트웨어 응용 프로그램을 제조*"하는 방법을 보는 것은 매우 흥미로운 일입니다.

잡아 먹일 것인가 살아남을 것인가

기업들은 종종 새로운 혁신이 자사의 핵심사업과 제품을 잠식할 수 있다고 우려합니다. 조명 산업의 사례를 들어 보겠습니다. LED발광 다이오드, Light-Emitting Diode 전구는 백열전구보다 약 75% 더 적은 에너지를 소비하고 수명이 25배 더 오래 지속됩니다. 이는 기술 및 환경 측면에서 혁신의 좋은 사례입니다. 하지만, GE 라이트닝GE Lighting은 실제로 전구를 발명했고 판매를 했지만, LED 전구사업에 집중한 후 자기 자신의 기존 전구 사업영역을 축소시켰습니다. 소비자들은 LED 전구를 자주 교체할 필요가 없기 때문에 LED 전구를 자주 구입하지 않습니다. 필립스 라이트닝Philips Lighting도 이와 비슷한 결과를 겪었습니다.

GE 라이트닝에서는 이와 같은 파괴 유형을 방지하기 위해, 2015년 10월에 다른 사업형태에 초점을 맞춘 커렌트바이 GECurrent by GE라는 사업부를 출시했습니다. 목표는 LED 전구와 그 주변 생태계에서 반복되는 디지털 수익원을 개발하는 것이었습니다. 그림 4.5와 같이 이 사업모델에서 LED 광원light point은 IoT 노드로 전환됩니다. LED 광원은 일반적으로 IoT 노드의 배터리 수명에 대해 걱정할 필요가 없습니다. IoT 노드는 다양한 종류의 센서를 연결할 수 있고, 센서로부터 획득된 데이터를 사용하여 구축된 응용사례는 다음 절에 설명되어 있습니다. 간단히 말해서, LED 광원은 IoT 노드로서 이를 통해 데이터를 확보할 수 있기 때문에 도시 디지털 전환의 기반이 될 수 있습니다. GE 프레딕스GE Predix 및 시티 아이큐City IQ와 같은 소프트웨어 플랫폼은 데이터를 수익화하고, 시의 법 집행을 개선하는 데 도움이 되는 활용사례를 제공합니다.

그림 4.5 GE의 LED 기반 스마트시티 솔루션을 사용하는 샌디에이고[15]

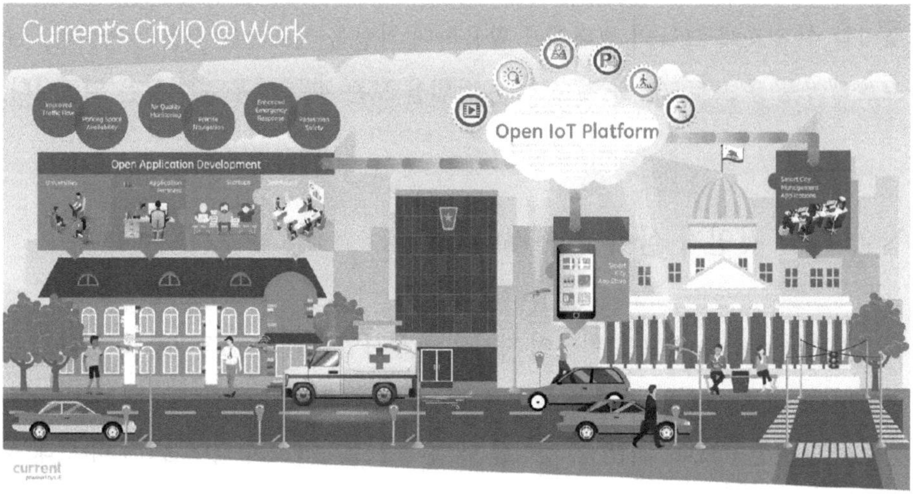

2017년, 샌디에이고 시는 도심 지역을 스마트시티로 변화시키기 위해 커렌트바이 GE와 협력하기 시작했습니다. 그림 4.5와 같이, 에너지를 절약하기 위해 도시 가로등을 LED 전구로 교체하였고, 다음과 같은 IoT 기능을 제공하는 것이었습니다.

- 스마트 주차 및 주차 단속
- 교통 혼잡 관리
- 법 집행 및 거주자 안전
- 대기질, 소음 수준 및 기타 특수 목적

---

15 https://readwrite.com/2017/03/11/san-diego-ge-io-cl4/

- 블루투스를 이용한 센서로 보행자의 스마트폰을 감지하여 유동인구량을 측정하는 것
- 샷스파터ShotSpotter의 기술을 사용한 총기발사 감지용 음향 센서[16]

초기 단계에서는 3,200개의 *스마트 조명 센서*를 설치할 계획이었습니다. 이러한 IoT 솔루션을 통해 가능한 데이터 확보 및 분석을 사용하는 응용사례를 통해 차량 운전자, 보행자 및 자전거 이용자가 혜택을 받을 수 있습니다. 시간이 지남에 따라, 이러한 통찰력은 추가적인 민관 협력을 통해 수익화될 수 있습니다. 예를 들어, 승차 공유 회사는 보행자의 이동 빈도수와 승차 공유 차량의 배치를 연계시킬 수 있습니다. 오늘날, 법 집행 기관은 샌디에고 시내 지역에 있는 사람들의 집회 형태를 기반으로 경찰관을 배치할 수 있습니다. 이것은 유연성을 갖춘 IoT 노드로 *서비스화*하기 위해 LED 전구에 여러 개의 센서를 추가하여 LED 전구의 비즈니스 모델을 전환한 좋은 사례입니다.

지난 몇 년 동안 우리는 다양한 산업 분야에서 사업 모델이 변화하는 것을 보아 왔습니다. 다음은 몇 가지 사례입니다.

- **HP 프린터:** 역사적으로 잉크젯 모델과 같은 프린터는 손실을 보고 판매되었으며, 프린트의 수명 동안 소모품으로 잉크를 판매하여 이익을 창출했습니다. 소모품을 통한 수익 흐름을 유지하기 위해 애프터마켓 잉크젯 카트리지의 교체기능을 없애는 HP 카트리지 보호 기능이 도입되었습니다.
- **P&G 질렛트**Procter & Gamble's Gillette **면도기:** 면도기는 면도날 카트리지 몇 개의 가격보다 저렴합니다. 그러므로 사용자들이 면도기의 수명 동안 고가의 면도날을 구입할 수밖에 없습니다.
- **큐리그**Keurig **커피포트:** 또 다른 유사한 사례로, 소모품이 커피 기계를 위한 일회용 커피캡슐인 커피포트입니다. 큐리그는 2012년까지 K-컵 커피포트에 대한 특허를 소유했습니다.

16 https://www.shotspotter.com/

다음은 반복적이고 높은 수익원을 창출하는 데 도움이 되는 몇 가지 일반적인 B2C 사업 모델입니다. 본 제품의 판매가 매일 면도와 매일 아침 커피 한 잔과 같은 평균 사용 수명 및 일반 소비 모델을 기반으로 한 소모품 판매의 선행 지표이기 때문에, 이러한 수익 흐름은 어느 정도 예측이 가능합니다. 여기서 핵심은 대표하는 주요 제품에 대한 한 번의 거래 후 제조업체와 고객 간의 고객 관계를 유지하는 것입니다. 그림 4.6과 같이 연결된 제품과 연결된 운영은 많은 시나리오에서 제품과 운영을 연결하는 성배입니다. 이를 통해 사업 모델을 변경할 수 있습니다.

그림 4.6 개방형 고리에서 폐쇄형 고리 고객 관계로의 패러다임 전환

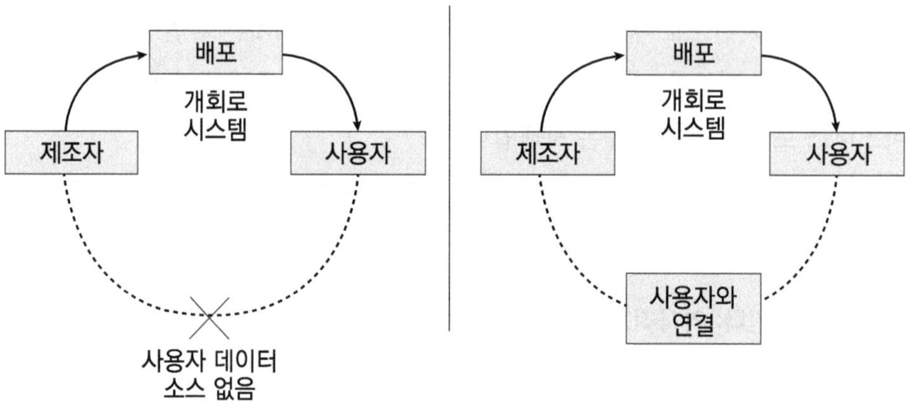

앞의 B2C 사례는 반복적인 수익을 창출할 수 있도록 많은 B2B 시나리오를 변화시키는데 도움이 되었습니다. 우리는 정비 서비스센터에서 정품 부품을 구입하고 정비 서비스를 받는 서비스에 익숙합니다. 이전의 모든 시나리오는 주로 주요 제품을 보완하기 위한 소모품 판매가 포함되었습니다. 그러나 반복적인 서비스와 디지털 수익 흐름을 판매할 수 있다는 것은 B2B 맥락에서 주로 전환적인 경우가 많습니다. 소프트웨어 제품이 주요 제품에 *서비스화*를 제공하는 데 도움이 되는 몇 가지 사례를 살펴보겠습니다.

- **애플 아이폰:** 아이폰은 강력한 B2C 사용 사례임에도 불구하고, 앱 스토어와 아이클라우드는 소프트웨어를 통해 반복적인 수익 흐름을 창출하는 디지털 서비스의 좋은 사례입니다. 경기 순환이 아이폰 기기 판매에 영향을 미치는 동안, 반복되는 수익은 2020년 초 현재 애플에 1조 달러가 훨씬 넘는 꾸준한 수익을 제공합니다.
- **스퀘어**Square**:** 결제 서비스 제공업체인 스퀘어는 그림 4.7과 같이 POSPoint of Sale 기기를 무료나 $100 미만으로 제공하는 경우가 많으며, 거래 비용의 약 3%를 반복 서비스 수수료로 가맹점에게 청구합니다. 이는 주로 중소기업 부문을 대상으로 합니다. 전반적으로 스퀘어는 중소기업 부문에 다양한 형태의 결제 수단을 민주화함으로써 전자 결제 산업을 혁신했습니다. 결제 서비스 외에도 스퀘어는 중소기업 고객층에 금융 및 마케팅 서비스도 제공합니다.
- **GM 온스타**GM OnStar**:** 온스타는 GM 차량 소유자를 위한 긴급 출동서비스로 시작되었습니다. 온스타는 수년간 아마존의 상품 차내 배달Amazon Key In-Car Delivery 서비스를 이용해 아마존 소포 우편물을 자동차에 배달하는 등의 혁신적인 서비스로 변화되었습니다. GM은 구글 음성 지원Google Voice Assistant과 통합된 글로벌 시장에서 연결된 고객경험Global Connected Customer Experience이라는 새로운 시스템 방향으로 노력하고 있습니다.
- **캐터필라 커넥트 솔루션**CAT® Connect Solutions**:** 연결된 건설 장비는 가시성, 작업 안전성, 현장 생산성 및 장비 관리를 위한 부가가치 서비스를 제공합니다. 이것은 B2B 제품입니다.
- **케저 콤프레서**Kaeser Kompressoren**:** 독일 코러그에 본사를 둔 케져는 압축공기 서비스Air as a Service로 시그마 공기 유틸리티Sigma Air Utility를 제공합니다. 산업용 고객에게 미리 정해진 양의 압축 공기를 제공하며, 고객은 합의된 기본 고정가격을 지불합니다. 고객이 평소보다 더 많은 압축된 공기를 필요로 한 경우에도 고정된 소비가격으로 공급합니다.
- **존슨앤존슨:** 존슨앤존슨은 2019년 말에 버브 서지컬Verb Surgical을 인수했습니다. 버브 서지컬은 수술 결과를 개선하기 위해 연결된 수술실과 디지털

기술을 사용하는 것을 목표로 하는 디지털 수술 플랫폼을 가지고 있습니다. 이를 통해 병원이나 외과의사에게 수술 장비 및 디지털 시술 비용을 사용 기반으로 청구하는 것과 같은 수익 모델을 만들 수 있습니다.

스퀘어의 제품은 스마트폰에 부착물 및 스마트폰 앱과 함께 그림 4.7과 같습니다. 이것은 지불 서비스 사업 모델로 생각할 수 있습니다.

그림 4.7 스퀘어 Payment 솔루션[17]

표 4.1에서 이러한 추세가 서비스형 모델로 전환하는 업계 전반의 추세임을 알 수 있습니다. 서비스화as a Service 모델은 연결된 제품뿐만 아니라 일반적으로 사업 모델 변경에 의해 가능합니다. 여기서의 목표는 지속적인 서비스를 제품에 연결하는 것입니다. 아이클라우드는 애플이 아이폰을 통해 클라우드 저장 서비스를 제공할 수 있게 해줍니다. 저장 서비스Storage as a Service의 한 형태인 아이클라우드의 수익은 연간 50억 달러에 이를 것으로 추정됩니다. 이러한 추세는 공공

17 http://gadgetynews.com/apple-selling-square-iphone-credit-card-swiper-turning-backs-on-nfc/, License: CC BY-SA

클라우드가 등장하면서 소프트웨어 산업에서 시작되었지만, 물리적 제품의 서비스화는 곧 뒤따랐습니다. 앞에서 공기 서비스Air as a Service 및 타이어 서비스Tires as a Service 모델에 대해 자세히 알아봤습니다. 산업 기업들이 경쟁력과 관련성을 유지하기 위해 이러한 추세는 표 4.1과 같이 사업 모델의 변화를 지속적으로 요구할 가능성이 높습니다.

표 4.1 업계의 서비스화 모델

구분	서비스명
A	Air as a Service: Kaeser Kompressoren
B	Backend as a Service: Mobile backend mBaas
C	Container as a Service
D	Data as a Service
E	Enterprise as a Service
F	Function as a Service, Furniture as a Service
G	Games as a Service
H	Hardware as a Service
I	Infrastructure as a Service
J	Juju as a Service: Kumbernetes service
K	Kubernetes as a Service
L	Location as a Service
M	Mobility as a Service
N	Networking as a Service
O	Operations as a Service
P	Platform as a Service
Q	Quality as a Service
R	Recovery as a Service
S	Software as a Service
T	Tires as a Service
U	Update as a Service
V	Voice as a Service
W	Workspace as a Service
X	Anything as a Service: XaaS
Y	Hybriss as a Service: YaaS SAP Hybris
Z	Zenoss as a Service

다른 몇 가지 사례는 다음과 같습니다.

- GTS글로벌 기술 시스템, Global Technology Systems: 배터리 임대서비스Battery as a Service
- 키갈리Kigali: 냉각 서비스Cooling as a service
- 시트릭스Citrix: 데스크탑 서비스Desktop as a Service
- 콤비 웍스Combi Works: 공장 서비스Factory as a Service
- 지오유니큐Geouniq: 지리위치 서비스Geolocation as a Service
- 필립스, 커렌드 바이 GE 및 텔코Tellco: 조명 서비스Lighting as a Service
- 포로토캠ProtoCAM: 생산 서비스Manufacturing as a Service
- 스퀘어: 지불 서비스Payments as a Service
- 우버 및 리프트: 교통 서비스Transportation as a Service

기업들이 *서비스화*를 통해 보다 지속적이고 예측 가능한 수익원으로 전환하기 위해 사업 모델을 전환하는 방법에 대해 몇 가지 사례를 살펴보았습니다. 다음으로, 우리는 산업 부문의 현황과 그 고유한 문제에 대해 살펴볼 것입니다.

4.3 산업 부문의 현황

산업 공정의 디지털 전환은 반도체 제조업이나 자동차와 같은 산업에 비해 석유, 가스 및 화학 산업과 같은 장치 산업은 뒤처지고 있습니다.

공정의 상호 의존성으로 인해 운영 중인 생산 시스템 변경은 위험 가능성이 항상 너무 높다고 생각하기 때문에, 장치 산업은 투자 결정 기간이 훨씬 더 긴 경향이 있습니다. 변경 사항은 복잡한 장치 시스템에 영향을 미칠 수 있으며, 예를 들어 석유 공장이나 화학 공장의 폭발과 같은 심각한 사고로 이어질 수 있습니다. 또한 예상 편익이 위험을 크게 초과하지 않는 한 플랜트 운영자는 운영 체제를 변경하려고 하지 않습니다.

2020년 1월, 하니웰의 CEO Darius Adamczyk는 훨씬 더 디지털화된 회사로의 전환을 포함한 회사의 소프트웨어 전략에 대해 논의했습니다. 이 전략은 데이터 무결성, 일관성, 그리고 마지막으로 공통 IT 및 플랫폼 아키텍처의 세 가지 요소로 구성됩니다.

이번 조치로 인해 하니웰은 더 나은 선택을 할 수 있게 되었고, AI, 기계학습 등 기술 솔루션을 활용해 내부 역량을 더욱 강화할 수 있게 되었습니다. 이 과정에서의 또 다른 단계는 고정 비용의 감소이며, 고정 비용에서부터 상당한 변화를 시작하게 되었습니다.

최근 몇 년 동안 하니웰은 현명한 미래를 만들고 고객이 이 길을 갈 수 있도록 개발 절차에서 디지털 전환에 우선순위를 두고 있습니다. 이 회사는 전자 상거래 운영을 단순화하고, 소매, 유통, 물류, 공급망 및 에너지 저장 부문의 디지털 전환을 촉진하기 위해, IIoT산업용 사물인터넷, Industrial Internet of Things 기술을 사용할 계획입니다. 특히 하니웰은 소매 관련 사업을 하는 기업의 디지털 전환에 있어, 핵심 요소로 연결된 물류 및 지능형 물류창고 등 *스마트 공급망 솔루션*을 꼽았습니다.

추가적으로 하니웰은 스마트 공급망 분야의 통합 물류업체들과 협력을 강화하기 위해 인수합병을 진행할 계획임을 시사했습니다. 또한 공급망을 위한 총체적인 솔루션들을 지속적으로 개선하기 위한 연구개발 노력을 강화할 계획입니다.

석유 및 가스 산업

석유 및 가스 산업은 최첨단 데이터, 도구 및 기계를 사용하는 것으로 알려져 있습니다. 그러나 디지털 전환과 연결된 기술로 수집된 실시간 데이터 및 통찰력을 사용하는 측면에서는, 타 산업보다 뒤쳐졌습니다. MIT 슬론 경영 대학원 리뷰 Sloan Management Review와 딜로이트에 따르면 석유 및 가스 사업의 디지털 성숙도는 10점 만점에 4.68점으로, 업계의 발전된 기술에도 불구하고 디지털 및 연결 기술이 적절하게 사용되고 있지 않습니다. 디지털 전환은 조직의 핵심에서 기술과 사업 관행을 통합하는 것을 필요로 합니다.

석유 및 가스 회사는 유정에 내장된 센서나 기계 간 통신 데이터와 같은 다양한 센서에서 데이터를 수집할 수 있습니다. 디지털 방식으로 성숙한 기업은 다양한 부문에서 획득한 데이터의 분석을 통해 중요한 통찰력을 확보하고, 이를 통해 경쟁 우위를 확보할 수 있습니다. 슐럼베르거의 기술 책임자인 Ashok Belani에 따르면, 평균적으로 각 현장에는 사업과 관련된 10GB 미만의 데이터를 가지고 있다고 합니다. 디지털 전환은 이제 석유 및 가스 산업에 변화를 일으키기 시작하고 있으며, 석유 회사들은 더 높은 수익, 낮은 비용, 향상된 보안, 운영의 신뢰성과 같은 사업적 성과와 지속 가능성을 이제 깨닫고 있습니다.

쉐브론

2019년 9월, 슐럼베르거, 쉐브론Chevron, MS는 혁신적인 디지털 솔루션과 석유관련 기술의 개발을 가속화하기 위한 3자 협력을 발표했습니다.

데이터는 모든 기업에서 가장 유용한 자산 중 하나로 빠르게 등장하지만, 내부 장벽과 같은 조직 구조에 정보가 갇혀 있기 때문에 통찰력을 도출하기가 어려운 경우가 많습니다. 슐럼베르거, 쉐브론 및 MS는 디지털 응용프로그램을 개발하기 위해 상호 협력할 예정이며, 이는 쉐브론 주도로 사업 통찰력을 얻기 위해 서로 다른 데이터 자원을 처리, 시각화 및 분석화할 예정입니다. 쉐브론을 위한 가치가 입증되면, 고객에게 새로운 디지털 수익을 제공할 수 있습니다. 이 솔루션은 델파이DELFI 인지 E&P탐사 및 생산, Exploration and Production 환경이라고 하며 MS 애저를 사용합니다.

이 경우 E&P 전문 지식은 쉐브론과 슐럼베르거에서 얻고, MS는 솔루션 개발 속도를 높이기 위해 클라우드 컴퓨팅 플랫폼 애저 및 기타 기술 기능을 제공합니다. 이 협력은 석유 및 가스 분야를 위한 클라우드 기반 E&P 솔루션을 상품화하는 것이 목표입니다. 이들은 함께 솔루션이 보안 및 성능에 대한 OSDU개방형 지하 데이터 세계, Open Subsurface Data Universe 데이터 플랫폼 사양이 충족되기를 확실하게 바라고 있습니다. 쉐브론 기술 전문가들은 이 개방적인 기반을 구축함으로써 그들의 능력을 향상시킬 수 있을 것입니다.

이 협업의 세 단계는 다음과 같이 구성됩니다.

- 델파이 페트로테크니컬 통합기능DELFI Petrotechnical Suite을 구축하여 개발 환경을 구축
- MS 애저를 사용한 클라우드 기반 응용프로그램 개발
- 사업목표에 따라 쉐브론이 E&P 가치사슬에서 사용할 수 있는 인지 컴퓨팅 역량 개발

이제 반도체 산업을 살펴보겠습니다.

반도체 산업

반도체 산업은 제품 수명 주기가 짧고 점진적인 진화 및 제품 간 변화가 특징입니다. 우리는 10~12개월마다 새로운 스마트폰 모델이 나오는 것을 보았습니다. 반도체 산업은 빠른 속도로 기술 변화를 겪고 있습니다. 이 업계에서는 혁신이 제품 개발 절차에 직접적인 영향을 미치므로, 이 분야의 기업들은 보다 민첩한 공급망으로 전환해야 한다는 지속적인 압박을 받고 있습니다. 따라서 반도체 업계의 많은 의사 결정권자들은 애자일 방법론을 따르고 있습니다.

반도체 업계는 공급망 시스템의 일부로 다수의 공급업체, 생태계 협력자 및 반도체 생산 전문기업들과 거래를 하고 있습니다. 이러한 기업들은 반도체 생태계에서 협업의 일환으로 다양한 정보 요소를 생산하고 공유합니다. 하지만, 이러한 수많은 정보의 교환 및 기업 간의 연결로 인해 다양한 문제가 발생합니다. DSC 디지털 공급망, Digital Supply Chain 시스템은 이러한 문제발생을 해결하기 위해 구축하였습니다. DSC는 절차에 지능화와 효율성을 추가하고 새로운 수익과 사업 가치를 창출할 수 있습니다. 분석 및 기술 혁신을 위한 새로운 방법은 DSC를 개선하는데 사용될 수 있습니다. 오늘날 공급망 시스템은 마케팅, 제품 개발, 생산 및 유통을 거쳐 최종적으로 제품이 고객에게 인도되기까지 일련의 단계로 구성됩니다.

DSC는 통합 계획 및 실행 시스템, 스마트 조달 및 물류창고, 글로벌 물류 가시성 및 고급 분석을 위한 여러 기술 솔루션에 의존합니다. 이러한 전환을 통해 디지털 제조 기능이 서로 다른 기업 사이에서 발생하는 기존의 전달 및 지연 문

제를 극복함으로써, 고품질의 복잡한 반도체를 더 짧은 시간에 생산할 수 있게 합니다. 반도체 회사들은 공급망 생태계에서 기업 간의 채널 관계 전반에 걸쳐 생성된 정보 데이터와 분석을 활용하여, 한 차원 높은 운영 혁신을 달성하기 위해 노력할 것입니다.

다음 절에서는 산업체가 직면한 현재의 문제에 대해 살펴보겠습니다. 주로 이러한 문제는 수십 년 동안 존재해 온 기존 관행의 결과입니다.

4.4 산업체의 주요 문제

디지털 전환 절차에는 사업의 다양한 측면에서 새로운 혁신 기술을 구현하는 것이 포함됩니다. 변화를 수반하는 모든 과정은 쉽지 않습니다. 디지털 전환 기술을 채택하는 과정에서 산업체가 직면한 문제는 다양합니다. 다음 절에서는 직면한 주요 문제에 대해 설명하겠습니다.

전문성 부족

디지털 전환은 최고의 기술을 사용하는 것만으로는 달성되지 않습니다. *"2장, 조직 내 문화의 전환"*에서 논의한 바와 같이, 산업 디지털 전환을 성공적으로 이끌고 실행하기 위해서는 올바른 디지털 인재가 매우 중요합니다. 디지털 전환을 위한 변화에는 기술 및 변화관리에 대한 전문 지식이 필요합니다. 전환을 추구하는 일부 조직은 주로 일반적인 솔루션을 *모범 사례*로 적용하는 경향이 있는 많은 외부 컨설턴트를 고용합니다. 반면에, 회사의 내부 직원들은 일상 업무에서 무엇이 작동하고, 무엇이 작동하지 않는지에 대해 암묵적 지식을 가지고 있습니다. 그러므로 디지털 전환에 동기가 부여된 내부 인재와 외부에서 모집한 선별된 인재로 구성된 통합 조직이 더 성공적일 것입니다.

자금 지원

디지털 전환에는 다년간의 투자가 필요하며, 우수한 ROI를 실현하는 데는 시간이 걸립니다. 일반적으로 많은 사업부서는 기술, 시설 및 서비스 조직에 대한 투자를 위해 전환 과제에 자금을 제공해야 합니다. 현금에 민감한 업계에서는 모든 예산 및 시설 제약을 사전에 신중하게 분석해야 합니다. 그러나 실제와 근접한 예산을 수립할 수 있는 것은, 새로운 해결책과 조직의 문화적 풍토에 대한 포괄적인 준비와 새로운 솔루션 대한 철저한 이해를 통해 달성될 수 있습니다.

기존 사업 모델

자사의 기존 시스템과 절차에 매우 익숙해진 산업체에게는 기존 사업 모델은 문제입니다. 잘 확립된 사업 모델의 붕괴는 정기적으로 계속 발생합니다. 산업체들은 주로 그들의 사업영역에서 머물며 좀처럼 변화를 하고자 하지 않습니다. 결과적으로 오래도록 운영되고 있는 검증된 사업 절차를 변경하고 사업 모델을 재창조하는 것은 더 어렵습니다. 파괴적인 혁신의 충격을 완화하기 위해, 디지털 기술을 먼저 도입하여 기존 시스템을 둘러싼 내부 사업 절차를 우선 개선하고 사업 성과를 보여줄 수 있습니다. 다음 단계로 새로운 사업 모델 변화에 대한 주제를 제시할 수 있습니다.

조직 구조

디지털 전환에서는 상당한 구조 및 절차의 변화가 필요합니다. 그러나 기존 제조 조직에는 강력한 조직 문화가 존재하기 때문에 새로운 업무흐름에 적응하지 못할 수도 있습니다. 디지털 절차 계획은 오래된 직원부터, 위험을 회피하는 관리자, 기업 정치에 이르기까지, 조직의 여러 문화적 요인으로부터 방해를 받을 수 있습니다. 조직은 디지털 절차 계획을 통해 인력 전환 계획을 수립하여 이러한 문제에 대처할 수 있습니다. 이 프로그램에는 디지털 전환 전략과 이정표, 그리고 모든 이해관계자에게 보내는 메시지 일정이 포함되어야 합니다. 여기에는 또한 확인된 기술 격차도 포함되어야 합니다.

바쁜 일정과 수많은 자원 제약은 산업체의 생산부분 운영을 복잡하게 만듭니다. 따라서 경영진은 그들의 디지털 전환을 통해 성과를 확인하기 전까지는 운영에 미치는 어떠한 부정적인 영향을 수용하지 않습니다.

디지털 전환을 위한 인력 전환 계획은 단거리 경주가 아니라, 마라톤이라는 사고를 유지하기 위해 지속적으로 상기시키는 게 필요합니다. 전환 계획들은 그 과정 전반에 걸쳐 문화적 변화를 관리해야 합니다.

전체적인 디지털화 전략의 부족

산업체는 고객에게 빠른 속도로 제품과 솔루션을 제공해야 한다는 시장의 강한 압박을 받고 있습니다. 따라서 이러한 기업은 도구 및 운영 끝단에 더 집중하는 경향이 있어, 절차 개선을 통해 고객과 자사가 얻을 수 있는 가치를 무시하는 경향이 있습니다. 이러한 추세는 내부 설득과 실행을 위한 준비가 없이, 조직 구조와 업무절차를 갑자기 변경하는 것으로 인해 디지털 전환에 대한 추가적인 어려움을 발생시킬 수 있습니다. 전략을 개발할 때는 먼저 디지털 전환의 성공적인 완료가 무엇을 의미하는지 정의하는 것이 중요합니다. 잘 정의된 전략적 계획은 디지털로 전환된 사업이 어떤 모습일지에 대한 비전을 요구합니다. 또한 전환 여정에서 세부 일정계획의 달성을 측정하는 적합한 방법도 포함되어야 합니다. 변화에 대한 디지털 비전은 사업의 현재 핵심 역량과 강점을 기반으로 구축되어야 합니다.

직원의 동기부여

디지털 전환이 자신의 직업을 위험에 빠뜨릴 수 있다는 잘못된 인식으로 인해, 산업체의 직원들이 의식적으로나 무의식적으로 변화에 저항하게 됩니다. 직원들은 디지털 전환이 비효율적일 수 있다는 또 다른 인식을 갖게 될 수 있으며, 이로 인해 경영진은 결국 노력을 포기하게 될 것입니다. 따라서 책임자는 이러한 우려를 인식하고, 디지털 전환 절차가 직원들에게 미래 시장에 맞게 전문성을 높여줄 수 있는 기회를 제공할 것이라고 강조해야 합니다.

시대에 뒤떨어진 절차

많은 산업체들은 수동적이고 시간이 많이 걸리는 전통적인 종이 기반 절차를 사용합니다. 산업체는 효율적이기 위해 현대적이고 민첩한 디지털 솔루션이 필요하며, 직원들에게 원활한 작업을 위한 유연한 접근 방식을 제공해야 합니다. 종이 기반 절차는 일반적인 오류의 원인이며, 절차 개선의 첫 번째 대상이 되어야 합니다. 직관적으로 설계된 디지털 솔루션은 직원들의 생산성과 헌신을 향상시키고 교육 시간을 단축시킬 것입니다. 스마트폰과 태블릿 기반 솔루션은 직원들이 사업 운영을 훨씬 더 효율적으로 수행할 수 있도록 지원합니다. 이러한 이동성을 통해 실시간으로 더 나은 데이터 정확도로 업무를 처리할 수 있습니다.

자동화 부족

일부 산업체는 기존 절차 때문에 자동화가 부족합니다. 자동화의 가치는 중복되고 시간이 많이 걸리는 작업이 제거된다는 것입니다. 올바른 디지털 솔루션을 사용하면, 이러한 기업의 수동 작업은 자동화하여 제거할 수 있으므로 제품 갱신 및 응답 시간을 단축할 수 있습니다.

표 4.2는 기업 규모별로 산업 디지털 전환의 주요 문제를 요약한 것입니다.

표 4.2 Jabil이 실시한 설문 조사 결과

5대 디지털전환 과제: 회사규모 순서	
1000명 이하 종업원	100~1000명 종업원
1. 디지털 과제를 주도할 전문가의 부족 2. 종업원 저항 3. 디지털화를 위한 전체적 전략의 부재 4. 디지털 파트너의 지원 부재 5. 제한된 예산	1. 종업원의 저항 2. 조직구조의 방해 3. 디지털화를 위한 전체적인 전략의 부재 4. 제한된 예산 5. 디지털 과제를 주도할 인재의 부족
1000~5000명 종업원	5000명 이상의 종업원
1. 디지털화를 위한 전체적인 전략의 부재 2. 디지털 과제를 주도할 전문가의 부족 3. 요구되는 전문기술에 대한 제한적 접근 4. 종업원 저항 5. 제한된 예산	1. 디지털 과제를 주도할 전문가의 부족 2. 조직구조의 방해 3. 디지털화를 위한 전체적인 전략의 부재 4. 요구되는 전문기술에 대한 제한적 접근 5. 조업원의 저항

다음으로, 전환을 통해 산업체에 성과를 창출하기 위한 필요한 변화에 대해 알아보겠습니다.

4.5 문제의 극복

*"3장, 디지털 전환을 가속화하는 새로운 기술"*에서 디지털 기술과 디지털 플랫폼의 부상에 대해 논의했습니다. 사업 모델의 변화와 함께 산업 디지털 전환의 기반을 마련할 수 있습니다. 디지털 기술, 문화 및 조직 변화, 사업절차 변화 및 사업모델 전환을 결합하여 문제를 해결하는 방법을 살펴보겠습니다.

테슬라의 사업모델 변경

고객은 가치를 창출하는 제품과 서비스를 구매하는 경향이 더 강합니다. 자동차 산업은 현재 약 1세기 동안 매우 유사한 원리로 운영되어 왔습니다. 이들은 충성 고객층을 위해 몇 년마다 몇 가지 추가 기능이 있는 새로운 모델을 시장에 제공함으로써 대체 시장을 창출합니다. 결과적으로, 중고차의 가치는 첫 3년 안에 급격히 떨어집니다. 업계 추산에 따르면 미국에서 일반 자동차의 경우 3년 후 42%의 감가상각이 발생합니다. 켈리 중고차 가격표Kelley Blue Book[18] 또는 이와 유사한 출처를 사용하여 3년 후 고급 자동차 모델의 잔존 가치는 다음과 같은 것으로 추정됩니다.

- 테슬라 Model 3: -10.2%
- 벤츠 CLA: -47.7%
- 아우디 A5: -49.3%
- 볼보 S60: -53.2%
- BMW 3 시리즈: -53.4%

테슬라는 구매자를 위해 자동차 가치를 보존한다는 점에서 분명히 두각을 나타내고 있습니다. 테슬라는 OTA라는 새로운 기능을 제공함으로써, 평생 동안 소유자를 위해 자동차의 가치를 유지할 수 있습니다. 테슬라는 전통적인 자동차 제조업체와 달리, 자동차의 기계부품과 같은 하드웨어에 전적으로 의존하지 않고, 소프트웨어와 하드웨어의 결합을 통해 가치를 제공합니다. 테슬라의 경우, BEV배터리 전기 자동차, Battery Electric Vehicle는 타이어와 배터리를 제외하고는 유지보수가 거의 필요하지 않습니다. 테슬라는 저 코발트나 무 코발트 배터리 화학 공정을 사용하여, 백만 마일 배터리를 개발하는 데 많은 투자를 하고 있습니다. 또한 테슬라는 2016년 솔라시티SolarCity를 260만 달러에 인수하여 주거 및 상업용 고객을 위한 에너지 생성, 저장 및 소비를 통합하려고 했습니다[19]. 이를 통해 테슬라는 전기 자동차 충전 솔루션을 테슬라 소유자의 가정에 제공할 수 있을 뿐만 아니라, 태양 전지판과 같은 재생 가능한 자원을 사용한 발전 문제를 해결할 수 있습니다.

---

18 https://www.kbb.com/

19 https://www.tesla.com/blog/tesla-and-solarcity-combine

테슬라의 사례는 기업이 사업 모델 변화를 활용하여 산업 디지털 전환을 주도하고, 자신과 고객에게 막대한 가치를 창출할 수 있음을 분명히 보여줍니다.

디지털 기술을 사용하여 문제를 극복

코로나19 펜데믹 동안, 많은 공장들이 노동자들의 안전을 위해 문을 닫아야 했습니다. 심지어 테슬라와 같은 진보적인 기업들도 2020년 초 코로나19 위기 때 다른 주요 자동차 회사들과 마찬가지로 공장을 일시적으로 폐쇄해야 했습니다. 이러한 이유로 해서 공장 및 공급망 운영에 자동화 기술을 사전에 구축하는 과정, 즉 다음과 같은 과정을 가속화할 수 있었습니다.

- 산업용 로봇과 협동 로봇이나 코봇
- 자율주행 지게차 및 크레인과 고 중량 탑재 드론을 이용한 자율주행 자재 이동
- 작업자 안전을 위한 보호 장비 내 감지 기술
- 예측 유지보수 및 운영 최적화를 위한 산업용 IoT 플랫폼을 사용하여 계획되지 않은 비정상적인 유지보수 활동을 저감
- 물리적 시스템의 원격 운영은 어렵습니다. 대부분의 경우 OT운영기술, Operation Technology 시스템은 IT 시스템에 연결되어 있지 않으므로 원격으로 접근할 수 없습니다. 그러나 OT 시스템을 원격 운영에 사용할 수 있도록 하려면, 탄력성을 유지하기 위해 사이버 보안에 대한 보다 높은 수준의 실사가 필요

*"3장, 디지털 전환을 가속화하는 새로운 기술"*에서는 사업 및 문화적 동인과 결합하여, 다양한 혁신적 디지털 기술과 디지털 플랫폼이 전환의 핵심 요소로 부상하는 것에 대해 설명했습니다. PTC의 백서에 따르면, 기업들이 주로 하나의 마법 같은 기술을 찾아 최고의 해결책으로 생각하면서 산업 디지털 전환을 시도할 때, 실패할 가능성이 높다는 것을 강조하고 있습니다. 대신, 산업체는 디지털 전환 전략에 대해 전체적인 접근 방식을 취하고, 크고 작은 여러 문제에 투자해야 합니다.

다음으로, 협력이 어떻게 문제를 극복하는 데 도움이 되는지 살펴보겠습니다.

협력을 통한 문제 극복

1907년에 회사가 만들어진 이후, 2020년 초 현재 약 70,000명의 전 세계 직원을 보유하고 있는 석유 및 가스 회사인 베이커 휴즈Baker Hughes를 살펴봅시다. 석유와 가스 산업은 코로나19 위기 이전에도 유가 하락으로 인해 자체적인 어려움을 겪었습니다. 원래는 베이커 휴즈라고 불렸지만 2017년에 GE 오일과 가스GE Oil and Gas에 속해 있었습니다. 결과적으로 회사는 BHGE 또는 베이커 휴즈, GE 컴퍼니GE Company라고 불렸습니다. GE는 2019년에 BHGE에서 철수하였으며, 베이커 휴즈 컴퍼니로 변경되었습니다. 흥미롭게도, 2014년에, 가장 큰 석유 및 가스 회사를 설립하기 위해 할리버튼Halliburton에 의한 인수 논의가 있었습니다. 그 움직임은 시민 반독점 소송으로 인해 미국 법무부에 의해 제지당하였으며, 이 책의 저자 중 한 명(Nath)은 1990년대 할리버튼에서 전문가로서의 경력을 시작했습니다.

베이커 휴즈는 최상층의 인사이동과 낮아지는 유가에도 불구하고, 석유와 가스 산업의 전환을 가속화하기 위한 노력을 계속해왔습니다. 전환적인 기술 및 솔루션의 광범위하고 다양한 개발을 위한 접근 방식으로, AI, 산업 IoT, 센서 및 엣지 분석에서 기업 규모 AI에 이르기까지 다양한 투자를 했습니다. 이러한 투자의 핵심은 고객이 그림 4.8과 같이 석유화학 공장과 같은 유전 운영에서, 운영 생산성, 효율성 및 안전성을 개선하기 위해 올바른 데이터를 구분하고 추출할 수 있도록 지원하는 것입니다. 이러한 공장에는 수천 개의 센서와 측정 가능한 매개 변수가 있는 복잡한 시스템과 하위 시스템을 가지고 있습니다.

2019년 6월, 베이커 휴즈와 C3AIC3.ai는 JV합작투자, Joint Venture를 발표[20]했습니다. 석유 화학 공장의 신뢰성을 향상시키기 위해 쉘Shell에 대한 다음 사례 연구는,

---

20 https://www.bakerhughes.com/bhc3

베이커 휴즈와 같은 100년 이상 된 산업체가 어떻게 합작 기업을 통해 전환적인 성과를 창출하고 가속화하고 있는지를 보여줍니다. 쉘의 그룹 CIO인 Jay Crots는 쉘이 C3AI 플랫폼의 사용자라고 언급했습니다. 쉘은 운영을 개선하기 위한 단계로, 예측 유지보수를 통해 산업 디지털 전환의 여정을 시작하였습니다. 쉘은 C3AI를 통해 이 시나리오에서 AI와 기계학습을 적용할 수 있었습니다.

쉘은 이미 유전 서비스 및 관련 소프트웨어 서비스 분야에서 베이커 휴즈와 강력한 협력을 맺고 있습니다. Jay Crotts는 이러한 계획을 통해 혁신적인 디지털 기술을 성숙한 유전 기술에 사용하여, 두 기술 간의 시너지 효과를 창출할 수 있다고 덧붙였습니다. 이를 통해 베이커 휴즈의 유전 분야 전문 지식과 C3AI의 역량이 융합되어, 원유 가격이 역사적으로 낮은 수준인 상황에서 혁신적인 사업성과[21]를 이끌어 낼 수 있었습니다.

베이커 휴즈와 C3AI 사이의 JV는 석유 및 가스 부문에 다음과 같은 BHC3 통합 기능BHC3 Suite Capability을 제공[22]합니다.

- **신뢰성**: 문제를 조기에 확인하고 완화
- **예측 자산유지 관리**: 위험과 예산의 균형을 유지하면서 유지보수 작업의 우선순위를 지정할 수 있는 기능
- **운영 최적화**: 유정 및 저장소의 생산성을 향상
- **재고 최적화**: 운영비용을 최적화하는 동시에 재고 소진을 최소화
- **센서의 작동 상태**: IoT 시스템 및 센서가 올바르게 작동하는지 확인
- **유정 신뢰성 및 운전 상태**: 유정과 관련된 고장을 사전에 탐지하거나 근본 원인 분석을 수행
- **수율 최적화**: 유정 및 저장소에서 전체 생산량을 확대
- **에너지 관리**
- **탄화수소 손실 분석**

---

21 https://c3.ai/baker-hughes-and-c3-ai-announce-joint-venture-to-deliver-ai-solutions/

22 https://bakerhughesc3.ai/ai-software/

그림 4.8 석유 화학 공장[23]

지멘스Siemens, GE 및 하니웰과 같은 거대 산업체들은 주로 자체 역량을 구축하여, 자사의 사업 부문과 고객사를 위한 산업 디지털 전환을 추진하기로 결정했습니다. 그 결과 지난 10년 동안 주로 이러한 디지털 플랫폼 관련 생태계가 성장했습니다.

- GE의 프레딕스 플랫폼은 **자산 성과관리**Asset Performance Management 및 관련 생태계 같은 응용사례를 포함하고 있습니다.
- 지멘스 마인드스피어Siemens MindSphere는 유전 운영에서 발생하는 다양한 데이터를 융합하여, 데이터 중심의 사업 의사 결정을 촉진하는 디지털 응용프로그램을 지원합니다.
- 하니웰은 수집된 운영 데이터를 활용하여, 석유 및 가스 시설을 분석하고 최적화하는 것을 목표로 하는 디지털 플랫폼을 출시했습니다. 이 산업용 IoT 플

23 https://www.google.com/search?q=Petro-chemical+plant&sca_esv=588967138&hl=en&tbm=isch&sxsrf=AM9HkKmMyQ_0YD55AOUGGrx1k8fe-o5-Ag:1702009947433&source=lnms&sa=X&ved=2ahUKEwi8l8aSgf-CAxUBIlgKHd77CHgQ_AUoAXoECAIQAw&biw=1536&bih=747&dpr=1.25#imgrc=jfZyDMQ0h3K9vM

랫폼은 하니웰 포지Honeywell Forge로 명명되었으며, 2019년에 발표되었습니다.

거대 산업체들의 관련된 사례들은 더 많습니다. 하지만 베이커 휴즈 사례가 그러한 거대 업체와 다른 점은 GE에서 분리된 후 유사한 성과를 가속화하기 위해 JV와 협력했다는 것입니다. 마찬가지로, 로크웰 오토메이션Rockwell Automation과 PTC는 산업체를 위한 결합 솔루션을 출시하기 위해 협력했습니다. 그들은 펙토리토크 혁신적 통합기능FactoryTalk Innovation Suite을 함께 제공합니다. 2018년 중반, 로크웰 오토메이션은 PTC에 10억 달러의 지분 투자를 결정했습니다. 여기에 제시된 일련의 사례는 산업체들이 디지털 전환을 위한 노력을 다각화하기 위해, 다양하고 큰 과감한 베팅을 지속적으로 해야 한다는 것을 보여줍니다. 성공적인 전환 여정을 보장할 수 있는 확실한 방법은 없습니다. 이는 대부분의 B2C 전환에서도 마찬가지입니다. 우리는 구글 네스트가 온도 조절기에만 집중하지 않고 일련의 조치를 취하는 것을 보았습니다. 마찬가지로, 넷플릭스는 DVD를 배송하는 것에서부터 시작하여 영화를 실시간 재생하는 것으로, 그 이후에는 그들만의 비디오 콘텐츠를 만들기 위한 방향으로 사업을 이동하였습니다.

*"7장, 전환 생태계"*에서는 산업 디지털 전환 여정에서 다양한 종류의 문제를 극복하기 위해 협력과 생태계 활용의 영향에 대해 자세히 설명합니다.

요약

이 장에서는 산업체의 생산성과 비용 효율성을 높이기 위해 사업 절차를 개선해야 할 필요성에 대해 배웠습니다. 새로운 사업 모델은 주로 새로운 수익을 창출하고 경쟁 우위를 유지하는 데 필요한 파괴적인 혁신의 기반이 됩니다. 산업체들, 특히 오랫동안 사업을 해온 기업들은 수많은 문제에 직면하고 있으며, 디지털 기술과 문화적 전환을 활용하여 스스로를 재창조하는 과정에 있습니다. 혁신 과정은 유기적 계획이나 동반 협력과 인수의 조합이 될 수 있습니다.

요약하자면, 다음과 같은 내용을 배웠습니다.

- 기업은 사업 절차를 지속적으로 개선하는 동시에 개선사항의 효율성과 효과 사이의 미세한 균형을 맞추어야 합니다.
- 사업절차 개선은 내외부 고객 만족도를 높이는 데 있어 이점이 있습니다.
- 혁신적인 기업들과의 경쟁에서 자기사업을 방어하고, 새로운 디지털 수익 흐름을 추가하기 위해, 사업 모델의 개선과 재창조가 필요합니다.
- 생태계를 조직화하기 위한 전략적 협력 및 JV를 포함하여, 디지털 전환 계획에 대한 다양하고 크고 작은 투자가 필요합니다.
- 마지막으로 산업 디지털 전환 여정에서 해결할 수 있는 다양한 문제에 대해 알아봤습니다.

이 책의 1부는 4장으로 구성되어 있는데, 여기서 우리는 산업 디지털 전환에 대한 무엇과 이유에 대해 배웠습니다. 책의 다음 부분은 어떻게 전환하는지에 초점을 맞추고 상업 및 공공 부문의 상세한 사례 연구를 수행할 것입니다. "*5장, 개별 산업에서의 전환*"에서는 반도체 제조, 건설 및 관련 산업의 사례 연구를 활용하여, 개별 산업에서 디지털 전환을 하는 방법을 보여줄 것입니다.

질문

다음은 본 장에 대한 이해도를 평가하기 위한 몇 가지 질문입니다.

1. 산업 디지털 전환의 주요 사업 추진 요인은 무엇입니까?
2. 사업 절차 최적화를 위한 5가지 고려사항은 무엇입니까?
3. 전환을 주도하는 데 있어 새로운 사업 모델의 역할은 무엇입니까?
4. 반도체 산업의 공통된 문제는 무엇입니까?
5. 서비스형 모델은 무엇을 의미합니까?
6. 석유 및 가스 및 관련 산업에 응용되는 혁신디지털 플랫폼에는 어떤 것이 있습니까?

Ⅱ부

디지털 전환의 "방법"

Ⅱ부에서는 사례 연구와 중간 경력 전문가가 사용할 수 있도록, 전환의 실행계획을 개발하기 위한 사례와 청사진을 제공합니다.

Ⅱ부는 다음과 같은 내용으로 구성되어 있습니다

- **5장** 개별산업에서의 전환
- **6장** 공공 부문의 전환
- **7장** 전환 생태계
- **8장** 디지털 전환에서의 AI
- **9장** 디지털 전환 여정에서 피해야 할 함정
- **10장** 전환의 가치 측정
- **11장** 성공을 위한 청사진

05 개별산업에서의 전환

이 책의 I부에서는 산업 디지털 전환과 관련된 기본 구성 요소와 새로운 기술에 대해 다루었으며, 전환 전략을 개발하는 몇 가지 이유에 대해서도 알아봤습니다. 디지털 전환 기회를 찾고, 그 배경에 깔린 몇 가지 동기를 이해하기 위해, 다양한 산업 부문에서 몇 가지 사례를 살펴볼 가치가 있습니다. 이 장을 마치면, 제시된 전환사례와 관련된 업계의 전환 기회를 파악할 수 있을 것으로 기대됩니다. 디지털 전환이 적용된 다양하고 구체적인 사례를 살펴볼 것이며, 이를 통해 각 사례에서 실제로 검증된 다양한 고려사항과 방법론을 확인할 수 있습니다.

이 장에서는 다음 항목을 살펴보겠습니다.

- 화학 산업의 전환
- 반도체 산업의 전환
- 제조 산업의 파괴
- 건물 및 단지의 전환
- 제조 생태계 전환
- 산업 근로자 안전 증진

5.1 화학 산업의 전환

화학 산업은 세계에서 가장 큰 산업 그룹 중 하나로, 5조 7천억 달러 이상의 **전 세계 총생산**과 1억 2천만 개 이상의 일자리[1]를 차지합니다. 그리고 우리 삶의 거의 모든 면에 영향을 줍니다. 이 절에서는 수년간 디지털 전환이 화학 업계에 영향을 미친 몇 가지 사례를 살펴보겠습니다. 먼저 디지털 기술이 수년 동안 존재해 왔다는 역사적 사례부터 시작하여, 몇 가지 새로운 사용 사례로 넘어갈 것입니다.

공정 제어의 디지털화

피드백 제어는 공정의 최종 제품을 초기 설정한 대로 생산하기 위해 화학 산업에서 널리 사용됩니다. 예를 들어, 일괄 반응기batch reactor에서는 센서가 제품과 부산물의 진행 상황을 감시하여, 시약을 거의 실시간으로 투입하고 일괄 생산물 최종제품의 필요한 사양이 충족되도록 조정합니다. 이러한 매개변수가 제어되지 않으면, 최종 생산품은 예상과 다른 화합물 특성을 가질 수 있으며, 전체 일괄 생산물이 폐기되거나 추가적인 처리와 더 많은 재료, 노동력 및 도구 비용이 필요합니다. 그림 5.1은 피드백 제어의 기본 구성요소를 설명합니다. 이 간단한 사례에서 제어기는 일괄 반응기의 원하는 설정 값에서 온도 편차를 관찰하고, 가능한 한 설정 값에 도달하도록 냉각수 흐름을 조정합니다. 이 제어기는 밸브가 완전히 열리거나 닫히는 온오프 제어기bang-bang controller처럼 간단하거나, 추적 오류를 최소화하기 위해 더 정교한 제어를 할 수도 있습니다. 챔버 압력을 측정하고 안전에 관한 위험을 방지하기 위해 압력 감시와 같은 추가 센서를 사용할 수 있습니다. 이 개념은 그림 5.1과 같습니다.

---

1 https://cefic.org/media-corner/newsroom/chemical-industry-contributes-5-7-trillion-to-global-gdp-and-supports-120-million-jobs-new-report-shows/

그림 5.1 피드백 제어의 개념

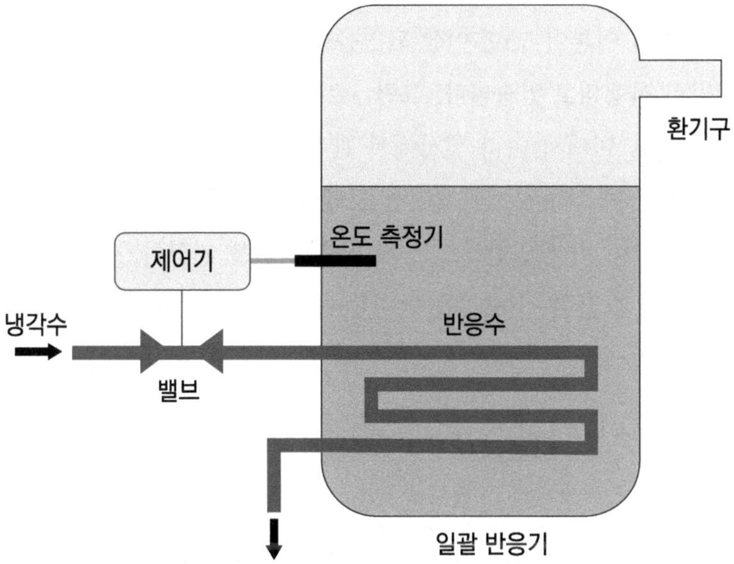

피드백 제어의 초기 응용은 공압 시스템을 통해 이루어졌으며, 시간이 지남에 따라 밸브와 액추에이터를 전자제어로 할 수 있게 되었습니다. 전자기술은 비례, 적분 및 미분제어[2]의 아날로그 제어로 이어졌으며, 이는 제어 오차에 대한 PID비례, 적분 및 미분, Proportional, Integral, and Derivative의 합으로 피드백 되는 것입니다. 이들 용어 각각에 할당된 비례 값gain 조정을 통해 서로 다른 응답 결과를 얻을 수 있으며, 이들은 일반적으로 최소한의 과도 응답과 점진적으로 제어오차를 0으로 빠르게 수렴하도록 조정됩니다. 이러한 제어들은 보통 단일한 변수를 대상으로 하며, 단일한 액추에이터로 제어합니다. 이러한 방식은 각 공정 단계를 독립적으로 처리하고, 공정 단계 사이의 상호 작용을 고려하지 않으므로 비효율적인 결과를 가져옵니다. 예를 들어, 주어진 시간 제약 이내에서 여러 개의 공정 단계를 동시에 관찰하고, 제어할 수 있는 공정 제어 솔루션은, 상위 작업으로부터 들어오는 교란 요소를 미리 보상할 수 있습니다.

2 https://csimn.com/CSI_pages/PID.html

이러한 제어의 구현과 제어를 위한 계산 시간에 비해 상대적으로 느린 동역학 시스템을 위한 제어는 MPC모델 예측제어, Model Predictive Control[3] 분야의 기술개발로 이어졌으며, 초기 이론이 30년 이상 되었음에도 불구하고 이 분야의 연구는 오늘날까지 활발히 진행되고 있습니다. 그림 5.2는 MPC의 작동 방식에 대한 기본 개념을 보여줍니다. 여기서 여러 센서에서 관측된 값은 일정시간time horizon 동안에 시스템의 변화를 예측하는 시뮬레이션 모델에 입력됩니다. 최적화 엔진의 역할은 그림 5.2와 같이 비용(일반적으로 제어 출력 값을 원활하기 위한 항목과 더불어, 조절 혹은 설정 값 추적 오차를 반영함)을 최소화하기 위해 제어 출력을 최적으로 결정하는 것입니다.

그림 5.2 MPC 이면의 논리 개요

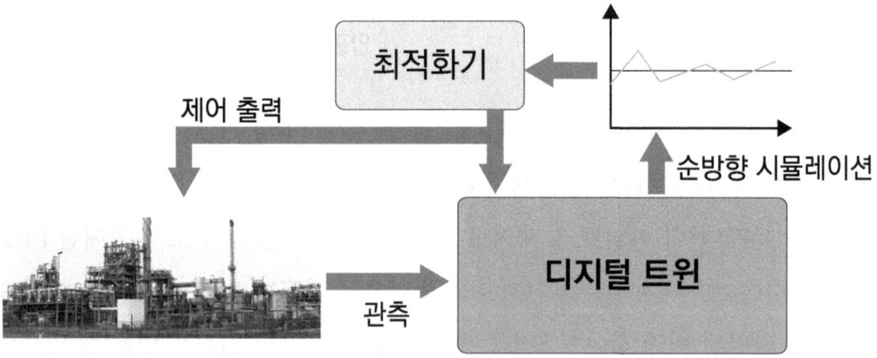

이후에는 제어 변수의 새로운 설정 값이 적용되고, 새로운 최적화 출력을 결정하는 전체 과정을 한 단계씩 진행한 후 이러한 상황이 다시 반복됩니다. 대부분의 공정에서는 PID 제어와 계층적 의사결정 모듈로 충분합니다. 그러나 제품 품질 및 안전성에 대한 민감도가 높거나, 환경규제를 위해 부산물을 엄격하게 제어해야 하는 경우, MPC 기반 솔루션이 훨씬 우수한 성능을 제공합니다. MPC의 또 다른 장점은 액추에이터에 대한 제약 조건을 자동으로 고려한다는 것입니다. 예를 들어, PID 제어에서는 적분 제어Integration control 출력으로 인해 액추에이터

3 https://www.mathworks.com/videos/series/understanding-model-predictive-control.html

가 작동 한계에 도달할 수 있지만, 누적된 적분 제어 출력은 액추에이터의 복구를 지연시킬 수 있습니다. 문헌에서는 다양한 발산 방지Anti-windup 방식이 제안되었지만, MPC는 이러한 문제를 고민하지 않아도 됩니다. MPC는 정유 공장과 같은 복잡한 화학 공정에서 광범위하게 사용되어, 계산 능력과 산업 통신의 가능성을 보여주었습니다. 클라우드에 연결된 MPC와 공장의 완벽한 공정 연결도를 통해, 공정 엔지니어는 여러 곳의 공장에서 발생하는 다양한 제조 과정을 원격으로 확인할 수 있습니다.

로크웰 오토메이션, ABB, 하니웰, 아베바AVEVA 등과 같이 종합적인 솔루션을 제공하는 여러 기존 판매회사가 있으며, 일반적인 ROI는 1년 미만입니다. 추가적으로, 몇 가지 산업적인 어려운 문제[4]는 학술 연구자들에게 복잡한 상호작용을 나타내는 실용적인 실험 환경을 제공함으로써, 본질적으로 디지털화에 의존하는 복잡한 제어 솔루션의 개발을 가속화했습니다.

디지털 솔루션의 변경으로 인해 발생하는 실제적인 이점 이외에도, MPC의 다중 변수 특성은 현장 설치를 위한 견고한 통신 기술 개발을 자연스럽게 촉진시킵니다. 정유 공장은 넓은 면적을 차지하는 복잡한 시설로서, 증류 탑, 분리기, 증발기와 같은 다양한 처리 단계는 통신을 통해 MPC 알고리즘이 실행되는 중앙 위치로 연결 되어야 합니다. 이러한 요구는 필드버스Fieldbus, 프로피버스Profibus, 지금은 지배적인 이더넷 및 IPEthernet and IP[5]와 같은 여러 산업 통신 표준 개발을 촉진시켰습니다. 여기에서는 이러한 통신들에 대해 자세히 다루지 않지만, 효율적이고 확장 가능한 방식으로 이 기술들을 적용하기 위해 다양한 모듈 및 표준 간의 통신이 필수적이며, 이를 위해 견고한 통신 기술이 제공됩니다. 이러한 표준으로 제공되는 견고한 통신은 제어실 개념을 이끌어내어, 공장의 전체 운영을 하나의 위치에서 효과적으로 관측할 수 있게 되었습니다. 이후에 다룰 다른 사용 사례에서도 이러한 주제가 반복되어 언급될 것입니다.

---

4 the Tennessee Eastman problem; see Downs, J. J. and Vogel, E. F., A Plant-Wide Industrial Process Control Problem, in Computers & Chemical Engineering, 17(3): 245-255(1993)

5 https://www.odva.org/

검사 및 유지관리를 위한 디지털화

정유 및 비료 공장 운영과 화학물질을 운반하는 배관망과 같은 특정 유형의 화학 공장의 무질서한 증가를 고려할 때, 시설을 수동으로 검사하고 유지 관리하는 것은 사실상 어려운 문제입니다.

*"3장, 디지털 전환을 가속화하는 새로운 기술"*에서 언급한 바와 같이 이러한 시나리오에서, 드론은 시설 검사에 있어서 매우 중요한 기술로 입증될 수 있습니다. 2017년 이후 이 분야는 점점 더 많은 기업이 드론을 채택하여 연소 굴뚝flare stacks, 높은 고도에 설치된 파이프라인 및 저장 탱크 내부와 같은 접근하기 어려운 장소의 검사와 같은 문제를 해결하기 위해 더욱 성장해왔습니다. 이러한 장소에서는 잔류하는 유독물질에 대한 우려가 있습니다.

예를 들어, 쉐브론은 일반적으로 쌍안경을 통해 두리Duri 공장의 연소 굴뚝을 검사했습니다. 이 방식은 연소 굴뚝을 자세히 볼 수도 없었고, 우려할 만한 열 형상도 파악할 수 없었습니다. 2019년에 그들은 고해상도 및 열화상 카메라로 이러한 연소 굴뚝을 검사하기 위해 테라 드론Terra Drone과 계약을 했습니다.

드론이 검사를 위한 실행 가능한 도구로 인식되는 다른 분야는, 해상 석유 플랜트와 같은 위험한 환경에서 플랜트 아래쪽에서 검사 및 촬영 작업을 효율적으로 수행할 때입니다. 또한 드론 사용으로 인해 원자로 용기 내부와 같은 폐쇄된 공간에서 사람이 직접 작업을 하지 않아도 됩니다. 이러한 경우, 안전 규정에 따라 전문 교육을 받은 추가 인력이 원자력 용기 외부에서 머물러야 할 필요가 있을 수도 있습니다. 게다가, 드론은 파이프와 공기 배출구 안으로 들어가 내부에서 검사할 수 있는데, 이는 사람이 검사하기에는 불가능할 수도 있는 작업입니다.

드론은 검사 업무에 매우 효과적일 수 있지만, 사람들은 여전히 유지보수 및 수리 활동을 직접 수행해야 합니다. 화학 공장의 규모를 고려할 때, 예를 들어, 직원들이 수리 현장에서 제어실까지 왕복하는 것은 매우 비효율적입니다. 일반적으로 이상 징후가 감지된 장소와 제어실과의 대부분의 소통은 무선통신을 통해 이루어집니다. 하지만, 여기서 스마트 안경을 통한 비디오 전달 기술이 큰 성공을 거두었습니다.

AR[6]을 사용하면 작업을 수행하는 사람은 대화를 나눌 수 있을 뿐만 아니라, 다른 쪽에 있는 엔지니어에게 작업자와 동일한 시각을 제공해 줄 수도 있습니다. 동시에, 수리 작업을 할 수 있도록 그들의 손을 자유롭게 할 수 있습니다. 이를 통해 전문가가 현장에서 어떤 일이 벌어지고 있는지 정확히 파악할 수 있으므로, 보다 효과적인 문제 해결이 가능합니다. 또한 유지보수 작업자는 노트북, 전화기나 태블릿과 같은 독립 실행형 장치에서 정보를 검색하기 위한 작업에 정신을 분산하지 않고, 신속하게 수리 작업을 수행할 수 있도록 수리 매뉴얼을 즉시 사용할 수 있습니다. 또한 스마트 안경을 사용하면 공장을 벗어나 지역 간 협업이 가능하며, 필요한 경우 유지보수 기술자가 현장으로 이동하지 않고도 현장 서비스 엔지니어와 직접 대화할 수 있으므로 복구 시간을 절약할 수 있습니다. IT 부서는 이러한 통신이 가능하도록 적절한 방화벽 포트를 개방해야 합니다. 린데 가스Linde Gas는 스마트 안경이 특히 원격지에 위치한 공장에서 전문 지식을 즉시 사용할 수 있게 함으로써, 회사의 업무를 디지털 방식으로 전환하는 것이 어떻게 도움이 되었는지를 보고했습니다.

수요 예측 가능성 및 최적화된 공급을 위한 감시

제조업체는 일반적으로 납품 관리 서비스를 외부 화학 공급업체에 위탁하고, 자기 자신은 핵심 역량에 집중합니다. 일반 화학 제품 공급업체의 경우 탱크 상태를 원격으로 감시하면, 고객과 자신 모두에게 이익이 되는 윈-윈 기회를 제공할 수 있습니다. 첫째, 이를 통해 고객은 자체 내부 생산 계획을 수립하기 위해 재고 상태를 실시간으로 확인할 수 있습니다. 둘째, 공급업체의 경우, 수요를 예측하고

6 예를 들어, 2012년까지 거슬러 올라가는 포괄적인 사용 사례를 제시하는 다음을 참조하세요: Nee, A. Y. C., Ong, S. K., Chryssolouris, G. and Mourtzis, D, Augmented reality applications in design and manufacturing, in CIRP Annals - Manufacturing Technology, 61: 657~679(2012)

자재 재고 및 납품 일정을 내부적으로 관리하여 운영의 효율성을 높일 수 있는 신뢰할 수 있는 데이터를 제공받습니다. 이러한 환경에서 공급업체는 고객의 주문을 기다리거나, 주기적으로 인력을 파견하여 잔여 재고를 파악하는 대신에, 실시간 데이터를 통해 고객 소비 동향을 예측할 수 있습니다. 이를 통해 필요에 따라 계획된 공급이 가능합니다. 이러한 저장 탱크는 일반적으로 유선 인터넷이 경제적이지 않은 위치에 있기 때문에, 무선통신 연결을 통해 클라우드 서버로 데이터를 전송할 수 있는 센서를 사용합니다. 이를 통해 고객은 자체 보안 웹 포털을 통해 데이터에 접근할 수 있을 뿐만 아니라, 공급업체의 감시 및 예측 알고리즘에 데이터를 제공할 수 있습니다. 이 데이터에 접근하면 공급업체는 탱크에 물질은 보충하기 위해 탱커 차량을 언제 보낼지 계획을 할 수 있습니다. 또한 서비스 지역에 여러 고객이 있는 경우에는 시간이 지남에 따라 배송 최적화를 통해 보충 속도를 조정하여, 모든 고객에게 서비스를 제공하기 위해 주어진 시간 내에 가장 적은 수의 탱커차량 이동계획을 수립할 수 있습니다. 실제로, 우리는 이것을 일정시간 범위 내에서 적재중량 탱커의 총주행거리를 최소화하는 문제로 설정하여 이를 해결할 수 있습니다. 배송 주기뿐만 아니라 최적화된 경로계획도 찾을 수 있습니다. 그림 5.3은 전체 데이터 흐름 경로를 보여줍니다. 이 경우, 공급 업체는 매주 보충 간격을 조절하고 있으며, 모델은 이를 일치시키기 위해 고객을 그룹화 했습니다.

공급업체는 지난 몇 년 동안 이러한 방법론을 채택해 왔으며, 많은 경우 이를 차별화 기능으로 사용하여 더 많은 고객을 확보하고 있습니다. 화학 산업 분야에서 PVS 미니벌크PVS Minibulk(디트로이트 분파로 미시간 지역기반 PVS Chemicals)는 탱크링크TankLink가 제공하는 감시 시스템을 사용하여, 효율적으로 배송 계획과 경로계획을 수립하는 동시에 비싸고 이윤이 낮은 긴급 배송을 최소화 했습니다.

미국 북동부 지역은 주거용 난방유 소비의 대부분을 차지하고 있습니다. 미국 에너지 정보국[7]의 최근 알려진 데이터 조사에 따르면, 2018년에 약 30억 갤

7 https://www.eia.gov/

런의 난방유가 소비자에게 판매되었습니다. 난방유의 수요 형태는 계절적입니다. 주로 공간 난방에 사용되고, 수요는 날씨에 따라 달라지기 때문입니다. 특히 겨울철에 탱크가 바닥이 드러나지 않도록 하는 것이 매우 중요하기 때문에, 소비자는 원격 모니터링을 통해 공급업체와 협력하는 것이 필요합니다. 이로 인해 공급업체와 소비자 모두가 원격 감시가 가능하도록 탱크에 센서를 설치할 필요성을 느끼고 있습니다. 또한 이를 통해 공급업체를 놀라게 할 수도 있는 수요 급증 현상을 제거해주며, 고객이 도시를 떠나기로 결정하더라도 집 안에 난방이 유지될 것이라는 추가적인 보장도 제공합니다. 원격 감시를 위한 데이터 흐름 경로는 그림 5.3과 같습니다.

그림 5.3 원격 감시는 유류의 공급을 예상할 수 있도록 유도

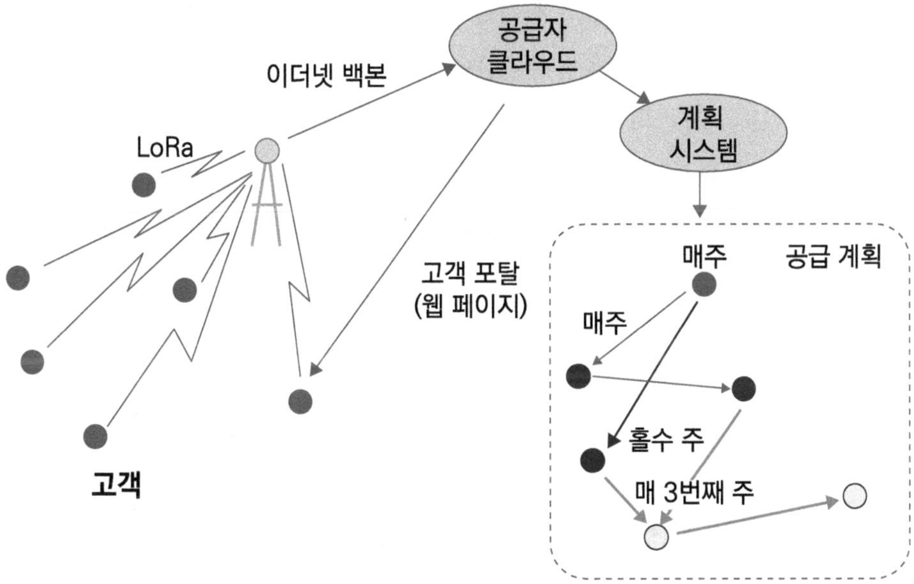

원격 감시는 맥주 유통 산업까지 변화시키고 있습니다. 브로우로직스Brew-Logix는 용기의 무게를 공급업체에 전송하는 맥주통을 개발했으며, 맥주 종류를 표시하는 센서도 함께 탑재되어 있습니다. 이 정보는 인텔이 제공하는 인터넷 게이트웨이를 통해 클라우드로 전송됩니다. 공급 업체는 맥주통이 비워질 가능성

이 있는 시간기반 공급방법이 가지는 위험에 대비하여, 센서를 통해 감지된 맥주 무게가 사전에 설정된 한계치에 도달하면 배송을 실행할 수 있도록 하였습니다.

마지막으로, 대형 화학 회사도 그들의 시설에서 화학 물질에 대한 사용을 지속적으로 감시하여 데이터를 수집함으로써 이익을 얻습니다. 에어 리큐이드는 반도체 산업과 같은 특수 화학 물질을 공급하는 글로벌 기업입니다. 그들은 주로 주요 산업 클러스터와 가까운 위치에서 자체 공장을 운영합니다. 에어 리큐이드는 잠재적인 문제를 조기에 감지하기 위한 원격 감시 기술을 개발하고 있으며, 영업 이익을 높일 수 있도록[8] 생산 효율성에 도움이 되는 의사 결정을 내리고 있습니다. 이는 전 세계적으로 전략적 위치에 설치된 ROCC원격운영 제어 센터, Remote Operation Control Centers의 설립을 촉진시켰습니다. 여기에서 에어 리큐이드 엔지니어는 운영 성능을 감시할 수 있습니다.

본 절에서는 디지털 트윈과 최적화 기술을 통합하여 운영 우수성 향상을 위해 디지털 기술이 어떻게 활용될 수 있는지 살펴보았으며, 점검 및 유지관리 활동 개선을 위해 AR과 드론의 사용 사례를 살펴보았습니다. 이 절에서는 마지막으로 엣지에 있는 IoT 센서를 고객 사이트의 재고 감시에 활용하여, 수요 예측을 개선하고 보충을 최적화하여 공급업체와 고객 모두에게 더 나은 결과를 가져올 수 있는 방법을 살펴보았습니다.

다음 절에서는 반도체 산업에서 디지털화가 어떻게 활용되었는지 살펴보겠습니다.

5.2 반도체 산업의 전환

이 절에서는 주로 반도체 산업의 디지털 전환에 초점을 맞출 것입니다. 반도

8 Roy, A., Manoharan, J. and Zhang, G., How Air Liquide Leverages on PI Technologies to Optimize its Operations — SIO. Optim program, presented at PI World, San Francisco(2019)

체 산업은 사회의 모든 측면에 영향을 미치며, 2019년 산업규모[9]는 4,000억 달러 이상을 차지했습니다. 이 산업은 전자 회로의 놀라운 소형화를 주도하여 오늘날의 스마트폰이 초기의 데스크톱 컴퓨터보다 더 많은 계산 능력을 가지며, 인간이 달에 착륙하는 데 도움을 준 통제 컴퓨터보다 약 100,000배 더 강력합니다. 한 조각의 실리콘에 더 많은 기능을 통합하기 위해 반도체 제조 방식을 변화시켜야 합니다. 디지털화는 이러한 여정에 중요한 역할을 하고 있습니다. 이 절에서는 구체적으로 다음 주제를 살펴볼 예정입니다.

- 디지털화 및 무인 생산
- 공정 감시 및 제어를 위한 디지털화
- 수율 관리를 위한 빅데이터 및 디지털화

디지털화 및 무인 생산

무인 생산은 전체 생산라인이 완전 자동화되고, 공장 내 인력의 역할은 유지관리만을 담당합니다. 그림 5.4와 같이 현대적 반도체 제조 공장의 사진을 보면, 청결한 통로와 천장에 설치된 운반 차량, 최소한의 인력을 볼 수 있는 것이 보통입니다. 사실, 모든 관련 제조 복잡성을 갖춘 현대적 반도체 공장은 디지털화를 통한 자동화의 경이로움입니다. 하지만, 이것이 항상 그런 것만은 아니었습니다. 이 절에서는 업계를 무인 자동화로 전환시킨 몇 가지 주요 동인과 활성화 요인에 대해 살펴보겠습니다. 그림 5.4 사진은 반도체 제조시설을 보여줍니다.

이러한 자동화 수준으로 발전하는 배경을 이해하는 데 있어, 가장 중요한 것은 무어의 법칙Moor's law을 추종하기 위한 업계의 꾸준한 발전이었습니다. 이것은 초기 추산과 예측에 기반을 둔 것입니다. 이러한 예측에 따르면, 하나의 반도체에 트랜지스터 수는 대략 2년마다 두 배로 증가할 것입니다. 이러한 추세를 유지하

9 https://www.statista.com/statistics/266973/global-semiconductor-sales-since-1988/

기 위해, 이 산업은 노력을 아끼지 않았습니다. 특히 1990년대 중반 무인생산으로의 이동이 시작되면서 이러한 노력이 극대화되었습니다.

그림 5.4 웨이퍼 제조공장 사진, 천장의 배송 장치가 트랙을 따라 움직이고 있음 (인텔의 사례)

무어의 법칙을 따라야 하는 필요성과 소자당 소형 트랜지스터의 개수 증가에 따른 설계 복잡성의 증가 및 비용으로 인해, 업계는 200mm 실리콘 웨이퍼에서 300mm 웨이퍼로의 전환을 고려하게 되었습니다. 웨이퍼 제조에서는 웨이퍼 단위로 처리가 이루어지며, 웨이퍼는 일괄적으로 하나의 로트lots 단위로 처리됩니다. 더 큰 웨이퍼 크기로 이동하는 장점은 더 큰 웨이퍼 면적(300 mm 웨이퍼는 200mm 웨이퍼의 약 두 배의 면적을 가지고 있음)이며, 이는 대부분의 제조비용이 운송된 웨이퍼의 수량과 관련이 있기 때문입니다. 운송비용의 대부분을 차지하는 웨이퍼당 생산에 필요한 장치 수가 2배로 증가합니다. 그러나 화학 비용 및 장비 설치 공간 증가와 같은 기타 관련 비용 증가가 있기 때문에 순 편익은 2배가 아닙니다. 웨이퍼 크기가 더 큰 것에 비해 300mm를 선택한 이유는, 공정시간을 고려할 때 결정체를 성장시키기 위한 300kg에서 450kg 사이로 보고되는 시작 물질의 무게가 실리콘 웨이퍼 제조업체가 지원할 수 있는 최대 크기였기 때문입니다. 300mm 웨이퍼 한 로트의 예상 무게는 사람이 인체공학적으로 관리할 수 있는 무게를 초과할 것으로 예상되었습니다. 또한, 당시 200 mm 반도체 제조시설에서 임시로 작업 공간bay 내부의 배송을 성공적으로 구현함으로서, 공장 내 웨이퍼 배송의 100%를 위한 표준 프레임워크 개발에 희망을 주었습니다.

표준의 중요성

비용과 투자, 그리고 과거에 100mm에서 150mm로, 그리고 200mm 웨이퍼 크기로의 전환과정에서 배운 내용 등을 고려하면, 이러한 전환을 실행하기 위해서는 어느 하나의 회사도 이 전환을 주도할 수 없다는 것이 분명했습니다. 이것은 산업 전환으로 이루어져야 했습니다. 이것을 알고 난 후, 개별 기업단위에서는 더 이상의 진전을 할 필요가 없었으며, 모든 기업은 자사의 독점적인 지적 재산을 공개하지 않고 가능한 범위 내에서 참여하는 것이 자신들의 이익에 가장 좋을 것임을 깨달았습니다. 이로 인해 요구 사항을 정의하는 여러 협회가 구성되었습니다. 그중에서 가장 중요한 것은 산업의 SEMI국제 반도체 장비 및 재료, Semiconductor Equipment and Materials International을 통해 대부분의 기존 표준을 추진한 I300I이며, SEMI는 이 산업[10]의 글로벌 표준 기구입니다. 이 산업에서 일치된 표준 중 일부는 다음과 같습니다.

- 웨이퍼 크기에 대한 표준화
- 표준 로트의 크기
- 로트 이송장치(종종 **FOUP**전면 개방 통합 포드, Front opening unified pod라고 함) 및 장비의 관련 로드 포트load ports에 대한 설계 및 치수. 이것은 천장 배송 시스템뿐만 아니라, 공정을 기다리는 동안 이러한 이송장치를 보관할 수 있는 스토커stockers의 표준화된 외형 크기form factor
- 향상된 데이터 수집을 위한 통신 표준의 향상

10 https://www.semi.org

- 장비 상태 모델 정의를 포함한 장비 성능 감시를 위한 표준
- CIM컴퓨터 통합 제조, computer-integrated manufacturing 표준
- 공정 제어 시스템 표준

표준 목록은 추가적으로 존재하고, 포괄적인 목록은 SEMI 웹사이트를 참조하십시오. 중요한 점은 반도체 소자 제조업체 및 장비 공급업체 전체가 2000년대 초에 300mm 웨이퍼의 신속한 확장 및 배치를 가능하게 하는 일련의 표준에 맞춰 내부 시설을 변경했다는 것입니다. 여러 표준은 장비가 외부 공장 시스템과 상호 작용하는 방법에 대한 통신규약을 정하여 향상된 데이터 수집 및 도구 제어를 가능하게 했습니다.

자동화된 자재 이송 시스템 및 스케줄링

AMHS자동화 물류 시스템, Automated Material Handling Systems 및 잘 정의된 표준의 적용은 웨이퍼 제조라인 내 자동화를 증가시켰습니다. AMHS는 공장 전체에서 자재 이동의 중추를 담당하기 때문에, 무인 작업을 가능하게 하는 데 사실상 필요합니다. 그림 5.5는 작업 공간 내부에서는 스토커-툴-스토커stocker-tool-stocker 움직임이 가능하고, 작업 공간 사이에서는 스토커-스토커 움직임이 가능한 간단한 배치의 형태를 보여주고 있습니다. 이것은 자동화된 자재 이송의 초기 구현 방식이었으며, 방법론과 시스템 강건성에 대한 신뢰도가 개선됨에 따라, 직접적인 툴-툴tool-tool 움직임과 같은 대안적인 선택들도 구현되고 있습니다. 그러나 이 토론의 목적을 위해, 그림 5.5의 소개에 한정할 것입니다.

그림 5.5 작업 공간 사이 및 작업 공간 내부 배치의 예(E = 장비)

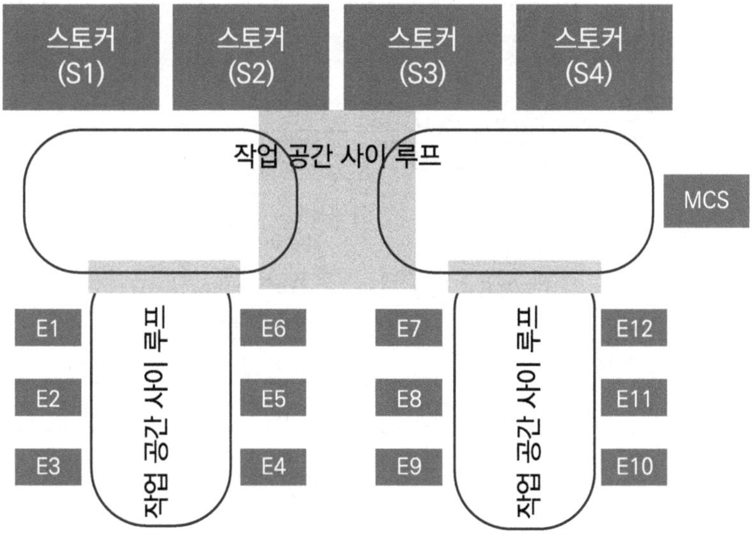

천장 이송장치의 이동은 MCS자재 관리 시스템, Material Control System를 통해 관리되며, 이 시스템은 천장에 설치된 레일에 혼잡이나 충돌을 일으키지 않고 웨이퍼 로트를 초기 위치에서 최종 목적지로 최대한 신속하게 운송합니다.

300mm 장비에는 최소 2개의 로드 포트가 있으므로 로드 포트 중 하나는 항상 많은 양을 처리할 수 있지만, 다른 로드 포트의 FOUP은 AMHS 시스템으로 대체됩니다. 초기 구현에서는 주로 앞 공정이 끝나게 되면 뒤 공정에게 요구하는 칸반Kanban 방식의 솔루션을 기반으로 툴에 웨이퍼 묶음을 이송하는 간단한 알고리즘이 있었습니다. 그림 5.6은 주요 구성 요소와 함께 이 절차의 흐름 순서를 보여줍니다. 간단한 "*feed me*" 알고리즘은 웨이퍼 로트 처리가 완료되면, 도구에 대한 수거 및 교체를 수행합니다. 표시된 주요 연결 구성요소 중 하나는 **단말 제어기**Station Controller입니다. 일반적으로 주변 지역의 장비제어, 데이터 수집 및 알람 감시를 위한 공정이나, 계측 도구당 하나의 엣지 장치가 있습니다. 물리적으로 이것은 장비 옆에 있는 지역을 담당하는 컴퓨터로 배치되거나, 단일 서버가 구획 장비의 전체를 동시에 제어할 수 있는 데이터 센터에서 제어할 수 있습니다. 이 절차는 그림 5.6에 나와 있습니다.

그림 5.6 단순화된 자재 처리 작업순서. 장비 및 재고 ID는 그림 5.5 참조

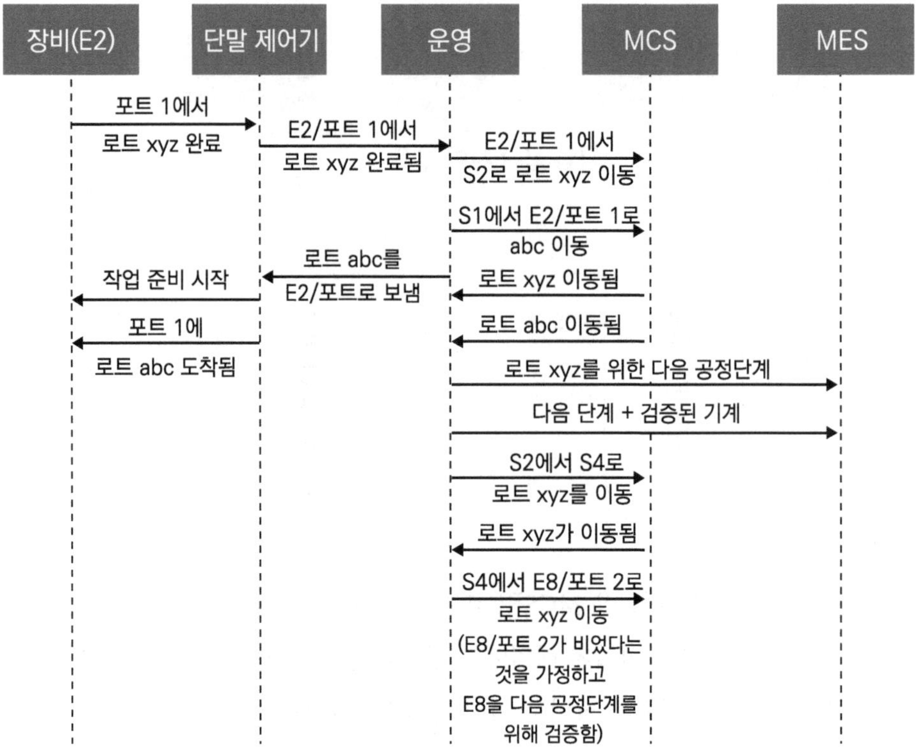

반도체 공정이 복잡해짐에 따라 그림 5.6에 표시된 **운영** 구성요소는 시간이 지남에 따라 더욱 정교해졌습니다. 표면 오염을 방지하기 위한 단계 간 시간제한 사례와 같이 현대의 제조 공정은 수율을 관리하기 위한 광범위한 시간 범위 제한을 가지고 있습니다. 이로 인해 확률론적 고장 모델이 존재하는 상황에서 재료가 어떻게 후속공정으로 이동할 것인지를 정확하게 예측할 수 있는 생산 라인의 *디지털 트윈* 구축과 관련된 보다 정교한 의사 결정 시스템의 필요성이 대두되었습니다. 이와 더불어 웨이퍼 로트가 임계 시간 구간[11]에 진입할 수 있는 시기를 결정하는 최적화 기반 방출 정책release policy과 결합되어 공정 단계가 제 시간에 통과할

11 Monch, L., Fowler, J. W. and Mason, S. J., Production Planning and Control for Semiconductor Wafer Fabrication Facilities, Springer, NY(2013)

가능성이 높습니다.

시뮬레이션 기반의 접근 방식은 즉각적인 의사 결정에 적합하지 않으며, 일반적으로 일정 주기를 가지고 실행됩니다. 공장 상황의 변화가 있을 때, 즉각적인 의사 결정이 필요하기 때문에, 연구자들은 DRL심층 강화학습, Deep Reinforcement Learning이 이러한 문제까지 적용될 수 있는지 여부를 조사[12]했습니다. 이러한 연구는 제조 공정의 단순화 및 축소 모델에 심층 강화학습을 적용한 결과를 보여줍니다. 그림 5.7은 일정관리 문제를 모델링하여 **기계학습**에 사용할 수 있도록 하는 방법에 대한 단순화된 사례를 보여줍니다.

그림 5.7 공장 일정관리를 위한 심층 강화학습

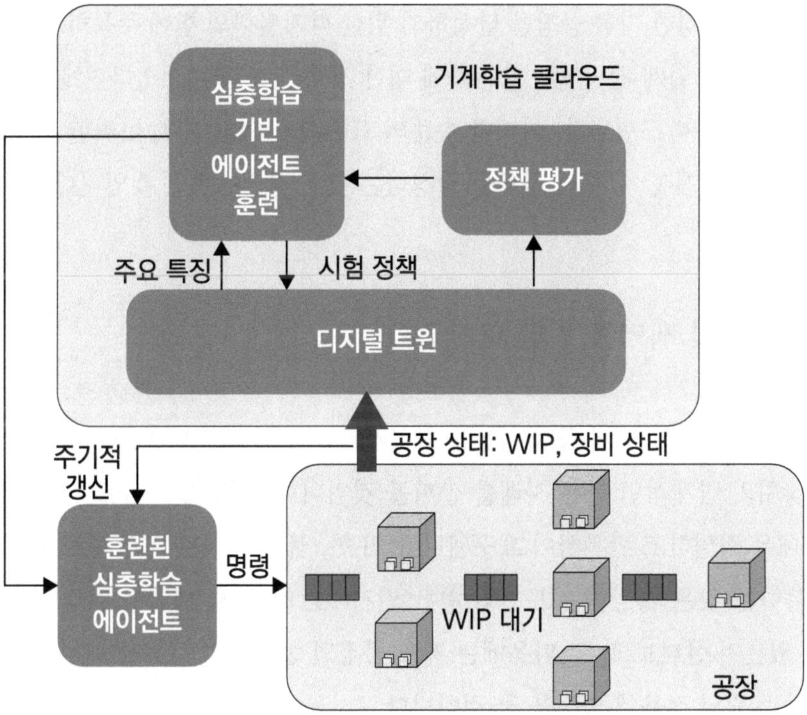

12 Waschneck, B., Reichstaller, A., Belzner, L., Altenmüller, T., Bauernhansl, T., Knapp, A. and Kyek, A., Deep Reinforcement Learning for Semiconductor Production Scheduling, in Proceedings of the 29th SEMI Advanced Semiconductor Manufacturing Conference (ASMC), 301~306, NY(2018)

그림 5.7에 표시된 것처럼 **에이전트**Agent는 전체 라인의 WIP재공품, Work In Process의 상태와 기계의 상태를 관찰합니다. 브루트포스 방법Brute-force method은 에이전트의 관찰 공간observation space입니다. 실제 환경에서는 가능한 의사결정 변수와 관측치의 수가 매우 많을 것입니다. 이는 적은 수의 특징을 도출하고 관찰 공간을 통합하여 처리가 가능하게 만들거나, 문제를 다수의 하부 문제로 분할하여 독립적으로 학습할 수 있는 방법을 연구하는 데 이르렀습니다. 중요한 연구는 이러한 하위 문제에 대한 해결책을 찾는 것입니다. 이러한 하위 문제에 대한 해결책은 제조 라인 전반의 문제를 해결하기 위해 서로 협력할 수 있습니다. 이는 여전히 활발한 연구 분야로 남아 있으며, 실용적인 해결방법을 개발할 수 있다면, 애자일 제조 제어 전략을 개발하는 데 큰 도움이 될 것입니다.

우리가 진정한 자율 공장을 달성하기 위한 디지털화의 힘에 주목하고 있듯이, 우리는 이것이 업계 전반에서 표준화에 대한 강력한 노력이 없었다면 불가능했을 것임을 상기시켜 드립니다. 이러한 수준의 표준화가 없었다면, 이러한 수준의 자동화를 가능하게 한 규모의 경제를 달성하는 것은 불가능했을 것입니다.

공정 감시 및 제어를 위한 디지털화

이 절에서는 반도체 공정 성능을 향상시키기 위한 디지털 트윈의 활용사례와 IoT 장치의 잠재적인 활용 사례를 살펴볼 것입니다. 반도체 소자를 제조하는 과정은 매우 정밀하고 반복성이 요구됩니다. 또한, 불량 입자로 인한 반도체 결함을 최소화하는 것은 끊임없는 도전입니다. 먼저 IoT가 입자 제어에 어떻게 도움이 될 수 있는지 살펴보고, 그 다음에는 제조 공정의 반복성과 성능을 개선하기 위한 디지털 트윈의 적용에 중점을 둘 것입니다.

IoT 및 센서 데이터 활용

우리는 이전 절에서 다룬 화학 공장과 달리 반도체 생산 공장은 건물 안에 밀폐되어 있고, 매우 빠른 유선 이더넷 백본을 가지고 있다는 점에 주목해야 합니다. 또한 분석을 위한 데이터 수집을 위해 데이터에 특징을 부여해야 할 필요가 있습니다. 예를 들어, 데이터는 측정기간에 특화된 측정 방법과 같이 대상 웨이퍼와 연결되어 처리되어야 합니다. 이것은 무선 IoT 센서의 사용을 특히 어렵게 만듭니다. 통신망 전체에서 컴퓨터 시계를 동기화하기 위한 지속적인 노력이 있기 때문에 데이터는 백엔드 서버에서 확실하게 병합될 수 있습니다. 그러나 절차를 중단하거나 절차를 시작하지 못하도록 하는 결정은 몇 분의 1초 만에 내려져야 되기 때문에, 작업을 수행하는 데 지연 시간은 허용되지 않습니다. 따라서 다음과 같은 질문이 제기됩니다. 무선 IoT 장치가 어디에 적용될 수 있으며, 그들의 이점은 무엇인가? IoT 장치 적용으로 인해 창출된 기회를 확인하는 핵심은 비정상성Non-stationary되어 있지 않은 응용 프로그램과 주 전원에 연결되어 있지 않거나 이더넷으로 유선 연결할 수 없는 응용 프로그램에 초점을 맞추는 것입니다. 우리는 다음에 이와 같은 사례 하나를 살펴볼 것입니다. 기타 사용 사례에는 앞의 *자동화된 자재 이송 시스템 및 스케줄링* 절에서 설명한 바와 같이 웨이퍼가 천장 운송이나 창고의 재고 감시 및 추적을 위해, 재료가 이동하는 과정에서 발생한 충격 및 자중을 감시하는 것이 포함됩니다.

IoT 센서의 사례 연구

공장을 살펴보면 실리콘 결함뿐만 아니라 입자 생성을 유도하기 쉬운 작업의 한 측면이 있는데, 이것이 바로 웨이퍼를 다루는 공정입니다. 예를 들어, 웨이퍼가 밀봉된 FOUP 안에 들어 있더라도, 운송 중에 과도한 진동이 발생하면 웨이퍼가 슬롯 내에서 떨어지는 현상이 발생할 수 있으며, 이로 인해 입자가 발생할 가능성이 있습니다. 또한 운송 차량이 공장을 통해 이동하는 동안 차량 자체의 마모와 파손을 감지하고, 정렬 상태를 추적하여 웨이퍼에 최소한의 충격이 가해지는지 확인해야 합니다. 공정 툴 내에서 추가적인 운용은 모두 웨이퍼 손상의 원인이 됩니다. 예를 들어, 여기서 공정 툴은 FOUP에서 웨이퍼를 꺼낸 다음 툴로 이송하는 로봇암과 가공 중 웨이퍼를 들어 올리는 데 일반적으로 사용되는 리프트 핀lift pin을 포함합니다. 사이버옵틱CyberOptics[13]과 인너센스InnerSense[14]는 와이파이 통신이 가능한 웨이퍼 모습을 가진 진동 센서를 생산하여, 이동 경로에서 주기적으로 부적합한 충격이나 진동을 감지할 수 있습니다. 그러나 이 작업은 생산을 대신하여 수행되어야 하며, 자동화된 재료 운송 시스템에 초점을 맞춘 경우 FOUP에 부착된 가속도계를 통해 감지하여 생산에 영향을 주지 않고 상태를 추적할 수도 있습니다.

시계열상의 이상 징후 감지

이제 기계학습이 센서 데이터의 이상 징후 탐지를 일반화하는 방법, 예를 들어 앞의 사례에서 수집한 진동 데이터의 이상 징후 탐지 방법을 살펴봅니다. 앞에서 제시한 사례는 한 가지 유형의 센서에 불과합니다. 반도체 장비에는 일반적으로 온도, 압력, 주요 화학물질의 유량과 같은 중요한 공정 매개변수를 감시하기 위해 여러 센서가 사전에 설치되어 공급되며, 이는 이전 절에서 다룬 표준 세트의 일부와 같은 표준화된 통신 연결을 통해 통합 제어장치로 전달됩니다. 이러한 센서는 엣지 컴퓨팅 장치로 작동하며, 그래픽 카드GPU나 FPGAfield-programmable gate array와 같은 적절한 가속기로 연결할 수 있습니다. 결함 감지에 대한 기존의 접근 방식은 그림 5.8과 같이 엔지니어가 사전 정의된 창에서 변동 한계를 정의하도록 하는 것이었습니다. 이는 엔지니어가 공정 성능에 대한 사전 지식을 가지고 있어야 한다는 것을 의미하며, 주로 새로운 공정이 개발되는 경우에는 가능하지 않습니다. 그림 5.8에서 각각 다른 공정단계에 해당하는 세 개의 창이 정의되어 있음을 알 수 있습니다. 이 경우 그래프의 좌표는 오븐에서의 시간과 센서의 측정값에 해당합니다.

---

13 www.cyberoptics.com

14 https://www.semiconductoronline.com/doc/innersense-introduces-a-new-diagnostics-0001

그림 5.8 결함 감지 한계를 정의하기 위한 기존 방법론

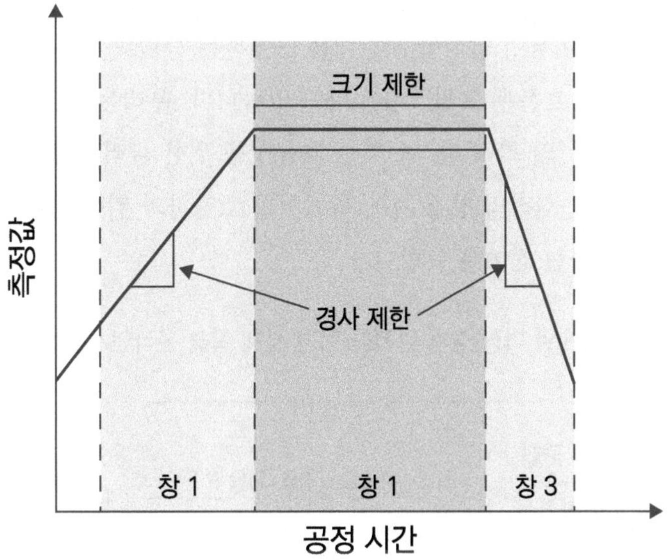

그림 5.8은 오븐이 온도 상승 단계를 거친 다음, 안정적인 처리 상태에서 시간을 보낸 다음, 하강 단계를 실행하는 것을 보여줍니다. 공정의 개요는 다음과 같습니다.

- 첫 번째 창에서는 원하는 경사 속도에서 벗어나는 온도 측정을 감지
- 두 번째 창은 설정 지점에서 편차를 감지
- 세 번째 창은 하강 경사 속도를 추적

잘 확립된 공정의 경우, 이 방법론은 공정 성능에 중요한 기능을 결정하기에 충분한 사전 지식이 있기 때문에 잘 작동합니다. 이전에 언급한 방법론은 **점 이상치**point anomalies라 불리는 조건을 잘 만족합니다. 점 이상치는 다른 것들과 상당한 차이를 가지는 특정 값에 의존하는 것에 비해서 **형상 이상치**shape anomalies는 데이터의 형상이 예상과 다른 형태를 가지는 대역을 말합니다.

만약 공정이 새로운 것이라면, 이는 주로 추측의 게임이 됩니다. 이러한 경우에는 기계학습과 이상 탐지 기술을 결합하여 활용할 수 있습니다. Wang, X. 등은

논문[15]에서 고도로 확장 가능한 온라인 자기 학습 알고리즘online self-learning algorithm을 제시하였으며, 이 알고리즘은 데이터의 값 및 데이터의 형상 이상치를 감지하는 것뿐만 아니라, 이상이 발생한 시간대를 구별하는 능력도 갖추고 있습니다. 알고리즘의 전반적인 흐름은 그림 5.9에 나와 있습니다. 우리는 알고리즘이 다음과 같이 **튜플**tuple-W, C, T의 최적 값, 즉 계산 효율성을 위한 클러스터 **크기**C, 이상 징후를 감지하기 위한 최적의 **창 크기**W, 특이치를 호출하기 위한 **임계값**T을 반복적으로 찾으려고 한다는 점에 주목합니다.

그림 5.9 시계열 이상 징후 감지를 위한 자체 학습 온라인 알고리즘 개요

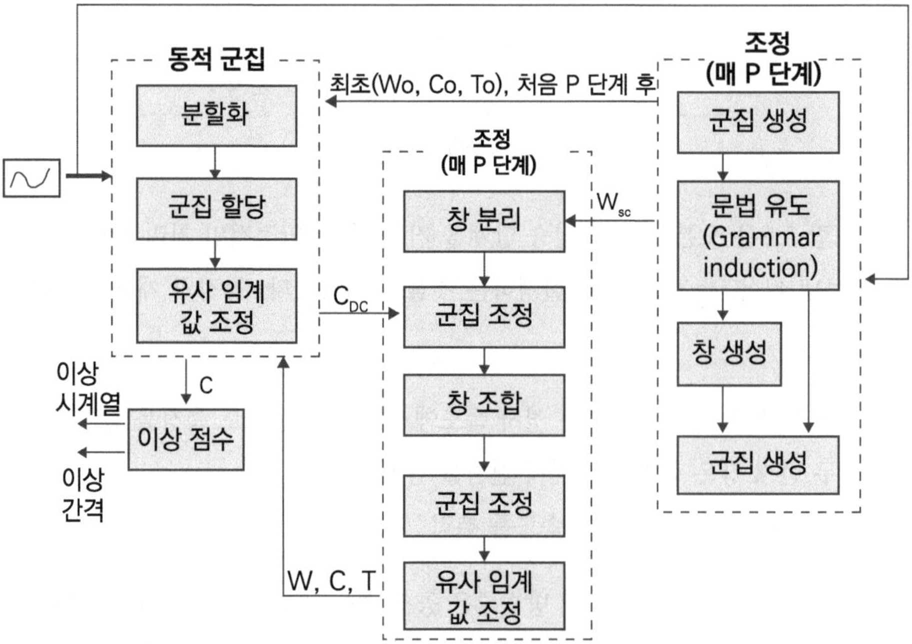

오븐의 온도 데이터에 이 알고리즘을 적용한 결과 몇 가지 놀라운 특성을 보여줍니다. 샘플 시간 추적과 탐지된 이상 징후는 그림 5.10에 나와 있습니다. 여

15 Wang, X., Lin, J., Patel, N. and Braun, M., A Self-Learning and Online Algorithm for Time Series Anomaly Detection in Proceedings of the 25th ACM International Conference on Information and Knowledge Management(CIKM), 1823~1832, IL(2016)

기서 회색 표시영역은 이상 징후로 탐지되는 특정 시간대를 나타냅니다.

그림 5.10 오븐 온도 데이터의 점 및 형상 이상치 검출

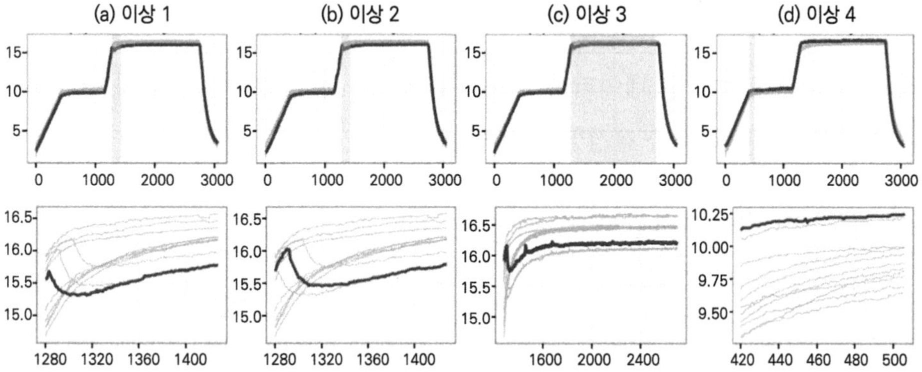

주어진 데이터에서 네 개의 이상 상황이 감지되었으며, 각 이상 상황에 해당하는 시간대가 그림 5.10의 위쪽 그래프에 표시되었습니다. 아래쪽 그래프는 감지된 이상 상황의 세부 정보를 확대한 것을 보여줍니다. 이 방법으로 첫 세 가지 경우(a~c)는 데이터의 형상 이상치가 명확하게 감지되는 것으로 보이는 반면에, 마지막 오른쪽의 그림 (d)에서는 데이터 점 이상치가 감지됩니다. 모든 추적 제어는 오븐 온도 제어기를 재조정해야 한다는 필요성을 보여줍니다. 전통적인 창 기반 방법을 적용했다면, 형상 이상치를 감지하는 것은 불가능하지는 않았더라도 매우 어려웠을 것입니다.

예측 유지보수를 위한 센서 데이터

여기서 다룰 마지막 적용 사례는 예지보전을 위한 센서 데이터의 사용과 관련이 있습니다. 일반적으로 유지보수는 장비 사용시간이나 웨이퍼 생산량 기준으로 수행되며, 실제로 장비의 부품 소모나 마모에 기반을 두지 않습니다. 부품이 예상보다 빨리 마모되는 경우, 기본 조치는 장비에서 생산을 하지 않는 시간 중에 유지보수 작업의 빈도를 높이는 것이 중요합니다. 일부 장비는 다른 장비보다 마모를 감시 하는 것이 용이합니다. 예를 들어, 이온 주입기는 필라멘트 전류를 감시

하여 예방적 유지보수를 구현할 수 있는 사례로 자주 언급되어 왔습니다. 필라멘트가 마모되면 필라멘트 저항이 증가하고, 따라서 필라멘트에 흐르는 전류가 감소합니다. 이 간단한 측정은 유지보수 작업을 예측하는 데 사용할 수 있으며, 유지보수 작업은 공장 작업일정을 고려하여 적절하게 계획될 수 있습니다. 또한 센서 데이터는 선택한 하위 시스템이나 전체 시스템에서 자체 진단에 사용할 수 있습니다. 또한 기계 알람 데이터나 진단기록 정보를 가진 확장된 센서 데이터를 사용하여 유지보수 간격을 결정할 수 있습니다.

공정 제어의 디지털화

이전에 언급한 바와 같이, 반도체 소자 제조 과정은 나노미터 수준의 높은 정밀도가 필요합니다. 또한 웨이퍼 상에서 일어나는 일을 실시간으로 관찰하는 것은 불가능하며, 일반적으로 웨이퍼의 가공이 완료되고 검사 장치로 이동한 후에만 측정이 가능합니다. 일부 장비는 공정 내 계측기능을 가지고 있어 공정 장비에서 공정이 완료되면 즉시 웨이퍼를 검사할 수 있습니다. 일부 장비는 웨이퍼가 공정 도구 자체에 대한 처리를 즉시 완료할 때 측정되는 공정 내 계측을 지원합니다. 이러한 공정 내 계측에 투자하는 것은 계측의 추가 비용(계측기 모듈 자체뿐만 아니라, 계측기 모듈의 고장으로 인해 처리되지 않는 상태에 있을 경우 공정 처리량에 미치는 영향)과 측정 지연을 제거하여 공정에 적용할 수 있는 더 엄격한 제어를 비교하여 고려한 절충안입니다. 또한 일반적으로 몇 개의 웨이퍼만 샘플링하여 측정하는 독립형 계측 장치에 비해, 공정 내 계측은 처리되는 모든 웨이퍼를 측정할 수 있습니다.

가상 검사

실시간 계측이 부족하여 공정 과정에서 센서 측정을 통해 웨이퍼 표면의 공정 진행 상태를 신뢰성 있게 추론할 수 있는지의 여부에 대한 상당한 연구가 진행되었습니다. 화학 산업에 대한 전환 절에서 설명한 MPC를 사용한 사례와 같이, 이를 신뢰할 수 있게 예측할 수 있다면 공정 조건을 동적으로 조정할 수 있습니다. 우리는 이 주제에 대해 매년 발표되는 몇 편의 논문을 찾았지만, 이는 업계에

그다지 잘 적용되지 않았습니다. 여기에는 여러 가지 이유가 있습니다. 주요 원인은 모델의 신뢰도가 허용 가능한 공차 이내로 공정 오차를 낮출 수 있을 정도만큼 높지 않기 때문입니다. NIST미국 국립표준기술연구소, The National Institute of Standards and Technology는 이러한 문제 중 일부를 요약한 백서[16]를 발표했습니다. 그러나 이러한 모델에 대한 요구사항이 줄어들면 혼합 솔루션을 구현할 수 있는 가능성이 있습니다. 예를 들어, Patel, N. 등[17]은 공정 제어에 필요한 주요 공정 매개 변수를 결정하기 위해 간섭계를 사용하는 방법을 제시하고, 과도한 추가 계측이 필요하지 않은 웨이퍼 로트 간의 변동성을 추론합니다. 이 방법론은 대량의 산업 데이터를 통해 입증된 바와 같이 강력합니다.

웨이퍼 공정의 현재 미해결 문제를 고려할 때, 가상 검사법은 실리콘이 납땜 리플로우solder reflow를 통해 기판에 부착되는 실리콘 패키징 영역에서 어느 정도 성공을 거두었습니다. 그림 5.11은 리플로우 오븐의 센서 측정값을 비교함으로써 디지털 트윈 모델을 통해 패키징의 납땜 온도를 예측할 수 있는 결과를 보여줍니다. 그런 다음 이 데이터는 부품의 잘못된 처리를 방지하기 위해 이상 징후 탐지에 사용됩니다. 공정은 그림 5.11과 같습니다.

그림 5.11 리플로우 오븐에서 패키지의 납땜 온도를 예측하기 위해 적용된 가상 측정법

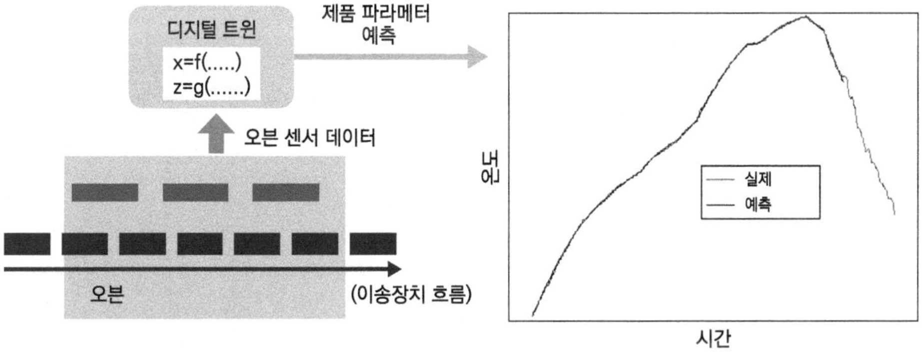

16 https://www.nist.gov/publications/virtual-metrology-white-paper-international-roadmap-devices-and-systemsirds

17 Patel, N., Miller, G. and Jenkins, S, In situ estimation of blanket polish rates and wafer-to-wafer variation, in IEEE Transactions on Semiconductor Manufacturing, 15(4): 513~522(2002)

디지털 트윈 및 공정 제어

이전 논의를 바탕으로, 이제 반복 가능한 방식으로 제조 공정을 정확하게 유지하기 위한 방법에 대해 살펴보겠습니다. 대부분의 제어 응용 프로그램은 공정 입력이 출력에 미치는 영향을 설명할 수 있는 공정 모델이나, 디지털 트윈의 개발로 시작됩니다. 공정 제어 응용사례의 핵심 요소 중 하나는 앞서 300mm 전환의 일부로 다루었던 것과 동일한 표준화에 대한 노력이었습니다.

이전에는 공정 데이터가 이진수 형태로 저장되었으며, 처리 매개 변수를 조정하기 위해 파일의 어떤 바이트를 변경해야 하는지 결정하기 위한 상당한 역 공학이 수행되었습니다. 300mm SEMI 표준에서 가변 매개변수 개념이 소개되었으며, 이전에 잘 정의된 명령을 통해 공정에 들어가기 전에 조정할 수 있습니다. 텍사스 인스트루먼트Texas Instruments는 공정 제어와 관련된 여러 적용사례를 발표했으며, 일괄 확산공정 제어와 관련된 구체적인 사례를 살펴보겠습니다. 그림 5.12는 실리콘 질화물을 증착하는 데 사용되는 수직 확산 전기로에서 이러한 방식이 어떻게 작동하는지 보여줍니다. 모든 장비 통신은 표시되지 않은 단말 제어기를 통해 접속되며, 여기에서는 명확성을 위해 표시하지 않았습니다.

그림 5.12 후 공정 계측 데이터로부터 수직 확산 전기로vertical diffusion furnace를 제어하기 위한 구성도

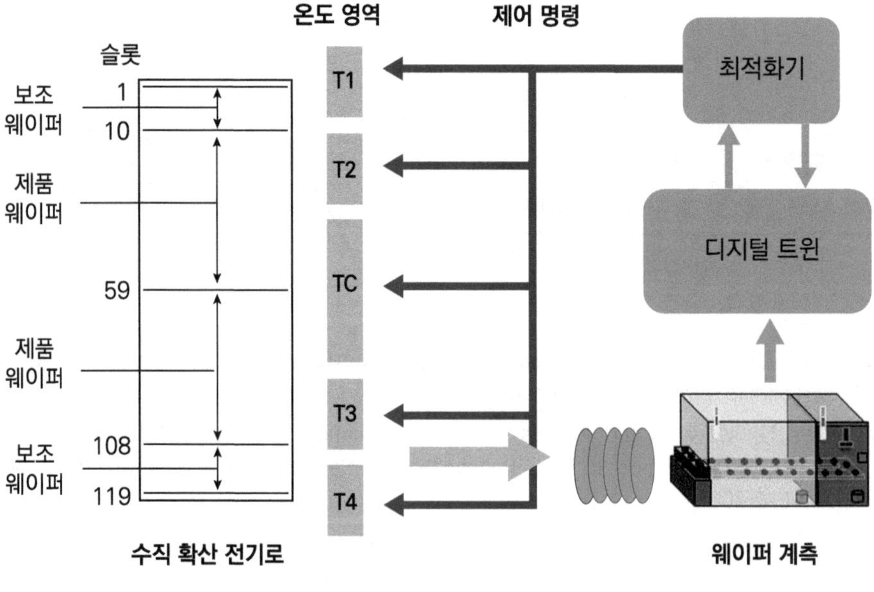

전기로는 공정 데이터 기준으로 두 가지 다른 공정 단계를 지원할 수 있으며, 증착된 필름의 두께와 균일성은 공정 중에 공정 시간과 구역 온도 구배를 조정함으로써 제어됩니다. 공정이 끝날 때, 각 로트는 검사 장치에서 측정이 완료된 웨이퍼이며 FOUP에 적재되어 있습니다. 전기로가 완전히 적재되지 않은 경우 추가 보조 웨이퍼가 배치되지 않으므로, 공정의 역학 관계는 전기로에 적재되는 전체 로트의 수에 따라 달라집니다. 전기로의 디지털 트윈이 전기로의 거동을 모델링합니다. 또한 전기로의 실제 성능과 예측 성능의 편차를 측정하여 디지털 트윈을 갱신합니다. 그림 5.13은 디지털 트윈을 통해 데이터를 최적화하면 증착된 필름 두께를 훨씬 더 엄격하게 제어할 수 있음을 보여줍니다.

그림 5.13 최적화된 변수가 공정성능에 미치는 영향

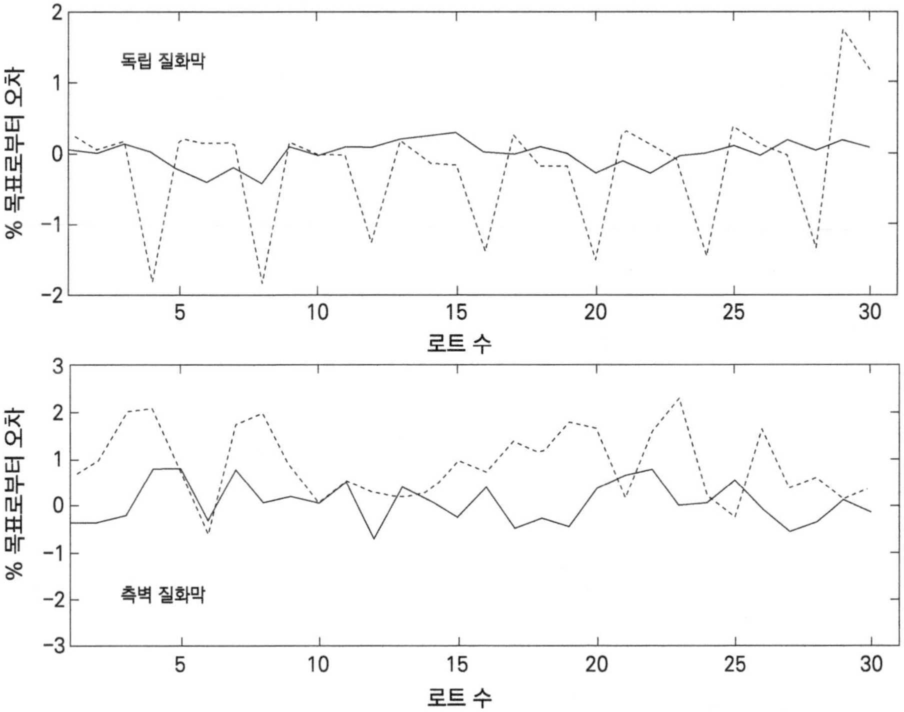

데이터는 제어 솔루션을 적용하기 전에 30개 로트, 솔루션을 적용한 이후에 30개 로트에 대해 수집됩니다. 솔루션을 적용한 로트는 오차 범위가 2배 이상 감

소하여 공정 수율이 향상되었음을 알 수 있습니다.

수율 관리를 위한 빅데이터 및 디지털화

이 절에서는 디지털화가 수율 관리 문제에 어떻게 적용될 수 있는지에 대한 세 가지 구체적인 적용 사례를 통해 살펴볼 것입니다. 후속 공정 제품 수율을 예측하기 위한 앞 공정 데이터의 적용에 대해 알아보겠습니다. 수율 편차의 경우, 빠르게 근본 원인의 문제를 해결하는 데 도움이 될 수 있는 빅 데이터 기법이 필요합니다. 예를 들어 원료나 공정 매개 변수 등에서 편차가 발생하는 근본 원인이 무엇인가를 파악하는 것입니다. 마지막으로, 육안 검사를 위한 기계 비전 및 엣지 컴퓨팅의 적용입니다. 수율은 웨이퍼당 총판매 가능한 정상 칩의 개수 대비 웨이퍼에서 만들어진 총칩 개수의 백분율로 나타낸 것입니다.

수율 예측을 위한 기계학습

제품이 제조 라인을 통해 이동함에 따라 공정 및 검사 데이터가 지속적으로 수집됩니다. 이전에 장비의 처리 조건을 모니터링하고 디지털 트윈을 적용하여 공정의 반복 성능을 높이는 사례를 보여주었습니다. 그러나 반도체 소자 제조의 경우, 부품의 최종 거동을 예측하는 데 사용할 수 있는 추가적인 전기 시험이 있습니다. 그림 5.4는 웨이퍼 제조, 웨이퍼 절단, 패키징, 최종 검사를 포함한 전체 공정 흐름을 보여줍니다.

그림 5.14 전반적인 반도체 제품 제조 공정 흐름(회사가 제조시설이 없다면 세로 줄은 다른 제조업체로 전달될 수 있는 재료를 나타냅니다).

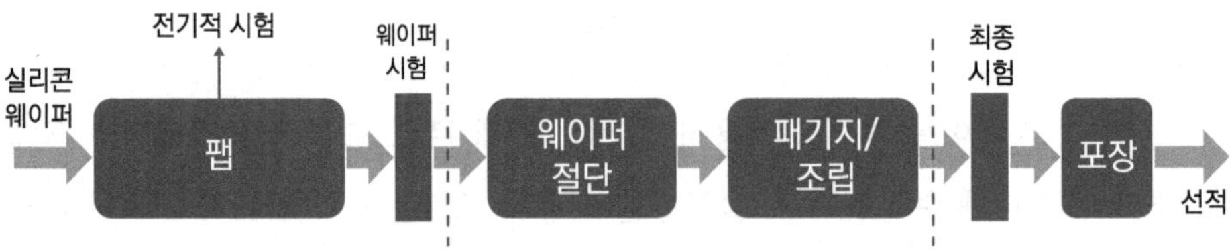

수율 예측의 목적은 고장 가능성이 높은 칩이 웨이퍼에서 절단된 후 패키징 및 검사를 위해 보내지는 것을 방지하는 것입니다. 이를 통해 폐기량이 적게 제조되므로 제조비용이 상당히 절감됩니다. 패키징 및 검사 비용이 최종 제품 가격의 최대 50%까지 차지하기 때문에 폐기량을 몇 퍼센트만 줄여도 상당한 수익을 얻을 수 있습니다. 데이터 수집 및 모델 개발은 각각 공정 단계가 여러 회사에 걸쳐 수행되는 경우 특별한 문제가 발생합니다. 이러한 상황에서 잠재적으로 팹리스 반도체 회사는, 여러 웨이퍼 생산 및 최종 검사 회사로부터 데이터를 집계하고, 웨이퍼 절단이나 패키징 및 조립 공장으로 그 결과를 전달할 수 있는 연결기능을 가지고 있습니다.

2017년에 발표된 논문에 따르면, 인텔은 2007년에 그래디언트 부스팅 트리Gradient Boosting Trees 알고리즘[18]을 사용하여 칩셋 제품의 웨이퍼 수준 최종 검사 수율을 예측하기 위한 기계학습 방법론을 제안했습니다. 이는 전기 및 웨이퍼 검사의 앞선 공정 데이터를 활용하여 최종 기능 검사 결과를 예측합니다. 샌디스크 반도체SanDisk Semiconductor와 협력하는 MIT의 연구원들은 최근 러스부스트 모델[19]RUSBoost model, RUS: 임의 표본 추출, Random Under Sampling을 사용하여 칩 수율을 예측한 결과를 발표했습니다. 이들의 접근 방식에서 예측된 양호한 칩은 고급 패키징 및 검사 공정으로 전달될 것입니다. 이러한 칩을 사용하는 최종 제품은 전반적인 성능이 더 높을 것으로 예상되기 때문입니다. 이와 대조적으로, 고장 가능성이 높은 인식표가 붙은 칩은 시험 후에는 고장 가능성이 더 높기 때문에, 저 사양의 저렴한 사후 시험 공정을 통해 저 사양 부품으로 적층stack됩니다. 이러한 이유는 고장 가능성이 더 높은 시험결과가 예상되기 때문입니다. 이를 통해 적층 높이stack height를 기준으로 최종 제품 수율이 최대 20% 증가할 것으로 예측했습니다. 이전

---

18 Yip, W. K., Law, K. G. and Lee, W. J., Forecasting Final/Class Yield Based on Fabrication Process E-Test and Sort Data, in Proceedings of the 3rd Annual IEEE Conference on Automation Science and Engineering, 478~483, AZ(2007)

19 Chen, H. and Boning, D., Online and Incremental Machine Learning Approaches for IC Yield Improvement, in Proceedings of the 2017 IEEE/ACM International Conference on Computer-Aided Design(ICCAD), 786~793, CA(2017)

두 예제에서, 불균형 데이터 세트unbalanced dataset와 컨셉 드리프트concept drift[20]를 다룰 필요성이 강조되었습니다.

그림 5.15는 중심 기업의 역량으로서 해결할 수 있는 방법을 보여줍니다. 여기서 패키징 및 검사 전략 결정이 외부 제조업체에 전달되는 팹리스 제조업체의 경우를 가정합니다. 상호 신뢰가 충분하다면 데이터와 모델을 사용하여 의사결정이 최신 학습결과를 기반으로 이루어지도록 하는 것이 이상적입니다.

그림 5.15 수율 예측을 위한 분산 아키텍처: 그림은 잠재적으로 서로 다른 물리적 위치에서 발생하고, 서로 다른 공급업체가 사용하는 제조시설, 절연 및 최종 검사를 보여줍니다.

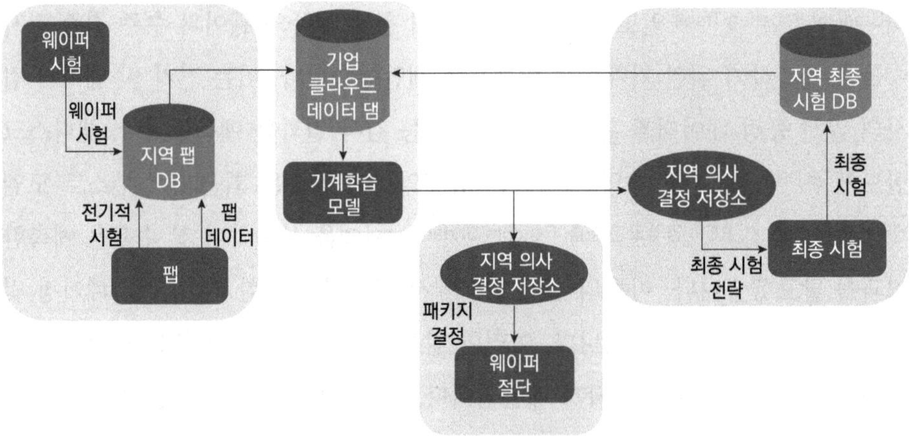

우리는 MIT 연구원들과 같이 다양한 조합 방법을 사용하는 것이 기계학습 모델을 완전히 활용할 수 있는 훌륭한 방법이라는 것에 주목합니다. 어떤 모델도 100% 정확한 예측을 제공할 수 없다는 점을 고려할 때, 그러한 방법을 허용하면 의사결정 임계값을 최적화하여 기대 수익을 극대화할 수 있습니다. 또한 이는 컨셉 드리프트에 대응하여 모델을 지속적으로 학습시키기 위해, 모든 의사 결정 결

20 concept drift: 입력 데이터(특징량, 설명변수)에서부터 예측하려고 하는 "정답 라벨(목적 변수)"의 의미/개념/통계적 특성(즉 데이터와 라벨의 관계성, 데이터의 해석 방법)이 모델 훈련시와 비교하여 변화가 있다는 것(https://engineer-mole.tistory.com/278)

과를 계속 관찰할 수 있게 하므로 매우 중요합니다.

수율 문제 해결을 위한 빅데이터

제조 산업에서는 우리는 종종 우발적인 생산량 변동이나 고객 반품 급증과 같은 상황에 직면합니다. 두 경우 모두 엔지니어링팀이 추가적인 문제 해결 및 시정 조치를 시작할 수 있도록 잠재적인 근본 원인을 신속하게 파악하는 것이 중요합니다. 이 문제는 이상 탐지의 일반화로 볼 수 있으며, 여기에서 우리는 제조 라인을 통한 이상 측정치와 제품 생산과정을 분리하려고 합니다. 제품이 발송되었다는 사실은 제품이 처리될 때 알람이나 편차가 보고되지 않았음을 나타냅니다. 따라서 이 편차는 대체로 공정 성능의 미묘한 변화 또는 여러 요인의 조합 때문일 가능성이 가장 높습니다. 그러나 확인된 샘플을 활용하여 이상 징후를 구체적으로 찾을 수 있습니다. 첫 번째 단계 중 하나는 시간 순서 그림을 그려보는 것입니다. 여기서 x축은 날짜 시간이고 y축은 처리 작업 절차입니다. 모든 단위특성이 하나로 모아지면, 이는 일차적인 공통화된 특성을 나타나는 단계이므로, 추가 조사가 필요한 작업을 찾아낼 수 있습니다. 그러나 이는 공정 성능의 변동을 설명하지 않습니다. 또한 이러한 제품이 짧은 시간 동안의 수율 편차로 감지되었다는 사실을 고려할 때, 대부분의 제품은 거의 동시에 라인을 통과했을 것입니다.

생성된 데이터의 양을 고려할 때, 개발된 알고리즘을 가능한 확장하는 것이 중요합니다. 다음에 제시된 사례 연구에서 조지메이슨 대학의 연구원들은 인텔과 협력하여 이러한 목적[21]에 활용할 수 있는 확장성이 높은 연관 규칙을 찾아내는 솔루션을 개발했습니다. 연관 규칙을 찾기 위한 요구 사항 중 하나는 연속 변수를 이산화 하는 것입니다. 올바른 구간 경계를 결정하는 것이 중요하며, 연구에서는 이 문제가 해결되었습니다. 우리는 이것이 간헐적 계산 단계infrequent computation step 이며, 전반적인 알고리즘 확장성에 큰 영향을 미치지 않는다는 것을 알 수 있습

---

21 Khade, R., Lin, J. and Patel, N., Finding Meaningful Contrast Patterns for Quantitative Data, in Proceedings of the International Conference on Extending Database Technology (EDBT), 444~455, Lisbon, Portugal(2019)

니다. 이를 가능하게 하는 전반적인 체계도는 그림 5.16에 나와 있습니다. 이 접근 방식의 아이디어는 매우 간단합니다. 시스템은 매일 제조 라인의 정상적인 기준 성능(일반적 특성)에 대한 개념을 구축해 나갑니다. 이 개념은 범주형 및 연속형 속성 값의 확률과 그 조합(즉, 하나의 짝을 이루는 속성)을 학습하는 것으로 구성됩니다. 분석을 위해 데이터 세트를 시스템에 전달하면, 다음과 같이 샘플과 그것의 모집단 개념 사이의 대조 패턴을 몇 초 만에 신속하게 찾아낼 수 있습니다.

그림 5.16 비정상적인 샘플의 빠른 비교 원인 파악을 위한 체계도

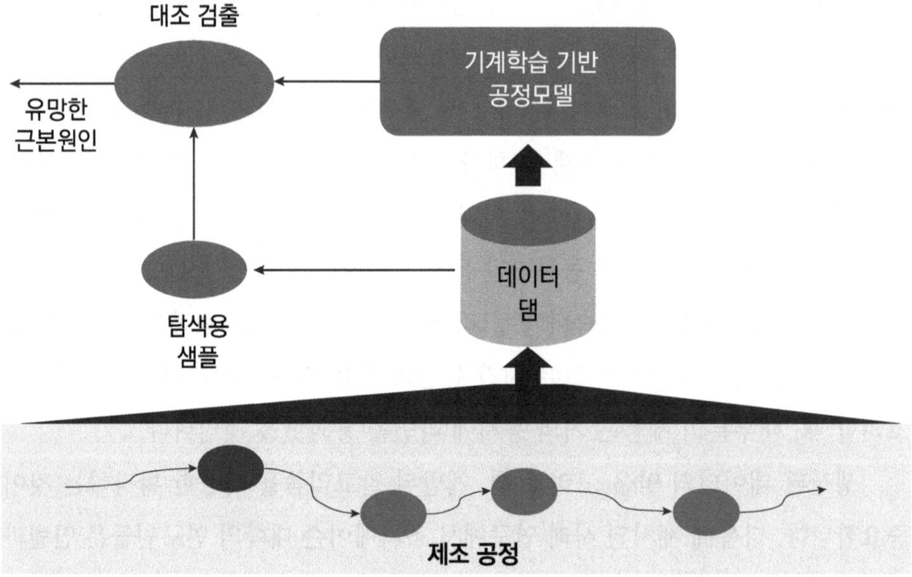

Khade 등[22]이 제시된 사례는 최종 검사를 통과하지 못한 단위 표본에 대해 분석결과, 문제가 발생한 근본 원인이 리플로우 오븐을 통과하는 모든 장치를 다루는 칩 부착 모듈의 특정 위치 헤드에서 기인할 수 있다는 것을 확인할 수 있었습니다. 또한, 이 부품들의 제조과정에서 온도 이상이 있음을 확인하였고, 이는 오

22 Finding Meaningful Contrast Patterns for Quantitative Data, in Proceedings of the International Conference on Extending Database Technology(EDBT), 444~455, Lisbon, Portugal(2019)

븐 온도 제어기의 재조정이 필요하다는 것을 보여줍니다. 그 영향은 매우 작아서 공정 내부의 모니터가 경보를 울리지 않았습니다.

공정 내 검사의 디지털화

최근 몇 년간 영상에서 물체 인식을 위한 컴퓨터 비전 기술에 대한 큰 관심이 있었습니다. 영상 안에서 물체를 구분하는 데 성공한 수많은 사례들을 우리 주변에서 쉽게 찾을 수 있습니다. 수작업 검사와 비교하면, 작업자의 피로로 인한 수작업 검사의 높은 변동성과는 대조적으로, 컴퓨터 비전 기술을 사용한 해결책은 일관된 결과를 제공합니다.

공정 내 검사는 우리가 해결해야 할 두 가지 측면이 있습니다. 첫째는 결함을 정확하게 탐지하는 능력이고, 둘째는 공정 개선 활동을 목적으로 결함을 분류해야 하는 필요성입니다. 또한 대량으로 처리해야 하는 목적으로 인해 이러한 컴퓨터 비전 검사를 수행해야 할 필요성도 있습니다. 독립형 검사 도구에서 고화질 영상을 얻을 수는 있지만, 이러한 수준의 영상 충실도가 가능한 공정장치에서 광범위한 검사가 가능한 어떠한 해결방안도 기대할 수 없습니다. 반도체 제조 공정과 패키징 및 검사는 따로 살펴봐야 하는데, 그 이유는 전자의 경우 제조 흐름의 여러 지점에 전용 검사 도구가 있고, 이들은 웨이퍼의 고화질 영상을 촬영하기 때문입니다. 인텔은 웨이퍼의 결함[23]을 분류하는 데 기계학습을 적용하여 큰 성공을 거두었다고 보고했습니다.

또한, 매우 미세한 결함을 검출해야 하고 제조 라인에서 처리되는 패키지의 다양성 때문에, 순수한 **심층학습**만으로 구성된 솔루션을 만들기는 불가능합니다. 이는 훈련에 필요한 대규모의 데이터가 필요하기 때문입니다. 과거에는 결함 감지 및 분류를 위해 전통적인 영상 처리 기술이 활용되었습니다. 예를 들어, Said, A. and Patel, N.[24]은 컨베이어 위에서 움직이는 부품의 라인 스캔 카메라 영상

---

23 https://www.intel.com/content/www/us/en/it-management/intel-it-best-practices/faster-more-accuratedefect-classification-using-machine-vision-paper.html

24 Said, A. and Patel, N., Die Level Defect Detection in Semiconductor Units, in Pro-

박스를 사용하여 개별 칩 영역에 대한 매우 정확한 결함 감지 및 분류 알고리즘을 개발할 수 있는 방법을 제시하였습니다.

현재 심층학습 기술의 발전으로, 우리는 이전 참조의 알고리즘을 이용하여 영상을 영역으로 분할하고, 이러한 영역을 DCN심층 합성곱 신경망, convolutionalneural network으로 보내 결함을 분류할 수 있습니다. 영상이 미리 분할되기 때문에, 통신망에 존재하는 영상은 시간이 지나도 일관적이어서 솔루션을 확장하는 데 도움이 됩니다. 이러한 면에서 전통적인 영상 처리는 부품 간 가변성을 처리하는 데 도움이 되며, 심층학습은 분류 정확도를 개선할 수 있습니다. 안정적인 공정에서는 불량 부품 수가 매우 적기 때문에 여전히 매우 불균형한 데이터 세트가 있을 것입니다. 그림 5.17은 엣지 클라이언트가 영상을 확보하고 처리하며, 영상은 데이터베이스에 저장되어, 훈련 엔진이 주기적으로 훈련을 실행하기 위해 이러한 영상에 접근하는 잠재적인 체계도를 보여줍니다.

그림 5.17 심층학습 기반 검사 솔루션을 구현하기 위한 일반적인 체계도

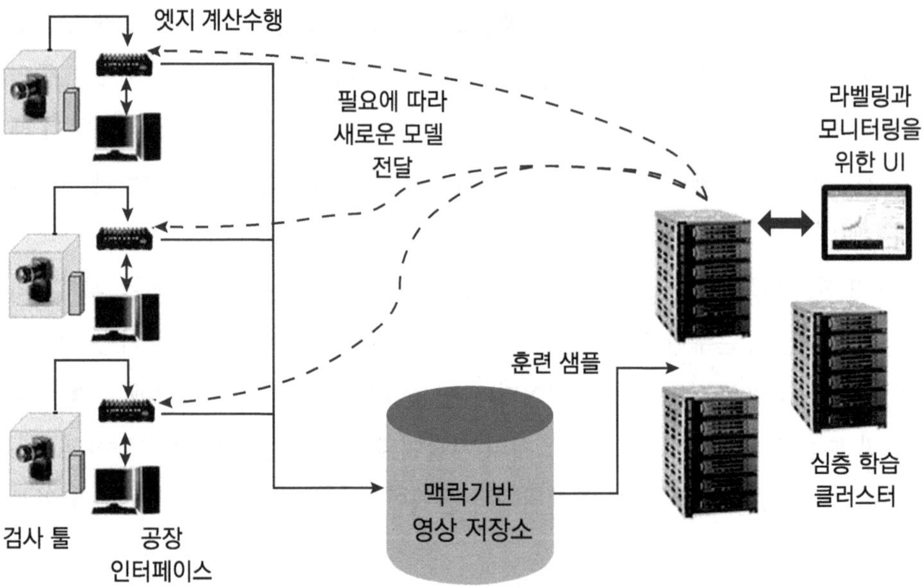

ceedings of the IEEE Advanced Semiconductor Manufacturing Conference(ASMC), 130~133, NY(2013)

모델이 충분한 수준으로 개선되면 모델은 엣지 클라이언트로 전달되고, 학습 주기는 주기적인 간격으로 반복됩니다. 이 분야는 업계에서 활발한 개발 분야이며, 안타깝게도 공개 문헌에 많이 발표되지 않았습니다.

설명 가능성explainability[25]은 심층학습 모델과 전통적인 영상 분석 알고리즘의 핵심적인 차이점임을 지적하고자 합니다. 이는 심층학습 모델의 블랙박스 특성과 관련이 있습니다. 원 재료 사례에서와 같이 사진에서 보이는 배경화면이나 대비에 영향을 미치는 공정의 변화가 있을 경우, 기존 영상 분석에서 빠른 임계값 조정을 통해 심층학습 모델을 재학습해야 할 수도 있습니다. 웨이퍼 검사에서는 이러한 현상이 발생할 가능성은 낮지만, 조립 중에 제품을 검사할 때는 발생할 가능성이 높습니다.

이전 절에서는 반도체 산업이 자율 제조를 추진하면서, 디지털화가 어떻게 활용되고 있는지, 공정에서 요구되는 더 엄격한 허용 오차, 공정 수율 관리, 더 유연한 검사 등에 대한 여러 사례를 살펴보았습니다.

다음 절에서는 디지털화가 제조업을 어떻게 파괴시키는지에 대한 몇 가지 다른 예를 살펴볼 것입니다. 여기에는 유연성을 높이고 설계 주기를 단축하는 것과 판매 후에도 공급업체가 고객과 계속 거래함으로써 양쪽 모두에게 상호 이익이 되도록 하는 것 등이 포함됩니다.

5.3 제조 산업의 파괴

이전에는 반도체 제조에 초점을 맞추었으므로, 이제는 제조 산업 분야에서의 영역과 사례 연구를 살펴볼 것입니다. 여기서 파괴disruptions란 제조업에 도입되는 혁신과 새로운 패러다임을 의미합니다. 이 책의 맥락에서는 기계 가공이나 제품

25 결과에 대해서 판단할 수 있는 능력

조립과 관련된 모든 제조 활동을 의미합니다.

유연 제조

제조 공장은 생산할 수 있는 수량과 제조하는 부품의 다양성에 따라 광범위한 범주로 분류될 수 있으며, 이는 다음과 같이 분류할 수 있습니다.

- **소품종 대량생산:** 이 경우 공장에서 대량으로 몇 가지 부품 종류를 생산합니다. 예를 들어 전용 조립 라인의 경우입니다.
- **다품종 소량생산:** 이 경우 공장의 생산 능력은 상대적으로 작지만 다양한 부품을 제조할 수 있습니다. 소량으로 맞춤형 부품을 만드는 제조업체들이 그 예입니다.
- **소품종 소량생산:** 이는 가장 단순한 경우입니다. 공장은 생산 능력이 제한되어 있으며 제한된 다양한 부품을 생산하는 데 전념하고 있습니다.
- **다품종 대량생산:** 생산능력이 큰 공장을 통해 다양한 부품이 가동되고 있어 가장 복잡한 제조 시나리오입니다. 이 절에서 자세히 살펴볼 특정 사례입니다.

다품종 대량생산 제조에서는 대량생산을 해야 할 뿐만 아니라, 다양한 유형의 부품을 생산하기 위한 장비를 재구성해야 하기 때문에 빈번하게 장비 변경을 수행 합니다. 제품 간 장비 변경이 가능하도록 지원하기 위해, 반드시 공정 기계가 제품의 요구 사항에 따른 공정 정보를 통해 재구성될 수 있도록 해야 합니다. 또한 효율적인 새로운 제품들의 도입과 쓸모없는 제품들의 폐기는 MES Manufacturing Execution System와 PLM 시스템 사이의 밀접한 통합이 필요합니다. 그림 5.18은 정보 통신망을 통해 공장 내 여러 모듈 간의 통합을 보여주는 개략적인 블록 다이어그램입니다.

그림 5.18 스마트 팩토리용 시스템

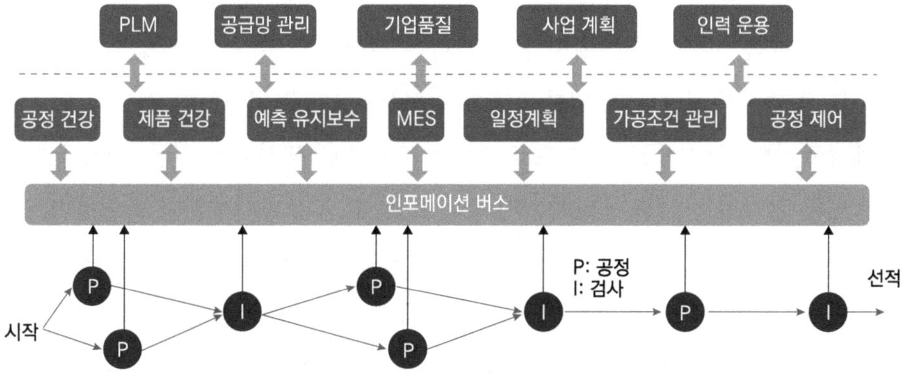

지멘스 AG는 독일 암베르크 공장을 이러한 기술의 전시공간으로 만들었습니다. 암베르크 공장은 PLC프로그래밍이 가능한 로직 제어기, Programmable Logic Controller를 생산합니다. 직원이 초기 가공되지 않은 기판을 스마트 작업 이송장치에 올려놓으면, 해당 이송장치는 RFID무선 주파수 식별장치, radio-frequency identification로 인식되며, 이후 공정은 완전히 자동화됩니다. 작업물 데이터는 생산설비를 해당 작업에 맞게 구성되도록 합니다. 부품이 선반에 올려지면, 재고조사 관리 시스템에 데이터가 전송되어 항상 재고로 저장됩니다. 또한, 공정 내 검사 및 시험결과는 자동으로 데이터를 상위 시스템으로 전송됩니다. 공장의 작업자는 공정을 개선하거나 데이터에서 패턴을 감지할 수 있는 기회를 찾아 시스템 개선에 집중합니다. 이를 통해 결함 수준을 더욱 낮출 수 있습니다. 디지털화digitization 수준을 갖춘 이 공장은 24시간 생산과 100만 개당 10개의 불량품 수준으로 관리를 할 수 있습니다. 지멘스는 Deren이 보고[26]한 바와 같이 전체 공장 생산성이 9배 증가했다고 보고했습니다.

피시비웨이PCBWay[27]는 중국에 본사를 둔 PCB인쇄회로기판, printed circuit board 제조업체로 공장은 선전에 있습니다. 그들은 고객을 위해 맞춤형 시제품 PCB를 제작하고, 빠른 주문의 경우 최대 24시간이지만 대부분의 주문은 1주일의 납기와 최

26 Deren, G., Empowering the Digital Transformation via Digitalization within the Integrated Lifecycle, presented at the Model Based Enterprise Summit, NIST, MD(2018).

27 www.pcbway.com

소 수량이 5개입니다. 회사의 모든 거래는 다음과 같은 방식으로 온라인에서 이루어집니다. 고객은 피시비웨이의 웹 사이트에 미리 정의된 형식으로 설계 자료를 전송한 다음, 피시비웨이에서 설계 검사를 수행하고, 이후 고객에게 변경 사항과 지불 요청을 통지합니다. 지불 후 PCB는 생산 단계로 이동하여 완료 시 고객에게 배송됩니다. 시스템은 검사 프로그램을 자동으로 생성하여 최종 PCB가 배송 전에 모든 전기적 검사를 통과하는지 확인하고, 고객은 피시비웨이의 웹사이트를 통해 제조 공정을 통과하여 만들어지는 주문제품의 상태를 확인할 수 있습니다.

테슬라의 프리몬트Fremont 생산 라인은 세단이나 SUV스포츠 유틸리티 차량, Sport Utility Vehicle을 생산하기 위해 공정을 동적으로 조정하는 동시에, 특정 섀시에 사전 주문된 맞춤형 선택을 추가할 수 있습니다.

기계 부품의 설계 시작품

예를 들어, 부품을 설계하고, 주변 제조 공장에 보내 첫 번째 제품을 제작한 후, 설계를 위한 추가 반복 작업을 위해 몇 주 동안 제품을 다시 받을 때까지 기다리던 시대는 지났습니다. 이제 초기 적합성 검사를 위해 대부분의 작은 부품을 하루 만에 3D 프린팅할 수 있으며, 부품 설계가 완료되기만 하면 제조를 위해 보내어 집니다. 이를 통해 새로운 설계를 완성하는 효율성이 크게 향상되었습니다. 예를 들어, 제품의 출시 속도를 높이기 위해 고속화 계획의 일환으로 나이키Nike는 3D 프린팅을 광범위하게 활용하였습니다. 그들은 이 기술을 활용하여 TTM시장 출시 기간, Time To Market을 4배 단축했다고 보고했습니다. 실제로 3D 프린팅을 사용하면 생산 현장의 맞춤형 지그와 고정 장치를 신속하게 개발하여 적용할 수 있습니다.

3D 프린팅 외에도, 우리는 제품의 디지털 트윈 모델을 활용하여 다양한 관점으로 설계 제품을 시각화하고 평가할 수 있습니다. 예를 들어, 전자 모듈의 경우 케이스 내에서 발생하는 열 생성 및 전달을 고려하여 잠재적인 냉각 문제를 해결할 수 있습니다. 또한 제품 신뢰성에 영향을 미치지 않도록 다양한 구성 요소에서

발생되는 열역학적 응력을 살펴볼 수 있습니다. 다른 기계 설계에도 동일한 사항이 적용될 수 있습니다. 예를 들어, 남아프리카 공화국에 기반을 둔 자전거 제조업체인 피가Pyga Industries[28]는 지멘스의 솔리드 엣지Solid Edge 시뮬레이션 소프트웨어를 사용하여, 사용자가 가장 힘든 지형을 주행할 때 자전거의 서스펜션에 가해지는 하중을 견딜 수 있는지 확인했습니다.

기존의 PLM 시스템에서 사용하던 부품을 찾는 것처럼 설계 절차를 디지털화함으로서, 기존 거래관계가 있는 적합한 공급업체로부터 시제 부품을 신속하게 조달할 수 있습니다. 이와 같은 시스템은 공급 업체가 확대되는 것을 최소화하여, 소수의 공급 업체에서 대량주문을 통한 가격 책정을 할 수 있도록 합니다. 여러 설계 소프트웨어 회사가 이러한 통합을 위한 모듈을 제공합니다. 예를 들어, 다쏘시스템즈Dassault Systèmes의 솔리드웍스SOLIDWORKS 컴퓨터 설계지원 소프트웨어[29]는 설계자가 기존 부품 데이터베이스를 검색하여 중복설계를 방지할 수 있도록, PLM 시스템에 연결할 수 있는 파트솔루션스PARTsolutions 플러그인을 제공합니다. 또한 공급자 다양성의 무분별한 증가를 방지하기 위해 데이터베이스에 새 부품을 추가하는 승인 절차를 제공합니다.

장비 운영중단을 방지하기 위한 기술

이 장의 하위 절에서는 제조 산업에서 문제발생을 방지하는 기술을 살펴볼 것입니다. 이는 기본 원칙이 동일하기 때문에, 이전 절에서 다룬 예방 정비 주제의 확장으로 볼 수 있습니다. 공급망 및 설비와 관련된 문제는 다음 절에서 다룰 것입니다. 제조 중단을 예측할 수 있는 핵심 요소는 데이터 수집에 필요한 센서를 공정장비에 내장하는 것입니다. 제조장비가 관심 매개 변수에 대한 통합 센서를 지원하지 않는 경우, 무선 센서를 추가할 수도 있습니다. 여기서는 작업물이 손상

28 www.pygaindustries.com
29 www.solidworks.com

되거나 공장의 전체 자재 흐름에 영향을 미치는 예정되지 않은 장비 중단이 발생하기 전에, 적시에 유지보수를 수행할 수 있도록 혼란을 예측하는 데 도움이 되는 여러 센서를 살펴보겠습니다.

대부분의 가공 작업에서 측정해야 할 명확한 매개변수는 진동신호입니다. 이 작업은 감시 중인 부품에서 사용 가능한 자유도에 따라 2축이나 3축 가속도계를 통해 감지할 수 있습니다. 예를 들어 선반 스핀들은 2축 가속도계로 측정할 수 있지만, 절삭 공구는 스핀들에 가해지는 모든 힘을 포착하기 위해 3축 가속도계가 필요할 수 있습니다. 절삭공구의 가장자리가 마모됨에 따라 스핀들의 진동 신호가 변화 되며, 이를 통해 절삭 공구의 팁 형상을 예측할 수 있습니다. 진동 센서는 스핀들의 진원도 오차도 감지할 수 있습니다. 음향 센서는 가공 과정에서 발생하는 소리를 측정합니다. 음향 신호가 미세하게 변경되면 공정 상태가 변경된 것일 수 있습니다. 예를 들어, 시간이 지남에 따라 고정 장치가 마모되어 가공 중에 공작물이 덜컹거리는 현상이 발생할 수 있습니다.

또한 기계의 다양한 모터에 의해 소비되는 전력뿐만 아니라, 냉각수의 유량 및 온도, 절삭 공구 및 공작물 주변의 온도 적외선 측정 등의 다른 매개변수를 측정할 수 있습니다. 이러한 모든 데이터는 공정의 특징을 도출하기 위해 결합될 수 있으며, 이는 공작기계 가공조건을 선정하거나, 작업부품의 손상이나, 예기치 않은 장비 중단으로 이어질 수 있는 신호 편차를 감지하는 데 사용될 수 있습니다.

포드 자동차는 변속기 기어 가공에 사용되는 장비를 감시하기 위해 마포스Marposs[30]의 아티스Artis 감시 기술을 사용해 왔습니다. 그들은 아티스 기술을 2019년 글로벌 제조기술 상2019 Global Manufacturing Technical Excellence Awards 최종 후보 4개 중 하나로 선정했습니다. 기존에서와 같이 일정량 사용 이후 변경을 하는 방식piece-count tool replacement에 비해 새로운 감시 시스템은 공구 수명을 30%~80% 향상시킬 뿐만 아니라, 예정되지 않은 장비 중단, 비표준 자재 폐기시간 단축 및 제품 폐기를 방지하여 전반적인 제조비용을 절감할 수 있었습니다.

---

30 www.marposs.com

제품 이상의 가치

지금까지, 우리는 제조 공장 내에서 일어나는 사례 연구에 초점을 맞추었습니다. 그러나 디지털화의 다른 적용 사례는 공장을 넘어서기도 합니다. 디지털화의 이러한 응용사례 중 하나는, 제품이 고객에게 판매된 후 제품에 대한 사용정보를 실시간으로 수집하는 것입니다. 이를 통해 다음과 같은 작업에 사용할 수 있는 데이터를 수집할 수 있습니다.

- 제조업체에서 발생 가능한 문제 및 반품을 방지하기 위해서 고객과 사전에 논의를 거쳐 유지보수나 수리 일정을 잡을 수 있도록 합니다.
- 고객이 제품을 어떻게 사용하고 있는지 이해하고, 향후 제품 설계 개선을 위해 피드백을 받을 수 있습니다.
- 고객이 제품을 효율적으로 사용하게 하고, 제품 차별화가 가능한 서비스를 제공합니다.

이러한 기능들은 제조업체가 고객과 협력하여 계획되지 않은 장비 중단을 최소화하고, 사전에 필요기반 유지보수 계획을 가지도록 하여, 고객 경험을 개선할 수 있도록 함에 따라 점점 더 널리 보급되고 있습니다.

GE 항공은 GE의 프레딕스 플랫폼을 통해 항공 운항사가 운영하는 항공기의 제트 엔진에서 데이터를 수집하는 서비스를 고객인 항공 운항사에게 제공합니다. 수집된 많은 양의 데이터를 고려할 때, 이것은 일반적으로 비행기가 지상에 도착하면 무선 통신장치를 통해 내려 받습니다. 수집된 데이터는 엔진 성능을 고객의 다른 엔진과 비교하는 데 사용할 수 있습니다. 데이터를 분석함으로써 GE 엔지니어는 유지보수의 필요성을 예측하고, 항공 운항사 고객의 예기치 않은 운항 중단 및 일정 차질을 방지할 수 있습니다. 또한 *물 세척 최적화*Water Wash Optimizer 응용프로그램을 사용하여 엔진 압축기를 세척해야 하는 시기를 최적화함으로써, 연료 절감 기회를 파악할 수 있습니다. 엔진을 적절한 시간에 세척하는 것은 ToW제트 엔진의 사용시간, Time on Wing을 증가시킬 수 있습니다. 즉, 적절한 시기에 물과 화학 물질을 혼합하여 엔진을 세척하면, 운항 중단과 많은 비용이 소요되는 엔진 유지관리 주기 시간을 개선할 수 있습니다. 이는 엔진 작동의 신뢰성에 부정적인 영향을 미치지 않는 방식으로 수행됩니다. 또한 엔진의 연비를 개선하는 데도 도움이 됩니다. 결국, 고객이 제품을 사용하는 것을 관찰하므로서 고객에게 더 나은 운영 효율성을 제공할 수 있을 뿐만 아니라, 고객의 자산이 더 많은 운영 시간을 가질 수 있도록 할 수 있습니다.

중장비 분야에서 존 디어John Deere는 작업 현장에서 장비 감시 서비스를 제공합니다. 장비 감시를 통해 이상 징후가 발생하기 전에 이상 징후를 감지할 수 있습니다. 전체 제품군의 데이터를 비교함으로써 보다 효율적인 유지보수 및 수리 절차서를 개발할 수 있습니다. 잠재적인 문제를 해결하거나 필요에 따라 유지보수 서비스를 제공하기 위해, 고객과 논의하여 정비사 방문을 사전에 예약할 수 있습니다. 그림 5.19는 서비스 연결 체계도를 보여 주며, 경고를 현지 딜러에 직접 전달하는 것에 대한 중요성을 강조합니다. 그런 다음 현지 딜러는 다음 단계를 조율하기 위해 고객과 직접 논의할 수 있습니다.

그림 5.19 현지 딜러 지점 지원이 가능한 연결 장비 체계도

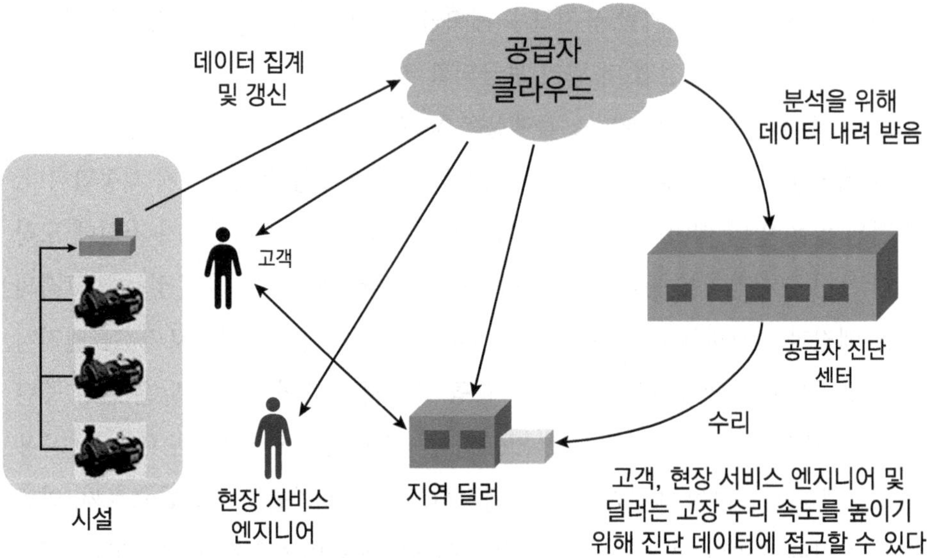

캐터필라Cat는 운전자의 피로와 산만함을 관찰하기 위한 운전실 내부 센서도

제공합니다. 이러한 관찰결과를 활용하여 운전자는 피로를 최소화하기 위해 근무 시간을 조정할 수 있으며, 작업 현장의 안전성을 높일 수 있습니다.

부착 장비를 사용하는 고객도 관찰의 이점을 누릴 수 있습니다. 예를 들어 발전기를 제조하는 커민스Cummins는 파워커멘드PowerCommand 클라우드 솔루션을 통해 고객 자산에 대한 지속적인 감시 기능을 제공합니다. 주거 공간에서는 태양광 발전 산업용 마이크로 인버터를 공급하는 인페이스 에너지Enphase Energy가 인라이튼Enlighten 제품을 통해 고객의 태양광 시스템 성능을 감시하고 있습니다. 전력 생산과 관련된 문제의 경우, 해당 시스템은 문제의 세부 정보가 포함된 경고를 거주 고객에게 보냅니다. 고객은 인페이스의 웹 포털을 통해 데이터에 접근하여 각 태양 전지판의 성능저하를 추적할 수 있습니다.

종종 고객이 제조업체와 정보를 공유하지 않을 수도 있습니다. 이러한 경우에도 고객의 자산 관리를 개선하고, 구매품을 최대한 활용할 수 있도록 도구를 제공하는 것이 도움이 됩니다. 이러한 경우 공급업체는 향후 제품 개선을 위한 실제 사용 데이터를 얻을 수 없어 편익이 크지 않지만, 고객이 도구를 활용할 수 있다는 편익 제공으로서의 가치가 있습니다. 이는 고객이 경쟁 업체로 이동하고자 하는 생각이 약할 때 특히 좋은 효과가 있으며, 고객이 감시 도구와 관련된 교육과 절차를 다시 필요할 때 효과가 더 높습니다. 예를 들어 인텔은 고객이 서버의 전력 및 열 성능을 추적하는 데 사용할 수 있는 면허 시설로 인텔 데이터센터 관리자Intel Data Center Manager를 제공합니다. 이를 통해 고객은 데이터 센터 냉각을 최적화하고, 전력 소비를 최적화하며, 잠재적인 하드웨어 문제를 감지하고, 유용한 목적을 달성하지 못하는 좀비 서버를 확인할 수 있습니다.

이전 절에서는 디지털화를 활용하여 제조 유연성을 높이고, 설계 절차를 가속화하며, 가공 절차를 감시하여 최종 제품 품질을 개선하고, 마지막으로 고객에게 제품을 제공하는 사례를 살펴보았습니다. 또한 공급업체와 고객 모두에게 상호 이익을 제공하는 추가 서비스도 제공합니다. 지금까지 우리는 제조 공정과 장비 및 제품의 데이터 흐름에 초점을 맞추었습니다. 다음으로 건물 및 단지와 관련된 사용 사례를 통해 디지털화가 어떻게 활용될 수 있는지 살펴보겠습니다.

5.4 건물 및 단지의 전환

이전 절에서는 공장 및 물리적 자산과 관련된 다양한 사용 사례를 살펴보았습니다. 이제 건물과 시설에 대해 알아보겠습니다. 이 절에서는 다음 두 가지 측면에 중점을 둡니다.

- 디지털화를 통한 설비 감시
- 스마트 빌딩

설비 감시

설비 감시 기능의 디지털화에서 주요 목표는 설비가 산업 생산물을 생성하는 데 가장 효율적으로 운영되고, 예상치 못한 장비 중단과 관련된 비용을 최소화하는 것입니다. 이 목표는 직원의 안전을 해치지 않고 산업별 규정 준수를 유지함으로서 달성되어야 합니다.

산업 설비에 대한 대부분의 일반적 감시인 온도를 살펴봅니다. 디지털로 연결된 온도 센서를 통해 건물의 다양한 작업 공간과 산업 구역에 대한 정보를 제공받을 수 있습니다. 마찬가지로 디지털로 연결된 압력 및 습도 센서는 각 위치에 대한 사람의 안락 지수에 필요한 정보를 받을 수 있습니다. **VOC**휘발성 유기 화합물, Volatile Organic Compound 센서는 벤젠, 포름알데히드, 톨루엔, 메틸렌 클로라이드 및 에틸렌과 같은 위험한 VOC 가스의 존재를 감지하는 데 사용됩니다. 그러한 화합물들은 사람의 건강에 해롭기 때문에 지속적으로 그 수준을 추적하는 것이 중요합니다.

디지털 전환을 통해 가능한 설비 감시의 또 다른 측면은 설비 내부의 물체나 사람을 추적하는 기능입니다. 실내 자산 추적에 사용할 수 있는 다양한 솔루션이 있습니다. 일부 솔루션은 읽기-기반reader-base 기술을 사용하는 데, 이는 물건에 부착된 수동적인 RFID와 같은 분류표를 확인하고 자산을 추적합니다. 사용 가능한 또 다른 기술은 자산에 능동 **BLE**저 전력 블루투스, Bluetooth Low Energy 분류표를 부착하고, 설비 내 가까운 비콘Beacons과의 거리를 기준으로 위치를 추적하는 비콘 솔루션입니다. 와이파이, UWB초 광대역, Ultra-wideband, 초음파 등 유사한 신호를 사용하는 다양한 기술이 있습니다.

또 다른 측면은 보조 시스템이 최대 효율로 작동하는지 감시하는 것입니다. 이러한 시스템의 한 가지 사례는 HVAC시설의 난방, 환기 및 공조, Heating, Ventilation, and Air Conditioning 시스템에서 공기 필터의 남은 작동 수명을 감시하는 것입니다. 일반적으로 HVAC 시스템의 필터는 고정된 시간 간격을 가지고 주기적으로 교체됩니다. 이러한 방식은 필터의 현재 상태를 고려하지 않습니다. 필터 교체 날짜보다 빨리 필터가 막히면 필터를 교체할 때까지 HVAC 시스템이 낮은 효율로 작동합니다. 이 기간 동안 공기 품질은 좋지 않을 것이고 운영비용은 더 높아질 것입니다. 디지털로 연결된 차압 센서 기반 공기 필터 품질 표시기를 사용하여 시설 내 모든 필터의 상태를 감시할 수 있습니다. 이렇게 하면 설비 운영자가 필터 교체 작업을 계획할 수 있습니다.

스마트 빌딩

산업 환경에서 스마트 빌딩은 빌딩 운영제어를 효과적으로 수행하고, 물과 에너지와 같은 자원을 절약하는 데 도움이 됩니다. 스마트 빌딩의 구현은 산업별로 다양하며, 연결 솔루션 및 클라우드 분석 분야에서 10년간 개발된 IoT 기술을 사용합니다. 디지털 전환은 HVAC 시스템, 화재 감지 억제 시스템, 홍수 제어, 조명, 물리적 접근 제어 및 보안 시스템을 관리하는 빌딩 자동화 시스템에 적용되고 있습니다.

산업용 건물의 실내 지도 디지털화는 작업 공간관리, 유지보수 계획, 비상 계획, 보안 및 위치 기반 경고를 포함한 다양한 응용사례를 가능하게 하는 전환 작업에 사용될 수 있습니다. 빌딩 지도나 오토캐드AutoCAD 도면의 청사진은 자동화 API와의 통합을 위해 디지털화할 수 있으며, 이를 통해 도면과 산업 장비, 자산의 위치 및 상태를 실시간으로 갱신할 수 있습니다.

디지털로 연결된 건물 관리 시스템에 통합된 사람 확인 감지 센서, 주변 조도 센서 및 실내 공기 품질 센서를 사용하여, 보다 편안한 작업 환경을 제공하고 운영 비용을 절감하기 위해, 구역 기반 제어로 HVAC 시스템 및 조명을 조정할 수 있습니다. 코로나19 관련 접촉 추적을 위해 책상 및 기타 건물에 센서가 추가되고 있습니다. 또한 특히 재택근무가 보편화됨에 따라 작업 공간의 활용률을 추적할 수 있습니다. 지멘스의 인라이티드Siemens Enlighted는 센서[31]를 사용하여 몇 가지 선구적인 작업을 수행했습니다.

제조 및 설비는 일반적으로 대규모 공급망의 일부입니다. 이제 공급망이 디지털 전환의 혜택을 누릴 수 있는 방법에 대해 살펴보겠습니다.

5.5 제조 생태계의 전환

공장이나 생산 시설은 기업 활동에서 한 부분에 불과합니다. 이전 절에서는 디지털화가 예기치 않은 생산중단을 방지하고, 민첩한 대응성을 높이는 데 어떻게 도움이 되었는지에 대한 다양한 사용 사례를 살펴보았습니다. 이 절에서는 디지털 전환이 생산에 투입되는 시스템의 변동성과 혼란을 어떻게 관리하고, 제품을 가져다가 고객에게 전달하는데 어떻게 도움이 될 수 있는지 살펴보겠습니다.

공급망 관리에 대한 우려

먼저 그림 5.20에 나와 있는 것처럼 공급망을 살펴봅니다. 여기에서 살펴본 바와 같이 기업에 재료가 유입되는 경로는 다음과 같습니다.

---

31 https://www.enlightedinc.com/press-releases/enlighted-launches-game-changing-building-iot-sensor-for-corporate-real-estate/

그림 5.20 공급망 개요

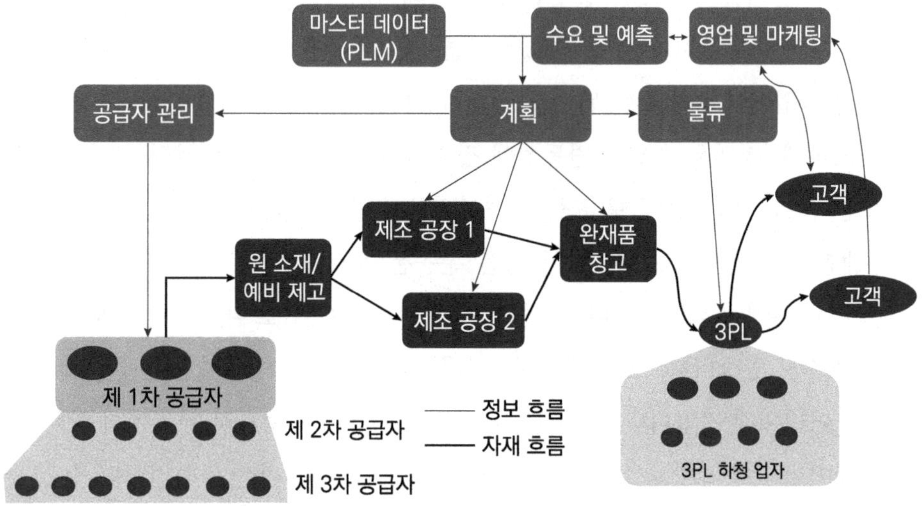

공장은 재료를 판매 가능한 제품으로 전환하고, 이 제품이 고객에게 전달되는 또 다른 경로가 있습니다. 전체 절차를 포괄하는 것은 기업 내의 모든 계획 활동을 주도하는 수요 신호입니다. 계획은 크게 단기, 중기 및 장기 계획으로 나눌 수 있으며, 다음과 같이 설명됩니다.

- **장기 계획:** 이것은 다년간의 예상 수요를 기반으로 한 계획입니다. 이 계획은 새로운 시설을 구축해야 하는지, 기존 시설의 보완이 필요할 수 있는 제품믹스 변경이 예상되는지, 예상되는 구매 주문을 충족할 수 있는 자격을 갖춘 공급업체가 추가로 필요한지, 또는 제품 시장이 확장됨에 따라 새로운 유통 센터를 개설해야 하는지를 정의합니다.
- **중기 계획:** 이 계획은 향후 6개월에서 18개월에 걸친 예측을 기반으로 하며, 인력 규모 및 훈련, 외부 위탁 관련 의사 결정을 내리고, 매출 증대를 위해 기존 제품의 수정 사항을 검토하는 데 사용됩니다.
- **단기 계획:** 이는 일반적으로 3개월 미만의 기간을 가지는 실행계획을 하고 있습니다. 그 목적은 즉각적인 수요를 충족시킬 수 있는 충분한 원자재 재고와 생산 능력을 확보하는 것입니다.

계획 활동은 예상되는 수요를 중심으로 이루어지는데, 특히 중장기 계획과 관련하여 큰 비용이 필요한 잘못된 결정을 피하기 위해서는 가능한 정확하게 예측하는 것이 중요합니다. 예측이 잘못되면 회사는 유휴 신규 설비, 초과나 무자격 인원, 공급업체에 불필요한 원료를 구매하겠다는 약속을 남길 수 있습니다. 실제로 재고 비축 정책은 수요의 변동성에 정비례하여 재고 수준을 설정하므로, 원자재 또는 완제품 측면에서 보유 중인 재료비용이 증가합니다.

배송 측면에서, 고객에 대한 상품 운송은 주로 3PL제 3자 물류 공급자, third-party logistic providers에게 배정됩니다. 그들은 또한 상품 운송을 또 다른 하청업자에게 외주로 줄 수도 있습니다. 그 결과, 제품 컨테이너의 물리적 소유자가 누구인지 파악하기가 어려워질 것입니다. 한 예로, 한진해운은 용량 기준으로 세계에서 상위 10개 컨테이너 운송업체 중 하나였습니다. 그러나 2016년 파산을 선언하면서, 그들의 선박을 통해 상품을 운송했던 작은 고객들에게 심각한 영향을 미쳤습니다. 해당 선박은 부두 비용을 지불할 사람이 없어 하역을 할 수 없었으며, 이로 인해 심각한 공급망 중단을 겪었습니다.

마지막으로, 공급 측면에서는 1차 공급업체뿐만 아니라, 잠재적으로 영향을 미칠 수 있는 2차 공급업체도 감시해야 합니다. 이러한 영향은 외부 구매 중단의 측면에서뿐만 아니라, 회사의 평판에도 영향을 미칠 수 있습니다. 1차 공급업체가 윤리적 위반(아동 노동이나 원자재 외부 구매 분쟁과 같은)에 관여하지 않았더라도 2차 공급업체가 이러한 활동에 관여하는 경우, 대중매체는 일반적으로 1차 공급업체의 이름이 더 유명하기 때문에 주목을 받게 됩니다. 예를 들어, 여러 의류 브랜드의 2차 공급업체가 아동 노동력을 사용하다가 적발되었습니다. 하지만, 언론의 초점은 주로 그들 자신을 강력하게 방어해야 하는 1차 공급업체인 의류 브랜드에 맞춰져 있었습니다.

디지털화의 역할

이제 우리는 디지털화가 이전에 나열한 몇 가지 우려 사항을 어떻게 해결하는 데 도움이 되는지에 대한 사례를 살펴볼 것입니다. 먼저 그림 5.21에서 적절한 데이터 출처와 사용 방법을 갖춘 일반적인 데이터 댐의 데이터 수집 단계를 살펴보겠습니다. 이 정보의 대부분은 공급업체가 제공하는 API를 통해 사용할 수 있으며, 먼저 데이터 댐에 저장하기 적합한 구조로 형식화됩니다. 이러한 정보의 소비자는 심층학습 기반 감정 분석 도구, 공급망 위험 감시 솔루션, 수요 예측, 영업 및 마케팅, 공급업체 관리 모듈입니다. 데이터 수집 단계는 그림 5.21과 같습니다.

그림 5.21 수요 예측의 공급망 분석 디지털 전환에 사용되는 데이터 수집을 위한 데이터 댐 개념

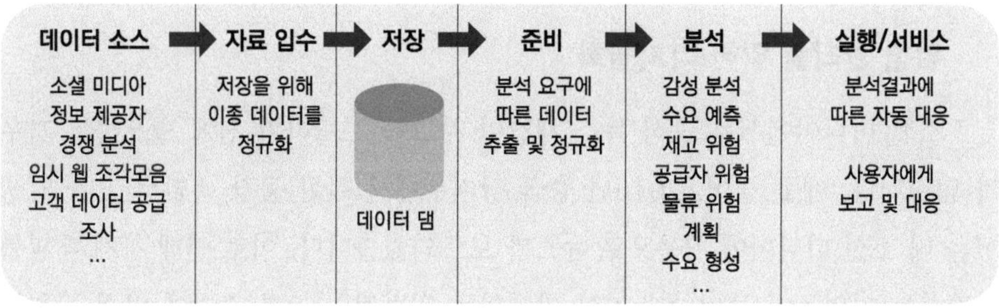

수요 예측을 위해 시계열을 사용하던 시대는 지났습니다. 시계열은 과거 데이터 기반이기 때문에 단기 추세에 적합하며, 기업 외부의 상황이 변화함에 따라 이러한 과거 데이터는 더 이상 관련이 없을 수 있습니다. 우리는 주로 수요 감지라고 하는 공급망의 디지털화로 인해 발생하는 추가 실시간 데이터로 과거 패턴을 보강하여 단기 예측을 개선할 수 있을 뿐만 아니라, 이 정보를 사용하여 수요를 예측하여 자산을 더 잘 활용할 수 있습니다.

소량의 특수 제품의 경우, 원격 진단에 연결된 데이터 피드data feed 사례를 통해 소비자 현장에서 자산 활용도를 살펴볼 수 있습니다. 이를 통해 직접 소비자가 언제 새로운 장비를 주문할지 결정하거나, 생산해야 하는 수리 부품을 예측할 수 있습니다. 고객들의 대량수요에 대해서는, 시장 정보와 감성 분석을 통해 특정 제품이 시장에서 어떻게 인식되고 판매되는지 더 잘 예측할 수 있습니다. 그리고 이를 토대로 마케팅은 광고, 소셜 미디어 참여, 새로운 제품 출시나 가격 조정을 통

해 수요를 통제하는 데에 역량을 집중할 수 있습니다. 예를 들어, P&G는 POS결제 단말기, Point of Sale에서 데이터를 수집하여 소매업체, 창고 및 채널의 데이터와 결합하여, 소비자 제품에 대한 수요를 파악하고 안전 재고 수준을 설정합니다. 그들은 단기 예측 오류가 50% 이상 감소했다고 보고했습니다. 펩시코PepsiCo는 변화하는 소비자 행동을 추적하기 위해 소셜 미디어 데이터를 사용해 왔으며, 이는 신제품 개발에 영향을 미칩니다. 수요 감지를 사용하더라도 단기나 기껏해야 중기 예측에 초점이 맞춰져 있습니다. 그러나 단기간에도 영향은 상당하며, 특히 예측된 갱신결과에 대응하여 민첩하게 반응할 수 있는 자동화된 운영 계획 과정에 연결되어 있다면 더욱 그렇습니다.

위험 관리를 위한 디지털화

소셜 미디어에서는 공식 뉴스 채널이 사고를 보도하기 전에 발표하는 경우가 많습니다. 예를 들어, 2015년 중국 장저우에서 화학 공장 폭발 사고가 발생했을 때 소셜 미디어에 처음으로 뉴스가 보도되었습니다. 이로 인해 자체 대피를 시작하는 기업들이 늘어남에 따라 발생하는 일반적인 교통 혼잡에 앞서 직원들을 대피시킬 수 있는 시간이 확보되었습니다. 이러한 상황에서는 시간이 중요하며, 능동적으로 정보를 찾는 사람들은 사고에 대해 더 빨리 조치를 취할 수 있었습니다. 요즘, 공식 뉴스 채널에서 뉴스를 찾기 전에, 심지어 언론인이나 세계 지도자들도 소셜 미디어에서 뉴스를 먼저 찾는 것이 일반적입니다. 비록 이러한 행동이 정보에 접근할 수 있는 더 즉각적인 방법을 제공하지만, 우리는 악성 메시지와 봇이 우리의 공급망 운영을 방해하지 않도록 정보에 대한 적절한 견제와 균형을 가질 수 있도록 주의해야 합니다. 소셜 미디어 플랫폼은 이러한 메시지에 대한 완화 전략을 지속적으로 개발하고 있으며, 이는 여전히 활발한 연구[32] 영역으로 남아 있습니다.

위와 같은 정보 외에도 시장 정보원을 사용하여 공급업체(그리고 그들의 공

---

32 Kudugunta, S. and Ferrara, W., Deep neural networks for bot detection, in Information Sciences, 467(October): 312~322(2018)

급업체)의 상태를 추적할 수 있습니다. 이러한 시스템은 지속적으로 들어오는 정보를 검색하여, 파업, 정부 조치 및 소송 등과 같이 공급업체에 잠재적인 위험을 나타낼 수 있는 정서, 키워드나 문구를 검색할 수 있습니다. DHL은 리질리언스 360Resilience 360 공급망 위험관리 플랫폼[33]을 개발하여, 전반적인 공급망 위험관리를 위한 다양한 기능을 제공하고 있습니다.

마지막으로, 앞의 개념을 기업 내부 위험관리에 적용할 수 있습니다. 데이터를 클라우드 기반 플랫폼으로 이동함으로써, 누군가의 개별 컴퓨터에서 정보를 발굴해야 하는 것에 비해 정보에 대한 투명성과 접근성이 향상됩니다. 또한 이 데이터 저장소에 특이치 탐지 알고리즘을 구현하여, 비정상적인 비용이나 비정상적인 시스템 접근 패턴과 같은 비정상적인 활동을 탐지할 수 있으며, 이러한 조사결과를 CFO최고 재무책임자, Chief Financial Officer에게 제공할 수 있습니다.

5.6 산업 근로자 안전 증진

산업계가 디지털 전환 여정을 걷고 있는 가운데 근로자의 안전도 간과할 수 없습니다. 이 절에서는 디지털 기술을 활용하여 안전 문화를 개선하는 방법과 사례에 따라, 안전한 운영이 경쟁 우위가 될 수 있는 방법에 대해 살펴보겠습니다. 미국 정부의 *공정 임금 및 안전 작업장*Fair Pay and Safe Workplaces 가이드라인은 기업이 특히 대규모 건설 현장[34]에서 근로자 안전에 중점을 두도록 요구하고 있습니다.

이러한 법률과 행정명령 중 일부는 시간이 지남에 따라 바뀌지만, 산업 종사자의 안전에 대한 중요성은 무엇보다 중요합니다. 생명과 재산에 대한 위험을 초래하는 전환은 성공할 수 없습니다. 그 결과 산업 종사자의 안전을 증진하기 위해 디지털 기술을 사용할 수 있는 몇 가지 영역이 등장했습니다. 작업장의 발생 가능

33 https://www.resilience360.dhl.com/

34 https://www.federalregister.gov/documents/2014/08/05/2014-18561/fair-pay-and-safe-workplaces

한 위험 중 일부는 다음과 같습니다.

- 근로자가 유독가스, 고온 등에 노출될 위험이 있는 공장 운영
- 대형 장비가 사람 근처에서 사용되는 건설 현장
- 자연재해가 일반적인 석유 굴착장치 및 플랜트
- 광물 채굴 작업
- 산업용 로봇 중 하나인 코봇과 함께 작업하는 사람

이러한 사례 중 많은 경우, 안전 기술 솔루션을 구축하는 것이 간접비처럼 보일 수 있지만, 이러한 솔루션이 생산성 향상의 기반이 되어 실제 산업 디지털 전환으로 이어질 수 있는 사례를 살펴보겠습니다. 건설 산업에서 과제는 종종 다음과 같은 작업을 수행해야 합니다.

- **안전보고 절차:** 작업 현장에서의 안전하지 않은 행동 및 유사한 실수에 대하여 안전 보고 절차가 있어야 합니다. 전체적인 목표는 잠재적으로 안전하지 않은 작업의 방지를 위해 추적, 탐지 및 사전 예방을 하는 것입니다.
- **규정 준수 개선:** 사고 기록 및 처리를 위한 어느 정도의 자동화를 통해 생산성을 향상시키기 위한 많은 국가 및 지방 규정이 있습니다. 마찬가지로, 정책 시행을 위한 자동화(예: 유효한 면허가 없는 작업자는 크레인을 작동할 수 없음)는 규정 준수를 개선할 수 있습니다.
- **분석 및 진단:** 안전사고의 경우 안전 정책 및 진단 정보에 대한 통찰력은 매우 유용하며, 사람의 직접적인 개입 및 관련 작업을 줄일 수 있습니다.

다음으로 이 분야의 디지털 솔루션에 대해 살펴보겠습니다.

작업자 안전 솔루션 설계

이러한 기능은 산업 근로자 안전이나 연결된 산업근로자Industrial Worker Safety or Connected Industrial Worker 솔루션이라고 널리 알려진 디지털 응용 프로그램에서 찾을 수 있습니다. 이러한 솔루션의 일부 기능은 다음과 같습니다.

- **실시간 작업자 위치:** 여기에는 ⓐ 과제 및 현장 위치별로 작업자 위치를 확인하고, ⓑ 작업 현장지도에 작업자 및 장비 위치를 알려줍니다.
- **사고를 방지하기 위한 작업장 감시:** 목표는 작업자에 대한 위험물 근접 감지 및 사고 방지, 고온 및 가스에 대한 환경 감시를 포함합니다.
- **안전 정책 시행 및 사고 분석:** 여기에는 안전사고 및 근접 실수의 근본 원인 조사, 상관관계 분석 및 실시간 센서 데이터 분석에 대한 규칙 기반 작업이 포함됩니다.

상용화된 안전 솔루션[35]을 참조하십시오.

그림 5.22는 중장비가 있는 일반적인 건설현장을 보여줍니다. 맨 아래에 구덩이와 같은 위험이 있으며, 그 옆에는 건설 노동자가 있습니다. 왼쪽에는 신규 작업자가 있고, 오른쪽 하단에는 현장 감독자가 있습니다. 연결된 산업 근로자 솔루션은 작업 현장에서의 안전성을 높이는 데 도움이 됩니다. 연결된 산업 근로자 솔루션은 작업 현장에 대한 안전 작업을 지원합니다. 또한 작업자 생산성을 개선하고 과제의 상황에 맞는 정보를 적시에 제공함으로써, 건설 사업을 전환할 수 있습니다. 이러한 솔루션에서 수집된 정보를 사용하여 다음 작업을 수행할 수 있습니다.

- 작업 현장에서 자동으로 작업 시간과 출석률을 확인
- 특정 작업 현장에 할당된 작업자가 피드백과 지침을 주는 현장 책임자나 감독자와 가까이 있는지를 확인
- 작업에 소요되는 실제 시간과 작업자 이동 패턴을 분석하여 보다 효율적인 절차를 도출
- 향후 작업 및 과제에 대한 예약 및 자원 할당을 개선
- 건설 작업의 일정표를 제시하고 청구하기 위한 더 나은 지원 데이터

여기서 건설 현장을 살펴보겠습니다.

---

35 https://www.oracle.com/internet-of-things/iot-connected-worker-cloud.dll

그림 5.22 건설 현장

이러한 기술과 솔루션 중 일부가 건설 현장에 어떻게 적용되는지 살펴보겠습니다. 안전모자나 재킷과 같은 연결된 착용 장비나, 환경 온도, 가스 수준을 기록하거나, 갑작스러운 고도의 변화에 의해 추락을 감지할 수 있는 센서가 있는 착용 장치가 있습니다. 마찬가지로, 연결된 시계나 다른 착용 기기를 사용하여, 체온, 발열 속도, 또는 관련 활력징후를 감지할 수 있습니다. 핵심은 이러한 착용 아이템이 IoT 응용을 통해 연결되어 실행 가능한 통찰력을 제공한다는 것입니다.

연결된 착용장치 기술은 작업장 밖의 일반 생활에서 보다 많이 사용합니다. 오늘날, 시계는 우리에게 현재의 시간보다 훨씬 더 많은 것을 알려줍니다. 우리가 잠깐 들여다보기만 하면, 우리의 심장 박동수나, 야외의 온도는 물론 다음 약속도 확인할 수 있습니다.

그림 5.22의 작업 현장은 그림 5.23과 같이 연결된 산업 근로자 응용사례에 표시될 수 있습니다. 동심원은 다른 유형의 사람들을 나타냅니다. 장비와 위험요소는 다양한 아이콘으로 표현할 수 있으며, 타원형은 안전 주변 구역을 나타냅니다. 현장 감독자나 원격 제어 센터는 이러한 응용사례를 통해 작업 현장을 감시할 수 있습니다. 다음과 같이 규칙을 설정하고, 안전 운영 및 생산성을 감시할 수 있는 대시보드를 설치할 수 있습니다.

그림 5.23 연결된 산업 근로자 응용사례의 대시보드 보기

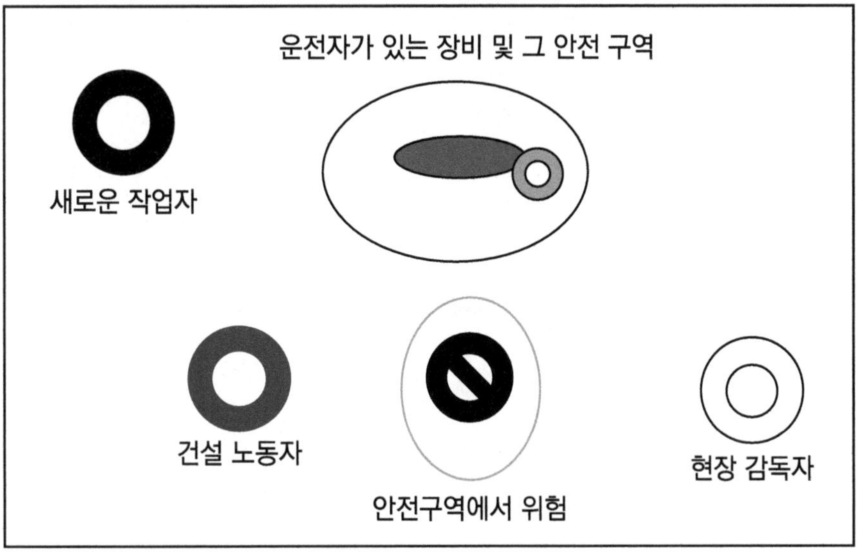

이러한 시스템은 작업자의 실제 위치를 보여주는 3D 컴퓨터 그래픽 기능과 고도의 급격한 변화를 감지하여, 서서히 올라가거나 내려가는 작업자를 감지하는 센서가 필요합니다. 전체적인 3D 컴퓨터 그래픽은 그림 5.24에서 확인할 수 있습니다.

이러한 사례는 일반적으로 스마트폰 기능도 제공해야 하므로, 작업자와 감독자가 현장에서 스마트폰 기능을 사용할 수 있습니다. 스마트폰 활용사례는 또한 그날의 일정을 표시하거나 교대 및 일정 변경 요청을 허용할 수 있습니다.

그림 5.24 3D 컴퓨터 그래픽 및 낙하 감지 기능의 필요성

왜 우리는 이러한 연결된 산업 근로자 사례가 산업 디지털 전환의 가능성이 있다고 생각할 수 있나요? 이 솔루션은 대규모 또는 글로벌 건설 회사의 모든 현장으로 쉽게 확장할 수 있습니다. 실제 무선 연결 및 백본망은 연결 기능의 지역 가용성에 따라 달라질 수 있습니다. 그러나 응용사례의 체계는 디지털 플랫폼에서 실행되고, 과제 계획, 과제의 재무 및 HCM은 해당 기업의 응용프로그램에 연결할 수 있습니다. 안전 기능은 건설 회사에게 동종 업계보다 경쟁 우위를 제공할 수 있으며, 주로 정부나 대규모 상업용 건설 현장에는 이러한 기능이 필요합니다. 생산성 향상은 실제 진행 상황을 관찰하고 작업자에게 상황별 지침을 제공하는 데 도움이 되는 연결된 기능 때문입니다. 근무자가 스마트폰 앱에서 로그아웃할 때, 출퇴근 기록카드와 같은 규칙적인 활동은 자동화될 수 있거나 단 한 번의 클릭으로 활성화될 수 있습니다.

이 절에서는 산업 근로자를 더 안전하고 생산적으로 만드는 동시에 작업장을 전환시키는 방법을 살펴보았습니다.

요약

이 장에서는 산업 디지털 전환이 화학, 반도체 및 제조 산업에 어떻게 적용되어 왔으며, 건물, 설비 및 공급망에 적용되어 온 사례들을 다루었습니다. 이용 사례들을 특정 산업에 적용했지만, 이러한 방법은 일반적으로 어떤 산업체든지 적용될 수 있습니다. 이러한 적용 사례와 관련 링크 및 참조 자료를 통해 디지털 전환을 조직의 특정 산업 및 상황에 활용할 수 있기를 바랍니다.

*"6장, 공공 부문의 전환"*에서, 우리는 공공 부문의 전환 과정에 대해 배울 것입니다. 우리는 미국과 전 세계의 교육뿐만 아니라, 국방과 관련하여 연방, 주 및 지역의 다양한 공공 부문 수준에서 전환 계획을 다룰 것입니다. 우리는 국가와 전 세계, 그리고 심지어 우주에서 공공 부문의 전환을 확장하려고 할 때 발생하는 어려움에 대해 배울 것입니다!

질문

다음은 이 장에 대한 이해도를 평가하기 위한 몇 가지 질문입니다.

1. 화학 산업의 산업 디지털 전환에 대한 주요 결과는 무엇입니까?
2. 어떻게 산업 디지털 전환이 제조업을 무인화시키고 있습니까?
3. 공급망 관리에서 디지털 전환의 역할은 무엇입니까?
4. 어떻게 하면 건물과 시설을 더 스마트하게 만들 수 있을까요?
5. 산업 디지털 전환은 어떻게 하면 근로자를 더 안전하고 생산적으로 만들 수 있습니까?

06 공공 부문의 전환

*"5장, 개별 산업에서의 전환"*에서는 화학 및 반도체 제조 분야의 산업 디지털 전환 결과에 대해 설명하였습니다. 공급망이 어떻게 전환되고 있는지, 건물과 시설이 어떻게 스마트해지고 있는지도 살펴봤습니다. 마지막으로 산업 근로자의 안전과 생산성이 어떻게 전환되고 있는지 보았습니다. 이 장에서는 앞 장의 공공 부문 디지털 전환에 대한 소개를 기반으로 할 것입니다. 우리는 공공 부문이 민간 부문과 어떻게 다른지, 그리고 그러한 차이로 인해 디지털 전환 노력에 대한 부가적인 어려움이 어떤 것이 있는지에 대해서도 배울 것입니다. 우리는 또한 미국과 전 세계의 교육뿐만 아니라, 공공 부문, 주, 지방 및 연방 수준에서 디지털 전환의 사례를 검토할 것입니다. 마지막으로, 정부 조직 전반으로 그리고 전 세계적의 정부로 전환을 확장하는 과제에 대해 알아보겠습니다.

간단히 말해서, 다음에 대해 알아보겠습니다.

- 공공부문에서 산업 디지털 전환의 고유한 문제
- 시민 경험의 전환
- 국가 및 글로벌 규모의 디지털 전환

6.1 공공부문에서 산업 디지털 전환의 고유한 문제

디지털 전환은 쉽지 않습니다. 디지털 전환 작업을 시작하는 조직은 많은 어려움을 안고 있습니다. *"4장, 산업 디지털 전환을 위한 산업동인"*에서는 이러한 어려움에 대해 자세히 설명했습니다. 공공 부문은 민간 부문과 동일한 디지털 전환 어려움에 직면해 있지만, 공공 부문은 민간 부문과 다른 추가적인 어려움에 직면해 있습니다. 공공부문에서 제품과 서비스를 구매하고 직원을 고용하며 과제를 관리하는 방식을 규제하는 법과 규칙이 있습니다. 또한 공공부문에서 발전해 온 문화는 디지털 전환 노력을 지연시키거나 중단시킬 수 있습니다. 이 절에서는 공공 부문 디지털 전환 노력을 성공시키기 위해 닥치는 어려움의 일부에 대해서 설명하고, 이러한 어려움을 완화할 수 있는 방법에 대해 논의할 것입니다. 이러한 어려움에는 다음과 같은 내용이 포함됩니다.

- 새로운 기술에 대한 접근
- 정부 문화
- 고용 문제: 절차, 임금 및 기술 격차
- 예산 및 기술 부채
- 디지털 격차

우리는 각 어려움과 정부가 이러한 어려움에 어떻게 대응하고 있는지에 대해 논의할 것입니다.

새로운 기술에 대한 접근

전통적인 정부 조달 절차는 정부 기관이 신기술에 적시 접근할 수 있는 능력을 크게 저해했습니다. 일반적으로 공공 부문 조직은 경쟁적인 조달 절차를 통해 새로운 기술을 획득합니다. 정부에서 경쟁 입찰 과정의 목적은 세금으로 확보한 돈을 가장 효과적으로 사용할 수 있도록 하는 것입니다. 또한 조달 규칙은 정부에 판매하고자 하는 모든 공급업체에게 공정한 절차를 보장하고 부패를 방지하기 위해 설계되었습니다. 불행하게도, 때때로 정부의 효율성과 효과성을 보장하기 위해 고안된 이러한 규칙들은 역효과를 가집니다.

대부분의 조직에서 이러한 절차는 일반적으로 최소 6개월이 소요되며, 더 어려운 상황에서는 몇 년이 걸릴 수 있습니다. 민간 부문에서 며칠이나 몇 주 안에 완료할 수 있는 것을 공공부문에서 조달한다면 평균적으로 수개월에서 1년이 걸립니다. 정부 계약 절차의 복잡성에 대한 사례는 미국 정부 사이트[1] 에서 확인할 수 있습니다.

기존의 경쟁력 있는 정부 조달 절차에서는 하드웨어 구매, COTS 또는 **소프트웨어 서비스** 구매, 맞춤형 개발 등 솔루션에 대한 요구사항을 완벽하게 문서화해야 합니다. 그러한 요구사항들은 RFP[2]를 만들 때 사용합니다. 일반적으로 정부조달은 기술적으로 허용 가능한 가장 낮은 가격의 입찰에 기반을 두어, 공급업체를 선택할 수 있는 위원회에 의해 평가됩니다. 이러한 방법은 항상 최상의 솔루션이 구매되거나 성공적인 구매가 보장되지는 않습니다. 정부 조달 절차는 시간이 오래 걸리기 때문에 일반적으로 공급업체와 장기계약을 합니다. 적어도 이론적으로는 이러한 계약은 성과에 기반을 두고 있습니다. 하지만, 계약내용 변경 비용이 매우 높고 계약 기간이 끝나기 전에 업체가 교체될 위험이 낮다는 것을 현재 공급업체가 알고 있기 때문에, 기존 업체가 계약된 구매를 잘 이행할 수 있는 장려방안은 거의 없습니다.

기술 과제뿐만 아니라 다양한 정부 활동들을 제약하는 것이 일반적이기 때문에, 정부 지도자들은 이러한 조달 절차를 가속화하기 위해 수년 동안 노력해 왔습니다. 지난 몇 년 동안 개발된, 여러 가지 접근 방식이 기술 조달 속도를 높이는 데 도움이 되었습니다. 기관들은 특정 제품을 합의된 가격에 판매할 수 있는 사전 자격을 갖춘 공급업체 군을 확보할 수 있습니다. 이러한 방법은 기관이 계약 기간 동

1 https://www.gsa.gov/sell-to-government

2 https://www.usaopps.com/government-bids.htm

안 최대 금액을 지출할 수 있는 장기 계약을 경쟁적으로 입찰하여 업체를 선정하지만, 특정 공급업체에 대한 거래를 보장하지 않습니다. 공급업체와 계약을 체결하면 직원들은 가격 정보에 있는 서버 및 노트북과 같은 제품들을 사전 협상된 가격으로 주문할 수 있습니다. 이러한 계약방식은 정부를 지원하는 것이 임무인 비영리 단체뿐만 아니라, 연방 정부, 주 및 지방 정부에서 사용합니다.

안타깝게도 이러한 공급업체 계약방식으로 인해 일반적으로 개별 기술공급은 소수의 공급업체로 제한이 되며, 그 결과 최신 기술에 대한 접근을 할 수 없습니다. 계약 과정에는 자주 조달 기업체의 개수나, 계약에 참여할 수 없는 기업 제한조건이 있을 수 있습니다. 또한, 기관의 조달 조직이 기관의 수요 직원에게 제한 조건을 부여하여 조달 과정에 접근하지 못하도록 할 수가 있습니다. 특히 일부 조달 조직은 신규 외부 조달처를 허용하지 않기로 선택합니다. 또한 계약에는 계약에 대한 총지출을 제한하는 상한선이 있으며, 지출 상한선이 초과되면 계약이 종료됩니다. 비슷한 계약조건을 이용하여 서비스 구매에 사용될 수 있으나, 동일한 기간 동안 동일한 서비스를 제공해야 하는 *"동질 대 동질like for like"* 제약이 있습니다. 그리고 다른 제한적인 계약 조항은 서비스를 구매할 때 이러한 수단의 유용성을 제한할 수 있습니다. 따라서 대부분의 조직은 자기 조직과 조달경험이 있는 기업만을 대상으로 서비스를 구매할 수밖에 없습니다.

지난 몇 년 동안 정부 기술 및 조달팀은 조달법을 준수하고 새로운 기술에 접근할 수 있는 창의적인 방법을 찾기 시작했습니다. 이러한 솔루션에는 다음과 같은 방법이 포함됩니다.

- 기술 혁신 연구실Technology innovation labs
- 도전 기반 조달Challenge-based procurement
- 다수 납품 실적Multi-award vehicles
- 대회 및 해커톤Contests and hackathons

이러한 방법들에 대해서 자세히 살펴보겠습니다.

기술 혁신 연구실

공공 부문팀이 새로운 기술에 접근하기 위해 사용해 온 한 가지 접근 방식은 기술 혁신 연구실입니다. 정부의 현대화를 지원하는 비영리 단체인 어폴리티컬 Apolitical은 국가, 주, 카운티 및 도시 차원에서 전 세계 수십 개의 정부 혁신 연구실을 조사하였습니다. 이러한 혁신 연구실은 공공 이익에 기여할 수 있는 IoT 장치 및 기계학습과 같은 새로운 기술에 대한 평가를 주도하고 있으며, 이러한 기술을 지역 공동체에 신속하게 배포하고 있습니다. 이러한 혁신 연구실은 일반적으로 정부 기관의 표준 조달 절차를 따르지 않고, 무료 서비스를 수용하고, 저비용 시도를 실행할 수 있는 특별 조달 권한을 가지고 있습니다.

혁신 연구실의 한 사례로 캘리포니아 주 산마테오 카운티에 있는 베이 에리어의 SMC 연구실 SMC Labs이 있습니다[3]. 이 연구실의 결과 중 하나는 대기질 감지 과제입니다[4]. 캐나다의 또 다른 사례는 온타리오 디지털 Ontario Digital입니다. 시민들을 위해 다양한 디지털 정부 및 관련 계획을 추진하고 있습니다.

진보적인 기관들은 기술 혁신 연구실 외에도 조달 혁신 연구실을 설립하고 있습니다. 예를 들어, 미국 DHS국토안보부, Department of Homeland Security는 신기술 채택 속도를 높이기 위해 조달 혁신 연구실 procurement innovation lab을 만들었습니다. DHS 직원은 연구실의 컨설턴트와 협력하여 혁신적인 조달 접근 방식을 평가하고 개선하여, 접근 방식이 합법적이고 성공적인지 확인할 수 있습니다.

도전 기반 조달

문제에 대한 특정 솔루션을 정의하고 해당 솔루션에 대응하는 입찰을 요청하는 기존 RFP 대신, 도전 기반 조달은 문제에 대한 정의를 제시하고, 공급업체 공동체는 해결 솔루션을 제안하도록 하여 해당 문제에 대응하도록 요청합니다. 도전기반 조달은 때때로 공급업체가 제안서의 일부로 개념 검증을 제공해야 합니다.

---

3 https://www.smchealth.org/general-information/laboratory

4 https://openmap.clarity.io/?viewport=37.477778,%20-122.220819,10.6

여기서 개념 검증이 구매기관의 요구를 충족하는지 평가할 수 있는 기준에 대한 대부분의 항목이나 전부를 제공해야 합니다. 도전 기반 조달 방식은 일반적으로 세부 요구사항을 정의하는 데 소요되는 초기 시간을 단축할 수 있습니다. 또한, 정부 기관이 조달 전에 해당 기술이나 아이디어를 숙지할 필요 없이 공급업체가 새로운 기술 및 기타 새로운 아이디어를 적용하는 혁신을 제안할 수 있도록 합니다.

캐나다 토론토 시는 도전 기반 조달 절차를 통해 선정된 기업들과 협력을 구축함으로써, 도전 기반 조달에 독자적인 역할을 수행하고 있습니다. 그들은 좋은 아이디어는 있지만 실행 자원이 부족한 스타트업들이 프로그램에 참여할 수 있도록 했습니다. 스타트업들은 시제품 단계에서 능력을 향상시켜서 구현 단계에 도달할 수 있을 때 제품을 공급할 수 있습니다. 스타트업이 발전될 수 없다면, 시는 다른 구현 참여자를 선택하여 아이디어가 계속적으로 발전할 수 있도록 지원할 수 있습니다.

다수 납품실적

다수 납품실적이나 사전자격을 가지고 있는 집단으로, 제안 요청서에서 정의된 광범위한 제품이나 서비스를 제공할 수 있는 능력을 입증한 공급 업체군을 확보합니다. 예를 들어, 광범위한 소프트웨어 및 하드웨어 개발 서비스를 제공하는 공급업체로 구성된 사전 검증된 기업군을 확보할 수 있습니다. 이러한 공급업체는 완전히 검증되었으며, 계약 조건을 정의하고 요금과 가격 또는 경우에 따라 특정 과제에 대해 최대 요금과 가격 설정을 추가로 협상할 수 있습니다. 다수 납품실적을 활용한 구매의 목표는 사전 자격을 갖춘 기업의 일부로 가능한 한 많은 공급업체를 확보하는 것입니다. 그런 다음 제품이나 서비스가 필요할 때 확보된 기업군 내의 공급업체 간 신속한 2차 경쟁이 완료됩니다.

초기 기업을 결정하는 데 필요한 2차 경쟁의 시간은 몇 달이나 몇 년이 아니라 며칠이나 몇 주가 소요되므로, 새로운 솔루션을 구축하는 데 소요되는 시간이 크게 단축될 수 있습니다. 오바마 행정부 시절 미국 환경보호국 CTO였던 Greg Godbout는 이러한 구매절차를 *"수요의 속도로 구매하기"*라고 명명하였으며, 이는 연방정부 기관들이 몇 달 또는 몇 년 후가 아니라, 필요성이 확인될 때 제품과 서비스를 곧바로 구매할 수 있게 해준다는 것을 의미합니다. 다수 납품실적은 일반적으로 기술 인력들을 찾는 데 활용하지만, 하드웨어, 서비스 및 기타 신기술을 구입하는 데도 사용됩니다.

대회 및 해커톤

많은 공공 부문 기관들은 해커톤과 다른 유형의 경쟁기법들을 사용합니다. 이러한 방법은 정부를 위해 새로운 기술의 설계, 개발 및 공급을 하는 정부 입찰 계약에 일반적으로 참여하지 않는 개발자와 발명가를 참여시키도록 독려합니다. 해커톤 및 기타 대회는 일반적으로 기간이 짧고 참가비용이 상대적으로 저렴하며 상금은 수십만 달러입니다. 이러한 경쟁자들은 완벽하고 즉시 구현 가능한 제품과 서비스를 생산하지는 않지만, 정부가 기존의 조달 방식을 사용하면 수년간 보지 못할 수 있는 아이디어를 창출하고 기술을 개발합니다. 해커톤 및 기타 경쟁을 통해 제공되는 기술 및 솔루션은 정부 직원이 추가로 개발하고 개선할 수 있으며, 과제의 개발자를 유지하기 위해 다른 조달 방법을 사용할 수도 있습니다. 그러한 사례 중 하나가 2019년 GSA 해커톤[5]입니다.

정부 문화

우리는 주로 정부가 훌륭한 일을 하고 싶어 하는 좋은 사람들로 구성되어 있다고 생각을 하지만, 법을 어길 가능성을 최소화하기 위한 최적화된 시스템 때문에 일을 같이 진행하기가 어렵다고 말합니다. 이러한 제약은 정부 문화에서 주로 나타나며, 정부의 능력을 제한하여 평범한 결과물을 얻게끔 설계된 것처럼 보입니다. 정부의 디지털 전환을 촉진하기 위해 변경해야 할 역사적인 정부 문화의 몇 가지 특성은, 위험 회피 및 준수 문화, 기술 및 급여의 격차, 부적절한 의사 결정자 등이 있습니다. 이 절에서는 구체적인 문화적 문제와 완화 방안으로 다음과 같

5 https://digital.gov/event/2019/06/19/gsa-customer-experience-cx-hackathon/

은 내용을 다룰 것입니다.

- 위험 회피
- 규정 준수 문화 및 잘못된 장려책
- 부적절한 의사결정 및 의사 결정자
- 조직피로

다음 절에서 이러한 문제를 살펴보겠습니다.

위험 회피

미국에서 공무원은 미국의 다른 어떤 노동자 그룹보다 더 많은 법적 보호를 받습니다. 게다가, 대부분의 미국 공무원들은 노조에 가입되어 있습니다. 노조에 가입하지 않은 공무원들도 노조에 가입한 직원들과 동등한 보호와 권리를 가지고 있습니다. 그럼에도 불구하고 공무원들이 그 나라에서 가장 위험을 회피하는 지식 노동자들 중 하나라는 것은 이해하기가 어렵습니다. 정부의 장기적이고 관료적인 절차는 대체로 긴 조달기간과 대규모 계약을 초래하여, 특히 위험을 감수하는 것을 회피하게 만듭니다. 디지털 전환 과정의 일부분, 예를 들면 구매 절차와 같은 부분에서는 개인의 위험 감수를 피할 수 있도록 해주어야 합니다. 조달 절차 중에 잘못된 문제가 발생하면 조달 절차가 처음부터 다시 시작되거나, 최악의 경우 민사나 형사 책임이 발생할 수 있습니다. 그러나 정부 조달과 관련되어 발생하는 실제 위험에 대한 회피는, 디지털 전환 절차의 모든 영역으로 확대되는 것으로 보입니다.

공무원들이 인식하는 위험 이외에도, 대부분의 정부 지도자들은 위험을 감수하는 것을 장려하지 않습니다. 이러한 위험 회피는 정부가 새로운 기술을 도입하는 능력을 제한합니다. 혁신을 촉진하고자 하는 정부 지도자들은 먼저 신기술의 가치를 입증할 수 있는 개념 검증과 최소한의 실행 가능한 제품을 개발하는 것에 집중하여, 과제를 소규모 및 저 비용화하는 활동을 통해 위험을 줄이는 것이 중요합니다. 또한 정부 지도자들은 가치를 제공하기 위해 합리적인 위험을 감수하는 직원들에 대한 독려를 해야 합니다. 이를 위해서는 직원들에게 무엇이 허용되고 무엇이 금지되는지 이해할 수 있도록, 위험 감수에 대한 지지를 표명하고 안전하고 원활한 진행을 보장하는 방법을 제공할 수 있는 공개 대화가 필요합니다.

규정 준수 문화 및 잘못된 장려책

정부 기관은 목표를 달성하는 것보다 규칙 및 절차 준수를 중시하는 경우가 많습니다. 이것은 *"측정된 것이 관리된다"* 는 사실의 결과입니다. 정부가 측정하는 것은 작동하는 제품이 공급되느냐 보다는 그러한 계획이 있느냐, 예산이 효과적으로 사용되어 있느냐보다는 그러한 예산이 계획되어 있느냐 입니다.

연방 IT 취득 개혁법은 연방 CIO의 과제 평가 점수를 매깁니다. 연방 CIO가 많은 과제를 실패한 것으로 평가하면, 위험을 정직하게 평가하는 것으로 인식되기 때문에 해당 평가에서 A를 받습니다. 만약 그들이 근본적인 문제를 해결하고 과제를 정상적으로 보고하기 시작한다면, 그들은 낮은 등급을 받게 될 것입니다. CIO는 문제를 파악하면 보상을 받지만, 문제를 해결하면 불이익을 받습니다. 신기술 제공을 가속화하기 위해 기관들은 어떤 신기술을 제공하고, 얼마나 신속하고 성공적으로 대중에게 제공되는지 측정하기 시작해야 합니다. 디지털 전환을 가속화하기 위해 기관은 규정을 준수하는 것보다는 성과를 측정하는 방향으로 나아가야 합니다.

부적절한 의사 결정 및 의사 결정자

공공기관이든 민간기관이든 모든 조직은 문제나 해결책을 이해하지 못하거나, 특정 평가 지표와 장려책으로 인해 기관 내 공공 또는 타인의 요구와 상충되는 목표를 가진 개인이 결정을 내리는 문제로 어려움을 겪고 있습니다. 하지만, 이 문제는 공공 부문에서 더 자주 나타납니다.

역사적으로 기술 관리는 공공 부문 조직 내에서 분산되어 있어, 소규모 기술자 그룹이 기관 전체에 분산되어 있습니다. 그 결과 주로 현대화, 중앙 집중화, 데이터 공유와 같은 기술이나 가치를 이해하지 못하는 중간 수준의 관리자나 경영진에 의해 관리됩니다. 이익을 내야 한다는 압박감이 없다면, 잘못된 개인이 결정을 내릴 가능성이 커집니다. 조직 정치의 작은 정치든 선거 정치와 같은 큰 정치이든, 정치적 동기에 기반을 둔 결정 가능성이 훨씬 더 높습니다. 이러한 의사 결정 권자들은 디지털 전환이 가져올 가치를 이해하지 못하거나, 기술 투자에 너무 많은 비용이 든다고 믿거나, 단순히 현상 유지를 선호합니다.

부적절한 의사 결정 문제를 해결하기 위해 CIO는 조직의 과제 선택, 예산 책정 및 계획에 대한 사실 기반 의사 결정을 내리고, 각 투자에서 발생하는 위험과 수익을 고려하는 체계적인 의사 결정 절차를 마련해야 합니다. CIO는 기술적 의사결정에 영향을 받는 고객과 다른 사람들이 의사결정 절차에 참여하도록 보장하고, 각 솔루션의 비용과 이점을 이해하는 것을 바탕으로 과제가 선택될 수 있도록 해야 합니다.

조직 피로

이 절의 현재까지 내용을 통해 알 수 있는 것은, 정부에서 일을 하는 것은 매우 어렵다는 것입니다. 사람을 고용하고, 기술과 서비스를 구입하고, 사람을 관리하는 것은 민간 부문보다 훨씬 복잡하고 시간이 많이 소요되는 활동입니다. 많은 사람들은 공무원들이 게으르거나 멍청하다고 믿습니다. 하지만, 그렇지 않습니다. 오히려, 대부분은 극도로 헌신적이고 임무 중심적입니다. 하지만, 정부에서 일이 빨리 진행되기 위한 필요한 순수한 노력은 지치게 되고, 결국 직업 공무원들이 변화를 일으키기 위한 노력을 포기하는 결과를 낳습니다. 시간이 지남에 따라 대부분의 공무원은 더 빠른 결과를 제공하기 위해 시스템을 변경하여 절차를 단순화하려고 시도하기보다는, 가치 사슬의 이전 사람이 작업을 완료했을 때 그 작업이 자신에게 넘겨지기만을 기다립니다.

정부 직원들의 성공을 저해하는 인위적 장애물을 의심한다면, 우리는 정부가 코로나19 팬데믹이 시작될 때 또는 그와 관련하여, 어떤 긴급사태가 선포될 때 조치를 취할 수 있었던 속도만 보면 됩니다. 비상사태가 선포되면 두 가지 중대한 일이 일어납니다. 첫 번째는 조달 규칙이 중단되고, 정부는 민간 부문과 동일한 방식으로 보급품과 서비스를 구매하여 핵심적인 요구를 충족시키는 능력을 높일 수 있다는 것입니다. 두 번째는 위기에 처한 다른 그룹과 마찬가지로 대다수의 직원들이 정치, 조직 경계, 경영진과 교섭단체 간의 갈등에 대한 걱정을 멈추고, 오로지 대중에게 필수적인 서비스를 제공하는 것에 집중한다는 것입니다. 시스템과 사람들 모두가 그러한 위기 상황에 효과적으로 대처합니다.

전환 책임자는 조달 규칙을 영구적으로 포기할 수는 없지만, 위기 상황이 아니더라도 문화를 재설정하고 팀 간에 절박감을 심어주어 정부 과제가 더 빠르고 저렴한 비용으로 완료되는 동시에 고객 요구 사항을 보다 효과적으로 충족할 수 있는 방법을 찾아야 합니다.

고용 문제 – 절차, 임금 및 기술 격차

대부분의 공무원들은 민간 부문에서 유사한 업무를 수행하는 그들의 상대직원들보다 훨씬 낮은 급여를 받습니다. 많은 공무원들이 사회에 있어서 헤아릴 수 없는 많은 가치를 가지고 있거나, 혹은 개별 직원들은 기술을 가지고 역할을 수행하고 있습니다. 또한 대부분의 공무원들이 그들의 상대방인 민간 부문의 사람들만큼 고도로 숙련되어 있기 때문에, 공무원이 받는 급여는 수행되는 작업의 가치를 나타내는 것은 아닙니다. 그것은 단순히 공무원들에게 공개 인력시장에서 그들의 가치보다 적은 임금을 주기 위해 내려진 결정입니다. 이 결정이 공정한지 합리적인지, 아니면 연금, 고용 안정성, 근무 조건 및 서비스를 받을 기회가 낮은 임금을 상쇄하기에 충분한지는 다른 책의 주제입니다. 하지만 이러한 현상이 존재한다는 사실은 정부 전환에 영향을 미치는 문제입니다.

정부 급여는 일반적으로 성과에 기반을 둔 것이 아니라, 근무 연수에 기반을 둔 것입니다. 성과에 관계없이 급여 구조에 의해 정의된 대로 매년 증가가 발생하며, 공공 서비스에서는 성과급여가 거의 지불되지 않습니다. 이 구조는 직원들이 근무 연수에 따른 연간 임금 인상을 획득하기 위해 그들의 지위에 머물도록 장려하고, 그들이 현재의 직위에서 모든 단계를 마친 후에 그들의 급여를 높이기 위해 더 높은 등급의 직위로 이동하도록 장려합니다. 공무원들은 그들의 현재 직위를 즐기고 있는지 아니면 새로운 직위에 관심을 갖는지에 상관없이 말입니다. 공무원들이 자신의 업무를 만족하고 있기 때문에 승진을 추구하는 것이 전적으로 합리적인 것처럼 보이지는 않지만, 대부분의 직원들은 적어도 임금 인상이라는 외적 보상에 어느 정도 동기부여를 받습니다. 게다가, 많은 공무원들은 생활비가 매우 비싼 지역에서 근무하고, 그들의 삶의 질을 향상시키거나 단순히 생계를 유지하기 위해 승진하기를 선택합니다.

공무원들은 낮은 급여 이외에도 민간 부문 동료들, 특히 기술 부문 동료들이 누리는 특권을 받지 못합니다. 정부는 일반적으로 민간 부문에서 일하는 대부분의 개인들이 당연하게 여기는 무료 커피와 휴일 파티를 포함하여 직원들에게 어떤 선물도 제공하는 것이 금지되어 있습니다. 법은 지역마다 다르지만, 대부분의 경우 공무원들이 공급업체로부터 가치 있는 모든 것을 받는 것은 불법이며, 대부분의 경우 브리핑 센터에서 점심 식사를 제공하지도 않습니다. 공공 부문 직원들은 또한 엄격한 재정 공개와 민간 부문 회사에 투자하는 것에 대한 제약을 받습니다.

이러한 임금 격차는 정부 서비스가 일반적으로 두 가지 유형의 사람들을 끌어들이는 것을 의미합니다. 즉, 본질적으로 봉사하려는 동기를 가지고 임금 격차를 기꺼이 받아들이는 사람들과 정부 일자리가 일반적으로 제공하는 더 나은 일과 삶의 균형, 안정된 일자리를 선택하기 위해 임금 격차를 받아들이는 사람들입니다.

일단 누군가가 정부조직에서 일하기를 원한다면, 그들은 긴 면접 과정을 거쳐야 하고, 아마도 보안 허가를 받아야 할 것입니다. 정부 면접 과정은 매우 체계적이고, 민간 부문의 채용 과정보다 훨씬 더 오래 걸립니다. 이로 인해 대부분의 민간 부문 조직보다, 지원자가 일자리를 신청한 시점부터 답변을 받고 채용 절차가 완료될 때까지 훨씬 오랜 시간이 소요됩니다. 게다가 정부가 지원자를 평가하는 방식이 민간과 달라, 공공부문 채용절차를 이해하지 못하는 우수한 자격을 갖춘 지원자들이 조기에 탈락하는 경우가 많습니다. 마지막으로, 특정 작업에 대한 보안 허가로 인해 채용 날짜와 근무 시작 날짜 사이에 긴 지연이 발생할 수 있습니다. 이 모든 절차 장애물의 결과로 인해 정부 기관이 자리를 제안을 하거나, 때로는 면접 일정을 잡기도 전에 정부 일자리에 관심이 있는 많은 사람들이 민간 부문의 자리를 수락한다는 것입니다.

채용 문제에 대한 대응

이러한 모든 어려움을 고려할 때, 새로운 기술을 기반으로 솔루션을 설계, 구현 및 관리를 위해 필요한 예상되는 공무원의 기술은 실제적으로 상당한 현실적인 격차가 존재한다는 것은 놀라운 일이 아닙니다. 이러한 문제점은 크지만, 조직이 기술 격차를 해소하기 위해 사용하는 해결방안도 있습니다.

교육

많은 기관들은 직원들에게 IoT, 기계학습, 분석 및 RPA와 같은 신기술에 대한 최신 정보를 제공하기 위한 교육 프로그램에 투자하고 있습니다. ITIL^{Information Technology Infrastructure Library}, PMPProject Management Professional 등의 인증 및 스크럼, 칸반[6] 등의 개발 방법론에 투자하고 있습니다. 기관들은 각 직원에게 맞춤형 교육을 제공하기 위해, 내부 교육 과정, 온라인 교육, 학회 및 강좌, 대학 학위 과정 등을 활용하고 있습니다. 많은 민간 부문 기업들이 교육 및 개발 예산을 줄였기 때문에, 이러한 교육 기회를 통해 공공 부문 기관들은 그들이 필요한 인재를 얻기 위해 경쟁하고 있는 주변 기업들과 차별화를 할 수 있습니다.

대부분의 공공 부문 조직은 신규 대학 졸업자, 다른 공공 기관의 직원 및 민간 부문의 사람을 포함한 다양한 전문 인력을 채용하는 것이, 성공적인 전환에 필요한 다양한 기술을 확보하는 데 도움이 된다는 것을 인식하고 있습니다.

수요가 많은 자리에 대한 효율적인 채용

많은 공공 부문 기관, 특히 연방 정부는 수요가 많은 자리가 더 빨리 채워질 수 있도록 특별하고 간소화된 채용 절차를 만들었습니다. 예를 들어, 연방 정부, 해당 부서나 기관이 직접 고용 권한을 요청하여, 후보자가 부족한 중요한 직무에 대한 고용 절차의 대부분을 생략할 수 있습니다. 이러한 경우, 기관은 민간 부문이 고용하는 방식과 유사한 채용방식으로 인력을 확보할 수 있습니다.

---

6 https://www.digite.com/kanban/what-is-kanban/

채용 선호도

대부분의 공공 부문 기관은 대표성이 낮은 소수 집단, 퇴역 군인 및 장애인을 선호합니다. 이러한 선호 사항은 주로 관리자가 해당 자리 요건을 충족한 우대 대상 부류의 구성원인 지원자를 고용할 수 있도록 합니다. 그들이 국가에 대한 봉사를 인정받아, 연방 정부는 퇴역 군인들에게 상당한 특혜를 줍니다. 이러한 선호도는 연방 고용 관리자가 자격을 갖춘 퇴역 군인을 신속하게 고용하는 데 활용할 수 있습니다.

특별 채용 권한

마지막으로, 많은 조직은 관리자가 간소화된 절차를 사용하여 기간제 직원을 고용할 수 있는 특별 권한을 가지고 있습니다. 이 사람들은 공무원이며 단순 계약직이 아닙니다. 하지만, 그들은 기간제 공무원이고, 이러한 직책에 있는 사람들은 정부 기관에 대한 근본적인 지위를 가지고 있지 않습니다. 정규직으로 고용된 것이 아니기 때문에, 그들은 기관 내에서 다른 자리로 이동하고 싶다면 기관에 고용되지 않은 다른 사람과 동일한 방식으로 지원해야 합니다. 이러한 기간제 직책은 몇 개월에서 몇 년까지 근무할 수 있습니다. 일부 조직에서는 이러한 개방형 임용Presidential Management Fellowship 혹은 개방형 임용 프로그램Presidential Management Fellowship Program과 같은 전형적인 협력 프로그램이 있습니다. 다른 경우에는 조직이 기간제 직원으로 어떤 자리든지 채울 수도 있습니다. 이러한 기간제 임용으로 기존 직원을 교육할 수 있는 전문성을 갖춘 개인을 고용할 수 있으며, 기간제 직원은 기존 팀원들로부터 정부가 어떻게 운영되는지 배울 수 있기 때문에, 특정한 새로운 전문성을 도입하고자 하는 조직에 특히 유용합니다. 성공적인 기간제 고용 제도는 정부 내의 전문성을 높이고 민간 부문 내의 정부에 대한 이해도를 높이는데 모두 도움이 됩니다.

성공적인 전환을 추진하고 있는 공공부문 기관들은 성공 확률을 높이 위해서, 직원 교육과 새로운 기술을 가진 외부 직원을 채용하는 방법 중 일부 또는 모두를 사용하고 있습니다.

예산 및 기술 부채

제한된 정부 예산은 공공 부문 기관의 디지털 전환 구현 능력을 방해할 수 있습니다. 연방 정부의 민간 기관과 대부분의 주 및 지방 기관을 포함한 대부분의 기관에서 정부 예산은 수십 년 동안 감소하고 있는 반면, 서비스에 대한 필요성은 증가했습니다. 최고의 자금 지원을 받는 정부 기관도 현재의 자금 지원보다도 더 많은 예산증가를 요구하는 경우가 많습니다. 기관은 기관의 고유한 기본 서비스를 제공해야 하고, 기관의 내부 절차를 운영해야 하며, 선출된 공무원과 지역사회의 정치적 목표를 충족해야 합니다. 기관 IT 조직은 전환적인 제품 및 서비스 제공과 기존 기술에 대한 유지보수의 균형을 맞춰야 합니다.

많은 디지털 전환이 완료된 신생기업과는 달리, 대부분의 정부 기관들은 오래전부터 존재해 왔습니다. 대부분의 경우, 기관들은 컴퓨터 시대가 시작되기 전에 존재했으며, 일반적으로 선도적으로 신기술 적용은 하지 않았지만, 기관은 역사적으로 신기술의 구현에 있어 민간 부문을 추종해 왔습니다. 그 결과 현대적인 최첨단 기술과 함께 메인프레임에서 마이크로필름에 이르기까지 오래된 기술의 집합인 전사적 아키텍처enterprise architecture가 탄생했습니다. 안타깝게도 정부기관들은 신기술 채택에 뒤쳐져 지고 있으며, 오래된 기술을 보수하고 폐기하는 것은 신기술 채택보다도 훨씬 더 느립니다.

예산 제한과 이미 구축된 많은 기술로 인해, 많은 공공부문 기관들은 상당한 양의 기술 부채Technical Debt를 가지고 있습니다. 기술 부채[7]의 개념은 과거에는 쉽고 빠른 소프트웨어 개발 방식에 따른 잠재된 문제로 설명되었지만, 이제는 잘못 설계된 코드뿐만 아니라 구식 소프트웨어와 하드웨어도 포함하는 것으로 널리 이해되고 있습니다.

2020년 4월의 대화에서 한 공공 부문 CIO는 코로나19로 인한 불황이 새로운 기술 요구와 또 다른 예산 삭감이 그들에게 닥쳤을 때에도, 2008년부터 시작

7 https://ko.wikipedia.org/wiki/기술_부채

된 대침체에서 발생된 기술 부채를 제거하기 위해 여전히 노력하고 있다고 언급했습니다. 경기 침체는 자금 부족과 동시에 정부 서비스에 대한 필요성을 증가시킵니다. CIO는 소속 기관이 기술 부채를 상환할 수 있는 디지털 전환 솔루션을 찾아야 합니다. 애자일 방법론을 사용하여 이러한 전환을 실현함으로써, CIO는 적은 비용으로 절차의 모든 단계에서 활용 가능한 제품을 받을 수 있습니다. 애자일 접근방식의 결과는 기존 방법론을 사용하는 것보다 비용이 적게 들고 더 빠른 공급이 가능한 솔루션이 될 것입니다.

디지털 격차

디지털 격차digital divide는 인구의 일부가 컴퓨팅 기술이나 광대역 인터넷에 접근할 수 없는 상황을 설명합니다. 이러한 디지털 격차는 공공부문 서비스 접근에만 영향을 미치는 것은 아니지만, 민간 기업들은 모든 대중이 제품을 이용할 수 있도록 보장할 의무가 없습니다. 반면에, 공공 부문은 모든 사람에게 봉사해야 하는 독특한 의무를 가지고 있습니다. 이것은 정부가 전자적으로 서비스를 제공할 수 있다고 하더라도, 일부 대중이 전자적으로 서비스에 접근할 수 없다면, 정부는 모든 대중이 접근할 수 있는 다른 방법으로 그 해결책을 제공할 필요가 있다는 것을 의미합니다. 이는 정부 기관이 가까운 미래에 많은 절차에서 두 가지 형태를 유지해야 한다는 것을 의미합니다.

디지털 격차는 하나로 설명할 수 있지만, 실제로 두 가지 형태의 디지털 격차가 있습니다. 첫 번째 디지털 격차는 시골지역입니다. 시골지역에 광대역통신을 도입하는 것은 비용이 많이 드는 일이었습니다. 특정 지역에는 통신 사업자가 해당 지역에 서비스를 제공하는 비용을 회수할 수 있는 충분한 거주자가 없었기 때문입니다. 이것은 새로운 기술의 확산과 관련하여 미국에서는 새로운 문제가 아니며, 20세기 전반에 전기공급과 20세기 후반의 전화 서비스 문제였습니다. 이 문제는 과거 연방 정부가 서비스를 필수로 지정하고, 서비스가 소외된 농촌 지역으로 서비스를 확대하기 위해 보조금을 제공함으로써 해결되었습니다. 서비스가 부족한 시골 지역사회에 광대역통신을 제공하려면 앞서 언급한 유사한 연방 주도의 해결방법이 필요할 것입니다. 이러한 디지털 격차의 양상은 도시와 교외 지역으로만 형성된 지방 정부에는 영향을 미치지 않을 수 있습니다.

두 번째 디지털 격차는 경제적 격차입니다. 도시, 교외 및 시골 지역 등 많은 지역에서 광대역 접속이 가능하지만, 많은 주민이 광대역 접속을 구입할 여유가 없거나 인터넷을 사용할 수 있는 장치가 없거나 둘 다 없을 수도 있습니다. 사실, 그 비율은 다양하지만, 모든 지방자치단체에는 광대역 인터넷 접속을 감당할 수 없는 주민들이 있습니다. 지방 및 주 정부는 공공 광대역 계획 및 지역사회 협력체를 통해 이 문제를 해결할 수 있습니다. 현재 서비스 비용을 감당할 수 없는 대중에게 저비용 또는 무료 광대역 서비스와 인터넷 연결 장치를 제공하고, 인터넷에 접속하는 데 필요한 장비를 제공하는 것이 하나의 방법입니다.

코로나19 펜데믹 기간 동안 전 세계 정부 기관이 갑자기 문을 닫으면서 정보 격차가 더욱 뚜렷해졌습니다. 새로운 운전면허증을 취득하는 것과 같은 일부 서비스는 당연히 이용할 수 없었지만, 건축 허가증을 취득하는 것과 같은 다른 서비스는 광대역 인터넷 접속을 가진 사람들만 이용할 수 있었습니다. 그 결과 정부 서비스를 혁신하고 디지털화하려는 지방 자치 단체의 노력이 배가되었을 뿐만 아니라, 정보 격차에 대한 관심도 높아졌습니다. 많은 지방 자치 단체들은 와이파이를 공공건물에서 주차장으로 확장하고, 서비스가 부족한 지역사회에 무선 접속이 가능한 학교버스를 배치하고, K-12 시스템 전체에 걸쳐 수백만 대의 컴퓨터를 학생들에게 배포하는 것과 같은 단기적인 해결책을 발표했습니다. LA 카운티와 오클랜드 시와 같은 지방 자치 단체의 지도자들로부터 지역 사회의 모든 사람들에게 인터넷 접근을 제공할 수 있는 방법을 펜데믹으로 인해 요구받기 시작했습니다.

이러한 모든 복잡성으로 인해 공공 부문에 추가적인 어려움이 처한 반면, 기관은 민간 부문보다 느리지만 이 절에서 설명하는 전략을 활용하여 이러한 문제를 완화하고 혁신적인 솔루션을 제공할 수 있었습니다.

지금까지 정부의 디지털 전환과 관련된 어려움에 대해 논의했으므로, 정부에 대한 대중의 기대가 어떻게 변화하고 있는지, 정부 기관이 어떻게 어려움을 극복하고 대중에게 더 나은 서비스를 제공할 수 있는 방법을 찾고 있는지 알아보겠습니다.

6.2 시민 경험의 전환

이제 정부 디지털 전환과 관련된 어려움에 대해 논의했으므로, 일련의 사례 연구를 통해 정부 디지털 서비스의 제공이 어떤 모습인지, 정부 디지털 서비스가 그러한 업무를 어떻게 전환시키고 있는지에 대해 살펴보겠습니다. 이러한 사례 연구에서는 광범위한 영역 및 기술에 걸친 정부 디지털 전환에 대해 설명합니다. 정부의 책임은 매우 광범위하며, 비록 우리가 이 절에서 상당한 내용의 기술에 대해 논의할 것이지만, 우리는 정부 서비스에서 제공되는 모든 기술을 다룰 수는 없을 것입니다.

정부 서비스의 역할

정부는 대중을 위해 수많은 서비스를 제공합니다. 연방 정부는 지역 상비군을 통해 우리에게 해를 끼치는 사람들로부터 나라를 보호하는 것에서부터, 식품 안전 보장, 은행 시스템이 작동하도록 하는 것까지 모든 것을 제공합니다. 주 정부와 지방 정부는 군대를 모집하는 것에 대해 걱정할 필요가 없습니다. 하지만, 그들은 공공 안전 보장, 기반 시설 제공, 사회 안전망을 가능하게 하는 서비스 제공, 공원 등과 같은 주민들의 일상생활을 더 즐겁게 하는 서비스의 제공과 같은 다양한 임무를 가지고 있습니다. 최종적으로, K-12 및 고등 교육과 같은 공립학교는 학생들이 사회에서 자기 역할이 가능한 시민이 될 수 있도록 준비하는 교육을 받을 수 있도록 보장합니다.

오늘날 시민들이 정부에게 기대하는 것

오늘날 우리는 모두 디지털 세계에 살고 있습니다. 우리는 인터넷에서 우리가 원하거나 필요로 하는 거의 모든 것을 얻을 수 있기를 기대합니다. 정부에 대한 우리의 기대나 최소한의 요구는 변하지 않습니다. 우리는 거의 모든 정부 서비스를 온라인에서 접근할 수 있어야 하고, 그 업무가 쉽고, 빠르고, 직관적이어야 한다고 기대합니다. 즉, 정부가 민간처럼 일을 해야 한다고 기대합니다. 정부는 그 목표를 완전히 달성하지는 못했지만, 디지털 기술을 활용하기 위해 자체적인 전환이 진행되고 있으며, 그 전환의 속도는 가속화되고 있습니다.

정부 전반에 걸친 전환

정부는 다양한 활동을 수행하지만, 이 절의 목적을 위해 우리는 정부가 수익을 창출하고, 공공을 보호하며, 삶의 질을 향상시키는 서비스를 제공하는, 몇 가지 수직 분야 또는 서비스 유형으로 분류하겠습니다. 각 수직적 측면에서, 우리는 정부가 대중에게 봉사하는 방식을 어떻게 전환시키고 있는지에 대한 사례를 살펴볼 것입니다. 우리가 다룰 구체적인 수직적 분류는 다음과 같습니다.

- 정부 운영
- 군사
- 공공 안전
- 의료
- 사회 복지 사업
- 교통
- 주거 서비스
- 교육
- 환경 보호
- 기반 시설

스마트시티에 대한 논의로 이 절을 마치겠습니다. 스마트시티에 대한 논의는 도시의 거주 적합성과 지속 가능성을 높이기 위해 정보통신 기술을 사용할 때 우리의 미래를 엿볼 수 있습니다. 스마트시티에서는 IoT 장치를 통해 데이터를 수집하고, 통신망을 통해 데이터를 전달하고, 데이터를 분석하여 현황을 이해하여 문제와 기회에 대응함으로써 이를 달성할 수 있습니다.

정부 운영

단기적으로 정부 예산은 매우 유연성이 없습니다. 자연재해와 같은 갑작스러운 변화를 제외하고는 단기간에 수입이 크게 벗어나지 않는 경향이 있습니다. 또한, 정부 서비스에 대한 수수료를 징수할 때, 수수료를 통해 서비스 비용을 완전히 회수하는 경우는 거의 없습니다. 예를 들어, 대부분의 국가에서 새로운 운전면허증을 발급하는 비용은 자동차 부서의 운영비용은 말할 것도 없고, 단일 운전면허증을 발급하는 데 드는 추가적인 비용조차도 회수하지 못합니다. 따라서 정부는 더 많은 양의 거래를 수행함으로써 "이익"을 개선할 수 없습니다. 하지만, 효율성으로 인해 발생한 절감액이 주로 기업 이익이나 직원 성과급으로 사용되는 민간 부문과 달리, 정부 비용 절감액은 정부 프로그램에 다시 재투자될 수 있습니다.

따라서 정부가 내부 및 공공 부문 모두에서 서비스를 더 효율적으로 운영할수록, 주민에게 더 많은 서비스를 제공할 수 있음이 분명해집니다. 하지만, 우리는 프로그램의 실행이 어렵고, 시간이 많이 걸리고, 비용이 많이 드는 관료적 문화가 정부의 성공을 어렵게 만든다는 것도 알았습니다. 이러한 이유로 효율성을 창출하는 모든 디지털 전환은 정부의 효율성을 높이는데 매우 중요합니다.

네브라스카 주

네브래스카 주의 CIO인 Ed Toner는 효율성을 디지털 전환의 초석으로 삼았습니다. Toner는 최근 블로그 게시물에서 다음과 같이 언급했습니다.

"네브래스카 주에서는 우리가 하는 모든 일에 효율성, 일관성 및 신뢰성을 도입하는 데 중점을 두고 있습니다."

네브래스카 주의 디지털 전환은 미래를 준비하기 위한 많은 기본적인 중단과 새로운 시도가 포함되어 있습니다. 이들은 주 전체의 IT 팀을 하나의 주 레벨 IT 기관으로 통합하고, 기반시설 운영을 두 개의 주 데이터 센터로 통합했습니다. 서버가 가상화되고 데이터가 저장되어 운영비용이 더욱 절감되었습니다. 이러한 조치는 비용과 복잡성을 줄여 더 나은 데이터 접속과 절차 개선이 가능하도록 하였습니다.

기술 조직과 시스템을 통합하고 데이터 센터 내의 기술 장벽을 제거함으로써, 주 정부는 보건복지부, 국세청, 자동차부, 911 및 주 순찰대를 포함한 수많은 주 정부 기관에 걸쳐 데이터를 통합할 수 있었습니다. 기관사이의 장벽을 제거함으로써, 이전에는 데이터 장벽으로 인해 극복할 수 없었던 통합화된 데이터 분석을 사용하여 통찰력을 확보할 수 있었습니다. 더 나은 데이터 분석을 통해 주 정부는 데이터 전반에 걸쳐 현상을 도출하고, 네브래스카 주민에게 더 나은 서비스를 제공할 수 있습니다.

내부와 외부의 절차를 모두 개선하기 위해 주정부는 이전에 종이 기반 업무절차를 자동화 플랫폼인 온베이스OnBase로 변경하고 업무절차 자동화에 전체 팀을 투입했습니다. 가장 중요한 것은 절차가 자동화되기 전에 IT 부서의 린 식스 시그마팀이 절차 책임자와 협력하여 업무 절차를 간소화했다는 점입니다. 간소화한 후에 온베이스팀은 업무절차 자동화를 시작했습니다. 향상된 업무 흐름을 통해 주정부는 비용을 절감하고, 직원이든 공공 사용자이던지 최종 사용자 환경을 개선할 수 있었습니다.

이러한 광범위한 준비의 결과로 네브래스카 주는 내부 절차뿐만 아니라 고객대면 절차도 신속하게 현대화할 수 있었습니다. 주정부의 IT 효율성 향상을 통해 혜택을 받은 고객 대면 서비스의 몇 가지 사례는 다음과 같습니다.

- *대기질 보고서의 전자 문서화:* EQA환경 품질청, Environmental Quality Agency은 승인 대기 시간을 몇 주에서 며칠로 대폭 단축했으며, 신청자가 서류 대신 전자 방식으로 서류를 제출할 수 있도록 함으로써 시민의 관리 부담을 줄였습니다.
- ***WIC****여성, 유아 및 어린이, Women, Infants, and Children* *프로그램에 대한 온라인 접근:*

주 정부는 고객이 WIC 지원 프로그램에 온라인으로 접근할 수 있도록 방법을 제공하였습니다. 온라인을 통해 23개의 종이 양식을 줄이고, 프로그램의 모든 부분에 걸쳐 고객 데이터를 종합적으로 볼 수 있는 단일 창을 제공함으로써, 직원이 고객에게 더 나은 서비스를 제공할 수 있도록 했습니다.

- *종이 없는 소 검사:* 소를 확인하는 데 몇 주가 걸릴 수 있는 종이 기반 과정이 전자적인 절차로 대체되었습니다. 네브래스카 품질 검사원들은 매년 660만 마리 소의 머리 사진을 찍고, 등록하고, 대금을 징수하기 위해 아이패드를 가지고 다닙니다.

2020년, 주정부는 디지털 전환 여정을 계속하기 위해 백오피스 절차에 RPA를 적용하기 시작했습니다.

국방부

DoD미국 국방부, Department of Defense는 미국에서 가장 큰 고용주입니다. 군의 주요 부서를 포함하는 국방부에는 국가안전보위부를 비롯한 여러 가지 기능을 수행하는 군인과 민간인 직원이 총 290만 명에 육박합니다.

국방부 사례-공군 소프트웨어 공장

군대의 디지털 전환 작업 대부분이 기밀로 취급되어 저자들이 활용할 수 없지만, 우리가 논의할 수 있는 매우 성공적인 프로그램이 하나 있습니다. 공군 내에서 최고 소프트웨어 책임자인 Nicholas Chaillan은 디지털 공군을 만드는 데 전념하고 있습니다. Nicholas Chaillan과 그의 팀이 만든 프로그램 중 하나는 소프트웨어를 생산하는 프로그램입니다. 공군은 8개의 소프트웨어 공장을 만들었는데, 각 공장은 공군 임무의 각각 다른 측면을 전담하고 있습니다. 이 소프트웨어를 만드는 공장들은 기지와 현장에서 공군의 임무 성공을 지원하는 최첨단 소프트웨어를 제공합니다. 8개의 공장들이 공군의 다양한 임무 범위에 걸쳐 대응을 하고 있습니다.

소프트웨어 공장은 세 가지 추가 기능으로 강화되었습니다.

- **플랫폼원**PlatformOne**:** DevSecOps 관리 서비스를 공군 전제의 팀에 제공하는 중앙 집중식 팀.
- **클라우드원**CloudOne**:** 다양한 분류 수준에서 클라우드 시설을 제공하고 ATO운영권한, Authority to Operate DoD 프로그램을 제공하는 중앙 집중식 팀
- **DSOP:** DoD 전체 프로그램에 지침과 지원을 제공하는 DoD 부처[8] DevSecOps 계획.

소프트웨어 공장의 구현으로 인해, 더 민첩하고 비용 효율적인 공군이 탄생했습니다.

공공 안전

공공 안전은 구급차와 긴급 출동 서비스뿐만 아니라, 경찰과 소방 서비스, 법원, 교도소를 포함한 다양한 공공 서비스를 포함합니다. 이 분야에는 정부 시설과 공공 공간에 배치된 기술도 포함되어 있으며, 이는 정부 직원과 일반 대중의 안전을 보장하기 위한 것입니다.

공공 안전 사례-온도 및 군중 감지

코로나19 펜데믹과 관련된 전례 없는 대피소 설치 명령 이후 세상이 다시 열리자, 전 세계 보건 당국은 감염된 사람들이 다른 사람들과 접촉으로 인해 바이러스를 퍼뜨릴 위험을 줄이기 위해 공공시설에서 사람들의 체온을 확인할 것을 권고했습니다. 대부분의 조직은 수동 체온 감지로 시작했지만, 수동 체온 점검은 비실용적이라는 것이 곧 밝혀졌습니다. 체온을 확인하기 위해 모든 출입구에 사람이 있어야 할 뿐만 아니라, 이동이 가장 많은 시간에는 체온을 측정하는 사람으로 인해 병목 현상이 발생됩니다. 게다가, 체온 측정을 거부하는 사람들과의 갈등이 곧 발생했습니다.

---

8 미국 국방부 전체를 대상으로 하는 기업 아키텍처

체온을 확인하는 것 외에도, 공공건물과 공간을 담당하는 공무원들은 공공장소에 사람이 몰리지 않고 개인들이 마스크를 착용해야 하는 요구 사항을 제대로 준수하고 있는지 감시할 방법이 필요했습니다.

공공 공간에서 체온 감시 필요성은 세계의 많은 곳에서는 새로운 것이었지만, 사스SARS, 조루인플루엔자H5N1 및 메르스MERS 발병 동안 원격 체온 감시 기술을 사용한 아시아의 정부들에게는 새로운 것이 아니었습니다. 체온을 감시하고, 공간이 과밀하지 않은지 확인하며, 마스크 착용 규정 준수를 감시하기 위해, 공급업체는 이전의 응급 상황에서 사용된 열화상 솔루션의 새로 갱신된 제품을 배포했습니다. 과거에 아시아의 많은 공항들이 이러한 솔루션을 배치했기 때문에, 코로나19 펜데믹 기간 동안 솔루션이 중국을 비롯한 아시아의 다른 지역에 먼저 배치되었고, 이어서 미국의 공항을 포함한 전 세계 공항에 배치된 것은 놀라운 일이 아닙니다. 현재 책의 작성 시점에 미국의 수백 개 관할 구역에서 관공서를 다시 열고 서비스를 복구하기 위한 계획의 일환으로 체온 측정 솔루션을 평가하고 있습니다. 그림 6.1은 열화상 솔루션의 구성 요소 및 작동을 보여줍니다.

그림 6.1 원격 체온 감시

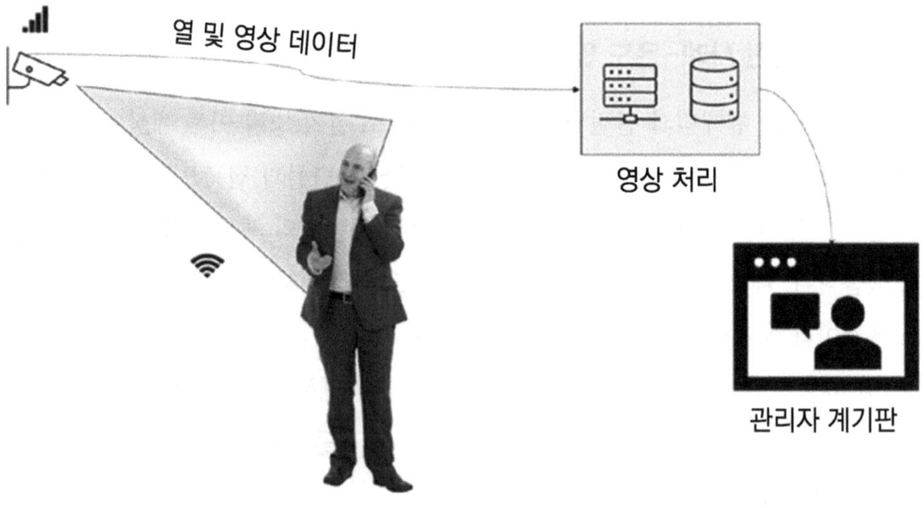

체온 감지 응용프로그램이 설치되면, 카메라 범위 내에서 지나가는 사람들의

온도가 카메라에 의해 은밀하게 확인됩니다. 사람들은 보통 속도로 그룹을 지어 통과할 수 있습니다. 한명씩 카메라 앞에서 멈추어 측정할 필요가 없습니다. 체온이 비정상적으로 높은 사람은 누구나 표시됩니다. 높은 체온을 가진 사람의 영상은 측정 중인 위치에서의 정책에 맞는 적합한 조치를 취할 수 있도록 운영자에게 관련 정보가 제공됩니다.

체온 감지는 사람 얼굴의 특정 지점에 초점을 맞추는 열화상 카메라로 수행됩니다. 정확도를 높이고 잘못된 긍정이나 부정을 줄이기 위해 얼굴의 특정 위치가 선택됩니다. 실외 온도를 고려하기 위해 카메라는 몇 분마다 자동으로 재보정하여 외부에서 건물로 들어오는 사람들의 잘못된 온도 오차를 낮추어 줍니다. 카메라는 온도 데이터와 영상을 무선전화나 와이파이를 통해 서버에 전달하여 AI로 온도 데이터를 처리합니다. 체온감시가 가능한 건물 입구와 같이 대응방안이 지역적이고 의무적인 경우, 운영자는 어떤 개인이 평소보다 높은 온도를 가지고 있는 것처럼 보일 때 관리 화면을 통해 알림을 제공받습니다. 많은 카메라를 가지고 있는 중앙 집중식 솔루션의 경우, 운영자에게 체온이 높은 사람의 영상을 포함하는 SMS를 통해 알릴 수 있습니다.

AI 기반 안면인식기술을 적용하여 한 공간에 있는 모든 개인이 마스크를 착용하고 있는지 여부를 확인할 수 있습니다. 개인이 마스크 착용에 대한 요구 사항을 준수하지 않을 경우, 시스템은 운영자에게 경고를 전달할 수 있으며 운영자는 조직의 절차에 따라 상황을 해결합니다. 하나 이상의 카메라를 사용하여 회의실 및 환승 플랫폼과 같은 넓은 공간을 완벽하게 담당할 수 있습니다. 사람들 사이가 적절한 거리로 형성되지 않는 군중무리가 발생되면, 시스템은 운영자에게 공간에 있는 사람들의 밀도를 줄이기 위한 조치를 취하도록 통지할 것입니다.

의료

많은 의료 서비스가 민간 부문에 의해 제공되지만, 인구의 상당 부분은 주, 카운티 및 연방 정부가 운영하는 공공 병원에 의해 제공됩니다. 또한, 공공 부문은 코로나19 위기로 인해 대중의 주목을 받은 의무인 인구 보건 서비스라고도 하는 공공 보건 서비스를 제공할 책임이 있습니다.

의료 서비스 제공 및 지원 서비스는 특히 병원에서 디지털 기술의 지원을 받아 점점 더 많이 수행되고 있습니다. 복잡한 수술은 이제 로봇 기술을 활용하여 수행되고 있으며, 환자는 심전도 검사EKG에서부터 온도계까지 다양한 인터넷 연결 기기를 통해 관리됩니다. 병원 내에서는 의사가 환자의 전자 의료 기록에 요청을 입력하면, 약국 업무를 완화하고 실수를 낮추기 위해 로봇이 환자의 약을 자동으로 공급합니다. 현대의 의료 서비스는 IoT에 의해서 의사들에게 전자 의료 기록의 일부 데이터를 제공함으로써 전환되어 왔으며, 이는 환자에 대한 진료의 연속성을 보장하기 위해 전 세계 의료 제공자와 공유될 수 있습니다. 글로벌 의료 산업의 규모를 기준으로 볼 때 이 분야는 디지털 전환의 여지가 많습니다.

의료 사례-원격의료

IoT는 의사 사무실, 병원 및 확장 치료 시설에서 의료 제공자에게 강력한 기능을 제공하는 반면, IoT의 진정한 힘은 원격의료Telemedicine에서 명확해집니다. 원격의료의 가장 기본적인 응용사례는 전문가 상담을 포함한 가상 의사 진료를 제공하는 것입니다. 그림 6.2는 사용 중인 원격의료의 개념도를 보여주고 있습니다. 초기의 원격의료 진료는 충분한 일차 진료 의사가 없는 시골 지역의 환자를 치료하거나, 지역에서 찾아보기 힘든 전문의에게 진료를 받을 수 있도록 사용되었습니다. 하지만, 원격의료의 사용은 코로나19 대유행 기간 동안에 급증했습니다. 이는 부양자에 대한 방문을 제한함으로써 환자 건강과 기본적인 치료 환경 하에 있는 환자 모두의 위험을 줄이기 위해서도 사용되었습니다. 이 비디오에 나와 있는 것처럼 이스라엘 보건 서비스[9]에서는 가벼운 증상을 가진 코로나19 환자를 치료하기 위해서도 원격의료가 사용되었습니다.

9 https://www.youtube.com/watch?v=MkpO5CIk6i8:

그림 6.2 원격 의료 방문의 생태계

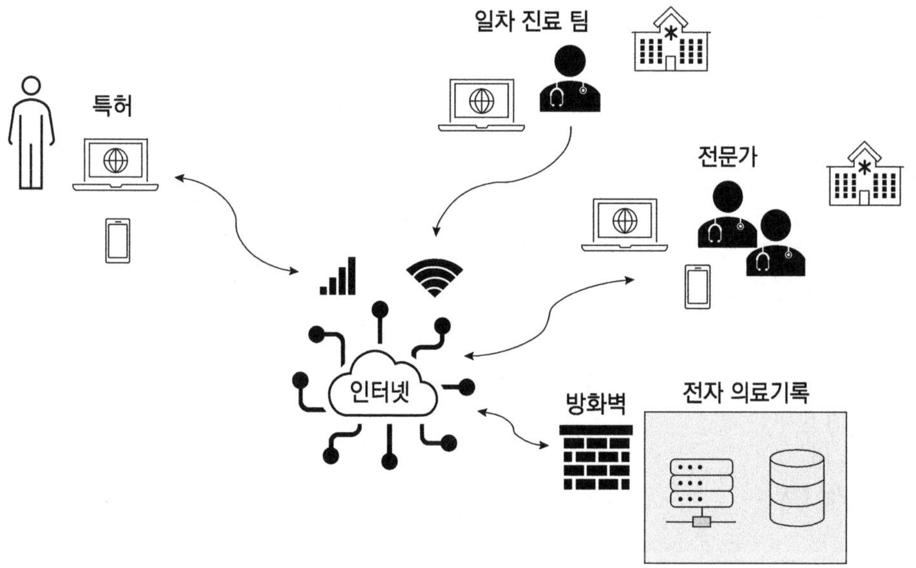

원격으로 환자를 진료하려면 환자는 카메라가 탑재되어 있는 전화나 컴퓨터가 광대역 인터넷에 접속되어 있어야 합니다. 환자는 의사, 간호사, 간호사, 의사 보조자를 포함한 주요 관리팀 및 필요에 따라 전문가가 영상 회의에 참여합니다. 진료팀은 원격으로 처방전을 작성하고, 검사를 요청하고, 환자의 의료 기록을 갱신할 수 있습니다. 치료진은 환자가 직접 진료실에 방문하지 않아도 검사 결과를 볼 수 있고, 후속 조치를 취할 수 있습니다.

가상 치료팀 진료는 환자가 의사를 방문하여 대면 진료를 하지 않고도, 환자 건강 상태와 규정 준수를 감시하기 위해 사용될 수 있는 IoT 장치의 폭발적인 증가로 인해 고도화됩니다.

그림 6.3 IoT를 통한 의료 지원

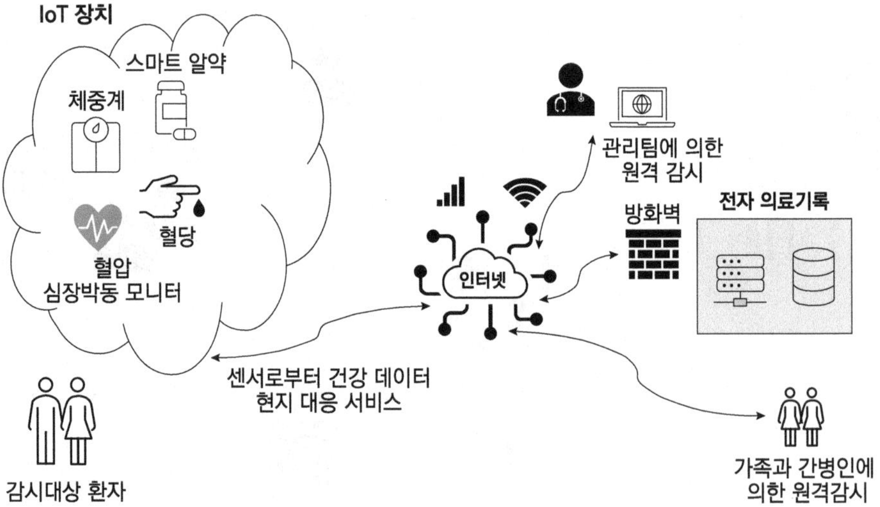

IoT는 가정 의료 및 감시를 위한 수많은 응용사례를 가지고 있습니다. 집에서 암 치료를 받는 환자의 건강은 블루투스로 연결된 체중계와 혈압계로 관리됩니다. 스마트 인슐린 펜은 혈당과 함께 환자에게 전달되는 인슐린의 시간과 용량을 추적하고 다음 투약 시간과 양을 권장합니다. 새로운 의료 기술에는 약물 준수를 추적하는 알약에 포함된 섭취 가능한 센서와 혈당 수치를 측정하는 콘택트렌즈가 포함됩니다. 그림 6.3은 의료진과 가족 구성원 모두가 만성 질환 환자의 건강을 추적할 수 있도록 함으로써, IoT 장치가 원격 의료를 가능하게 하는 방법을 보여줍니다. 이러한 기능들은 예방진료를 가능케 하여, 문제가 심각해지기 전에 사전 조치를 취함으로써 만성 질환을 개선하고 의료비용을 절감하는 데 도움을 줍니다.

사회 복지 사업

정부는 실업 지원, 식량 지원, 어린이와 노인 보호, 노숙자에서 영구 주택으로 사람들을 이동시키는 것을 돕는 지원을 포함하는 다양한 공공 서비스를 통해 사회 안전망을 제공합니다. 사회복지 서비스의 현대화는 식료품 지원을 위한 종이로 만든 사용권을 직불카드로 대체하는 것부터, 의료, 사회복지, 법 집행 분야간의 데이터를 집계하여 사회 안전망에서 소외가능성이 있는 개인을 찾는 것과 같은 복잡한 것까지 다양합니다.

사회복지 사업 사례-노숙자 생활

미국 주택도시개발부에 따르면 노숙자 수가 2007년부터 2016년까지 감소한 후 2017년부터 다시 증가하기 시작했습니다. 2020년 초 현재 미국에서는 60만 명 이상의 사람들이 노숙자입니다. 물가가 비싼 해안 도시에서는 상황이 특히 심각합니다. 디지털 도구는 노숙자와의 싸움에서 매우 중요합니다.

캘리포니아의 접근 방식은 개발자들에게 시장 가격보다 낮은 주택을 제공하도록 요구하는 것에서부터, 노숙자들을 수용하기 위해 특별히 새로운 집을 건축하기 위한 자금을 직접 조달하는 것에 이르기까지 다양합니다. 이러한 정책 구상을 구체화하기 위해 캘리포니아는 데이터가 필요합니다. 현지의 공동체는 노숙자들에게 일련의 서비스를 제공하고, 그들의 공동체에서 노숙자 인구의 각 구성원을 추적하여 노숙자들이 올바른 서비스를 받을 수 있도록 보장합니다. 서비스는 각 카운티별로 CoC지속적 돌봄, Continuum of Care로 구성된 일련의 공동체 조직에서 제공됩니다.

각 CoC는 그들이 서비스를 제공하는 개인들에 대한 많은 정보를 수집합니다. 역사적으로, 데이터는 각 주 정부의 지역 내에서 관리되어 왔습니다. 이것은 개인이 카운티 간에 이동할 때 문제가 되어, 주 내 노숙자 개인의 인구 조사뿐만 아니라 서비스의 연속성에도 영향을 미칩니다. 주에서는 현재 주 전체에서 데이터를 집계한 다음 마스터 데이터 관리를 통해 데이터 중복을 제거하고, 각 개인에 대한 서비스가 필요한 모든 카운티에서 전체 사례 기록을 사용할 수 있도록 보장하는 솔루션을 개발하고 있습니다. 이 솔루션은 통찰력을 이끌어내기 위한 데이터 시각화와 노숙자를 찾기 위한 GIS지리 정보 시스템, Geographic Information System 분석을 포함하여, 단순한 빅 데이터를 넘어 광범위한 전환적인 디지털 기술을 활용합니다.

분석 도구를 사용하면 지역 기관이 개인과 노숙자 공동체에 대해 전체적으로 더 잘 이해할 수 있습니다. 양질의 정확한 데이터를 사용한 담당자는 데이터 중심 의사 결정을 내려 지원 대상자를 도울 수 있습니다. 샌프란시스코의 담당자는 모바일 앱을 통해 노숙자 데이터에 접근한 다음 평가를 수행하고, 노숙자와 현장의 자원을 연결할 수 있습니다.

진행 중인 다른 혁신적인 과제는 예측 분석을 사용하여 가까운 장래에 노숙자로 전락할 위험이 있는 개인을 확인하는 UCLA와 로스앤젤레스 간의 공동 과제가 포함됩니다. 일단 확인되면, 지역 서비스 기관은 개인과 가족이 집에 머물 수 있도록 현금 지원과 보상 서비스를 제공할 수 있습니다. 뉴욕 대학교의 도시 과학 및 진보 센터와 여성보호Women in Need 재단 간의 협력으로 유사한 과제가 뉴욕에서 진행 중입니다.

교통

정부는 항공, 기차 및 도로 여행의 안전 보장에서부터 혼잡을 줄이기 위한 도로 제공 및 교통 흐름 관리에 이르기까지 광범위한 교통 권한을 가지고 있습니다. 정부는 사람들이 자유롭고, 안전하고, 효율적으로 이동할 수 있도록 하는 중요한 시설을 제공합니다.

기술은 여러 해 동안 우리의 도로에서 사용되어 왔습니다. 기술의 가장 일반적인 용도는, 레이더로 개별 차량의 속도를 측정하고 제한 속도를 초과하는 사람에게 교통 벌칙금을 부과하는 것입니다. 최근에는 교통 단속 장치에 신호위반 카메라가 추가되었습니다. 신호위반 카메라red-light cameras는 적색 교통신호를 통과하는 차량의 번호판과 운전자의 모습을 자동으로 촬영합니다. 촬영된 운전자 모습이 차량의 등록된 소유자와 일치하는 경우 벌금 고지서를 발송합니다. 이러한 기술은 교통안전에 영향을 미치지 않으면서 운전자의 습관을 개선시키는 것보다 운전자에게 더 많은 스트레스를 받게 할 것입니다. 우리가 그러한 기술이 존재한다는 것을 모를 가능성이 있지만, 도로에서는 우리의 운전 습관을 개선시키고자 하는 교통 기술을 사용하고 있습니다.

교통 사례-교통 관리

우리의 도로가 혼잡해짐에 따라, 사람들을 더 효율적으로 이동시켜야 할 필요성이 전면에 등장했습니다. 여행 감소, 카풀, 그리고 대중교통이 우리 도로의 혼잡을 줄이는데 도움을 주지만, 기술은 또한 우리가 계속 움직이도록 하는 데 중요한 요소입니다. 이 기술은 도로망 전체에서 혼잡을 관리하고, 교통 신호등이 최적의 시간에 맞춰지도록 보장하며, 교통 체증을 예측하는 데 사용됩니다.

실리콘 밸리의 중심부에 위치한 산타클라라 카운티는 거의 2백만 명의 주민이 거주하고 있으며, 카운티 밖에서 오는 통근자와 지역 밖에서 오는 여행객으로 매일 붐비고 있어 상당한 교통 체증이 발생합니다. 고맙게도, 산타클라라 카운티는 미국에서 가장 정교한 교통 관리 시스템 중 하나를 가지고 있으며, 이를 통해 교통 혼잡을 방지합니다.

주 정부는 자치지구로 편입되지 않은 지역의 도로와 주 정부를 가로지르는 7개 고속도로의 교통 관리만 담당하지만, 고속도로는 주 정부 전체 지역 도로의 원활한 운영에 매우 중요합니다. 고속도로의 교통 체증이 심해지면, 이는 주 전체적으로 영향을 미치게 되어 결국 교통 정체로 이어집니다. 이처럼 계속되는 위기에 대처하기 위해 산타클라라 카운티는 카운티 전역의 고속도로에 수백 대의 카메라와 센서를 배치했습니다. 이러한 IoT 장치에서 제공되는 데이터는 카운티의 교통관리 센터로 전달된 다음, 클라우드의 데이터 분석 솔루션으로 전송되어 분석됩니다. 결과 정보는 카운티 전역의 130개 교통신호 시간을 조정하는 데 사용됩니다.

이전에는 교통 신호등이 요일과 시간대에 따라 몇 가지 형태로 미리 설정되었습니다. 월요일 오전 9시의 설정은 토요일 오후 4시의 설정과 달랐지만, 매주 월요일 오전과 토요일 오후에는 동일했습니다. 기존 교통 신호등은 교통사고, 폭우, 심지어 느리게 움직이는 보행자와 같은 일상적인 사건들을 고려하지 않았지만, 스마트 도로망은 그 전형적인 관리방식을 바꾸어 놓았습니다.

카메라와 센서가 제공하는 정보를 사용하여, 교통 신호 계획은 현재 조건에 따라 교통 흐름을 최적화하도록 자동으로 조정됩니다. 교통 신호 계획은 조명의 모든 주기까지 필요에 따라 실시간으로 조정됩니다. 게다가, 자전거가 교차로에서 이동하고 있을 때를 확인할 수 있는 특별한 센서가 도로에 내장되어 있습니다. 센서가 자전거를 인식하면, 자전거 이용자가 교차로를 횡단할 수 있는 충분한 시간을 갖도록 교통 신호 시간이 조정됩니다. 마찬가지로, 횡단보도에 설정된 타이머를 배치하는 대신 마이크로파 센서는 횡단보도의 보행자를 추적하고, 지연 시간을 줄이기 위해 엣지 컴퓨팅을 사용하여 보행자가 도로 반대편에 안전하게 도달할 수 있도록 신호등이 변경되는 시간을 연장할 수 있습니다.

또한 산타클라라 교통 관리 시스템은 엣지 컴퓨팅을 사용하여 15분 후의 교통을 예측합니다. 예측 데이터는 주 홈페이지에 게시되어 있어 주민들이 교통 상황을 확인하고 교통 혼잡을 피하기 위해 출발 시간을 앞당기거나 늦출 수 있습니다.

거주자 서비스

모든 주, 카운티 또는 도시의 주민 대다수는 정부와의 상호 작용이 매우 제한적이며, 일반적으로 언제 정부 서비스를 사용해야 하는지 알지 못합니다. 그들은 세금을 내고, 도로에서 운전하고, 공원을 방문하고, 허가를 신청합니다. 그들은 경찰이나 소방서가 존재한다는 것을 인정하지만, 그들과 연계되지 않고 수년을 보낼 수도 있습니다. 이 장의 앞부분에서 논의했듯이, 주민들은 정부와의 업무가 민간 부문 기업과 같이 업무가 단순하고 기술적으로 가능하기를 원합니다. 주 정부와 지방 정부는 정부 업무를 보다 쉽고 인터넷이 가능하도록 설계된 서비스를 통해 이러한 요청에 대응하고 있습니다.

거주자 서비스 사례-긴급하지 않은 보고(311) 응용 사례

많은 지방 자치 단체에서 311은 길 위의 움푹 패인 곳, 가로등 정전, 폐기물 불법 투기, 낙서 등 긴급하지 않은 문제를 신고하기 위해 일반인이 전화할 수 있는 번호입니다. 이러한 해결방안은 원스톱 방안으로 설계되었습니다. 불행하게도, 이것은 자주 실망을 하는 사례로서 신고하는 사람들이 잘못된 부서로 연결되었을 때, 적합한 부서를 찾는 데 거의 또는 전혀 도움을 받지 못한다고 알려졌습니다. 많은 부서에서 지방 자치 단체와의 상호 업무관계를 간소화하기 위해 설계된 모바일 앱으로 전화응답 센터를 대체하거나 확대하고 있습니다. 대부분의 보고 사례는 개방형 API를 사용하는 개방형 311이나 상용 플랫폼을 기반으로 구축되며, 인근 지자체와 데이터를 통합하고 교환할 수 있습니다.

그림 6.4 311 응용 사례

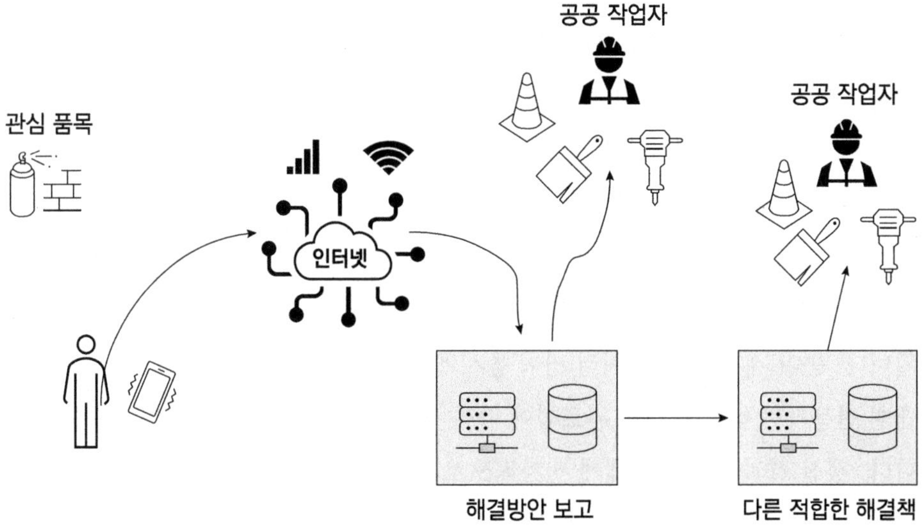

그림 6.4에서 우리는 지방자치단체의 신고 사례가 운영되는 것을 볼 수 있습니다. 지역사회의 한 주민이 낙서를 발견하고, 전화기에 설치된 신고 기능을 사용하여 자신의 시나 주에 연락하여 낙서를 신고합니다. 요청을 받은 관할 구역 내에 낙서가 있을 경우 자동으로 공공사업부로 전달되어 청소가 이루어집니다. 주소가 다른 관할 구역에 있는 경우의 요청은 해당 관할 구역으로 전달됩니다. 두 관할 구역이 호환 가능한 솔루션을 가지고 있다면, 메시지는 관할구역의 솔루션에 직접 보내집니다. 그렇지 않은 경우 대부분의 보고 솔루션은 문제가 있는 관할 지역의 담당 연락처로 전송 요청이 포함된 전자 메일이 자동적으로 전달됩니다. 또한 대부분의 관할 구역에서는 앱에서의 요청 건에 대한 결과를 신고자에게 전달될 것입니다.

거주자 서비스 사례-온라인 허가 및 원격 검사

일반적으로 건축 허가를 받는 과정은 허가를 요청하는 사람이 시, 자치주, 때로는 주 사무소에 직접 방문하여 서류를 제출하고 수수료를 지불해야 합니다. 그런 다음 나중에 검사할 계획 문서를 가지고 다시 방문해야 합니다. 예약이 필요한 경우가 많은데, 며칠이나 몇 주 동안 예약이 불가능할 수 있습니다. 계획을 검토 한 후에는 일반적으로 변경이 요청됩니다. 변경이 완료된 후에는 검토 및 최종 승인을 위해 허가 사무소에 다시 방문해야 합니다. 복잡한 사업의 경우 허가 전에 허가사무소 방문을 여러 차례 방문할 수 있습니다.

온라인 허가는 허가 사무실로 직접 방문하는 업무를 제거함으로써 허가 절차를 완전히 변경합니다. 일반인이 허가를 신청하고자 할 때, 허가 신청서를 작성하고 온라인으로 수수료를 지불합니다. 계획이 준비되면 허가 기관에 전자적으로 제출됩니다. 일단 허가 사무소에서 계획서가 접수되면, 계획서는 내부적으로 전달됩니다. 종이 계획과 달리 여러 명이 동시에 계획을 검토할 수 있습니다. 피드백은 개별 전문가가 허가 검토를 완료함에 따라 점진적으로 요청자에게 전송될 수 있습니다. 갱신 결과는 요청자에게 전자적으로 답신되며, 필요한 경우 요청자에게 발송된 종이 사본과 함께 전자적으로 허가증을 발급할 수 있습니다.

이와 같은 완전한 온라인 절차의 결과로, 요청자는 많은 시간과 비용을 절약할 수 있습니다. 또한 허가 기관은 제출된 설계도의 종이 파일을 유지하거나 설계도를 디지털화할 필요가 없으므로, 시간, 비용 및 공간을 절약하고, 자료를 분실하거나 잘못된 계획을 완전히 없앨 수 있습니다.

지방 자치 단체들도 검사 과정을 전환시키고 있습니다. 검사관이 부상당할 위험을 낮추기 위해, 몇몇 기관들은 건물 위 높은 곳에 위치한 지붕과 다른 특징들에 대한 드론 검사를 시행했습니다. 그림 6.5는 드론 검사를 보여줍니다.

그림 6.5 드론 검사

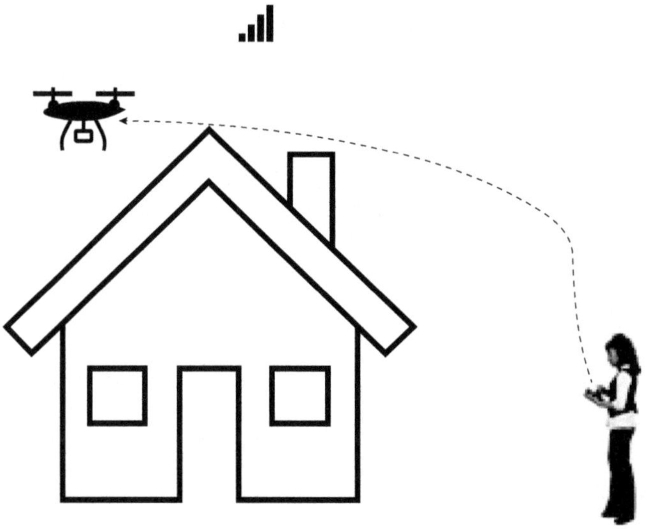

드론은 검사관에 의해 수동으로 비행되거나, 건물 설계에 따라 미리 정해진 경로를 따라 비행할 수 있습니다. 드론은 무선 전화기 통신망을 통해 검사관의 컴퓨터나 태블릿에 지붕이나 기타 특징들의 동영상을 전송합니다. 검사관은 실시간으로 영상을 검토하고 나중에 검토할 수 있도록 영상을 저장할 수 있습니다.

코로나19 사태 때는 건물 검사관들이 완전 원격 점검에 나섰습니다. 화상 채팅이나 원격 회의 프로그램을 사용하여 검사관은 계약자나 주택 소유자를 검사가 필요한 위치로 안내합니다. 시공사나 주택 소유자는 건축물 검사관의 요청에 따라 검사관에게 위치를 보여주고 사진을 찍습니다. 검사가 완료되면 검사관은 검사 결과를 보고하고 변경이나 승인을 요청합니다. 수정이 완료되면 동일한 방법으로 재검사가 완료되고 입주 증명서가 발급됩니다.

교육

인터넷의 등장 이후, 디지털 기술은 교육적 경험을 파괴하고 있습니다. 기업과 정부 전반에 걸쳐 기술을 구현하는 것과 마찬가지로, 교육 기술은 교육을 가치와 파괴의 단계로 전환시켰습니다. 교육의 이러한 변화 범위에 대한 용어는 SAMR 모델로, **대체**Substitution, **보강**Augmentation, **변형**Modification 및 **재정의**Redefinition

를 나타내는 머리글자가 있습니다. 표 6.1은 SAMR 모델의 각 단계를 설명합니다.

표 6.1 SAMR 모델

단계	설명	사례
대체	손으로 하는 활동을 기기를 사용하여 하는 활동으로 대체합니다. 가르치는 방법은 기능적으로 변경되지 않습니다.	워드 프로세스를 사용하여 칠판 대신 오버헤드 프로젝터 슬라이드에 글을 입력합니다.
보강	기술을 추가하면 학습 경험이 향상됩니다.	잘라 붙이거나 붙여넣기, 철자 검사 또는 그래픽과 같은 워드 프로세서의 고급 기능을 사용하거나 그래픽 및 기타 고급 기능으로 발표능력을 향상시킵니다.
변형	가르치는 업무는 부분적으로 또는 완전히 재설계됩니다.	학생들이 가정에서 녹음된 강의를 시청하고, 교실에서 과제를 수행하는 거꾸로 교실(Flipped classroom).
재정의	기술은 기술 없이는 불가능했던 새로운 교육 방법을 만들어냅니다.	화상 회의를 통해 전 세계의 다른 강의실과 연결되어 강의실 간의 참여나 협업이 필요한 수업을 완료하는 강의실

교육에서 디지털 전환의 목표는 가능한 한 많은 가치를 얻는 것입니다. 이는 모든 방법을 대체하는 것에서부터 재정의까지, 가치 사슬을 따라 위로 이동하는 것을 의미합니다. 교육에 관한 이 절의 나머지 시간 동안, 우리는 사례를 사용하여 온라인 수업으로 인해 발생하는 혼란과 온라인 수업이 전환 가치 사슬의 각 수준에서 어떻게 존재할 수 있는지에 대해 논의할 것입니다.

교육 사례-온라인 수업

원격 수업은 수십 년, 혹은 수 세기 동안 교육계에서 인기 있는 개념입니다. 가장 초기의 원격 수업 형태는 편지교육이었습니다. 그 이름에서 알 수 있듯이, 학생들은 우편을 통해 선생님과 서신을 주고받았으며, 기술적으로 유일하게 사용된 것은 우편배달 방법, 그나마 최근에는 문서 작성기일 수 있습니다. 나중에, 수업은 비디오카세트를 통해 학생들에게 보내지거나, 폐쇄 회로 텔레비전을 통해 방송되었습니다. 오늘날 우리가 알고 있는 가상 교실을 학생들과 교사들이 공유하는 온라인 교육이 존재한 것은 지난 몇 년 전부터입니다.

지난 몇 년 동안 온라인 수업이 크게 확대되었지만, 코로나19 펜데믹으로 인해 K-12 및 고등교육 모두의 전 세계 캠퍼스가 폐쇄되어 사실상 모든 교육이 하룻밤 사이에 온라인으로 진행되어야 했습니다. 온라인 수업의 가장 기본적인 형태인 가상교육으로의 *대체*substitution는 가상 회의 공간과 학생들이 과제를 받고 제출하는 온라인 수업 관리 시스템을 포함하여 전환적인 기술을 많이 사용합니다. 하지만 많은 학교에서는 온라인 수업이 교실, 가상 사무실 시간, 이어진 토론 및 그룹 채팅과 같은 소셜 미디어 기능, 온라인 시험 및 퀴즈, 자동 표절 검사 및 과제 채점을 보강하는 기능도 제공됩니다.

교사들이 보강을 넘어 *변형*modification 이상으로 가면서, 온라인 도구를 활용하여 가르치는 방식 자체를 근본적으로 변화시킵니다. 선생님들은 수업 전에 학생들이 사전 학습을 할 수 있도록 강의를 준비하고 문제를 해결하기 위해 수업 시간을 사용할 뿐만 아니라, 학생들이 협업할 수 있도록 온라인 강의실에서 작은 그룹으로 나눌 수 있습니다.

마지막으로, *재정립*redefinition 수준에 도달하면 온라인 수업이 개인 맞춤형 수업을 구현하는 데 사용됩니다. 교실 선생님의 지원을 받는 기계학습 알고리즘에 의해, 각 학생들은 그들의 주제에 대한 숙지, 학습 형태, 그리고 관심사에 따라 맞춤형 교육을 제공받습니다. 교사들은 학습경험learning experience이 적절한지를 확인하기 위해 진도를 확인하고, 학생들을 만나고, 과제를 수정하는 반면, 기계학습과의 협업은 개별 교사가 학생들로 가득 찬 교실에서 제공할 수 있는 것보다 훨씬 더 많은 맞춤화를 제공합니다.

세계의 거의 모든 교실이 온라인으로 최근 이동함에 따라 학생들이 물리적 교실로 돌아간 후에도 많은 교사들이 코로나19 팬데믹 기간 동안 활용한 기술을 계속 사용할 것이기 때문에, 향후 10년간 교육과 학습에 큰 영향을 미칠 것입니다. 불행하게도, 온라인 수업으로의 전환은 광대역 인터넷에 접근할 수 있는 사람들과 광대역 인터넷에 접근할 수 없는 사람들 사이의 디지털 격차가 문제 되었습니다. 온라인 교육을 모든 학생들이 평등하게 공유할 수 있도록, 학군, 시, 카운티 및 주에서는 소득 또는 위치에 관계없이 모든 학생에게 인터넷 접속을 제공하기 위해 노력하고 있습니다.

접속을 늘리기 위한 일반적인 해결방법은 학교, 도서관 및 공동체 센터와 같은 공공건물에서 인터넷 접속을 제공하는 것입니다. 이 장의 앞부분에서 논의한 바와 같이, 팬데믹 기간 동안, 이러한 인터넷 접속을 제공하는 데 어려움에 처해졌습니다. 행정구와 시는 무선 신호를 주차장과 공원에 적용하고, 저소득층이나 접근성이 낮은 지역에 와이파이가 장착된 버스를 주차하기 시작했습니다. 이러한 공공 와이파이 솔루션 중 어떤 것도 모든 학생들에게 공평한 기회를 제공하기에는 적합하지 않습니다. 우리가 직면한 지속적인 과제 중 하나는 시골 지역으로 광대역 인터넷 접속을 확장하고 저소득 가정에 인터넷을 제공하는 것입니다. 미국 정부는 유사한 문제를 필수적인 것으로 인식하고, 서비스 확대 및 제공에 보조금을 지급함으로써 해결해 왔습니다. 그러나 이 책의 작성 시점 현재 문제는 해결되지 않은 상태로 남아 있습니다.

환경 보호

정부는 환경의 관리를 담당하며, 환경관리는 규정의 개발 및 집행, 환경이 훼손될 경우의 정화를 포함합니다. 이러한 모든 작업은 우리 모두가 깨끗한 공기, 땅, 그리고 물을 사용할 수 있도록 보장하기 위한 것입니다. 미국에서 환경 보호는 주, 지방 정부, 부족 및 연방 정부가 **협력 연방주의**cooperative federalism라고 하는 구조로 공유합니다. 우리가 논의한 다른 수직적 분야와 마찬가지로 환경 보호 분야는 광범위하며, 우리가 탐구하는 사례들은 자연 환경과 건강을 개선하기 위한 기술의 적용 가능한 일부만을 다룰 것입니다.

환경보호 사례-스토리 맵

환경 데이터는 기본적으로 장소 기반입니다. 환경적 영향은 특정 장소에서 장기적으로 또는 짧은 기간 동안에 발생합니다. 특정 장소에서 발생하는 특정 사건의 영향을 이해하는 것은 재난에 대응하고, 대중의 안전을 유지하고, 오염을 해결할 수 있도록 하는 우리의 문제해결 능력에 매우 중요합니다. 스토리 맵Story map은 환경 영향을 이해하고 전달하고 행동을 조정하는 강력한 도구입니다.

스토리 맵은 기존의 지도와 차트, 데이터 분석, 사실적인 문장, 영상 및 다중매체 콘텐츠와 결합된 GIS 데이터에 의존하여, 쉽게 이해할 수 있는 방식으로 위치 상태에 대한 정보를 전달합니다. 환경 보호의 맥락에서 스토리 맵에 대해 논의하는 과정에서 GIS 데이터를 활용하여, 장소 기반 데이터 세트에 대한 강력한 정보를 공유할 수 있습니다.

스토리 맵을 사용하여 환경 상태를 전달하는 몇 가지 사례는 다음과 같습니다.

- 식수에서 납 함유 문제는 미국에서 잘 알려진 심각한 문제입니다. EPA는 대중들을 교육하기 위해 개인들이 과제를 학습할 수 있는 대화형 스토리 맵을 만들었습니다[10]. 이 과제는 위험을 낮추고, 국가 전역에 걸쳐 납 공급 관을 제거하기 위한 것이었습니다.
- EPA는 **PFAS**과불화 및 폴리플루오로알킬 물질, Per- and Polyfluoroalkyl Substances 오염에 대한 국가 지도를 발간했습니다. PFAS는 테프론 및 기타 제품에 사용되는 화학 물질입니다. 자연적으로 분해되지 않고 인체에 축적되어 악영향을 미치는 것으로 알려져 있습니다. 결과적으로 EPA는 오염된 현장을 추적해 왔으며 지도를 공유[11]했습니다.
- 루이지애나 주 북서부에 위치한 캠프 마인든은 폭발물 재활용을 위해 사용된 지역입니다. 폭발 사고 이후 장소 소유자는 파산을 신청하고 시설 장

---

10 https://epa.maps.arcgis.com/apps/Cascade/index.html?appid=989f006a15f14256ad8bdfd837016453

11 https://www.ewg.org/interactive-maps/pfas_contamination/map/

소를 버렸습니다. 루이지애나 주 방위군은 현장의 소유권을 획득하고 EPA 과 협력하여 공공 안전을 보장하기 위해 현장 주변의 대기질을 추적했습니다. 그들은 또한 쓰레기 처리를 맡았습니다. EPA 지역 사무소는 정화 상태와 지역 사회에 미치는 환경적 영향을 전달하기 위해 스토리 맵을 만들었습니다[12].

EPA는 가시성이 높은 빌리지 그린Village Green 과제를 포함하여 환경의 상태를 대중에게 전달하기 위해 다양한 다른 도구를 사용합니다.

환경보호 사례-빌리지 그린 과제와 그 이상의 것

2013년, EPA는 공기질 센서를 사용하여 일반적인 오염물질을 실시간으로 감시하고, 웹이나 모바일 앱을 통하여 실시간으로 지역사회에 알릴 수 있는 기능을 공개적으로 시연하는 과제를 시작했습니다. 그림 6.6에서 볼 수 있듯이, 빌리지 그린은 의도적인 큰 구조물이었습니다. 센서들은 공원 벤치 뒤에 있는 비바람에 견딜 수 있는 잠금 박스 내부에 설치되었고, 전체 시스템은 박스 위에 설치된 태양광 발전으로 전원을 공급받았습니다. 이러한 솔루션을 광범위하게 배치하기에는 너무 크고 비용이 많이 들었지만, 개념 증명과 가시성을 통해 지역사회를 위한 토론과 교육의 원천을 제공했습니다. 총 10개의 빌리지 그린이 미국 전역의 도시와 중국 베이징의 미국 대사관에 설치되었습니다.

12 https://www.epa.gov/la/camp-minden-explo-story-map

그림 6.6 노스캐롤라이나 주 더럼의 빌리지 그린. 저자 사진

빌리지 그린은 지름 2.5마이크로미터 미만의 미세먼지인 PM2.5를 측정하는 센서와 오존, 블랙카본, 이산화질소, 휘발성 유기화합물, 풍속, 온도, 습도 등을 측정하는 센서가 들어 있었습니다. 그 센서들은 매분마다 측정을 했습니다. 벤치에 위치한 컴퓨터에서 데이터를 분석하여 이동전화 통신망을 통해 EPA 서버로 전송하고, 이상 징후를 분석한 다음 EPA나 지역 협력자의 웹 사이트와 모바일 앱에서 사용할 수 있도록 했습니다. EPA는 빌리지 그린 설계 자료를 개방하여 일반인들이 빌리지 그린을 직접 만들 수 있도록 했습니다.

중요사항

독자적인 빌리지 그린 대기질 측정소를 건설하고자 하는 경우, EPA는 한 시간 분량의 교육 영상[13]을 포함한, 측정소를 설계, 운영 및 유지관리하기 위한 전체 지침[14]을 제공

이 개념 검증은 저렴한 센서를 통한 환경 감시로 발전했으며, 이러한 센서는 휴대폰에 장착하거나 지상이나 수중 환경에 배치할 수 있습니다. 전 세계의 정부 기관은 환경 상태를 추적하기 위한 목적으로 종종 수동 감시가 어려운 위치에 있는 저비용 공기 및 수질 센서를 사용합니다. 센서 데이터가 처리된 후 일반인에게 위험 상태를 자동으로 알려줍니다.

유틸리티

유틸리티 회사들은 디지털 전환의 새로운 도구와 솔루션을 채택하고 데이터 중심의 미래로 향해 나아가고 있습니다. 유틸리티 회사에서 전환 기술의 사용은 에너지의 생성, 전송 및 분배에서 확인할 수 있습니다. 게다가, 소비자들의 시설에 있는 전기 계량기도 점점 더 지능화되고 있습니다.

유틸리티 사례-스마트 계측

유틸리티 회사와 소비자 사이의 양방향 통신을 가능하게 하는 스마트 계량기와 통신망은 이러한 전환의 중요한 부분입니다. 스마트 계측이 가지는 사업가능성을 잘 이해하는 사례는, 정확한 청구와 실제 계량기 검침을 수행하는 노동 비용을 절감하는 것입니다. 스마트 계량기는 고객에게 전기 사용에 대한 훨씬 더 나은 가시성을 제공하여 사용량을 낮출 수 있습니다.

전기 자동차 및 연결된 스마트 가전제품을 구매하는 소비자가 크게 늘면서 전기 유틸리티 시장이 변화하고 있습니다. 이러한 고객은 전기 차량을 전력망에 연결하고, 스마트 가전제품을 원격으로 제어할 수 있는 기능을 요구합니다. 이러한 장치의 수가 증가하고 기술이 점진적으로 성숙함에 따라, 유틸리티 회사의 수요와 부하 곡선의 모양이 크게 변화할 것입니다. 옥상 태양광 시스템과 같은 VRE가변 재생에너지, Variable Renewable Energy 발전원과 유틸리티 사업모델 변경으로 인해, 보다 상세한 실시간 전기 사용량에 대한 필요성이 증가할 수 있습니다. 이러한 요

---

13 https://www.youtube.com/watch?v=iF7Cr33S0zM&feature=youtu.be

14 https://cfpub.epa.gov/si/si_public_record_report.cfm?Lab=NRMRL&dirEntryId=340116

구 사항은 스마트 계량기와 AMI양방향 원격검침, Advanced Metering Infrastructure의 개발을 이끌었습니다.

유틸리티 사례-이탈리아 에넬 디스트리뷰션Enel Distribution

20년 전 에너지 시장 자유화 과정에서 이탈리아 최대 전력회사 에넬이 사업에 근본적인 변화를 주기로 한 것이 유럽의 전력시장 전환을 불러왔습니다. 에넬은 이러한 시장의 역동적인 변화를 에너지 분배 시스템, 사업절차 및 고객 관계 관리에 근본적인 변화를 줄 수 있는 기회로 삼았습니다. 에넬의 근본적인 변화 중 하나는 *텔레제스토레*telegestore 시스템이라고 불리는 스마트 계측의 도입이었습니다. *텔레제스토레* 시스템의 주요 구성 요소는 스마트 계량기, 모든 보조 변전소에 설치된 모뎀 및 집중기가 있는 게이트웨이, 그리고 데이터와 게이트웨이 간의 통신을 수집 및 관리하는 중앙 시스템입니다.

2001년과 2006년 사이에 에넬은 이탈리아의 모든 고객(가정과 기업)을 위해 3,300만 개의 스마트 계량기를 설치하였습니다. 이를 통해 26억 달러의 비용을 들인 *텔레제스토레* 과제를 완료했습니다. 거의 20년이 지난 지금, 3천 3백만 개의 스마트 계량기가 작동하고 있는 가운데, *텔레제스토레* 시스템은 여전히 유럽에 설치되어 있는 가장 큰 스마트 계량기 시설입니다. 이 과제의 성공은 스마트 계량기의 개발을 향한 움직임을 촉발시켰고, 이 시스템은 스마트 계량기 솔루션을 개발하고 배포하려는 다른 유틸리티 기업들에게 귀중한 시제기 역할을 하였습니다. 이 시스템의 엔지니어링 부품들이 이제 거의 20년이 되었기 때문에 수명이 다 되었습니다.

2017년부터, 에넬은 개방형 계량기라고 불리는 2세대 스마트 계량기로 전환하고 있습니다. 그림 6.7은 스마트 홈 에너지 관리 및 동적 요금 최적화와 같은 추가적인 새로운 기능을 제공하는 개방형 계량기의 아키텍처를 보여줍니다.

그림 6.7 개방형 계량기 아키텍처

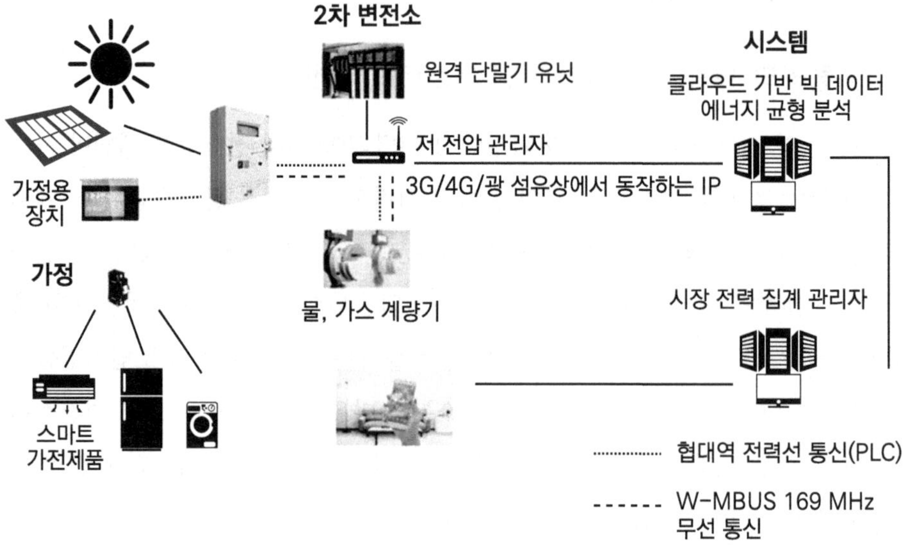

새로운 스마트 계량기에는 전력망 QoS서비스 품질, Quality of Service을 지속적으로 감시하고, 통신망 결함을 실시간으로 감지하는 기능도 있습니다. 이러한 계량기에는 규제성 네트워크 보안 요구 사항을 충족하기 위해 전력선 통신 및 RF무선 주파수, Radio Frequency를 포함한 두 가지 통신 경로가 있습니다. IoT 어날리틱스IoT Analytics에 따르면 2019년 전 세계적으로 1억 4100만 대의 스마트 계량기가 출하되었습니다. 이 시장의 CAGR연평균 성장률, Compound Annual Growth Rate은 7%입니다.

스마트 계량기에 대한 에넬의 사례 연구는 우리가 국가 전체의 산업 디지털 전환에 대해 논의할 때 필요한 규모를 보여줍니다. 다음 절에서는 몇 가지 국가 및 세계 규모의 디지털 전환 계획에 대해 살펴보겠습니다.

스마트시티 - 플로리다 주 레이크 노나

성공적인 스마트시티 개발은 자본 투자, 다양한 요구 사항에 맞는 솔루션을 구축하기 위한 기술 전문성, 스마트 서비스 제공 및 투자 수익 창출이라는 목표를 달성하기 위한 지역사회와 시 차원의 참여 등 여러 요인에 따라 달라집니다. 플로리다 올랜도 국제공항에서 10마일 떨어진 곳에 위치한 레이크 노나Lake Nona 지역사회는 민관 협력을 통해 17평방마일의 스마트시티 개발을 가능하도록 하였습니다. 이 개발에는 650에이커의 보건 및 생명과학 사업 공간, 스포츠 훈련 및 공연 구역, 스마트 홈 및 고속 유비쿼터스 연결을 갖춘 스마트 업무 빌딩이 있습니다. 이 지역사회에는 다양한 창업보육센터와 촉진 프로그램도 있습니다.

이 지역사회의 의료도시 구성원은 다음과 같습니다.

- UCF센트럴 플로리다 대학교, University of Central Florida 건강 과학 캠퍼스
- 센트럴 플로리다 의과대학The University of Central Florida College of Medicine
- 느무르 어린이 병원Nemours Children's Hospital
- 플로리다 대학교 연구 및 학술 센터The University of Florida Research and Academic Center
- 올랜도 VA 병원 및 심런 센터Orlando VA Hospital and SimLEARN Center
- 스탠포드 번햄 의학연구소Sanford Burnham Medical Discovery Institute

다음과 같은 스포츠 훈련 시설도 갖추고 있습니다.

- 미국 테니스 협회 국립 캠퍼스US Tennis Association National Campus, 세계에서 가장 큰 테니스 캠퍼스
- 존슨앤존슨의 인간 성과 연구소Human Performance Institute
- 올랜도시 라이온스 메이저리그 축구 훈련 시설

민관 협력은 올랜도시, 센트럴 플로리다 대학교, 개발자 타비속 그룹Tavisock Group 및 다음 절에서 언급된 여러 기술 회사 간에 체결되었습니다. 이제 디지털 기술이 어떻게 관련되어 있는지 살펴보겠습니다.

디지털 연결

스마트시티 개발을 위한 시설 설계의 핵심 분야는, 의료도시, 소매 기업 및 주민을 포함한 지역사회 전체 인구와 디지털 통신할 수 있는 1 Gbps 무선 및 광섬유 통신망이 포함됩니다. 통신망을 핵심 사업으로 하는 기술 회사와 협력은 무선 및 광섬유 통신망을 포함하여 의료 시설, 가정, 사무실 및 학교에 통신망을 성공

적으로 구축하려는 주요 이유였습니다. 통신 기술 협력체에는 시스코, 모든 주요 휴대폰 통신사, GE, 코닝Corning 및 서밋 브로드밴드Summit Broadband가 포함됩니다.

이 시설은 다음과 같은 스마트 서비스를 가능하게 하는 광범위한 통신과 연결된 센서가 포함됩니다.

- 지역사회 내 소매점 근처의 사용 가능한 주차 공간을 사용자에게 알려주는 앱
- 지역 내 보행자 유무에 따른 가로등 제어
- 스마트 홈의 센서에 의해 구동되는 의료 및 웰리스 앱

통신망 시설은 광섬유 시설, 무선전화 기지국, DAS분산 안테나 시스템, Distributed Antenna System, 4개 주요 통신 헤드엔드head end로 구성됩니다. 무선전화 연결 지점은 무선전화 및 와이파이 솔루션에 대한 높은 QoS를 위해 지역사회의 다양한 건물에 분산되어 있습니다. 모든 주요 통신사는 공통 통신 시설을 사용합니다.

버라이존Verizon은 레이크 노나에서 의료, 공공 안전 및 연결된 수요 대응형 소매connected responsive retail와 같은 다양한 사례를 위해 5G 무선 기술로 지원되는 솔루션을 시험하고 있습니다.

스마트 홈

이 지역사회의 스마트 홈은 웰니스 플랫폼을 운영하기 위해 1 Gbps의 통신 속도를 가지고 있습니다. 이 플랫폼 및 관련 앱을 통해 가정 보안 및 수면, 영양 및 노인 관리와 같은 건강 관련 매개변수 감시를 포함한 다양한 기능을 관리할 수 있습니다. 이 웰니스 플랫폼의 출발점은 가정에서 연결된 센서와 IoT 기술 솔루션에서 생성된 데이터입니다.

대부분의 지역 주민들은 종합적인 건강 습관과 웰니스 문제를 연구하기 위해 존슨앤존슨과 느무르에 의해 수행되는 장기 계획에 참여하고 있습니다. 이러한 스마트 홈의 IoT 솔루션은 신체 활동과 체중 및 혈압의 변화와 같은 광범위한 건강 관련 매개 변수를 연구하는 데 도움이 됩니다.

이러한 스마트 홈은 WHITWellness Home Built-On Innovation and Technology 계획을 통해 설계되었습니다. 스마트 홈의 개략도는 그림 6.8에 나와 있으며 내용은 사이

트[15]에서 확인할 수 있습니다.

그림 6.8 연결된 스마트 홈

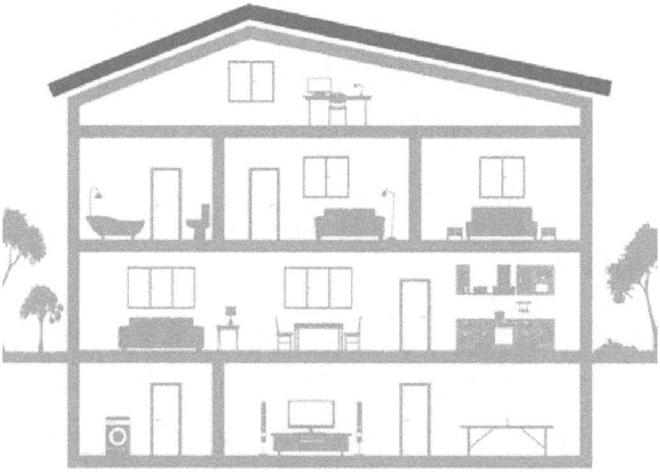

분산 센서로 활성화된 IoT 솔루션을 사용한 가정은 건강관리 및 개선을 위한 도구가 설치된 생활공간으로 설계되었습니다.

WHIT를 통해 측정할 수 있는 다양한 건강관리는 다음과 같습니다.

- 사람의 활동 및 능력
- 수면의 질과 양
- 만성 질환
- 영양학
- 휴식

이 스마트 홈은 다양한 IoT 솔루션에 의해 추적되는 개별 건강 정보를 의사와 직접 안전하게 공유할 수 있도록 합니다. 의사들과의 실시간 데이터 공유와 피드백이 가능하게 됨으로써, 거주자들에게 의료 관련 조치를 제공할 수 있는 정보를 제공할 수 있습니다. 웰니스 플랫폼에서 사용할 수 있는 데이터는 가정에서 건강

15 https://www.meetwhit.com/

대시보드를 운영하고, 사용자의 모바일 장치에서 해당 앱을 사용할 수 있습니다. 신체 활동, 수면의 질 관리, 스트레스 관리, 그리고 영양에 대한 의료관련 조치를 제공할 수 있는 가능한 정보와 권고는 건강 증진에 기여할 수 있습니다.

WHIT 웰니스 플랫폼의 한 가지 중요한 측면은 확립된 공동체에서 새로운 기술과 솔루션을 실험하고 건강 결과를 평가할 수 있다는 것입니다. 웰니스 플랫폼의 이러한 기능은 노인을 지원할 수 있는 새로운 혁신을 창출하는 데 있어서 도움이 될 수 있습니다.

스마트 빌딩

레이크 노나 지역사회의 상업용 건물은 광섬유 링 통신을 통해 서비스가 제공됩니다. 무선전화 연결, 무선 영역 및 유선 서비스를 위한 통신량 관리는 의료도시, 스포츠 훈련 구역 및 소매 시설의 다양한 활용사례의 운영을 위한 신뢰할 수 있는 QoS의 중요한 기능입니다. 모든 건물에는 에너지 사용, 조명 조건, 공기 품질 및 사람의 존재를 감시하기 위해 통신으로 연결된 센서가 장착되어 있습니다. 이러한 건물에서 건물 자동화 시스템과 HVAC 시스템은 실내 환경에서 인간의 쾌적성 지수를 유지하면서 에너지 소비를 최적화합니다.

자율 셔틀

레이크 노나 공동체는 첫 및 최종 마일 운송을 제공하기 위해 나브야Navya에서 10인용 전기차로 자율 셔틀 서비스를 구축하고 있습니다. 이 전기 셔틀에는 차량의 정확한 위치 유지와 환경 인식을 위한 라이다 센서, 카메라, GNSS 시스템 및 차량 주행거리 측정 센서가 장착되어 있습니다. 지역사회의 디지털 도로망 지도는 다양한 환경에서 운전안내를 효과적으로 수행하기 위한 차량 위치 파악 및 경로 계획 소프트웨어에서 사용이 됩니다.

이 절에서는 디지털 전환이 미국 전역의 지역사회 주민들에 대한 일상적인 삶을 향상시키는 다양한 방법에 대해 살펴보았습니다. 다음 절에서는 국가 및 세계적 규모의 전환 노력에 대해 논의합니다.

6.3 국가 및 글로벌 규모의 전환

조직은 전환적인 아이디어를 시험해 보기 위해 주로 새로운 실험을 시작합니다. 그러한 실험 중 하나는, 스페인 바르셀로나에서 환경 센서가 주민들의 가정에서 소음과 오염 수준을 기록한 것이었습니다. 데이터는 암호화되어 바르셀로나의 지역사회에 익명으로 공유되었고, 도시 수준의 의사결정에 영향을 미치는 데 도움이 되었습니다. 이러한 실험의 일환으로 센서 정보의 실시간 수집, 저장 및 제어와 관련된 기술적 문제가 해결되었습니다. 이것은 DECODE분산된 시민중심 데이터 생태계, Decentralized Citizen-Owned Data Ecosystems 계획[16]의 일환으로 이루어졌습니다. 기반부터 시작한 전환적인 과제와 실험이 모두 성공하고 규모가 커질 수 있을까요? 이번 절에서는 디지털 전환 사업이 국가 및 글로벌 규모로 확장될 수 있는 방법을 배우게 될 것입니다.

보건 방어 제1선으로서의 공항

항공 여행은 규모가 2조 7천억 달러를 넘는 세계적인 산업입니다. 공항과 항공기가 입국 건강검진의 첫 번째 관문이 될 수 있을까요? 2020년 초 코로나19의 사례에서 보듯이, 글로벌 및 국내 항공 여행은 펜데믹의 확산을 가속화할 수 있습니다. 유람선과 국경을 넘는 운전과 같은 다른 형태의 여행도 이러한 급속한 확산에 기여할 수 있습니다. 여기서는 항공 여행에 대해 알아보겠습니다. 오랫동안 국제공항에서는 세관과 출입국 관리 당국이 국가 당국을 지원하기 위한 시스템을 마련해 왔습니다. 이러한 시스템은 여권 및 지문과 같은 생체 인식 기술을 결합하여, 여행객의 국적과 비자 신뢰성을 검증하는 데 도움이 됩니다. 또한, 테러리즘이나 의심스러운 활동, 돈 세탁이나 밀수 등과 같은 과거 기록에 대한 접근도 가

16 https://decodeproject.eu/pilots

능합니다. 이러한 문제는 국가 간의 협력과 각 국가의 세관 및 국경 경비기관들의 협력을 통해 합리적인 수준으로 해결되었습니다.

지난 20년간 세계화와 여행은 사스(2003년), 조류독감(2005년), 돼지독감(2009년), 지카바이러스(2016년)와 같은 전염병의 확산을 가속화했습니다. 이로 인해 공항과 항공사가 의료 방어의 첫 번째 관문이 될 것을 요구하였습니다. 오늘날 존재하는 국적과 입국관리를 위한 입증된 검증 시스템을 고려할 때, 건강 기준에 기초한 *여행 자격*eligibility to travel 검증을 통합하기 위해 동일하게 확장될 수 있습니다. 입국관리 기반 심사 외에도, 이미 부적절한 제품을 확인할 수 있는 좋은 검사시설이 있습니다. 예를 들어, 미국은 입국 시 인간과 식물 모두에 질병이 퍼지는 것을 막기 위해, 날것의 동식물 제품 반입을 허용하지 않습니다. 간단히 말해서, 기존의 글로벌 시설을 재사용하고 확장함으로써 전환을 쉽게 확장할 수 있습니다. 많은 공항들이 이미 생체 인식 데이터를 사용하고 있으므로, 이러한 기존 시설을 확장하여 비침습적으로 체온이나 기타 측정 결과를 정확하게 기록할 수 있습니다. 다시 말해, 이러한 방식은 표 6.2와 같이 이미 여행객들이 익숙한 세관채널과 유사한 초록색과 빨간색의 건강 채널로 사람들을 구분할 수 있도록 하는 첫 번째 방어선으로보건 사용될 수 있습니다. 건강증명서나 면역증명서 등의 개념은 WHO세계기구, World Health Organization[17]에서 아직 초기 단계로 논의 중에 있습니다. 이 면역 여권은 제2형 중증급성호흡기증후군 코로나바이러스SARS-CoV-2에 대한 항체의 보유를 검사하여, 개인들이 자유롭게 여행하거나 작업장으로 돌아갈 수 있도록 해줍니다. 그러한 면책 여권이 다시 발효된다면, 면책 여권을 확인하고 시행하기 위한 공항의 절차에 크게 의존할 것입니다. 예를 들어 미국의 TSA 사전 점검과 마찬가지로 *면역력*을 가진 사람은 공항의 건강 검진을 우회할 수 있을 것입니다.

17 https://www.who.int/news-room/commentaries/detail/immunity-passports-in-the-depositive-19

표 6.2 위험 및 안전 채널

채널을 선택하는 방법	
빨간색 채널	**초록색 채널**
신고해야 할 물품	**신고해야 할 물품이 없음**
• 분실물 • 현금 및 여행자 수표 합계가 10,000달러 이상이거나 다른 외화로 등가물인 경우 • 위생, 농업 및 군이 관할하거나 기타 기관의 제한 및 금지 대상이 되는 품목 • 면제한도를 초과하는 과세 물품	• 예외 물품 • 현금 및 여행자 수표 합계가 10,000달러 이하이거나 다른 외화로 등가물인 경우 • 개인용 또는 소비용 제품 • 기타 면제 할당량 한도 내의 물품

공항은 이전에 전염병이나 감염병 확산 위험이 있을 때, 입국 시 사람들을 검사해 왔습니다. 그러나 주로 입국 검사는 대규모 사람들의 검사로 확장하기 어려운 수동 작업이었으며, 이러한 수동 작업은 기술 공급업체들이 혁신을 추구할 수 있는 기회 중 하나입니다.

폭발물 및 기타 위험물에 대한 항공사 수하물 검사는 지난 10년간 전 세계적으로 전개된 기술 개선에 의해 이루어졌습니다. 우리는 의료 서비스의 목표를 염두에 두고 감염 선별 기능을 추가하기 위해, 이러한 공항 시설의 재사용과 확장을 극대화해야 합니다. 미국 이민 절차에서는 2010년 이후 인체 HIV면역결핍 바이러스, Human Immunodeficiency Virus 감염의 선별 검사를 하지 않지만, 그 이전에는 필수[18]였습니다. 같은 방식으로, 의학적으로 필요한 경우, 국가 및 국제 입국자는 공중 보건을 고려한 법률에 따라 규제될 것입니다. 이러한 법들은 감염병 학자들과 다른 의학 전문가들의 조언에 따라 어떤 식으로든 시간이 지남에 따라 바뀔 수 있습니다.

2018년 BCGBoston Consulting Group에 따르면, 국가 수준의 디지털 전환 계획이 성공적으로 이뤄지기 위해서는 정부가 애자일 접근법을 채택해야 하며, 상부에서부터 이끌어가는 비전과 함께 주도적인 관리방안을 설정해야 합니다. 동시

18 https://www.uscis.gov/archive/archive-news/human-immunodeficiency-virus-hiv-infection-removed-cdc-list-communicable-diseases-public-health-significance

에 정부 주도는 전환이 성공할 수 있도록 현장에서 충분한 참여를 보장해야 합니다. 다시 말해, 너무 많은 권력 집중화는 디지털 전환의 성공에 도움이 되지 않을 수도 있습니다.

디지털 인도

디지털 전환을 성공적으로 추진하기 위해서는 정부 지도자들이 하향식 리더십과 영감을 제공해야 합니다. 그들은 최하위 수준까지의 참여를 보장하기 위해, 전환 계획의 성공을 위한 정부 모델을 제공해야 합니다. 미국 대통령 Gerald Ford(1974년~1977년)는 *"정부의 진정한 목적은 사람들의 삶을 향상시키는 것"*이라고 믿었습니다. 인도 정부의 디지털 인도Digital India 계획은 상부에서 비전을 제시하는 하나의 전환 계획입니다. 그림 6.9와 같이 인도의 미래상은 인도가 지식 경제와 정보기술을 통해 사람들이 더 나은 삶을 살 수 있는 사회로 변모하는 데 힘을 실어주는 것입니다. 2020년 인도의 인구는 13억 5천만 명으로 디지털 인도는 정말 대규모 디지털 전환 계획입니다.

인도 정부는 또한 네 가지 범주의 성과 측정을 통해 적절한 통치 방식을 제공했습니다.

- **비전:** 목표, 서비스 분산투자 및 제공, 자원
- **시민:** 혜택, 서비스 수준, 품질 및 접근성
- **절차:** 개인 및 조직의 효율성, 비용 효율성, 관리 및 혁신
- **기술:** 정보 및 데이터, 신뢰성, 가용성, 보안 및 개인 정보 보호

앞서 설명한 성과 참조 모델은 디지털 인도 전환 계획의 목표를 추적하기 위한 균형 잡힌 정부 체계와 측정 항목을 제공합니다. 이는 그림 6.10에 표시된 BRM사업 참조 모델, Business Reference Model의 기초입니다.

그림 6.9 인도의 국가적 아키텍처 미래상
(IndEA: India Enterprise Architecture vision)

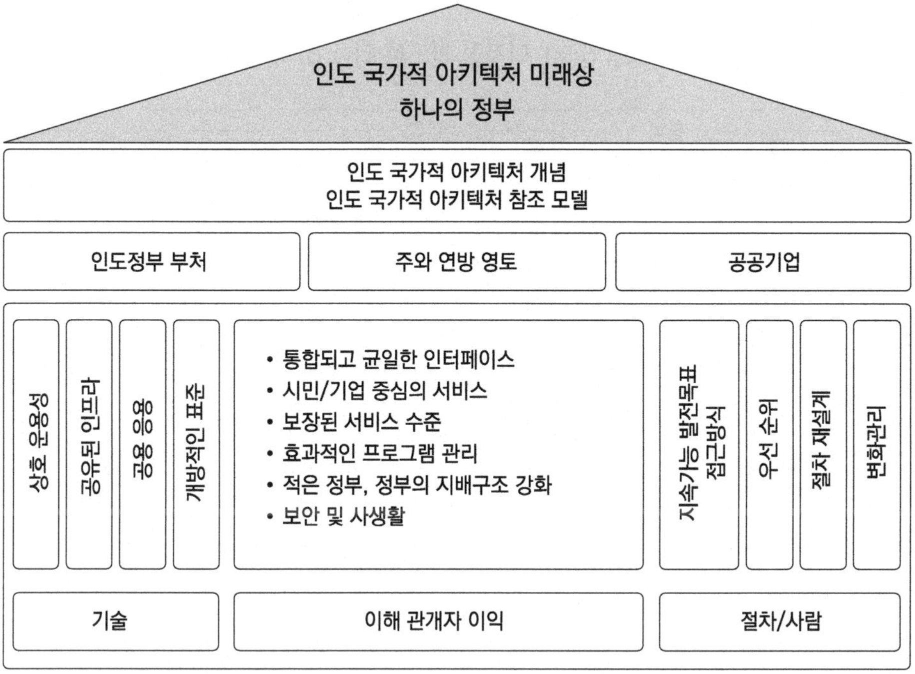

BRM은 디지털 인도의 전환 계획 목적을 이루기 위해 필요한 사업 비전을 정의합니다. 그것은 인도 정부의 각 부문과 부서에 관련된 목표의 비전을 전달하며, 시민과 내부 이해관계자들을 위한 기능과 서비스를 정의합니다. BRM은 정부 부처 그룹에 걸쳐 적용되는 서비스 목록을 구분하는 데 도움이 됩니다. 그런 다음 이러한 서비스를 일련의 통일된 절차 및 정부 업무 절차로 개념화할 수 있습니다. 전체적으로 올바른 전체 관리 아키텍처 및 사업 체계를 통해 상부에서 비전을 제시하면, 개별 부서의 참여를 촉진할 수 있는 적절한 단계를 설정할 수 있습니다. 동시에 국가 전체에 걸쳐 이러한 광대한 전환으로 확장하는 데 도움이 될 수 있습니다. 2019년 현재 디지털 인도 계획의 초기 성공 사례 중 하나는, 13억 8천만 명 이상의 인도 시민을 위한 디지털 정체성Aadhaar입니다. 2억 개 이상의 새로운 은행 계좌가 개설되어 자금의 디지털 이체Jan Dhan가 가능해졌습니다. 인도에는 12억 개 이상의 휴대전화가 있습니다. 이러한 계획은 **JAM**Janadhan-Aadhaar-Mobile 계획이라고 하며, 국가가 현재의 약 3조 달러[19] 수준에서 5조 달러 경제에 도달하는 것을 목표로 하고 있기 때문에 큰 디지털 전환입니다.

그림 6.10 디지털 인도를 위한 BRM

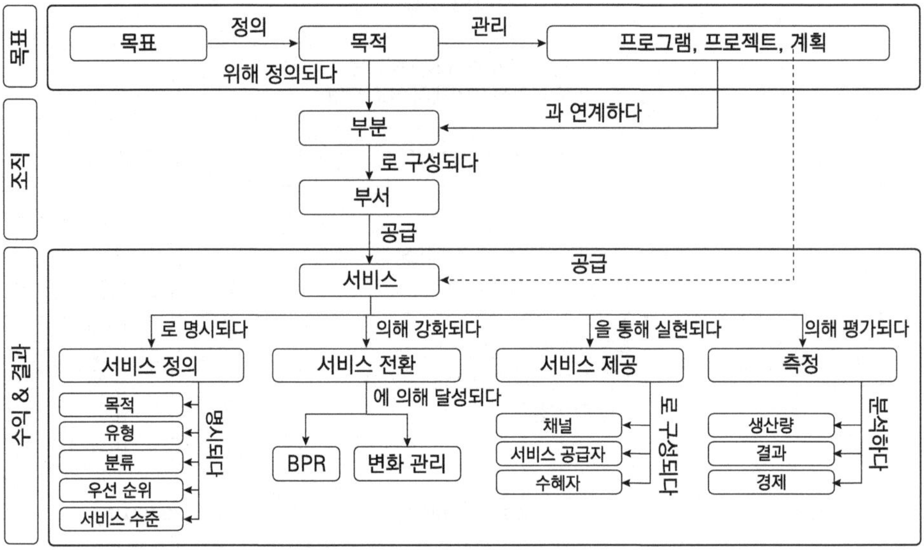

인도의 스마트시티 비전

스마트시티 비전은 2015년 6월[20]에 시작된 인도 정부의 또 다른 계획입니다. 이 스마트 도시 전환 계획의 초기 단계에는 100개 도시가 선정되었습니다. 주요 목표는 깨끗하고 지속 가능한 환경을 포함하여, 시민들의 삶의 질을 향상시킬 수 있는 스마트 솔루션을 제공하는 핵심 시설을 구축하는 것입니다. 이 하향식 프로그램은 국가의 나머지 지역을 위해 지속 가능하고 복제 가능한 스마트시티 모델

19 https://www.pmindia.gov.in/en/government_tr_rec/leveraging-the-power-of-jam-jan-dhan-aadhar-and-mobile/

20 https://smartcities.gov.in/content/

을 목표로 합니다. 이 전환 계획을 위한 100개 도시의 초기 목록[21]을 확인할 수 있습니다. 인도의 보팔에서 스마트 솔루션의 예시는 전기 자동차를 대중교통으로 도입하는 것입니다. 해당 도시의 인구는 약 180만 명입니다. 이 프로그램에 따르면, 전기 자동차는 약 180만 명의 인구를 가진 도시에서 대중교통을 위해 도입될 것입니다.

인도, 중국, 미국과 같은 국가단위들의 정부계획 규모를 비교하기 위해, 이러한 숫자들을 살펴보도록 하겠습니다. 2020년 5월 초 기준으로 약 1억 1천만 명의 미국인이 2조 달러 규모의 CARES코로나바이러스 지원, 구호 및 경제 안보, Coronavirus Aid, Relief, and Economic Security 법[22]에 따라 코로나 지원금stimulus check을 받았습니다. 마찬가지로, 인도의 약 50개 도시와 중국의 약 160개 도시에 비해, 미국의 약 10개 도시만이 100만 명 이상의 인구를 가지고 있습니다. 인구와 관련된 금액 및 각 계획에 따라 규모가 매우 다양하게 변할 수 있지만, 대부분의 민간 부문 계획에 비해 매우 큰 것을 확인할 수 있습니다.

중국의 스마트시티

중국은 2011년 12차 5개년 계획에 스마트시티를 디지털 전환 여정에 포함시켰습니다. 그 후, 베이징, 상하이, 광저우, 항저우, 그리고 몇몇 다른 도시들과 같은 중국의 도시들은 전환을 시작했습니다. 표 6.3은 디지털 기술이 중국의 스마트시티 전환에서 어떤 역할을 하는지 자세히 설명하고 있으며, 각 주요 디지털 기술의 역할과 주요 사용 사례를 보여줍니다.

---

21 https://smartcities.gov.in/content/spvdatanew.php

22 https://home.treasury.gov/policy-issues/

표 6.3 중국 스마트시티에서 디지털 기술의 역할[23]

구분	정의	역할	사례
IoT	장치 사이의 네트워크 통신	데이터 수집	모니터링(감시) 및 제어
클라우드 컴퓨팅	확장 및 축소가 가능한 "데이터 댐"을 통해 통합 컴퓨팅 자원 제공	데이터 처리, 응용 소프트웨어 서비스 제공	데이터 센터, 소프트웨어 및 정보 서비스 플랫폼
모바일 인터넷	무선통신 네트워크	데이터 전송, 모바일 응용소프트웨어 서비스 제공	모바일 응용 소프트웨어(모바일 사무실 업무, 모바일 법 집행)
빅 데이터	다양한 구조를 가진 초대형 데이터로 귀중한 정보와 함께 데이터 의미를 찾는 데 사용할 수 있음	데이터 마이닝, 데이터 가시화	산업 및 정부의 지능화

그림 6.11과 같은 스마트시티 개발 설명 모델은 중국 정부의 접근 방식을 요약하고 있으며, 이는 위에서부터 비전과 필요한 관리 및 지원을 제공받습니다. 동시에, 강력한 시장이 제공하는 리더십은 *현장에서의 참여*를 위해 매우 중요합니다. 스테티스카Statistica에 따르면 중국의 스마트홈은 2017년 1,420만 가구에서 2024년까지 약 1억 1,600만 가구로 증가할 것으로 예상됩니다.

이러한 설명 모델들은 국가적인 규모에서 디지털 전환 계획의 진행과 성공을 추적하고 평가하는 데 도움이 됩니다. 중국의 스마트시티 전환의 경우, 이러한 모델들은 다른 도시에서의 구현과 성과의 차이를 이해하는 데 사용되고 있습니다.

---

23 https://www.uscc.gov/sites/default/files/2020-04/China_Smart_Cities_Development.pdf

그림 6.11 중국의 스마트시티 성과 설명 모델

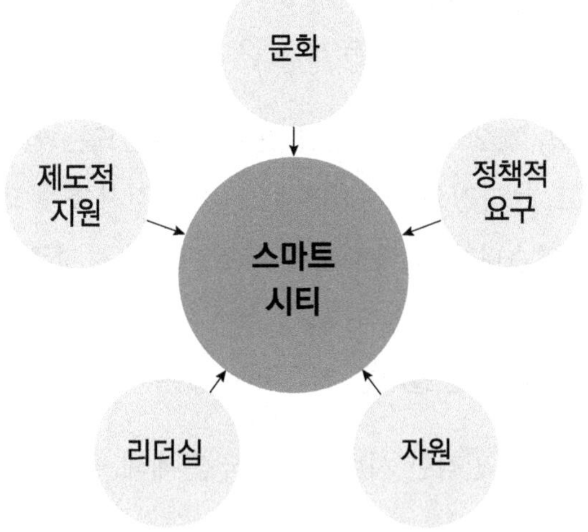

뉴질랜드의 코로나바이러스 통제

뉴질랜드의 인구는 5백만 명에 육박합니다. 2020년 6월 초, 그들의 총리 Jacinda Ardern은 뉴질랜드는 코로나 바이러스 감염자가 없다고 발표했습니다. 결과적으로, 그들은 학교, 공공 모임, 그리고 국내 여행을 정상 수준으로 되돌릴 수 있었습니다. 그들은 1,500명 이상의 사람들이 감염되었고, 2020년 6월 기준으로 약 22명의 사망자를 냈습니다. 2월 28일 첫 번째 감염 사례를 발견한 후, 뉴질랜드는 3월 14일까지 세계에서 가장 통제된 국경 제한 조치 중 하나를 도입했는데, 이것은 입국하는 사람은 누구나 14일 동안 자가 격리를 해야 하는 것이었습니다. 그 당시에 그들은 단지 6건의 감염 사례를 가지고 있었습니다. 미국 및 유럽 국가[24]에 비해 적용 범위가 매우 높은 검사 전략을 구현했습니다. Ardern 총

24 https://www.health.govt.nz/our-work/diseases-and-conditions/covid-19-novel-coronavirus/covid-19-current-situation/covid-19-current-cases#lab

리는 다음과 같이 말했습니다.

"결정적인 조치와 적극적인 초기 대응이 최악의 바이러스 감염 상황으로 확산을 방지하는 데 도움이 되었습니다."

자료[25]에 따르면, 2020년 6월 12일 현재, 뉴질랜드는 인구 1,000명당 거의 64건의 검사를 했고, 브라질은 1,000명당 2.3건의 검사를 했고, 인도는 1,000명당 4건의 검사를 하였습니다. 요약하자면, 뉴질랜드가 보여주는 코로나 바이러스 발생에 대한 대응 사례는, 우리가 이 책의 I 부에서 논의한 몇 가지 원칙에 따라 시민들에게 신속하고 전환적인 결과를 제공하는 좋은 사례입니다.

- **절차 변경:** 격리의 엄격한 시행, 조기 국경 폐쇄, 진단 키트의 효과를 관리하기 위한 규정
- **기술:** 코로나 바이러스 검사는 새로운 의료 기술입니다. 뉴질랜드 보건부와 지역 대학들은 공급이 부족한 적절한 검사 키트에만 의존하는 대신, 아시아에서 시약과 시험할 수 있는 하드웨어를 찾아 일반적인 공급품들이 이 기계들과 함께 사용될 수 있도록 했습니다. 보건부는 또한 2020년 5월[26]에 뉴질랜드 코비드NZ COVID 추적 앱을 출시했습니다.
- **문화:** 한 여론 조사에 따르면, 뉴질랜드 국민의 88%는 정부가 국가적 규모로 코로나 바이러스를 통제하기 위해 올바른 결정을 내릴 것이라고 믿고 있었습니다. 따라서 뉴질랜드 특유의 이러한 문화적 요인들은 질병 확산을 통제하는 것을 돕기 위해, 매우 높은 수준의 공공 협력이 가능하도록 하였습니다. Jacinda Ardern 뉴질랜드 총리는 바이러스 확산을 통제하기 위해 강력한 법을 사용하는 대신 *"강한 리더십을 보이고 동시에 친절하게 대해라"*고 말했습니다. 국민들은 일선 근로자들의 자녀들이 어린이집과 학교에 가는 것을 지지하였습니다.

---

25 https://ourworldindata.org/

26 https://www.health.govt.nz/news-media/media-releases/nz-covid-tracer-app-release-support-contact-message

- **사업 모델:** 뉴질랜드는 하루에 1억 1천 2백만 달러의 수입을 올릴 것으로 예상되는 관광에 크게 의존하고 있지만, 그들은 시민들의 복지를 우선으로 하고 장기적으로 관광 산업을 보호하기 위해 강력한 회복에 우선 초점을 맞추기로 결정했습니다. 에어비앤비는 2020년 5월 말부터[27] 국내 여행 예약이 대폭 증가했다고 보고했습니다.

앞의 절에서는 디지털 전환이 국가 및 글로벌 규모에서 어떻게 작동하는지 배웠습니다. 우리는 국가 정부가 어떻게 비전을 설정하고 전환 계획을 위한 자원과 관리체계를 제공하며, 기관과 민간 부문에 적절한 수준으로 권한을 부여할 수 있는지를 보았습니다.

27 https://www.newshub.co.nz/home/travel/2020/05/airbnb-data-reveals-massive-increase-in-new-zealand-domestic-travel-bookings.html

요약

이 장에서는 디지털 전환 계획이 전 세계 공공 부문에 어떻게 수행되었는지 배웠습니다. 이러한 계획은 주로 시민과, 경우에 따라 임시 거주자 및 관광객이 될 수 있는 유사한 이해관계자들의 복지를 목표로 합니다. 상업 부문과 달리 이러한 전환은 주로 수익 동기에 의해 추진되는 것이 아니라, 민간 부문이 전환적인 해결방안을 제공하고 그것으로부터 경제적으로 이익을 얻을 수 있는 기회를 얻습니다. 다음 장에서는 산업 디지털 전환을 위한 생태계의 맥락에서 민관 협력에 대해 자세히 알아보겠습니다. 또한 산업 디지털 전환을 가속화하기 위해 창출된 협회, 협력자 및 관련 생태계에 대해서도 알아볼 것입니다.

질문

다음은 이 장에 대한 이해도를 평가하기 위한 몇 가지 질문입니다.

1. 공공 부문 조직이 디지털 전환을 실행할 때 직면하는 어려움은 무엇이며, 민간 부문이 직면하는 어려움과 어떻게 다릅니까?
2. 기술 부채란 무엇입니까?
3. 디지털 전환은 시민의 경험을 어떻게 변화시키고 있습니까?
4. 정부가 디지털 기술을 사용하여 시민 복지를 개선한 사례는 무엇입니까?
5. 스마트시티 전환을 위한 구성 요소는 무엇입니까?
6. 어떻게 지역 디지털 전환 계획을 국가 수준으로 확장할 수 있습니까?

07 전환 생태계

이전 장에서 우리는 디지털 전환이 공공 부문을 어떻게 변화시키고 있는지 알아보았습니다. 공공 부문에서 디지털 전환을 추진할 때 발생할 수 있는 구체적인 어려움과 기관이 어떻게 이러한 어려움을 극복하고 있는지에 대해서도 설명했습니다. 우리는 또한 공공 부문의 신기술 사용에 대한 사례 연구를 검토했습니다. 마지막으로, 우리는 국가적이고 세계적인 규모의 전환을 알아보았고, 국가나 전 세계에 걸쳐 광범위한 영향력을 가진 전환을 조사했습니다.

본 장에서는 효과적으로 산업 디지털 전환 사업을 수행하기 위한 생태계 중심 접근 방식의 필요성에 대해 알아보겠습니다. 글로벌 대기업도 전환을 위한 모든 기술과 자원을 보유하지 못할 수 있으며, 전환 여정을 가속화하기 위해 협력자와 기반 생태계에 의존해야 하는 경우가 많다는 사실을 알게 될 것입니다. 전환의 속도를 가속화하기 위해 무료 기술과 기능을 제공하는 데 적합한 협력자를 구별하는 방법에 대해서도 알아봅니다. 다음 사항에 대해 살펴보겠습니다.

- 산업 디지털 전환 과제에서 가시적인 성과를 창출
- 전환을 위한 협력
- 디지털 전환에서의 협력 및 연합
- 반도체 기업 생태계

7.1 산업 디지털 전환 과제에서 가시적인 성과를 창출

이 절에서는 산업 디지털 전환이 주로 *팀 스포츠*로 보이는 이유를 살펴볼 것입니다. 팀워크의 필요성은 회사 내부의 사업 부문뿐만 아니라, 협력자, 고객 및 스타트업을 포함한 유사한 산업 부문의 기타 이해 관계자를 포함한 회사 전반에 걸쳐 존재합니다. 이러한 유형의 팀워크 몇 가지 사례를 살펴보겠습니다. 주로 이러한 강력한 협업은 디지털 전환을 위해 효과적인 *가시적인 성과*move the needle를 창출할 수 있습니다. 기업은 자체적으로 전환을 시도한 다음 고객 기반에 영향을 미칠 수 있지만, 전체 산업 부문에 영향을 미치려면 *모든 사람의 참여와 협력이 필요*takes a village합니다[1]. 그림 7.1은 산업 디지털 전환에서 생태계의 역할을 보여줍니다.

그림 7.1 산업 디지털 전환에서 생태계의 역할

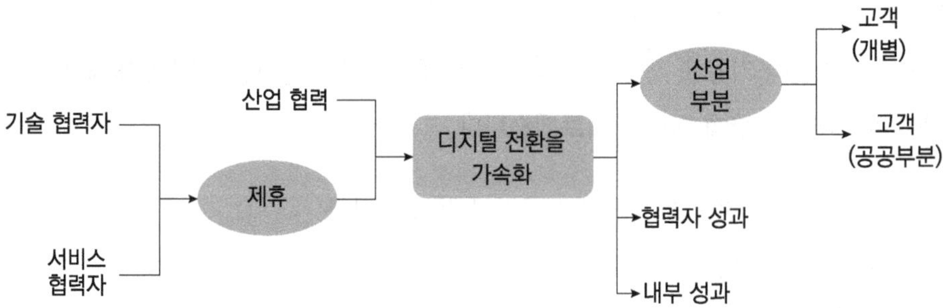

개별 기업이 전환 작업을 수행할 때는 일반적으로 내부 결과를 개선하고 일부 고객에게만 영향을 미칩니다. 하지만 전체 산업 부분을 전환하기 위해서는 그림 7.1과 같이 산업 협회 및 연합과 같은 생태계를 활용해야 한다는 것을 보여줍니다. 주로 NIST, 대학, 국가와 같은 연구 기관들은 생태계를 위한 협회와 연합에 적극적으로 참여합니다. 이 장에서는 산업 부문의 성과 가속화에 대해 살펴보기

1 https://www.channelpartnersonline.com/blog/it-takes-a-village-to-achieve-digital-transformation/

위해 다양한 산업 분야의 전환 사례에 대해 살펴보겠습니다.

해운업

같은 생각을 가지고 상호 상승효과를 낼 수 있는 조직의 연결망은 상호 보완적인 기술을 제공함으로써, 전환 계획을 가속화하고 대상 산업 부문에 대한 전략적 로드맵을 작성할 수 있습니다. 카고스마트CargoSmart와 함께 오라클은 GSBN글로벌 해운사업 네트워크, Global Shipping Business Network[2] 구축을 통해 해운 산업의 산업 디지털 전환을 가속화하고 있습니다. GSBN은 블록체인 기반 플랫폼을 활용하여, 공급망 전체에 걸친 물류 및 화물 데이터 교환에 효율성을 높일 수 있는 방법을 모색하고 있습니다. 9개의 다른 해상 화물 운송 회사와 터미널 운영 회사가 이 계획에 적극적으로 참여하고 있습니다. 궁극적인 목표는 상호간의 마찰을 줄임으로써, 물류 이해관계자의 전체 연결망에 걸쳐 산업 디지털 전환을 추진하여 시스템의 효율성을 향상시키는 것입니다. 이해관계자는 발송인, 다중 모델 운송업체, 항만 운영자, 세관 및 화물 운송 서비스 제공업체가 포함될 수 있습니다. 다음은 해운업에서 작성해야 하는 양식의 몇 가지 사례입니다.

- **선하증권**bill of lading**:** 해상운송계약에 따른 운송화물의 수령 또는 선적을 인증하고, 그 물품의 인도 청구권을 문서화한 증권
- **상업 송장**commercial invoice**:** 국제 무역에서 사용되며, 판매자나 수출자가 구매자나 수입자에게 발급하며 계약 및 판매 증명 역할을 수행
- **원산지 증명서**certificate of origin**:** 나열된 제품이 특정 국가에서 원산지 기준을 충족한다는 증명을 제공
- **검사 증명서**inspection certificate**:** 주로 정부 기관이나 그 대리인이 물품이 검사되었음을 확인하기 위해 작성

---

2 https://www.maritime-executive.com/article/nine-companies-sign-up-for-global-shipping-business-network

- **수출품 목적지 관리문서**Destination Control Statement: 일반적으로 EAR수출관리 규정, Export Administration Regulations 및 ITAR국제 무기거래 규정, International Traffic in Arms Regulations에 의해 규정되며, 수출된 제품이 다른 운송 문서에 표시된 국가로 운송될 것임을 명시
- **SED**수출자의 수출신고서, Shipper's Export Declaration: 두 가지 목적을 가지고 있습니다. 첫째, 미국의 수출 기록으로서 정부 통계 및 보고용으로 사용되며, 둘째, 일정 임계값을 초과하는 가치의 화물에 대한 규정 문서로 사용
- 수출 포장 목록은 각 발송에 대한 제품 및 포장 세부 정보 목록

그림 7.2와 같이 블록체인 기반 솔루션을 활용하면 서류 작업이 많은 해운물류업계에 효율성과 신뢰를 더해줍니다. IBM과 머스크Maersk는 블록체인을 활용하는 트레이드렌즈TradeLens[3]라는 플랫폼을 공동으로 개발했습니다. 그러나 블록체인 기술과 이러한 협회의 확산으로 인해 발생하는 문제 중 하나는, 곧 여러 개의 경쟁 플랫폼이 생겨 정보의 섬을 만들 수 있다는 것입니다. 이러한 다중 블록체인 기술의 사례로는 하이퍼레저Hyperledger와 이더리움Ethereum이 있으며, 둘 다 인기가 있지만 현재는 그들 사이에 상호 운용성이 많지 않습니다.

그림 7.2 블록체인이 운송 산업에 효율성을 추가하는 방법

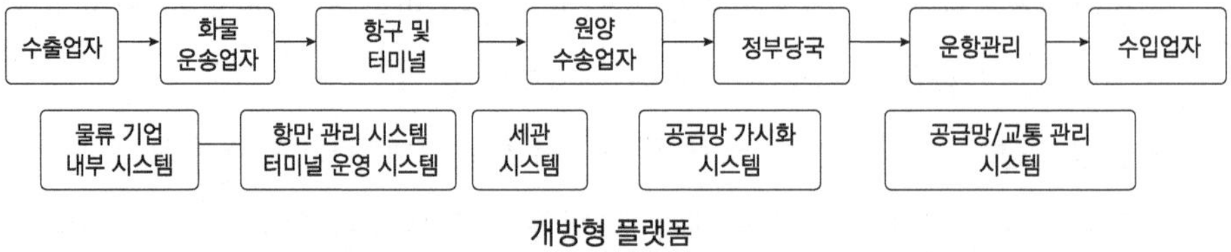

그림 7.2는 물류 산업 전반의 다양한 이해 관계자가 개방형 플랫폼을 사용하여 정보를 교환하는 방법을 보여줍니다. 블록체인을 사용하면 플랫폼에 신뢰 계층이 추가됩니다. 블록체인은 여러 산업 분야에서 항적 및 추적을 포함한 시나리

3 https://www.maersk.com/news/articles/2022/11/29/maersk-and-ibm-to-discontinue-tradelens

오에 사용되어 왔습니다.

이제 음식물 추적을 돕는 데 블록체인을 적용하는 방법, 더 구체적으로는 오염된 음식물의 회수에 대해 알아보겠습니다.

농장에서부터 소비자에게 이르는 과정

디지털 기술은 음식 재료가 어디에서 유래했는지, 그리고 그것들이 재배되는 농장에서 소비자의 요리에 도착할 때까지 어떻게 포장되고, 저장되고, 배송되는지를 추적하는 데 사용될 수 있습니다. 오염된 음식을 원산지까지 추적하는 능력은 음식물 회수를 관리하고 식중독의 확산을 방지하는 데 매우 중요합니다.

그림 7.3 식중독

2018년의 발병	
대장균	살모넬라
• 36개 주의 210명 • 로메인 상추로부터 감염	• 아침용 시리얼 리콜 • 자발적으로 소환된 여러 크래커들 • 미국 동부의 계란 리콜 사태 • 20개 이상의 주에서 회수된 미리 잘라진 멜론 • 26개 주에서 칠면조 가공되지 않은 제품과 관련된 감염

2018년 9월, 월마트Walmart와 샘스 클럽Sam's Club은 신선하고 잎이 많은 채소 공급업체들에게 블록체인 기술을 사용하여, 2019년 9월까지 농장까지의 추적 정보를 제공하도록 요구했습니다. 이러한 조치는 업계의 관련된 행동들을 촉발시켰으며, 자세한 내용은 그림 7.3을 참조하십시오. 월마트에 따르면, 오염된 식품을 추적할 때 블록체인은 일주일간의 노력을 2.2초로 낮춥니다[4].

4 https://tech.walmart.com/content/walmart-global-tech/en_us/news/articles/blockchain-in-the-food-supply-chain.html

IBM은 이 블록체인 계획에 대해 월마트와 협력하고 있습니다. 또한 IBM과 월마트는 처방약의 확인과 추적을 위해 FDA 프로그램에서 머크Merck 및 KPMG와 협력하고 있습니다. 오라클은 이탈리아 원산지 인증Certified Origines Italia과 협력하여 블록체인 기반 솔루션을 통해 병입 시설부터 미국 도착 항구까지 올리브 오일을 추적하고 있습니다. 이것은 두 개의 체인, 즉 공급 체인과 블록체인의 만남이며, 식품을 안전하게 유지하는 것을 목표로 합니다.

다음은 자율주행차를 중심으로 협력이 등장하면서 자동차 산업이 추진하고 있는 전환을 살펴보겠습니다.

자율주행차

2016년 BMW 그룹, 인텔, 모빌아이Mobileye는 자율주행 자동차의 개발을 가속화하기 위해 협력[5]했습니다. BMW 비전 아이넥스트BMW Vision iNEXT는 2021년 자율주행 자동차에 대한 양산을 목표로 하고 있습니다. 2017년 3월 인텔은 153억 달러에 모빌아이를 인수했는데, 이는 이스라엘 기업에 대한 최대 인수 중 하나입니다. 2020년 5월 인텔은 무비트Moovit를 9억 달러에 인수했습니다. 무비트는 도시 교통을 위한 **MaaS**모빌리티 서비스, Mobility-as-a-Service 솔루션을 제공합니다. 인텔은 또한 IEEE와 함께 자동화된 차량 의사 결정[6]에서 안전 고려 사항을 위한 표준화 모델을 개발하고 있습니다. 보쉬Bosch는 자율주행차 개발의 이해관계자이기도 합니다[7].

위의 사례는 여러 조직이 어떻게 협력하여 전환적인 결과를 가속화할 수 있

5 https://newsroom.intel.com/news-releases/intel-bmw-group-mobileye-autonomous-driving/#gs.900gj8

6 https://sagroups.ieee.org/2846/

7 https://www.bosch.com/stories/autonomous-driving-interview-with-michael-fausten/

는지 보여줍니다. 이제 다임러와 엔비디아NVIDIA가 어떻게 협력하여 자율주행차용 소프트웨어 아키텍처를 개발하고 있는지 살펴보겠습니다. 이러한 SDVSoftware Defined Vehicle 아키텍처는 엔비디아 드라이브NVIDIA DRIVE플랫폼을 기반으로 할 것입니다. 다임러는 2024년까지 갱신이 가능한 자율주행 기능을 갖춘 차량을 출시할 계획입니다. 이러한 차량에는 다음과 같은 다양한 SDV 기능이 있습니다.

- 운전자 보조 및 안전 기능
- 출발지와 도착지가 지정된 정기적인 경로의 자율운전
- OTA 갱신을 이용하여 기타 주행 기능의 구독을 통한 소비자 구매

2017년 대형 트럭 제조업체인 파카PACCAR와 엔비디아는 협업을 발표했습니다. 파카의 CEO인 Ron Armstrong은 자사가 엔비디아와 함께 운전자 보조 및 자율운전 시스템을 개발하고 있다고 언급했습니다. 전 세계적으로 3억 대의 트럭이 있다는 점을 감안하면, 이는 유통 산업에 큰 영향을 미칠 수 있습니다.

트럭 운송 산업과 관련된 개념은 **DATP**운전자 보조 트럭 군집주행, Driver-Assistive Truck Platooning이라고 합니다. 군집주행을 사용하면 두 대 이상의 트럭이 연결 기술을 사용하여 함께 이동할 수 있습니다. 이는 연비와 안전성을 높이고 탄소 배출량을 줄이는 데 도움이 됩니다[8]. 볼보, 다임러, 스카니아 ABScania AB, 콘티넨탈 자동차Continental Automotive, 펠로톤 테크놀로지Peloton Technology 및 엔비디아를 포함한 회사들도 트럭 운송 산업에서 군집주행을 가속화하기 위해 긴밀히 협력하고 있으며, 유럽은 세계 다른 지역보다 자동차 업체들의 협력 측면에서 앞서고 있습니다. 독일의 만 트럭MAN Truck도 트럭의 군집주행에 참여하고 있습니다[9].

---

8 https://www.acea.be/uploads/publications/Platooning_roadmap.pdf

9 https://www.truck.man.eu/de/en/Automation.html

7.2 전환을 위한 협력

협력은 공공 부문과 민간 부문 모두 전환에 매우 중요합니다. 공공 부문에서 조직은 주로 전환을 가속화하기 위해 민관 협력 관계를 구축해야 합니다. 이 절에서는 이러한 협력에 대해 자세히 설명합니다.

공공-민관 협력이란 무엇인가?

공공-민간 협력public-private partnership은 적어도 하나의 민간 부문 조직과 하나의 정부 기관 간의 협력 협정입니다. 최근 몇 년 동안 이러한 관계는 의료 제공자 및 교육 기관, CBO지역사회 기반 조직, Community-Based Organizations 및 사업 개선 구역과 같은 비영리 조직으로 변모했습니다. 공공-민간 협력은 항상은 아니지만 일반적으로 장기적인 합의입니다. 이러한 협력의 목적은 크고 복잡한 사업을 완료하거나, 대중에게 서비스를 제공하는 것입니다. 공공과 개인의 이익이 균형을 이루는 진정한 협력은, 잠재적으로 대립적인 관계를 공유 목표를 달성하는 데 초점을 맞춘 협력으로 전환할 수 있습니다. 한 사례로 캘리포니아 주 새크라멘토 시는 2017년에 차세대 5G 시설 구축을 위해 버라이즌Verizon과 공공-민간 협력을 체결했습니다. 이러한 노력에는 2020년 말까지 도시의 27개 공원에 와이파이를 구축하는 것이 포함되어 있으며, 코로나19 펜데믹 기간 동안 매우 귀중한 자원이 되었습니다.

공공-민간 협력은 단순한 거래와는 차이가 있습니다. 이전 단락에서 언급한 것처럼 장기적인 경향을 가질 뿐만 아니라 거래적이지도 않습니다. *협력*partnership이라는 단어는 문제를 공동으로 해결하려는 상호 헌신과 위험 및 보상에 대한 상호 가정을 설명하기 때문에 관계를 설명하는 것이 중요합니다.

공공-민간 협력은 도로 및 대중교통 시스템, 공원, 컨벤션 센터 및 스포츠 시설과 같은 사업의 자금 조달, 개발 및 운영에 가장 일반적으로 사용됩니다. 이러한 협력을 통해 사업의 완료를 가속화할 수 있을 뿐만 아니라, 주요 기업을 도시나 주state로 유치할 수 있습니다. 공공-민간 협력은 일반적으로 민간 기업이 공공시설 사업 개발을 위한 초기 자금을 제공하고, 일정 기간 동안 수익 흐름을 발생시키는 대가로 시설을 운영하는 것이 포함됩니다. 민간 부문 기업은 사업에 혁신적인 기술을 도입하여, 기관이 가능했던 것보다 더 빨리 기술을 구현하여 비용을 절감하고 공공 서비스를 개선할 수 있습니다.

최근 몇 년 동안 공공-민간 협력은 다양한 방식으로 진화하기 시작했으며, 특히 스마트시티와 같은 기술 사업을 구현하기 위한 것입니다. 기술 구현을 위한 공공-민간 협력은 단기적이거나 장기적일 수 있으며, 공식적이거나 비공식적일 수 있습니다.

공공-민간 협력을 준비하고 체계화하는 것

공공 부문의 디지털 전환을 지원하는 공공-민간 협력 개발은, 지역사회의 강점과 어려움을 명확하게 이해하는 것부터 시작해야 합니다. 이러한 평가를 통해 개발될 새로운 기능을 확인하고, 협력 기회 및 잠재적 협력자를 찾을 수 있습니다. 스마트 주차 구조물이나 스마트 주유 계량기 사례와 같은 각각의 기회는 비용 및 이점은 물론, 제공될 기술적 역량과 사업 구현에 필요한 기술을 이해하기 위해 범위를 지정해야 합니다. 이익은 명확한 용어로 정의되어야 하며, 사업의 성공을 측정하는 데 사용될 평가기준이 포함되어야 합니다.

일단 일련의 사업이 결정되면, 지방 자치 단체는 해당 사업을 실행할 준비가 되어 있는지 평가해야 합니다. 지방 자치 단체는 충분한 통신 연결 및 데이터 저장 용량과 같은 새로운 스마트 서비스를 지원하는 데 필요한 서비스와 기능이 확보되어 있는지 확인해야 합니다. 마지막으로, 지방 자치 단체가 사업을 정의하고 준비 상태를 확인한 후, 협력을 정의하고 만드는 단계로 넘어갈 수 있습니다.

지방 자치 단체가 공공-민간 협력에 적합한 사업을 선별하고 검토한 후에는 잠재적인 협력자를 선정해야 합니다. 다음으로, 양허나 수익 공유 약정과 법적 체계를 정의하고 협력자를 선택합니다.

우리가 방금 설명한 것은 공공-민간 협력이 구조화된 전통적인 방식이었습니다. 이러한 구조는 대규모 건설 사업과 관련된 오래된 협력관계에서 필요했습니다. 이 모델은 여전히 지방 자치 단체가 시작하고 주도하는 사업에서 적용되며, 대부분의 공공-민간 협력은 이러한 일반적인 방식으로 발전합니다. 그러나 다음 절에서 살펴보겠지만, 기술 사업은 광범위한 사업 구조에 영향을 미치고 다양한 이해 관계자에 의해 시작됩니다.

공공-민간 기술 협력의 사례

매킨지의 파트너인 Jonathan Law는 *"공공-민간 협력 중 하나를 본다고 해서 모든 공공-민간 협력이 동일하지는 않습니다."*라며, 민간, 공공, 비영리 및 대학교 등이 상호 이익을 위해 함께 일할 수 있는 다양한 기회가 있다는 것을 의미한다고 말했습니다. 이 절에서는 다양한 협력과 협력자를 소개하고 몇 가지 사례를 좀 더 자세히 설명할 것입니다.

다음 목록에는 가장 일반적인 기술 관련 공공-민간 협력 관계인 스마트시티를 중심으로 많은 공공-민간 협력 관계의 사례가 포함되어 있습니다. 여기에 나열된 협력자 관계는 참여할 수 있는 다양한 협력자 관계뿐만 아니라, 협력자 관계를 형성하는 방법도 참조하십시오.

- 새로운 도시 벨몬트가 애리조나 피닉스 외곽에서 떠오르고 있습니다. Bill Gates와 다른 투자자들의 지원을 받아, 도시 전체가 고속 통신망으로 연결되고, 자율주행차를 포함한 스마트시티 기술을 지원하는 유비쿼터스 센서를 갖게 될 것입니다.
- 뉴욕시 정보기술부Department of Information Technology와 퀄컴, 시비크 스마트 스케이프스CIVIQ Smartscapes 및 인터섹션Intersection 등이 포함된 컨소시엄인 시티브리지CityBridge는 링크 뉴욕시Link NYC라는 과제를 시행하고 있으며, 이 과제는 뉴욕시 전역의 이전 전화기 부스에 무료 공공 와이파이 키오스크를 설치하는 것입니다.
- 암스테르담시의 스마트시티 계획은 비영리 단체에 의해 시작되었으며, 설립자는 현재 도시의 CTO 역할을 하고 있습니다. 시가 스마트시티 계획에 관심이 없는 상황에서 시작된 사업입니다. 일련의 기업가들이 대중들의 상

상력을 사로잡은 많은 실험과 데모를 준비했습니다. 일단 대중이 참여하면 정부도 참여하게 됩니다.

- 켄터키에서, 로버트 우즈 존슨 재단Robert Wood Johnson Foundation, 프로펠러 헬스Propeller Health, 그리고 루이빌 대학의 건강한 공기, 물, 토양 연구소Propeller Health, and the University of Louisville's Institute for Healthy Air, Water, and Soil는 사용되는 위치를 포착하는 스마트 천식 흡입기에 자금을 지원하는 과제를 만들었습니다. 이 데이터는 루이빌시 전역의 고위험 지역을 확인하는 데이터베이스를 만드는 데 사용될 것입니다.
- 컬럼비아 대학은 할렘의 일부 지역에 인터넷 접속을 제공하기 위해 배선 공사를 하고 있습니다. 뉴욕시의 일부 지역이 경제적으로 주민들을 지원하기 위해서는 널리 이용 가능한 통신 연결 기반이 필요합니다.
- 코펜하겐시와 히타치시는 주민들에게 서비스를 제공하는 과정에서 발생하는 데이터를 수익화 할 수 있는 방법을 모색하고 있습니다.
- 북 케롤라이나 샬럿시는 듀크 에너지Duke Energy, 시스코 시스템즈Cisco Systems, 공기, 물 및 폐기물의 범위 전반에 걸쳐 지속 가능성을 개선하려고 하고 있습니다. 이를 위해 샬럿의 도심 개발을 전담하는 비영리 단체인 샬럿 시티 센터Charlotte Center City와 협력자 관계를 맺고 있습니다. 이러한 관계는 지속적으로 확장되고 있으며, 현재 아이트론Itron, 시에이치2엠 힐CH2M Hill, 버라이존, 에네보Enevo, 북 켈로라이나 대학 샬롯 캠퍼스 등 다양한 협력자를 포함하고 있습니다.
- 싱가포르는 스마트 국가계획을 위해 지속 가능한 수익 흐름을 갖춘 정부 외부의 전문 회사로 창업시키고자 하는 의도를 가지고, 정부 내부에서 다양한 해결 방안을 육성하고 있습니다.
- 멕시코시는 지진 감지 솔루션을 구현하기 위해 비영리 단체와 협력을 하고 있습니다.
- 아부다비는 재정적으로 지속 가능한 방식의 공정한 원격 의료를 제공하는 방법을 찾기 위해 스위스 회사와 협력했습니다.

이제 전반적인 상황을 조사해 보았으니, 간단한 것부터 복잡한 것까지 세 가지 공공-민간 협력 관계를 좀 더 자세히 살펴보도록 하겠습니다.

공공-민간 기술협력의 사례-생명을 구하는 광고판

매년 플로리다 주민과 방문객은 허리케인, 홍수, 토네이도 등 다양한 자연 재해와 마주해야 합니다. 플로리다는 1,200 마일의 연안선과 도로 접근성이 제한된 지역으로 인해 허리케인과 자연 재해에 특히 취약합니다. 주의 비상 대응 부서는 신속하고 쉬운 공공 통신이 비상 대응의 중요한 구성 요소라는 것을 인식하고 있습니다. 주는 주민과 방문객에게 도로 폐쇄와 대피 경로를 비롯한 비상 상황을 경고해야 합니다.

2008년 일련의 강력한 허리케인 이후, **FOAA**플로리다 야외 광고 협회, Florida Outdoor Advertising Association의 지도자들은 플로리다의 법 집행 및 긴급 서비스 기관이 컴퓨터화된 게시판을 활용하여 공공 안전을 개선할 수 있다는 것을 알았습니다. 이는 빠른 변경이 가능하게 된 디지털 기술의 발전을 통해 구현이 가능해졌습니다. FOAA는 게시판을 사용할 수 있도록 제안하여, 그 해 말에는 황색AMBER 경보를 게시하고 범죄자 수배 사인을 게시하며, 위험한 기상 조건 및 홍수 경고를 전달하는 등의 정보를 게시하는 데 사용되기 시작했습니다.

산업계 회원들과 주 정부는 경보 알림 게시정책을 공동으로 만들었습니다. 또한 FOAA는 비상 대응팀에 참여하여 게시판의 균일하고 공정한 사용을 보장하였습니다. 비상 상황에서 **FDEM**플로리다 비상 대응국, Florida Department of Emergency Management은 FOAA에 디지털 게시판 위치, 경보 대상 지역과 시간 구간의 지정을 요구합니다. 그런 다음 FOAA 회원들은 지정된 광고판에 경고를 게시하고, 프로그램 평가를 지원하기 위해 표시 시간과 위치를 추적합니다.

이러한 협력의 첫 대규모 활용은 2008년 8월 열린 열대 폭풍우 페이Fay의 대응이었습니다. 그때는 11개 카운티 전체에 걸쳐 75개 이상의 전광판에 10일간 37개의 다른 메시지가 표시되었습니다. 이후로 이 시스템은 여러 차례 사용되었으며, 수많은 인명을 구한 것으로 추정됩니다.

공공-민간 기술협력의 사례-차세대 차량을 위한 협력

PNGV차세대 차량을 위한 협력, Partnership for Next-Generation Vehicles는 크라이슬러Chrysler, 포드, GE를 포함한 미국 정부와 미국 자동차 연구 협의회USCAR와의 협력 연구개발 프로그램으로 1993년에 설립되었습니다. 정부는 상무부에 의해 주도되었고, EPA, NASA미국 항공 우주국, National Aeronautics and Space Administration, 그리고 NSF미국 과학 재단, National Science Foundation과 함께 에너지, 교통, 국방, 그리고 내무부가 포함되었습니다. PNGV는 미국의 주력 자동차 제조업체 3사의 글로벌 시장 점유율 감소로 인해 우려가 컸던 시기에 출범되었으며, 이를 바탕으로 제조 경쟁력에 대한 재조명이 이루어졌습니다.

1993년에 시작된 PNGV 사례연구는 오래된 과거의 것처럼 보일 수 있지만, 기술혁신은 오랜 시간이 걸린다는 것을 강조하기 위해 포함하였습니다. 정부는 매우 인내심이 강하지만, 민간 부분은 그렇지 않습니다. 따라서 업계 구성원들이 기술 투자에 장기적으로 전념한 사례는 중요하고 계몽적입니다.

PNGV의 목표는 다음과 같았습니다.

- 애자일하고 유연한 제조를 포함한 새로운 기술의 채택을 통해 차량 제조에서 미국의 경쟁력을 향상
- 연구 결과를 기존 차량에 대한 상업적으로 실행 가능한 혁신으로 전환하며, 연구 분야는 연비와 배출가스 저감을 포함
- 1994연식 세단보다 3배 더 높은 연비를 가진 차량을 개발하면 갤런당 약 80마일의 주행이 가능

세 가지 목표가 모두 중요한 것으로 이해되었지만, 1997년까지 기술적 접근 방식을 선택하고, 2000년에는 개념 차량을 공개하고, 2004년에는 시제차량을 개발할 계획으로 보다 높은 연비를 가진 차량을 개발하는 것이 주요 초점이었습니다. 디젤 하이브리드 기술이 선택되었고, 2000년에 예정대로 완료되었습니다. 그러나 이러한 방법은 차량이 높아져가는 배기가스 기준을 충족하지 못해 상업적으로 실행할 수가 없었습니다. 또한, 시장이 세단으로부터 스포츠 유틸리티 차량SUV

으로 이동하고 있었으며, 디젤 하이브리드 기술이 적용된 차량은 경쟁력 있는 가격으로 제조할 수 없다고 판단되었습니다. 이 프로그램의 마지막 과제는 도요타Toyota와 같은 휘발유 하이브리드 차량을 미국 시장에 동시에 도입하는 것이었습니다. 가솔린 하이브리드는 플러그인 전기차가 도입되기 전까지 높은 연비와 배출가스 저감을 위한 사실상의 표준이 되었습니다.

프로그램이 주요 목표를 달성하지 못한 채 종료된 후, **NAS**미국 과학 아카데미, National Academy of Sciences 연사는 상당한 자체 R&D 활동이 발생했기 때문에 프로그램이 성공적이었다고 평가 결론을 내렸습니다. 또한, PNGV 프로그램은 미국 첨단 배터리 기업협력Advanced Battery Consortium과 협력하여, 디젤 하이브리드 개발 프로그램의 종말을 초래한 가솔린 하이브리드 차량에 동력을 공급하는 니켈 금속 수소화물 전지를 포함하여 상업적으로 응용 가능한 결과를 도출하였습니다. 이 프로그램은 또한 협력에 참여하지 않은 제조업체의 기술 투자에 박차를 가하도록 하였습니다. 1세대 프리우스Prius 개발을 이끈 Takeshi Uchiyamada는 도요타의 가솔린 하이브리드 차량 투자가 PNGV 프로그램에 의해 자극을 받았다고 공개적으로 밝혔습니다.

이러한 공공-민간 협력은 완전히 성공적이지는 않았지만, 프로그램의 결과로 인해 시장 점유율에 위협을 느낀 프로그램 협력자와 경쟁업체 모두에게 상당한 투자와 혁신을 유도하였습니다. 게다가, 프로그램을 종료하지 않고 참여자들은 새로운 단체인 "프리덤카 협회FreedomCAR consortium"로 협력을 재구성했습니다.

공공-민관 기술협력의 사례-콜럼버스시 스마트시티 사업

2016년 오하이오주 콜럼버스시는 **DOT**교통부, Department of Transportation *스마트시티 챌린지*의 유일한 우승자로서 5천만 달러의 보조금을 받았습니다. 다른 77개의 지원자들을 제친 콜럼버스시의 우수한 제안은, 도시 전체에서 개선된 이동성 및 신뢰할 수 있는 교통수단을 통한 일자리 접근성 향상, 더 나은 이웃 주민들의 안전, 그리고 더 환경 친화적인 개발 방법을 통해 도시를 개선하고자 하는 것을 구상하였습니다.

콜럼버스시 지역 75명의 CEO로 구성된 비영리 단체인 콜럼버스 협력Columbus Partnership은 이러한 계획 제안의 초기 지지자였으며, 재정 지원과 시민사회의 지지가 있음을 DOT에 보여주기 위한 구체성을 약속했습니다. 그런 다음 콜럼버스 시는 스마트 콜럼버스 가속펀드Smart Columbus Acceleration Fund를 통해 현재까지 6억 달러가 넘는 민간 투자와 공공 투자를 유치했으며, 2020년 말까지 10억 달러 투자를 목표로 하고 있습니다. 이 기금에 기여한 협력자로는 미국 전기에너지 기업AEP, AT&T, 카디날 헬스Cardinal Health, 드라이브 캐피탈Drive Capital, 혼다Honda, 오하이오주, 콜럼버스시, COTA중앙 오하이오 교통국, Central Ohio Transit Authority 등이 있습니다.

스마트 콜럼버스Smart Columbus 투자는 다음과 같습니다.

- COTA 버스에 와이파이 및 모바일 결제 기술의 활성화
- 고효율 전기차로 도시 차량 현대화
- 콜럼버스시 전역에 스마트 가로등 배치
- 오하이오 주립대학 자율주행차 시험센터 건립
- 전기차 도입에 대비하여 전력선 현대화 투자에 약 2억 달러 투자

이러한 노력은 분명히 콜럼버스시의 스마트시티 계획에 대한 시작일 뿐입니다. 이 프로그램에 사용된 자금 지원 모델은 주목할 만한 가치가 있습니다. 초기 민간 지원은 공공 보조금으로 이어졌고, 이는 추가 민간부문 투자를 촉진했습니다. 이 긍정적인 순환 강화는 이전 사례 연구에서 본 PNGV 협력과 동일한 과정을 따르고 있습니다. 성공적인 경우와 때로는 실패한 경우에도 공공-민간 협력은 공공 및 민간 부문 양쪽에 성과를 가져오고 양쪽의 발전을 가속화합니다.

다음 절에서는 상업적 협력에 대해 살펴보겠습니다.

협력 프로그램

협력 프로그램Partner program은 회사의 제품 및 서비스 출시를 중심으로 한 주

변 생태계를 개선합니다. 적절한 협력을 통해 솔루션을 개발하고 마케팅 시간과 비용을 크게 줄일 수 있습니다. 예를 들어, 디지털 서비스를 새로 제공하는 기업은 완전히 새로운 전문적인 서비스를 구축하는 대신, **시스템 통합**SI, System Integration 과 상생의 협력을 맺을 수 있습니다. GE 디지털은 산업 디지털 전환을 위한 다양한 유형의 협력을 포함하는 광범위한 생태계 및 관계 프로그램을 개발했습니다. 주요 범주는 다음과 같습니다.

- 기술 협력자
- ISV독립 소프트웨어 판매회사, Independent Software Vendor 협력자
- SI 협력자
- 통신 협력자
- 중간 판매업자

이제 각 협력 유형을 자세히 살펴보겠습니다.

기술 협력자

기술 협력자는 다음과 같은 디지털 기술을 제공하는 회사가 포함되었습니다.

- IoT용 엣지나 게이트웨이 장치를 위한 인텔, 휴렛팩커드HPE 및 델Dell
- 기업 소프트웨어를 위한 SAP 및 오라클, IT-OTInformation Technology-Operation Technology 통합
- IoT용 GE의 프레딕스 플랫폼을 위한 공공 클라우드 플랫폼 중 하나로 MS 애저를 사용하였음
- 이 영역에 속하는 다른 회사는 시스코, STSTMicroelectronics, 엔비디아 및 애플의 하드웨어 및 관련 분류가 포함

ISV 협력자

이 분류에는 GE의 프레딕스 플랫폼에서 시장에 출시 준비가 된 솔루션을 구축할 회사들이 포함되어 있습니다. NEC는 AI 및 머신비전을 사용하여 제조업에

서 시리얼 번호가 없는 부품을 인식하는 솔루션을 개발한 회사 중 하나였습니다. 협력기업을 위한 발표는 다음 사이트[10]에서 확인하세요.

다른 소규모 기업들도 ISV 프로그램의 일부였으며, GE의 판매망을 통해 솔루션을 제공했습니다.

SI 협력자

SI 협력자에는 엑센추어 디지털Accenture Digital, 딜로이트 디지털, 타타 컨설팅 서비스Tata Consultancy Services, 인포시스Infosys, 와이프로Wipro, 어니스트앤영Ernst & Young 등이 포함되었습니다. 이러한 기업은 산업 고객에게 자문 및 구체적인 실행 가능한 서비스를 제공합니다. 이러한 SI 협력자는 GE와 SI 협력자 모두와 관계를 맺고 있는 공동 고객을 위해, 산업 부문뿐만 아니라 GE의 내부 전환에도 도움을 주었습니다.

통신 협력자

통신 회사는 IIoT의 핵심 부분으로, 시스템이 작동할 수 있도록 연결성을 제공합니다. AT&T와 소프트뱅크SoftBank는 이 범주에 속했습니다. AT&T는 샌디에고 스마트시티 계획의 핵심 협력자였습니다. 다른 신흥 협력 영역에는 로스엔젤레스 항구에서와 같이 민간 LTELong-Term Evolution 서비스가 포함되었습니다.

중간 판매업자

중간 판매업자는 하드웨어, 소프트웨어 및 전문적인 서비스 요구사항에 대해 기업과 신뢰할 수 있는 관계를 맺고 있는 경우가 많습니다. 여러 당사자 간의 상거래 계약을 촉진하는 데 도움이 되며, 관리 서비스와 같은 기타 부가기능을 제공할 수도 있습니다. 소프트텍Softtek과 그레이매터GrayMatter는 이 범주에 속했습니다.

위의 사례에서는 GE 디지털이 디지털 플랫폼을 중심으로 협력자 생태계를 구축하는 방법을 보여주었습니다. 다음 절에서는 산업 디지털 전환을 주도하는 협

---

10 https://www.nec.com/en/global/insights/article/2020022525/index.html

회의 역할에 대해 자세히 알아보겠습니다.

생태계 및 협회

산업 디지털 전환에서 생태계ecosystems와 협회consortiums의 역할에 대해 알아보겠습니다. 주로 협회는 비영리 단체가 될 수 있지만, 공통의 목표를 중심으로 다양한 이해 관계자를 통합하는 것을 목표로 하는 대형 영리기업에 의해 적극적으로 주도됩니다. 이 부분에 대해서 좀 더 자세히 알아보겠습니다.

협회

협회consortiums는 대기업, 비영리 기업, 스타트업, 정부기관, 개인 등 특정 목적을 가진 여러 기업의 연합체입니다. 협회의 목적은 특정 주제를 전파하거나, 옹호하거나, 구성원과 이해관계자의 이익을 위한 표준 및 운영 절차를 만드는 것일 수 있습니다. 때때로 협회의 기업과 영리회원 회사들은 유사한 산업 영역에서 사업을 수행할 수 있기 때문에 서로 경쟁할 수 있습니다. 결과적으로, 우리는 주로 협력과 경쟁이 동시 가능한 협력형 경쟁을 봅니다. 지난 10년 동안 주로 어떤 형태로든 산업 디지털 전환의 비전을 지원하는 많은 협회가 등장했습니다. 여기서는 몇 가지 기술기업 협회를 나열한 후에 디지털 전환과 관련된 몇 가지 기술기업 협회를 자세히 살펴보겠습니다.

- **AIAA**미국항공우주연구소, American Institute of Aeronautics and Astronautics: 항공우주의 미래를 형성하는 데 중점을 둡니다[11].
- **자율주행차 컴퓨팅 협회**The Autonomous Vehicle Computing Consortium[12]

---

11 https://www.aiaa.org/

12 https://www.avcconsortium.org/members
https://www.businesswire.com/news/home/20191008005138/en/New-Consortium-Development-Common-Computing-Platform-Autonomous

- **CCC**차량 연결 협회, Car Connectivity Consortium**:** CCC에는 애플뿐만 아니라 많은 자동차 회사가 참여하고 있으며, 모두 디지털 키[13]와 같은 사업을 추진하고 있습니다.
- **CFF**클라우드 기반 재단, Cloud Foundry Foundation**:** 2011년에 출시된 이 회사는 EMC, VM웨어VMware 및 GE를 주요 회원사로 꼽고 있습니다.
- **코로나19 HPC 협회:** IBM, 델, 인텔은 정부 및 연구 기관과 협력하여 펜데믹 과제[14]에 관련된 고성능 컴퓨팅 자원을 확보하고 있습니다.
- **데이터 처리 및 분석 협회**Data Processing and Analysis Consortium**:** 약 400명의 유럽 과학자들과 소프트웨어 엔지니어들이 유럽 우주국European Space Agency의 활동을 지원하기 위해 만들었습니다.
- **DTC**디지털 트윈 협회, Digital Twin Consortium**:** 2020년에 시작되었으며 MS, ANSYS, 렌드리스Lendlease 및 델을 포함한 회사들에 의해 운영됩니다.
- **기업 이더리움 연합**Enterprise Ethereum Alliance**:** 2017년 총 30개의 포춘 500대 기업과 블록체인을 중심으로 한 스타트업, 연구 그룹이 모여 탄생했습니다.
- **GSMA**이동통신협회를 위한 글로벌 시스템, Global System for Mobile Communications Association**:** GSMA는 2007년에 시작되었으며, 5G 관련 기술의 큰 압력단체가 될 것입니다. 약 1,200개의 회원사를 가지고 있습니다.
- **GTS**국가 기술 및 서비스, Government Technology and Services **연합:** GTS는 비영리 단체입니다[15]
- **IIC**산업 인터넷 협회, Industrial Internet Consortium**:** IIC는 2014년 GE, 인텔, IBM, 시스코 및 AT&T를 포함한 산업 및 기술 회사들이 모여 IIoT를 전파하면서 시작되었습니다. IIC는 현재 약 200명의 회원사를 보유하고 있습니다.
- **IATA**국제 항공 운송협회, International Air Transport Association**:** 1945년에 시작되었고 세계의 주요 항공사들이 참여하고 있습니다. 그것은 항공사의 기술적 기준을

---

13 https://carconnectivity.org/

14 https://covid19-hpc-consortium.org/

15 https://www.gtscoalition.com/about-us/government-technology-services-consortium/

설정합니다.

- **iNEMI**국제 전자제품 제조 이니셔티브, International Electronics Manufacturing Initiative: iNEMI는 보드 수준의 전자 제품에 초점을 맞춘 선도적인 전자 제조업체, 대학 및 정부 기관과 같은 연구 기관의 협력입니다.
- **JCESR**에너지 저장 공동 연구 센터, Joint Center for Energy Storage Research: 2012년 DOE미국 에너지부, Department of Energy의 에너지 혁신 허브Energy Innovation Hubs[16]의 후원으로 시작되었습니다.
- **리눅스 재단**Linux Foundation: 2000년 오픈소스 개발 연구소와 자유 표준 그룹이 리눅스 운영 체제 표준화를 목표로 합병하면서 시작되었습니다.
- **제조업 미국**Manufacturing USA: 14개의 공공-민간 기관으로 구성되며 NIST가 후원합니다[17].
- **개방형 데이터 센터 연합**Open Data Center Alliance: 인텔은 클라우드 컴퓨팅을 위한 개방형 표준 개발을 목표로 2010년에 이 협회를 시작하는 데 도움을 주었습니다. 그것은 100개 이상의 회원사로 성장한 후 해체되었습니다.
- **개방형 포그 협회**Open Fog Consortium: 2015년 ARM, 시스코, 델, 인텔, MS 및 프린스턴 대학교를 포함한 기업들과 함께 시작했습니다. 50개 이상의 회원사로 성장했고, 2018년에 IIC의 일부가 되었습니다.
- **OPC**개방형 플랫폼 정보통신 재단, Open Platform Communications Foundation: 2008년에 출시된 OPC UA통합화된 구조, Unified Architecture로 잘 알려져 있습니다. UA는 기계 간 통신을 위한 독립적인 플랫폼 서비스 지향 아키텍처입니다[18].
- **오픈파워 재단**OpenPOWER Foundation: 2013년 IBM의 하드웨어 시스템을 중심으로 만들어졌으며, 이후 2019년 리눅스 재단의 일부가 되었습니다.
- **SEMI**구 Semiconductor Equipment and Materials International: 약 2,000개의 회원사를

16 https://www.jcesr.org/

17 https://www.manufacturingusa.com/

18 https://opcfoundation.org/

가진 반도체 관련 단체[19].

- **USABC**미국 첨단 배터리 협회, US Advanced Battery Consortium: 1992년에 시작되었습니다[20].
- **W3C**월드와이드 웹 협회, World Wide Web Consortium: 1994년에 시작되었고, 400개 이상의 회원사들이 WWW월드와이드웹, World Wide Web을 위한 표준과 지침의 개발을 위해 일하고 있습니다.

앞의 목록은 여러 공공 및 민간 기업이 함께 모여, 주어진 산업 부문의 전환을 가속화하는 단체 및 유사한 조직의 대표적인 목록입니다. IIC의 역할을 자세히 살펴보겠습니다.

IIC

IIC는 우수 사례 개발, 테스트베드, 채택 및 산업 인터넷 기술의 광범위한 사용을 가속화하는 것을 목표로, 크고 작은 기술의 혁신가, 정부 기관 및 학계와 함께 전 세계 다양한 규모의 기업들이 모여 2014년에 설립되었습니다. 당시 GE 글로벌 소프트웨어GE Global Software의 부사장이었던 Bill Ruh는 IIC가 산업용 인터넷 기술을 위한 공통 용어 및 참조 아키텍처를 개발하는 데 도움을 주기 위해 만들어졌다고 설명했습니다. 또한, IIC는 산업 영역에서 일반적 적용 사례의 수집과 문서화를 장려했습니다. 이는 기업 사용자를 위해 IIoT의 신속한 채택을 목표로 항공, 교통, 의료 및 에너지를 포함한 다양한 분야의 시험 개발로 이어집니다. IIoT 솔루션을 기업 IT 세계에서 흔히 볼 수 있는 상용 플러그앤플레이 소프트웨어처럼 사용하기 쉽게 만드는 것이 목표였습니다. IIC의 구성원들은 디지털 트윈과 디지털 전환과 같은 분야에서 일하는 작업 그룹과 직무 그룹으로 스스로를 조직했습니다. 이 책의 저자들은 IIC의 테스트베드 프로그램 구축, 업무 참여 및 작업 그룹 활동에 적극적으로 참여해 왔습니다.

---

19 https://www.semi.org/en/about/organization

20 https://uscar.org/guest/teams/12/U-S-Advanced-Battery-Consortium-LLC

IIC가 빠른 영향을 미친 분야 중 하나는, 앞서 언급한 테스트베드 프로그램입니다[21]. 이 책의 저자 중 한 명(Nath)은 이러한 테스트베드 중 일부, 즉 다음과 같은 작업을 광범위하게 수행했습니다.

- 자산 효율성 테스트베드
- 산업용 디지털 스레드 테스트베드
- 스마트 항공 운항사 수하물 관리 테스트베드

이러한 테스트베드에 대한 자세한 내용은 2017년 출간된 서적[22]에 포함되어 있습니다. 여기서는 다음과 같은 기관이 참여한 스마트 항공 운항사 수하물 관리 테스트베드에 대해 살펴보겠습니다.

- 앞서 간략하게 언급한 항공 운항사 협력인 IATA
- GE 디지털 & 항공
- M2MI[M2MI Corporation]
- 오라클
- 시그폭스
- ST[STMicroelectronics]

이러한 다양한 규모 기업들의 조합은 2018년에 발효된 IATA 산업 규제를 위한 해결방안을 위해 노력했습니다. 이 규정은 IATA Res 753이라고 하며, 항공 운항사 수하물 관리의 효율성과 관련이 있습니다. 항공 운항사와 공항이 주요 이해관계자 였습니다[23]. IIC 테스트베드는 항공 운항업계에 적용 가능한 해결방안을 시제기화하기 위해, 여러 당사자가 어떻게 협력했는지를 보여주는 좋은 사례입니다. 이 시제품은 여러 항공 운항사에 의해서 시연되었습니다.

다음으로, 우리는 산업에서의 협력과 제휴의 사례를 살펴볼 것입니다.

---

21 https://www.iiconsortium.org/test-beds.htm

22 Architecting the Industrial Internet, by Shyam Nath, Robert Stackowiak, and Carla Romano, published by Packt in 2017

23 https://www.iata.org/en/programs/ops-infra/baggage/baggage-tracking

7.3 디지털 전환에서의 협력 및 연합

산업 디지털 전환에 필요한 솔루션은 여러 가지 독특한 전문 분야에서의 기여를 필요로 합니다. 다음과 같은 기업들입니다.

- 반도체 회사
- 소프트웨어 솔루션 공급자
- 하드웨어 및 소프트웨어 개발(툴 회사)
- SI
- OEM/ODM Original Design Manufacturers
- 서비스 제공업체
- 유통업체

생태계나 협력 프로그램은 광범위적인 산업적 활용의 다양한 요구사항에 대응하여 협력적으로 솔루션을 개발하고 배포할 수 있도록 이러한 기여자들을 모아 놓습니다.

표준을 개발하는 데 또 다른 중요한 역할을 하는 다양한 산업 조직이 있습니다. 이제 이 중에서 몇 개를 선택해서 살펴보겠습니다.

IEC

IEC국제 전기기술 위원회, International Electrotechnical Commission는 전기 및 전자 제품, 시스템 및 서비스에 초점을 맞춘 국제 표준화 기구입니다. IEC는 자기장 강도를 위한 가우스와 주파수를 위한 헤르츠와 같은 측정 단위에 대한 표준 개발에 핵심적인 역할을 했습니다. 또한 나중에 SISystème International d'unités (영어로 International System of Units로 번역)표준 시스템을 제안한 최초의 기구이기도 합니다.

IEC는 합의기반 표준개발 및 적합성 평가 시스템 접근 방식을 사용합니다.

IEC의 이러한 국제 표준 간행물은 국가 표준개발에 활용됩니다. 또한 국제 입찰 및 계약을 준비할 때 참고 자료로 사용됩니다[24].

IEC와 **ISO**국제 표준 기구, International Standards Organization는 정보통신 기술표준에 초점을 맞추기 위해 **공동 기술 위원회**(ISO/IEC JTC 1)를 구성했습니다. 이러한 표준은 AI, IoT, 클라우드 컴퓨팅, 사이버 보안, 생체 인식 및 다중매체 정보 등과 같은 기술을 활용하는 디지털 전환에 대한 노력을 위한 것입니다.

IEC는 스위스 제네바에 본부를 두고 있으며, 전 세계에 지역 사무소를 두고 있습니다.

제덱

제덱Jedec은 300개 이상의 회원사와 함께하는 마이크로전자 산업 연합체industry alliance이며 표준 개발에 중점을 두고 있습니다. 제덱의 기술 중점 분야는 다음과 같습니다.

- 메인 메모리
- 플래시 메모리
- 모바일 메모리
- 무연 제조
- ESD정전기 방전, Electrostatic Discharge

임베디드 메모리 장치는 디지털 전환에서 매우 중요한 역할을 합니다. 제덱은 범용 플래시 스토리지Universal Flash Storage의 표준에 기반을 둔 데이터 전달 연결 계층을 위한 저 전력 데이터 전송구조 개발을 위해 미피 연합MIPI Alliance과 협력하고 있습니다. 제덱은 버지니아 알링턴에 본사를 두고 있습니다.

---

24 https://www.iec.ch/publications/international-standards

SEMI

SEMI는 반도체의 설계, 제조 및 공급망 관리에 참여하는 2,000개 이상의 기업으로 구성된 산업 협회industry association입니다. SEMI는 자동화된 반도체 제조공장을 위한 다양한 표준을 개발합니다. 반도체 회사들은 전 공정, 조립 및 후 공정 시험을 포함한 반도체 제조공장 운영의 높은 신뢰도 묘사가 가능한 디지털 트윈(*"3장, 디지털 전환을 가속화하는 새로운 기술"*에서 설명한 바와 같이)을 개발해 왔습니다. 스마트 제조를 위한 이러한 사업은 ROI를 기반으로 합니다. 산업 협회로서, SEMI는 스마트 제조 영역에 대한 정보 공유와 공동 문제 해결을 촉진하는 스마트 제조기술 공동체를 만들었습니다. 이 공동체에는 업계 책임자 그룹으로 구성된 스마트제조 자문위원회Smart Manufacturing Advisory Council가 있습니다.

계속해서 기술 부문의 연합 관계를 살펴보도록 하겠습니다.

엣지 AI 및 비전 연합

엣지 AI 및 비전 연합Edge AI and Vision Alliance은 이러한 기술을 기반으로, 다양한 최종 제품에 엣지 AI 및 임베디드 컴퓨터 비전을 채택하는 데 중점을 둔 100개 이상의 회원사로 구성된 업계의 협력입니다. 임베디드 컴퓨터 비전은 생체 인식, 산업용 로봇 및 차량 부품 제조를 위한 안면인식을 포함한 다양한 응용 분야의 다양한 디지털 전환 노력에 활용되고 있습니다.

엣지 AI 및 비전 연합은 제품 개발자가 화상처리 기능이 내장된 제품을 구축하는 데 사용할 수 있는 실질적인 통찰력과 기술 정보를 제공하기 위해 학술대회 및 행사를 기획합니다. 이러한 연합은 임베디드 비전 기술과 엣지 AI 공급업체를 새로운 고객 및 협력자와 결합시킵니다.

NEMA

NEMA전미 전기 제조자협회, National Electrical Manufacturers Association는 미국의 350개 전기 장비 제조업체로 구성된 무역 협회trade association로, 다음과 같은 7개 산업 부문에 초점을 맞추고 있습니다.

- 산업 제품 및 시스템
- 교통 체계
- 빌딩 시스템
- 시설 구축
- 유틸리티 제품 및 시스템
- 조명 시스템

NEMA는 이러한 분야에 초점을 맞춘 표준 및 기술 논문을 발표합니다. 다음 절에서는 우리는 일부 반도체 회사의 생태계를 탐구할 것입니다.

7.4 반도체 기업 생태계

STSTMicroelectronics의 사례를 활용하여 반도체 제조업체 생태계의 구체적인 내용과 이해관계자에게 가치를 창출하는 방법에 대해 자세히 알아보겠습니다.

ST 생태계

ST와 그 생태계 협력자들은 반도체 솔루션의 빠른 시제품 제작을 지원하기 위해 완전한 하드웨어 및 소프트웨어 개발 환경, 참조 디자인 보드, 도구, 그리고 소프트웨어 라이브러리를 제공하며, 이는 제품으로서 완전한 시스템을 만드는 결과를 가져옵니다. 소비자, 자동차 및 산업용 솔루션을 구축하는 데 사용되는 ST의 반도체 구성 요소에는, STM32 마이크로컨트롤러 및 마이크로프로세서, 센서, 액추에이터, 연결, 보안, 위치를 위한 GNSS, 전원 관리, 모터 제어 및 표준 I/O 주변 장치가 포함됩니다. 그림 7.4는 적층 가능한 하드웨어 개발 보드, 특정 응용프로그램 소프트웨어 솔루션, 개발 도구, 클라우드 서비스 솔루션, 협력자 프로그램 및 개발자를 위한 공동체를 포함하는 생태계의 일부를 보여줍니다.

그림 7.4 ST 생태계 - 완벽한 솔루션을 위한 구성요소

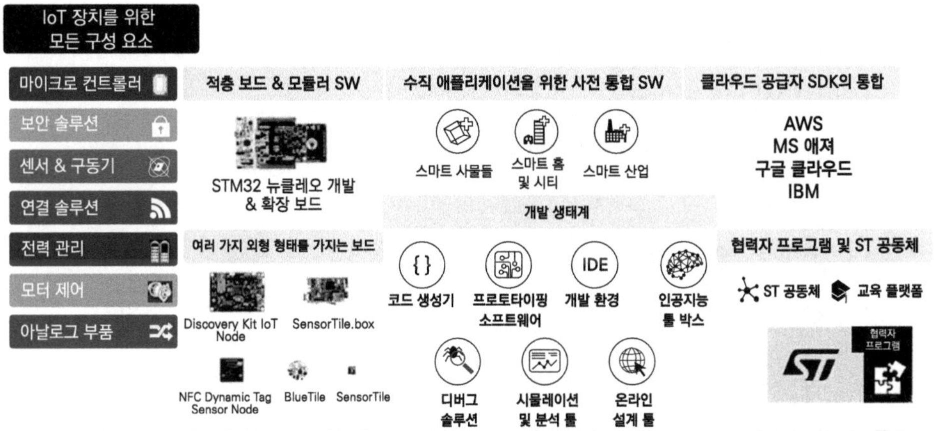

이러한 생태계를 통해 클라우드 서비스를 다양한 협력자와 협력하여 엣지 구성요소 및 장치와 통합할 수 있습니다.

STM32 ODE개방형 개발 환경, Open Development Environment는 마이크로컨트롤러 및 마이크로프로세서 및 ST 반도체 솔루션을 기반으로 하는 응용프로그램을 개발하기 위해 제공되며, 개발자는 설계 가정을 검증하고 아이디어에서 개념 검증으로 신속하게 전환할 수 있습니다. 이 개발 환경에는 감지, 연결, 전원 관리, 모터 제어 및 음성과 같은 주요 영역을 다루는 상호 운용 가능한 하드웨어 및 소프트웨어 구성 요소가 포함되어 있습니다. 소프트웨어 제품군에는 ST 제품을 사용하여 설계를 할 수 있는 드라이버, 미들웨어 소프트웨어 라이브러리 및 전체 응용 프로그램 소프트웨어가 포함됩니다.

누클레오 생태계

누클레오Nucleo 생태계는 STM32 누클레오 보드로 솔루션을 신속하게 시험하기 위해, 다양한 응용이 가능하도록 하드웨어 추가 기능(Arduino Uno Rev3 및 ST 모포Morpho 커넥터 포함, 누클레오-32는 아두이오 나노Arduino Nano 커넥터 포함)으로 편리하게 확장할 수 있는 STM32 누클레오 보드로 구축됩니다. 이러한 확장 보드는 다음과 같은 기능을 제공합니다.

- 감지: MEMS 동작센서, 환경 센서, 화상처리
- 음성: MEMS 마이크
- 연결: BLE, SubGHz, 와이파이 및 NFC
- 위치: GNSS
- 이동 또는 작동: 모터 제어
- 전원 관리: USB Type-C 전원 공급, LED 드라이버 및 전원 스위치

누클레오 플랫폼은 STM32 **HAL**하드웨어 추상화 계층, Hardware Abstraction Layer 소프트웨어 라이브러리 및 각각의 개발 보드를 위한 완전한 소프트웨어 예제의 이점을 가지고 있습니다. 이는 IAR EWARM, ARM Mbed, GCC/LLVM, 그리고 케일 MDK-ARMKeil MDK-ARM과 같이 가장 일반적으로 사용되는 IDE들과 호환됩니다.

그림 7.5 STM32 생태계 개요

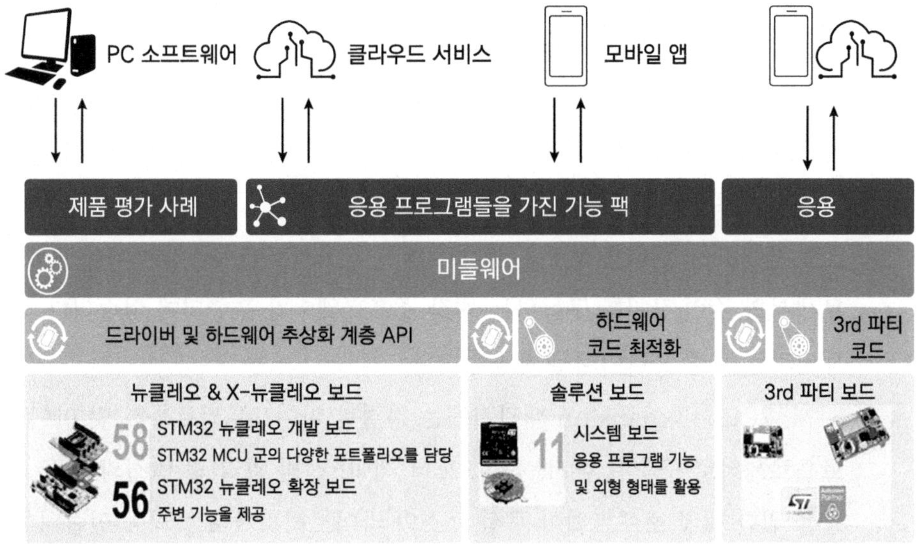

STM32Cube 생태계

STM32Cube 생태계는 STM32 마이크로컨트롤러 및 마이크로프로세서 장치를 위한 소프트웨어 체계를 제공합니다. 완전한 STM32 개발 환경을 원하는 사용자와 Keil이나 iAR와 같이 IDE를 사용하는 것을 선호하는 사람들을 위해 설계되었습니다. STM32Cube의 다양한 구성 요소(STM32CubeMX, STM32CubeProgrammer 및 STM32CubeMonitor)는 이러한 지원되는 IDE에 쉽게 통합할 수 있습니다. 그림 7.5는 개발자들이 완전한 응용사례를 구축할 수 있도록 해주는 하드웨어 플랫폼과 소프트웨어 스택SW stack을 보여줍니다. 여기에는 전체 개발 과정에 필요한 PC 도구 모음이 포함되어 있습니다.

- STM32CubeMX는 주변 장치 설정, GPIO 구성, 클럭 트리 설정 및 DDR 구성을 포함하여 STM32 마이크로컨트롤러 및 프로세서를 구성할 수 있는 GUI 기반 도구입니다.

- STM32CubeProgrammer는 윈도우즈, 리눅스 및 맥OSmacOS와 같이 일반적으로 사용되는 운영시스템에서 지원되는 소프트웨어 도구로 STM32 제품을 프로그래밍 하는 데 사용됩니다.
- STM32CubeMonitor는 STM32 응용 프로그램을 미세 조정하거나 오류를 검출을 위해 실행과정에 프로그램 변수를 감시하고 시각화하는 데 사용되는 소프트웨어 도구입니다.
- STM32Cube의 MCU 패키지에는 선택한 마이크로컨트롤러나 마이크로프로세서의 주변 장치를 구동하는 내장 소프트웨어가 포함되어 있습니다. 각 패키지는 표준 드라이버를 제공합니다.
- STM32CubeExpansion 패키지에는 적절한 마이크로컨트롤러 및 마이크로프로세서로 구축된 감지, 음성, 모터 제어, 전원 관리 및 연결과 같은 기능을 위한 내장 소프트웨어 구성 요소와 라이브러리가 포함되어 있습니다. 이러한 패키지는 ST 및 선별된 협력자가 제공합니다.

이제 반도체 기업들이 널리 활용하고 있는 협력자 프로그램을 살펴보겠습니다.

협력자 프로그램

고객이 시제품 및 완제품을 개발할 수 있도록 지원하는 협력자 프로그램Partner programs을 통해 반도체 회사의 제품 구성을 위한 하드웨어 및 소프트웨어 솔루션 생태계를 강화합니다. 반도체 회사와 협력 기업 간의 협업을 통해 새로운 사업 모델과 수익 흐름을 정의할 수 있습니다. 협력자 프로그램은 소규모 및 중소기업에 대한 향상된 기술적 지원을 제공하여, 여러 전문 분야와 지리적 근접위치에서 다양한 이해 관계자를 연결하여 사업을 더욱 발전시키는 기회를 제공합니다. 회사의 기술팀과 협력자팀 간의 더 긴밀한 협력은 상호 제품 제공의 호환성과 부가가치를 증가시킵니다.

ST 협력자 프로그램

ST 협력자 프로그램STMicroelectronics Partner Program에는 280개 이상의 기업이 참여하고 있습니다. ST는 ST와 협력자 간의 공동 마케팅 활동, 고급 기술 솔루션 및 고부가가치 사업 과제에 대한 협업을 인증하고 촉진합니다.

ST 협력자 프로그램에서 사용할 수 있는 제품 및 서비스는 다음과 같습니다.

- 하드웨어 및 소프트웨어 개발 도구
- 임베디드 소프트웨어
- 클라우드 솔루션
- 모듈 및 구성 요소
- 엔지니어링 서비스
- 교육

협력자는 이 프로그램을 통해 제품 및 서비스의 기술 개발을 신속하게 시작할 수 있는 제품 로드맵과 시제품을 조기에 이용할 수 있습니다. 또한 ST 협력자 프로그램은 협력자 간의 협업을 강화하여 협력자가 최종 고객에게 결합 상품을 제안할 수 있도록 지원합니다.

ARM 협력자 프로그램

ARM은 컴퓨터 프로세서를 위한 아키텍처를 개발하고, **SoC**System on Chip 회로와 같은 자체 제품을 개발하는 다른 회사에 사업권을 부여합니다. 이러한 SoC는 휴대 전화, 태블릿, 센서 노드, 연결 칩 등 다양한 장치에서 사용됩니다.

ARM 협력자 프로그램-AI

AI와 기계학습을 온-칩on-chip에 구현하는 분야에서 많은 개발 활동이 있습니다. ARM은 이 협력자 프로그램을 통해 다양한 도구, 알고리즘, 응용사례를 제공하는 광범위한 AI 생태계를 개발했습니다. 자일링스Xilinx, 엔비디아, AMD를 포함한 회사들도 AI 하드웨어 가속화에 기여하고 있습니다.

ARM 협력자 프로그램 사례-휴대전화 기술

ARM 아키텍처 기반 프로세서는 휴대전화에 광범위하게 사용됩니다. 이 협력자 프로그램은 하드웨어 및 소프트웨어 개발 도구에 걸쳐 매우 다양한 사업에 초점을 가진 1,000개 기업을 회원으로 가지고 있습니다. 협력자는 ARM과 함께 콘텐츠 제작 과제를 수행하고, AR 및 VR과 같은 새로운 경험을 구축합니다.

ARM 협력자 프로그램 사례-보안

ARM은 보안 구성요소 제품 및 서비스 분야의 선두 기업과 협력자 관계를 맺고 있습니다. 이 협력 프로그램을 통해, 기업들은 하드웨어와 소프트웨어의 안전한 조합을 포함하는 솔루션을 구축하기 위해 협력할 수 있습니다.

ARM 협력자 프로그램 사례-자동차

이 협력 프로그램에서 ARM 협력자 회사들은 자동차의 다양한 컴퓨터 관련 요구 사항에 대해 협력합니다. 협력자는 ADAS 및 자율주행 시스템을 비롯한 복잡한 자동차 응용사례를 위한 하드웨어 및 소프트웨어 솔루션을 공동으로 개발할 수 있습니다.

ARM 협력자 프로그램 사례-기반

이 협력 프로그램에서 ARM 생태계 협력자는 IoT 장치, 기반Infrastructure 구성요소 제품과 서비스를 구축하기 위해 협력합니다. 하드웨어 및 소프트웨어 전문 지식을 보유한 협력 회사들과 함께 혁신적인 ARM 기반 솔루션을 개발할 수 있도록 지원합니다.

이전 절에서 여러 협력자 프로그램을 살펴보았습니다. 또한 생태계 및 협력자 프로그램의 잠재적인 단점에 대해서도 살펴보겠습니다.

생태계 및 협력자 프로그램 관계에서 주의

여러 협력자들과 협력 관계를 유지하고 조율하기 위한 간접비가 발생합니다. 이러한 관계는 협업 업무계약을 필요하기 때문입니다. 참가자들은 이러한 활동에서 발생할 수 있는 지적 재산권 보호와 실행 속도의 균형을 맞춰야 합니다. 최종 고객에게 공동 솔루션을 제공하는 계획에서는 구매, 적용 및 지원 절차가 복잡해질 수 있습니다. 이러한 전환적인 솔루션의 사이버 보안 위험도 염두에 두어야 합니다.

요약

이 장에서는 주어진 산업 부문 내에서 전환에 기여를 하는 생태계와 협회가 갖는 중요한 역할에 대해 배웠습니다. 여러 기업과 정부 기관이 학계와 협력하여 산업 디지털 전환을 가속화하는 방법을 살펴보았습니다.

"*8장, 디지털 전환에의 AI*"에서는 디지털 전환에 있어서의 AI와 기계학습의 역할에 대해 알아보겠습니다. 우리는 AI와 결합된 데이터 및 분석이 새로운 종류의 전환적인 응용사례를 제공하는 데 어떻게 도움이 될 수 있는지 살펴볼 것입니다.

질문

다음은 이 장에 대한 이해도를 확인하기 위한 몇 가지 질문입니다.

1. 디지털 전환을 위해 협회가 필요한 이유는 무엇입니까?
2. 협회란 무엇입니까?
3. 협회와 생태계는 민간 기업에만 관련이 있습니까?
4. 자율주행차 산업에서 협회의 사례는 무엇입니까?
5. 반도체 업계의 몇 가지 협회 사례는 무엇이 있습니까?

08 디지털 전환에서의 AI

지난 장에서는 우리는 산업 디지털 전환에 대한 생태계적 접근방법에 대해 배웠습니다. 우리는 협력자와 이해관계자들의 생태계가 전환에 필요한 사업의 성과를 이끌어내는데 있어서 핵심임을 확인했습니다. 결과적으로, 많은 대기업들이 이러한 사업을 대기업과 중소기업, 기업협력, 정부기관 및 학계 그룹 전반에 걸쳐 추진하고 있으며, 업계 영역 전반에 걸친 전환을 가속화하는 것을 목표로 하고 있습니다.

이번 장에서는 어떻게 AI가 산업 디지털 전환 계획의 핵심이 되는지에 대해 알아보겠습니다. 우리는 AI의 다양한 측면과 AI가 관련 데이터에 적용될 때 어떻게 사업성과를 이끌어내는지도 조사할 것입니다.

이 장의 내용은 다음과 같습니다.

- AI, 기계학습, 심층학습의 차이
- 산업에서 AI의 응용
- AI의 영향을 받은 조직의 변화

8.1 AI, 기계학습, 심층학습의 차이

각 기술을 더 잘 이해할 수 있도록, AI, **기계학습** 및 심층학습에 대한 정의부터 시작하도록 하겠습니다. *"1장 디지털 전환의 소개"*에서 그림 1.4는 AI가 다양한 연구 분야 적용되고 일반화되었을 때까지의 대략적인 기간을 보여줍니다.

AI

AI는 일반적으로 인간 지능을 활용하여 수행되는 업무를 컴퓨터로 수행하는 연구 분야와 그 응용 사례입니다. 이러한 작업에는 시각, 오디오 및 촉각 및 햅틱 입력을 사용한 인지, 움직임 및 환경 센서 데이터로부터 패턴 인식, 의사결정 등이 포함될 수 있습니다.

기계학습

기계학습Machine Learning은 연구 분야로서 AI의 하위 집합입니다. 기계학습에 사용되는 알고리즘은 관련된 실제 정보가 포함된 대량의 데이터를 사용하여 훈련됩니다. 기계학습 알고리즘은 반도체 산업의 복잡한 공정에 배치된 장비의 자동 결함 분류 및 예측 유지보수와 같은 다양한 응용 분야에서 사용되고 있습니다. 이러한 알고리즘은 새로운 데이터로 계속 개선될 수 있습니다.

심층학습

심층학습Deep Learning은 기계학습의 하위 집합입니다. 심층학습에 사용되는 알고리즘은 뇌의 기능에서 영감을 받아 **인공 신경망**Artifical Neural Network이라고 하며, 입력 데이터를 여러 층을 통해 처리하여 점진적으로 더 높은 수준의 결과를 도출합니다. 컴퓨터 화상처리 기술을 사용한 심층학습 알고리즘은 인간과 안전하게 작업하기 위해 주변 환경을 감지하는 로봇에 적용되고 있습니다.

*"제1장, 디지털 전환의 소개"*에서 그림 1.4는 이 세 가지 다른 연구 분야 사이의 관계를 그림으로 보여줍니다. 이제 다양한 유형의 기계학습 알고리즘을 살펴보겠습니다.

기계학습 알고리즘의 선택

기계학습 알고리즘은 지난 60년 동안 개발되어 왔습니다. 이러한 알고리즘의 초기단계 개발은 활용 가능한 컴퓨터의 계산 능력과 메모리에 의해 제한되었습니다. 하지만, 1990년대 후반부터 발전 속도가 빨라졌습니다. 따라서 산업 디지털 전환에서 필요한 다양한 응용 프로그램의 요구 사항을 충족할 수 있는 여러 가지 알고리즘이 있습니다. 그림 8.1은 기계학습 알고리즘의 거시적 수준의 비교를 보여줍니다.

그림 8.1 기계학습 알고리즘 비교

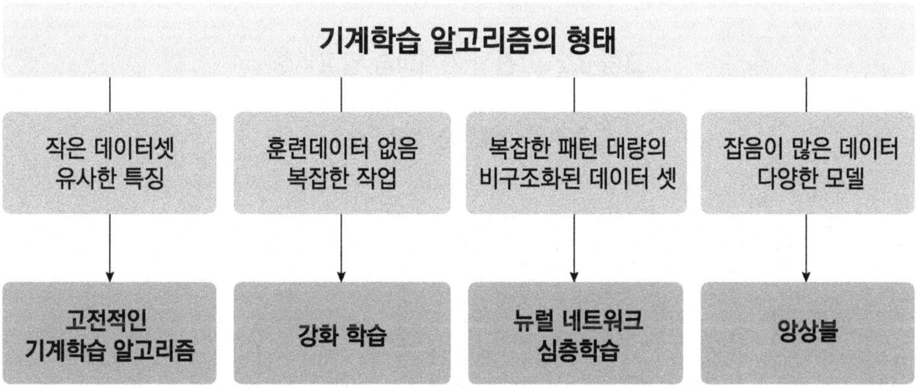

앞서 언급한 바와 같이 기계학습 알고리즘은 많은 양의 데이터를 사용하여 개발됩니다. 기계학습을 사용하는 패턴 인식과 같이 그 특징이 복잡하지 않을 때는 기존 기계학습 알고리즘을 산업용으로 사용할 수 있습니다. 산업 절차나 시스템의 수학적 모델링이 매우 복잡할 때는 시행착오 기반a trial-and-error-based 접근 방식을 사용하는 학습 가능한 강화 학습 알고리즘을 사용할 수 있습니다. 훈련에 사용할 수 있는 데이터 품질이 좋지 않고, 기능이 복잡한 응용 프로그램에서는 기계학습 알고리즘의 앙상블ensemble 방법을 사용할 수 있습니다. 화상 및 음성 인식 문제는 훈련 및 복잡한 기능을 사용하기 위해 많은 양의 데이터를 필요하기 때문에, 일반적으로 신경망이나 심층학습 알고리즘이 이러한 문제에 활용됩니다.

기계학습 알고리즘의 전체 목록과 그 설명은 위키피디아[1]에서 확인할 수 있으며, 고전적인 기계학습, 강화학습 및 앙상블 알고리즘은 다음 절에서 설명하겠습니다.

고전적인 기계학습 알고리즘 범주

기계학습 알고리즘을 사용하여 탐지, 분류, 예측이나 의사 결정과 같은 작업을 완료할 수 있습니다. 기계학습 알고리즘에는 지도 학습supervised learning과 비지도 학습unsupervised learning의 두 가지로 나눌 수 있습니다. 그림 8.2는 고전적인 기계학습 알고리즘의 세부 부류와 활용 영역을 보여줍니다.

그림 8.2 고전적 기계학습 알고리즘

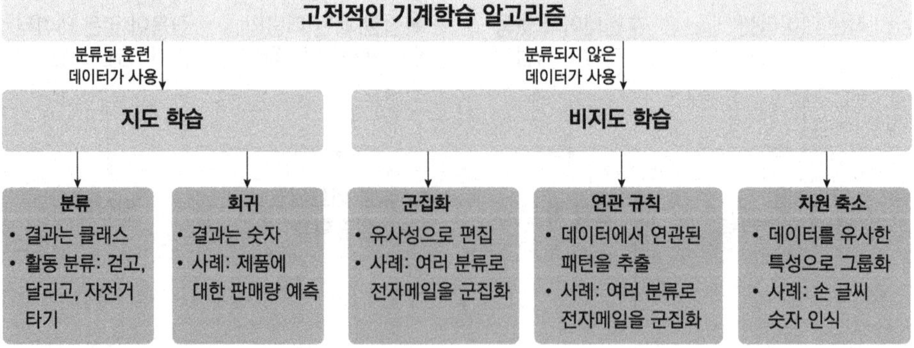

1 https://en.wikipedia.org/wiki/Outline_of_machine_learning#Machine_learning_algorithms

지도 학습 알고리즘은 기계학습 알고리즘 훈련 절차를 위해 분류된labeled 지정 입력 데이터를 필요로 합니다. 레이블링labeling은 학습 데이터의 데이터 수집 당시 시스템 상태에 대한 가장 잘 알려진 분류 정보가 포함되어 있음을 나타냅니다. 지도학습의 예시로는 선형회귀linear regression, 로지스틱 회귀logistic regression, K-NN, 의사결정트리decision trees, 랜덤 포레스트random forest, 나이브 베이즈naïve Bayes 등이 있습니다. 산업 환경의 예측 유지보수 및 품질 검사와 같은 응용 분야에 지도 및 유사 지도 알고리즘supervised and semi-supervised algorithms이 적용되고 있습니다. 비지도 학습 알고리즘은 훈련 데이터에서 분류 작업이나 분류된 정보 없이 패턴을 도출할 수 있습니다. 비지도 학습 알고리즘의 일부 사례로는 분류 및 차원 축소 알고리즘이 있습니다. K-평균 군집화K-means clustering는 범죄 해결을 돕기 위해 적용될 수 있으며 이 장에서 논의될 것입니다.

강화학습

강화학습Reinforcement Learning 알고리즘은 수치 보상 신호를 최대화하기 위해, 환경과의 상호 작용을 통해 학습이 발생하는 순차적 의사 결정 알고리즘 부류를 말합니다. 이러한 알고리즘들은 지도학습 알고리즘과는 다릅니다. 지도학습은 학습 과정에서 전문가 분석으로 만들어진 분류 데이터를 가진 훈련 데이터 세트를 사용하여 이루어집니다. 강화학습 알고리즘은 일반적으로 분류 데이터가 지정되지 않은 데이터 세트에서 숨겨진 패턴을 찾는 비지도 학습 알고리즘과도 다릅니다. 강화학습 알고리즘은 에이전트agent가 동적환경과 상호 작용하는 동적 환경dynamic environment을 가진 시스템에 적용할 수 있습니다. 강화학습 알고리즘의 주요 구성 요소는 정책policy, 보상 신호reward signal 및 가치 함수value function입니다. 사용 가능하다면 환경 모델을 사용할 수도 있습니다. 에이전트는 환경의 현재 상태를 기반으로 정책 및 예측되는 보상에 따라 조치를 취합니다. 가치 함수는 시스템의 현재 상태를 기준으로 에이전트가 미래에 기대할 수 있는 총 보상을 정의합니다.

모델, 가치 함수 및 정책 기반을 사용하는 조합으로 구성된 다양한 강화학습 알고리즘이 있습니다. 예를 들어, IRL역 강화학습, Inverse Reinforcement Learning 알고리즘은 가치 함수를 사용하지 않습니다. IRL 알고리즘은 보상 기능을 학습하고, 이러한 유형의 알고리즘은 IRL이 인간의 운전 행동으로부터 보상 기능reward function을 학습하는 자율주행의 의사 결정과 같은 문제에 적용합니다. 강화학습 알고리즘은 석유 정제 및 화학 공정의 제어와 같은 다양한 산업 공정에 적용됩니다.

반도체 산업과 같은 다양한 산업의 제조 공정은 점점 더 복잡해지고 있습니다. 다음과 같이 반도체 산업에서 몇 가지 고유한 문제를 생각해 보십시오.

- 제품 다양성 및 이와 관련된 다양한 생산 공정들
- 전 공정frontend operations은 몇 주 동안 지속될 수 있는 수천 개의 개별 공정을 가질 수 있습니다
- 선폭이 한 자리 수 나노미터인 공정에 대한 엄격한 품질 요구사항

생산 계획 및 다양한 공정의 조정에는 의사결정 지원 시스템이 필요합니다. 이러한 의사결정 지원 시스템에는, 정책, 보상 신호 및 가치 함수에 의해 구동되는 강화학습 알고리즘이 적용될 수 있습니다. 반도체 산업의 전 공정 및 후 공정frontend and backend operations 운영의 경우, 연구가 많이 진행되는 분야이기 때문에 환경 모델model of the environment도 사용할 수 있습니다. 여기서 생산 엔지니어는 작은 로트 크기와 제품의 다양성으로 인해 점점 더 복잡해지는 환경에서, 생산 절차를 최적화하기 위해 지속적으로 운영 결정을 내려야 합니다. 이것은 강화학습 알고리즘이 주문 발송 시스템의 결정에 도움이 될 수 있는 영역입니다. 이러한 시스템의 목표는 운영의 지속적인 수익성을 위해 처리량 및 주기 시간 목표를 달성하는 동시에, 고객 OTD정시 배송, On-Time Delivery을 달성하는 것입니다.

앙상블

앙상블ensemble 학습 알고리즘은 기계학습 성능을 향상시키기 위해 다양한 모델의 조합을 사용합니다. 메타 알고리즘meta-algorithms으로도 간주할 수 있습니다.

앙상블 알고리즘에서 기본 기계학습 알고리즘의 조합은 여러 가지 방법으로 달성될 수 있습니다. 일반적으로 사용되는 앙상블 알고리즘 중 하나는 의사 결정 트리의 랜덤 포레스트(기존 기계학습 알고리즘) 모음입니다. 일반적으로 사용되는 몇 가지 앙상블 방법은 다음과 같습니다.

- **보우팅:** 앙상블 모델의 최종 결과는 각 알고리즘의 결과나 예측으로부터 도출됩니다. 각각의 구성 알고리즘 결과는 서로 다른 투표Voting 방식이 적용될 수 있습니다. 다수결의 경우 50% 이상의 득표율을 기록한 예측치를 최종 산출물로 선정합니다. 가중 보우팅의 경우, 모델에 따라 보우팅 결과가 다르게 가중됩니다.
- **평균화:** 여기서 앙상블의 하위 수준 알고리즘 결과는 평균화averaging되어 최종 결과를 생성합니다. 가중 평균weighted averaging 기법은 하위 수준 알고리즘의 성능에 따라 적용될 수도 있습니다.
- **배깅:** 배깅Bagging: Bootstrap aggregating은 부트스트랩 추출bootstrap sampling 기술을 사용하여 결정트리 사례와 같은 구성된 하위 알고리즘을 학습하는 데 사용되는 학습 데이터의 하위 집합을 구축합니다. 최종 결과는 분류 목적으로 보우팅 방법을 사용하고, 회귀 분석을 위해 평균화 방법을 사용하여 생성됩니다.
- **부스팅:** 부스팅Boosting의 경우 구성 기본 알고리즘을 연결하고 순차적으로 학습하여 앙상블의 전반적인 정확도를 향상시킵니다.
- **스태킹:** 스태킹Stacking은 메타 분류기와 같은 다른 기계학습 알고리즘을 사용하여, 앙상블의 각 구성 알고리즘의 결과를 결합하여 최종 결과를 도출합니다.

앙상블 알고리즘의 추가적인 세부내용은 인터넷 사이트[2]에서 확인할 수 있습니다.

심층학습

심층학습Deep Learning 알고리즘은 인공 신경망의 구조를 기반으로 합니다. 계산 체계의 발전과 인공 신경망의 구현을 가능하게 하는 GPU와 같은 장치의 광범위한 가용성으로 인해, 심층학습 알고리즘이 영상 및 음성 처리의 응용 프로그램에 점점 더 많이 사용되고 있습니다. 심층학습 알고리즘은 영상 분류와 같은 응

2 https://en.wikipedia.org/wiki/Ensemble_learning

용 프로그램에서 기존 AI 학습에 비해 더 높은 정확도를 달성합니다. 심층학습 알고리즘의 성능은 더 많은 양의 학습 데이터를 사용할 수 있게 됨에 따라 계속 향상됩니다.

가장 널리 사용되는 심층학습 알고리즘[3]은 다음과 같습니다.

- DNN심층 신경망, Deep Neural Network
- CNN합성곱 신경망, Convolution Neural Network
- LSTM장기-단기 메모리 네트워크, Long Short-Term Memory Network
- RNN순환 신경망, Recurrent Neural Network
- DBN심층 신뢰 네트워크, Deep Belief Network
- DBM심층 볼츠만 머신, Deep Boltzmann Machine

다음 절에서는 공공 부문을 포함한 다양한 산업 분야에서 AI의 적용을 살펴볼 것입니다.

8.2 산업에서 AI의 응용

제조 설비, 품질 관리 및 검사, 예측 유지보수 등의 분야에서 AI가 어떻게 적용되고 있는지 알아보겠습니다.

공장에서 AI 응용

AI는 여러 가지 방법으로 제조업과 공장의 디지털 전환을 가능하게 할 수 있습니다. AI의 응용은 제조 공정의 생산성을 높이고, 제품의 품질을 향상시키며,

3 https://towardsdatascience.com/defining-data-science-machine-learning-and-artificial-intelligence-95f42a60b57c

창고 활용을 최적화하고, 공장의 많은 장치에 대한 예측 유지보수를 가능하게 합니다. 센서는 공장에서 AI 구현을 위한 첫 번째 핵심 요소입니다. 또한 PLC, 공정 및 장비를 감시와 제어하는 감시제어 및 SCADA 시스템, 품질 감시 시스템, 경보 시스템 및 ERP 시스템에서도 데이터를 사용할 수 있습니다. 공장의 모든 생산 단계에서 데이터를 수집할 수 있는 다양한 센서가 있습니다. 이러한 센서는 온도, 진동, 음향 발생, 압력, 습도, 가속도, 속도, 이동 거리, 힘, 토크, 자기장 세기, 근접성 등 많은 중요한 매개 변수를 측정할 수 있습니다. 센서 데이터는 아키텍처 요구에 따라 엣지나 게이트웨이, 클라우드에서, 혹은 복합적으로 분산된 방식으로 처리됩니다.

예측 유지보수를 위한 AI

산업에서의 운영은 장비나 시스템이 최고 효율로 작동하도록 보장하며, 일정 간격으로 유지보수를 수행합니다. 부품 또는 장비에 예기치 않은 고장이 발생하는 경우 수리가 이루어집니다. 자동차 공장의 예를 생각해 보십시오. AIA영상처리 자동화 협회, Automated Imaging Association는 비전 온라인 기사[4]에서, 고수익 자동차를 제조하는 자동차 공장에서 1분의 생산정지로 인한 손실비용은 20,000달러라고 밝혔습니다. AI 기반 예측 유지보수 솔루션은 공장에서 이러한 계획되지 않은 생산중단을 방지할 수 있습니다.

기업 운영 관계자들은 예상치 못한 시스템 장애와 계획되지 않은 생산중단으로 인한 사업 위험을 최소화하도록 노력합니다. 다음과 같은 노력을 통해 시스템에 대한 가시성을 높이고자 합니다.

---

4 https://www.visiononline.org/vision-resources-details.cfm/vision-resources/Remote-Vision-System-Monitoring-Unleashes-Predictive-Maintenance-Capabilities/content_id/6181

• 장비의 중요성과 관계없이 다양한 장비의 RUL잔존 수명, Remaining Useful Life을 서비스 가능한 구성 부품까지 추정
• 시스템의 이상 징후를 감지하고 가까운 미래에 장비의 고장을 예측하는 기능
• 장비의 달성 가능한 최대 효율을 유지하는 것을 목적으로 유지관리 조치에 대한 권장 사항을 받음

예측 정비 솔루션은 부품이 최대 수명을 가지도록 장비의 개선된 운영을 통해 비용 절감을 이루는 균형 잡힌 정비 방식이 가능합니다. AI 기반 예측 유지 보수의 장점을 누리기 위해서는, 해당 사용 사례가 예측 적이어야 하며, 시스템에 충분한 품질의 관련 운영 데이터가 있어야 합니다. 예를 들어, 엔진을 위한 예측 유지 보수 알고리즘의 경우, 엔진 성능을 감시하는 모든 센서로부터 정확한 시간간격을 가지는 시계열 센서 데이터와 이 데이터 수집을 위해 사용되는 다른 엔진의 운영 설정 및 마모 상태가 필요합니다. 기본적인 가정은 모든 기계의 성능이 시간이 지남에 따라 저하된다는 것입니다.

전기 모터, 발전기, 펌프 및 터빈과 같은 회전 기계는 산업에서 중요한 장비의 일부입니다. 이 장비에 대한 MTTF평균 고장 수명, Mean Time to Failure와 같은 매개 변수를 예측하면, 운영 관리자가 예상하지 못한 장비의 고장이 발생하지 않도록 관리할 수 있습니다. 기계의 정확한 고장가능 확률을 통해 발전소 운영자는 이러한 기계를 면밀히 감시하고, 유지보수나 장비 교체를 위해 발전소에 대해 최소한의 운전중단을 예측할 수 있습니다. 시설 산업에는 이러한 예측 유지보수 방법에서 효과가 높은 응용 프로그램이 많이 있습니다.

앞에서 설명한 바와 같이, 성공적인 AI 알고리즘의 적용은 시스템에 대한 좋은 품질의 데이터 가용성에 의해 크게 좌우됩니다. 이 데이터에는 정상 작동 데이터 형태, 성능 저하된 작동 데이터 및 고장 데이터 형태가 포함되어야 합니다. 예측 유지보수를 위한 AI 모델을 준비하려면, 유지보수 및 고장 이력, 작동 조건, 비정상적인 작동 특성 등 기계에 대한 관련 고급 정보도 필요합니다. 회전하는 기계 사례를 고려하면, 기계의 구성에 따라 속도 감지기, 베어링과 같은 다양한 위치에 설치된 온도 센서, 진동을 감지하기 위한 가속도계, 전기적 매개 변수(전압, 전류,

위상 등) 및 오일 압력 센서를 통해 데이터를 수집할 수 있습니다. 이 데이터는 설계된 통신구성에 따라 유선이나 무선 연결을 통해 엣지, 게이트웨이나 클라우드로 전송될 수 있습니다. 관련 기술 전문가들은 필요한 센서 데이터와 해당 주파수를 확인하고, 필요한 데이터가 충분한 품질로 제공되도록 데이터를 확보하는 시스템을 설계할 수 있습니다. 데이터 과학자와 관련 기술 전문가가 협력하여 예측모델을 개발할 수 있습니다.

예측 모델은 다음과 같은 기능을 위해 개발될 수 있습니다.

- 지정된 시간 내에 장비 고장이 발생할 확률을 추정하는 방법
- 가장 가능성이 높은 고장의 근본 원인과 함께 고장 수명 범위를 추정하는 방법
- 시스템의 잔존수명RUL을 추정하는 방법

고전적인 기계학습 알고리즘에서 심층학습 알고리즘에 이르기까지, 적합한 알고리즘을 선택할 수 있는 다양한 방법이 있습니다. LSTM 네트워크는 심층학습 알고리즘의 한 사례입니다. 선택한 알고리즘의 성능은 다음과 같은 다양한 조합 방법을 사용하여 평가할 수 있습니다.

- **정밀도**Precision: 이것은 모든 관련 고장 사례에 대한 참양성을 증명하는 비율입니다. 따라서 예측 모형의 정밀도가 높을수록 거짓양성비율false positive rate이 낮아집니다.
- **재현율**Recall: 이것은 참양성비율true positive rate로서 모델에 의해 정확하게 증명된 참양성과 일치합니다. 그리고 재현율의 값이 높을수록 예측 모델이 실제 고장을 정확하게 식별한다는 것을 의미합니다.
- **ROC**수신기의 작동특성, Receiver Operating Characteristics **그래프**: 이 그래프는 선택한 작동 조건에 대한 모형의 참양성비율(재현율) 대 거짓양성비율 그림입니다.

다음은 품질보증에서 AI를 사용하는 것을 알아보겠습니다.

품질보증 및 검사에서의 AI

품질 보증은 산업 절차의 중요한 부분입니다. 제조 공정은 산업 및 응용 분야에 따라 크게 다릅니다. 그러나 장비를 사용하는 모든 제조 공정은 다음과 같이 6가지 큰 손실을 줄이기 위해 공통 **KPI**핵심 성과지표, Key Performance Indicator를 갖게 됩니다.

- 장비 고장
- 설정 및 조정을 위한 계획된 중지
- 유휴 시간
- 속도 감소
- 공정 결함
- 수율 감소

제조를 포함한 산업 공정에서도 **OEE**전체 장비 효과성, Overall Equipment Effectiveness 및 **OLE**전체 라인 효율성, Overall Line Efficiency과 같이 일반적으로 사용되는 두 가지 매개변수가 있습니다. OEE는 장비의 생산성을 평가하는 데 사용되는 지표이며, 공정 개선을 유도하는 데도 사용됩니다. OLE는 생산 라인의 다양한 장비에 대한 OEE의 집계를 통해 계산됩니다. OEE는 세 가지 요소인 **가동률, 성능, 품질**에 기반을 두며 *OEE = 가동률 x 성능 x 품질*로 계산됩니다. 여기서 *가동률*은 계획 생산시간 대비 가동시간의 비율, *성능*은 이상적인 주기 시간 x 총 개수를 장비의 가동시간으로 나눈 비율이며, *품질*은 생산된 총 부품 수 중 좋은 부품 수의 비율입니다.

사이클 타임Cycle time은 한 부품을 생산하는 데 필요한 시간입니다. 계획된 생산시간은 계획에 따라 장비가 부품을 생산하는 총 시간입니다. 자동차, 스마트폰 및 비행기와 같은 개별 제조 작업에서 85%의 OEE 점수는 세계적인 수준으로 간주되며, 많은 기업이 이 점수를 적절한 장기 목표로 사용합니다. 개별 제조업체의 경우 60%의 점수가 일반적이며, 제조 절차의 성능을 추적하고 개선하기 시작한 회사의 경우 40%의 점수가 일반적입니다. OEE에 대한 자세한 내용은 다음 사이트[5]에서 확인할 수 있습니다.

여러 장비를 활용하는 제조 공정의 OLE는 각 장비의 사이클 시간 등의 요인에 따라 달라지기 때문에 OLE의 계산이 더 복잡합니다. OLE의 간단한 추정치는 생산라인에서 서로 다른 장비의 OEE 가중평균을 사용하여 계산할 수 있습니다.

OEE를 개선하기 위해 반도체 회사부터 자동차 제조업에 이르기까지 다양한 제조 작업에서 여러 품질관리 방법이 개발되어 성공적으로 활용되고 있습니다. FMEA고장 모드 및 효과 분석, Failure Mode and Effect Analysis, TPM전사적 생산설비보전, Total Productive Maintenance 및 린 제조가 그러한 방법의 일부 사례입니다. 잘 알려진 TPS도요타 생산시스템, Toyota Production System는 향상된 제품 품질과 제조 공정의 혜택을 받은 수많은 다른 산업들에 의해 모델로 사용되어 왔습니다.

디지털 전환은 이러한 품질관리 방법의 전환도 가능하게 합니다. 이전 절에서 설명한 분산 센서를 사용하여 계측된 생산 라인의 가용성(OEE 용)에 대한 실시간 계산이 가능합니다. 이러한 센서 데이터(영상, 음성 및 기타 활용 사례별 매개 변수 포함)는 기계학습 및 AI 알고리즘을 사용하여 실시간으로 품질을 추정할 수 있습니다. 또한 이러한 알고리즘은 생산 품질이 목표 수준 이하로 떨어질 경우 예측 경고를 발생할 수 있습니다. 품질 감시를 위한 영상 처리의 사례는 다음 절에서 설명합니다.

품질 검사를 위한 영상 인식 AI

기계 비전은 공장의 제조공정 중 품질 검사뿐만 아니라, 현장의 물리적 자산 검사에도 사용할 수 있습니다. 몇 가지 다른 사례를 살펴보겠습니다.

- **제트 엔진 유지보수 시 내시경 검사:** GE 항공은 날개에서 엔진을 분리하지 않고 공항에서 항공기 제트 엔진을 검사하기 위해 내시경을 사용합니다. 내시

5 https://www.oee.com/

경은 내부 표면 상태를 기록하기 위해 엔진 내부에 삽입할 수 있는 유연한 튜브를 사용하는 광학 시스템을 사용합니다. 이러한 영상은 표면에 빛을 비추어 높은 정밀도의 영상을 촬영합니다. 이러한 영상은 동영상일 수도 있고, 사람의 눈에는 보이지 않는 다른 형태의 영상측정 방법을 사용할 수도 있습니다. 이러한 문제를 해결하기 위해 사용되는 알고리즘은 DNN을 기반으로 합니다. 이러한 정보는 작업장에서 마지막으로 유지보수를 수행한 이후, 엔진이 여러 번의 비행과정을 거쳤기 때문에, 표면 손상이나 미세 균열이 발생할 수 있는 경우를 찾기 위해 촬영된 영상을 활용합니다. 내시경 검사는 엔진 유지보수가 필요한 시점과 동시에 다음 비행의 안전성을 보장하는 좋은 선행 지표를 제공할 수 있는 비파괴 검사 절차입니다. 제트 엔진의 내시경 검사를 항공기 날개에서 분리하지 않고 수행할 수 있는 기능은 엔진의 ToW을 증가시키고, 유지보수 일정으로 인한 항공 운항사의 항공기 운항정지 시간을 전반적으로 낮추는데 도움이 됩니다. 자세한 내용은 다음 사이트[6]를 참조하십시오.

- **드론에 의한 항공기 검사:** 2019년 오스트리안 항공Austrian Airlines은 두네클Donecle[7]이라는 프랑스 회사가 개발한 기술을 사용하여 항공기를 검사하기 위해 자율 드론을 사용했습니다. 이 드론은 국내선 비행에 자주 사용되는 협체 항공기를 1시간 만에 검사할 수 있습니다. 매우 고해상도 영상을 수집하여 외부 항공기 본체 전체의 상태를 파악하고 AI를 적용하여 이상 징후를 감지합니다. 이 과정은 비행기에 번개로 인한 충격의 영향이나, 규제에서 벗어난 문제를 감지하거나, 추가적인 작업자 검사가 필요한 영역을 정확하게 확인할 수 있습니다. 이렇게 하면 관찰된 문제에 따라 항공기 엔지니어와 기술자의 서비스 요구를 자동화할 수 있습니다.

다음으로, 다음 절에서 의료, 물류 및 기타 영역에서 AI의 사용에 대해 살펴보겠습니다.

---

6 https://www.geaviation.com/commercial/truechoice-commercial-services/on-wing-support

7 https://www.donecle.com/solution/#inspect

의료 영역에서 영상 인식 AI

의료서비스 및 의료 영상은 AI 적용에 몇 가지 흥미로운 기회를 제공합니다.

- **의료 분야의 AI:** CNN과 같은 심층학습 기술은 의사들에게 피부암 진단을 돕기 위해 사용되고 있습니다. 2017년 네이처 기사[8]에서 과학자들은 약 12만 9천 개의 임상 영상을 사용하여 단일 CNN으로 피부 병변을 분류하는 것을 시연했습니다. 이 데이터 세트에는 약 2,000개의 다른 질병을 나타내는 영상이 있습니다. CNN은 두 가지 시나리오의 이진 분류를 사용하였습니다. 첫 번째는 각질 세포 암과 양성 지루성 각화 사이의 일반적인 피부암 탐지, 두 번째는 악성 흑색종과 양성 흑색종 사이의 가장 치명적인 피부암 식별입니다. 이것은 세 가지 흑색종 중 하나가 양성 멜라닌 세포성 색소 모발종에서 발생하기 때문에 흥미로운 시나리오입니다. 하지만, 멜라노사이트 색소 모발종의 대부분은 결코 흑색종으로 끝나지 않을 것입니다.

  CNN 결과는 이사회가 인증한 21명의 피부과 의사 진단결과와 비교되었습니다. CNN 결과는 이전 피부암 분류의 모든 부분에 대해 전문의와 비슷한 결과를 도출했습니다. 이것은 AI와 머신 비전이 암을 발견하고 치료하는 데 있어서 어떻게 전환할 수 있는지에 대한 좋은 사례입니다.
- **방사선과에서 심층학습:** 엑스레이와 같은 의료 영상 촬영과정에서 주로 환자는 방사선에 노출됩니다. 따라서 여러 번의 영상 촬영을 최소화하는 것이 중요합니다. 주로 의사와 영상 기술자 간의 의사소통 방법은 처방전이나 의사의 지시를 통해서만 가능합니다. 영상촬영에 대한 주문양식 샘플은 다음 사이트[9]에서 확인할 수 있습니다.

---

8 https://www.nature.com/articles/nature21056

9 https://www.legacyhealth.org/-/media/Files/PDF/Health-Professionals/ReferAPatient/Referral-forms/Imaging-Order-Form.pdf

이 양식은 CT컴퓨터 단층 촬영, head CT가 필요하다는 것을 알 수 있습니다. 뇌 영상 측정 절차에 대한 자세한 내용은 제공하지 않습니다. 따라서 촬영 기술자는 나름대로 최선의 판단을 통해 측정 절차를 완료할 수 있습니다. 그런 다음 요청한 의사가 며칠 후 영상 보고서를 보고 추가 CT가 필요하다고 판단할 수 있습니다. 이는 환자를 방사선에 추가 노출시키고 치료를 지연시킵니다. 이러한 혼란을 방지하기 위해 AI는 영상을 촬영할 때 의료 영상medical imaging에 적용되어, 첫 번째 영상의 결과에 따라 어떤 부분의 영상이 추가로 필요한지를 결정하는 데 도움을 주고 있습니다. 이것이 의료 산업에서 사용되는 초기 단계이지만, 이것은 AI와 머신 비전을 의학에 사용하는 또 다른 전환적인 방법입니다. 이를 통해 반복되는 의료 영상 촬영을 단축하고, 핵 방사선에 대한 다중 노출을 낮출 수 있습니다[10]

- **IBM 왓슨IBM Watson Expert:** 휴마나Humana는 2019년부터 IBM의 AI 기반 서비스인 휴마나의 자동 응답기를 사용하여 고객 상담을 처리하고 있습니다. 휴마나는 미국에서 가장 큰 의료 보험 회사 중 하나입니다. 그들은 고객으로부터 매년 100만 건 이상의 전화를 받습니다. AI 기반 자동 응답기의 도움으로, 그들은 이러한 통화를 간소화하고 고객 경험을 개선할 수 있었습니다. 이 솔루션에서 AI는 고객이 전화 통화를 하는 실제 목적을 해석하는 데 사용됩니다. 시스템은 모든 권한 있는 정보에 대한 고객 접근 수준을 확인한 다음, 요청된 정보를 가장 잘 전달하는 방법을 결정합니다[11].

다음으로 창고 및 물류 센터에서 AI의 사용에 대해 살펴보겠습니다.

10 https://www.gehealthcare.com/long-article/how-ai-and-deep-learning-are-revolutionizing-medical-imaging

11 https://www.ibm.com/watson/stories/humana/

창고 운영의 동적 최적화를 위한 AI

현대적인 창고는 오늘날 경제의 중요한 구성 요소입니다. CNBC는 미국이 급증하는 전자 상거래 수요를 수용하기 위해 10억 평방피트의 창고 공간이 추가로 필요할 수 있다고 보도[12]했습니다.

현대의 창고는 정교한 관리 시스템을 사용하여 관리됩니다. 물류창고의 일반적인 기능은 다음과 같습니다.

- 물품의 입고
- 물품 검사 및 검수
- 개별 SKU에 대한 바코드 스캔
- 물품을 창고에서 꺼내는 작업
- 물품을 정리
- 주문에 따라 물품을 조립
- 물품 포장
- 물품위치 최적 배열
- 주기적 물품 재고 검사Cycle counting
- 물품 배송

창고 관리 시스템은 창고 내 물품 이동의 각 단계를 지시하고 검증하며 모든 재고 이동을 저장하고 기록합니다. 물류창고 관리 시스템은 독립 실행형 시스템, 공급망 실행 모듈의 일부나 ERP 시스템의 일부일 수 있습니다. 클라우드 기반 물류창고 관리 시스템에 대한 기술도 가능합니다.

창고들은 점점 더 다양한 작업을 위해 많은 센서를 설치하고 있습니다. 지게차 감지 센서는 지게차가 트레일러를 드나들 때의 움직임을 감시할 수 있습니다. 주차 모니터 센서는 트럭이 창고에 도착하고 나가는 시간에 대한 정보를 제공할

12 https://www.cnbc.com/2020/07/09/us-may-need-another-1-billion-square-feet-of-warehouse-space-by-2025.html

수 있습니다. 컨베이어 시설 및 분류 시스템과 같은 자동화된 자재 처리 시스템은 오랫동안 창고에서 사용되어 왔습니다. 이러한 시스템의 메타 데이터는 이제 창고 운영 시스템에서 사용할 수 있습니다. *"3장, 디지털 전환을 가속화하는 새로운 기술"*에서 설명한 **AMR**은 현대적인 창고에서 사용되고 있습니다. 이 로봇들은 로봇 제어 시스템과 지속적으로 무선 통신을 하고 있습니다. 또한 창고의 특정한 위치에 설치된 카메라를 사용하여 물품의 이동을 추적할 수 있는 컴퓨터 영상처리에 사용이 증가하고 있습니다. AI 응용프로그램은 창고를 더욱 역동적이고 대응력 있게 만들고 있습니다.

AI 기술은 다양한 센서에서 수집된 데이터 및 ERP 시스템의 비정형 데이터를 처리하여 패턴을 감지하고 다음과 같은 구체적인 권장 사항을 제공하는 데 사용됩니다.

- 다양한 재고 품목의 보충 속도
- 물류 및 자재 처리를 미세 조정하기 위한 재고 이동 및 관리
- 생산성 향상을 위한 선택 및 포장 절차
- 직원의 보행 경로 단축
- 창고 내 AMR의 최적화된 경로 계획

하니웰과 같은 회사는 이러한 현대적인 물류창고를 위한 시스템을 제공합니다. 하니웰 인텔리게이티드Honeywell Intelligated는 자동화된 자재 취급 및 로봇 시스템을 포함하는 시스템에 대한 하나의 사례입니다.

AI 시스템에서 생성된 많은 양의 데이터가 기업을 위한 자산으로 바뀌고 있습니다. 다음으로 이러한 데이터 자산이 어떻게 수익화되고 있는지 몇 가지 사례를 살펴보겠습니다.

가치가 높은 사업 계획을 위한 데이터자산의 수익화

AI 솔루션은 많은 양의 데이터에 의존합니다. 디지털 전환과 AI의 적용은 기업들이 중요한 자산으로 여기는 많은 양의 데이터를 생성하고 있습니다.

IoT 장치와 센서가 있는 모바일 장치의 급속한 확산으로 인해, 빠른 증가속도로 데이터를 생성하고 있습니다. 대부분의 경우 이 데이터는 상황별 정보를 가지고 있는 분류된 정보입니다. 항공 시스템의 샤부르SABRE와 같은 전통적인 거래 시스템에서 발생하는 데이터는 여전히 가치 있는 데이터 자산을 생성하고 있습니다. 구글, 아마존, 페이스북, 애플은 모두 구글의 검색 엔진, 페이스북의 소셜 미디어 플랫폼, 아마존의 온라인 소매 사이트, 애플의 이동전화 및 컴퓨팅 장치와 같은 플랫폼을 사용하여 엄청난 양의 데이터를 생성하는 플랫폼을 만들었습니다.

데이터 자산

데이터 자산은 상황별 및 사용자 프로필 정보를 포함한 다양한 데이터가 지속적으로 생성됩니다. 승차 공유 회사는 플랫폼에서 AI 기반 알고리즘을 사용하여 운전자와 승차 고객을 연결시키고, 경로를 최적화하며, 승차 가격을 동적으로 책정합니다. 동시에, 이러한 승차 공유 회사는 플랫폼과 서비스를 활용하는 승객의 탑승 및 하차 위치 정보를 계속해서 얻고 있습니다. 도어데쉬DoorDash, 우버 이츠, 그룹허브GrubHub 등과 같은 식품 및 식료품 배달 플랫폼은 사용자 프로필 정보를 사용하여 상황에 맞는 추가 데이터를 수집합니다.

디지털 전환을 채택하고 있는 반도체 회사들은 제조, 공급망 관리 및 고객 참여에서 수많은 데이터를 지속적으로 생성하고 있습니다.

데이터 수익화

사업을 위한 데이터 자산의 수익화는 내부 및 외부적인 두 가지 방법이 있습니다. 기업은 내부적으로 데이터를 사용하여 제조 절차, 품질 관리, 제품 및 서비스, 고객 만족도를 개선합니다. 휴대전화 회사들은 그들이 수집한 데이터를 사용하여 가입자들을 위한 새로운 제품과 서비스를 개발하고 운영을 개선합니다. 또한 휴대전화 회사는 디지털 광고 대행사, 소매업체, 대중교통 회사, 정부기관 및 의료기관과 같은 다양한 고객에게 익명화되고 집계된 데이터를 제공함으로써 수익을 창출합니다. 이것은 데이터 자산의 외부 수익화를 보여주는 사례입니다.

사업 계획서 연구

세계 최대의 농업장비 제조업체 존 디어와 코넬 대학교는 농업-애널리틱스 Ag-Analytics에서 협력을 구축[13]했습니다. 존 디어가 판매하는 농기계에는 수많은 센서가 설치되어 있습니다. 이러한 센서를 통해 농부들이 농기계를 사용하여 밭을 갈고, 씨앗을 심고, 농작물을 수확할 때 많은 양의 위치 기반 데이터가 생성됩니다. 이 데이터는 존 디어의 데이터 운영 센터를 통해 농업-애널리틱스 플랫폼으로 안전하게 전송됩니다.

이 플랫폼은 농부들에게 무료 응용프로그램을 제공하여, 다음과 같은 농장에 대한 귀중한 정보를 제공합니다.

- 농작물 보험 계산기
- 예측 도구
- 실시간 수율 예측
- 위험 관리 도구
- 토양 및 날씨 자료
- 위성 식물 데이터

AI를 통한 수익화 시 관련된 중요한 사항은 기업이 AI를 산업 디지털 전환의 일부로 만들 때, AI가 최종 목표가 아닌 수단이나 디지털 도구로서 활용해야 한다는 것입니다. 즉, 사업성과를 개선하고 회사의 매출이나 순익을 계량화할 수 없다면, AI 활용역량은 충분하다고 할 수 없습니다.

다음은 엣지에서 ML을 사용하는 방법을 살펴보겠습니다.

---

13 https://news.cornell.edu/stories/2017/09/cornell-digital-ag-program-integrates-johndeere-operations-center

엣지에서 기계학습

기계학습은 중앙이나, 클라우드 시스템 또는 엣지에서 수행할 수 있습니다. 이 맥락에서 엣지는 장치 내부나 장치 근처에 장착된 기계나 센서를 의미합니다. 기계학습은 데이터가 클라우드나 중앙의 백엔드 서버로 전송되기를 기다리는 대신 엣지에서 실행됩니다. 모델을 적용하거나 엣지에서 추론을 사용하는 경우가 많지만, 특정 제한된 사례에 대해 엣지에서 모델을 구축하거나 학습하는 것은 새로운 영역으로써 그림 8.3을 참조하십시오.

엣지에서 기계학습이 어떻게 작동하는지 살펴보겠습니다.

MEMS 센서 체계

오늘날, 다양한 영역에서 사용되는 IoT 장치의 수많은 활용사례가 있습니다. 이러한 장치는 스마트 홈에서 보안, 에너지 소비 및 가전제품을 관리합니다. 공장들은 이 장의 앞부분에서 설명한 바와 같이 예측 유지보수를 통해 운영과 비용을 최적화하고 있습니다. 스마트시티는 가로등에 설치된 오염 감지와 스마트 주차 센서 등 같은 다양한 유형의 IoT 장치를 설치하고 있습니다. **MEMS** 센서, 연결 및 **MCU**Micro Controller Unit로 구축된 기계학습 및 AI 기반 솔루션이 확산되고 있습니다.

현재 많은 IoT 장치는, 원시적인 센서 데이터가 대용량 처리 및 저장 능력을 갖춘 클라우드 솔루션으로 전송되는 아키텍처를 사용합니다. 이 접근 방식에는 상당한 데이터 대역폭과 계산 기능이 필요합니다. 이러한 아키텍처는 수백만 개의 IoT 장치의 음성, 동영상이나 영상 파일이 포함된 원시 데이터 처리를 위해 클라우드로 전송되기 때문에 IoT 장치에서 대기 시간이 길어집니다.

우수한 사용자 환경을 위해 매우 짧은 대기 시간이 필요한 사용 환경에서, 클라우드 기반 아키텍처는 응답성이 중요한 몇 가지 제한 사항이 있을 수 있습니다. 이러한 응용 분야에서는 전송 지연을 최소화하고, 더 나은 사용자 경험을 제공하기 위해 엣지에서 수행되는 계산 솔루션이 필요합니다. 엣지 상의 아키텍처는 계산에 MCU를 사용합니다. MCU는 최신 IoT 기기의 중앙 계산 장치로 자주 사용되는 작고 저렴한 계산 장치입니다. MCU에는 하나 이상의 프로세서 코어, 메모리 및 프로그래밍 가능한 입출력 주변 장치가 포함되어 있습니다. 2019년 전 세계적으로 300억대 이상의 MCU가 출하되었습니다. MCU는 자동차, 휴대전화, 의료기기, 가전제품, IoT 기기의 모든 종류의 용도에 내장 시스템으로 사용됩니다. 이러한 MCU는 매우 낮은 전력 소비로 높은 계산 성능을 제공하며 몇 달 동안 작은 배터리로 작동할 수 있습니다.

지난 수십 년 동안 MCU의 계산 능력은 크게 증가한 반면, 전력 소비는 감소했습니다. ARM Cortex M4 코어를 가진 MCU는 DNN과 같은 AI 알고리즘을 실시간으로 실행하여 음성 신호를 처리할 수 있습니다. 클라우드 컴퓨팅 아키텍처에서 MCU는 주로 센서 데이터 수집, 일괄 처리, 분류화 및 클라우드 시설로 데이터 전송을 담당합니다. 이는 일반적으로 수백 MHz로 분기되는 MCU를 위한 이상적인 컴퓨팅 자원의 활용이 아닙니다.

분산 컴퓨팅 접근 방식은 MCU나 센서의 엣지 컴퓨팅 기능을 사용할 때, 센서 데이터를 전송하기 위하여 대역폭 요구사항을 크게 낮춥니다. 이 접근 방식은 사용자 데이터(개인 원시 데이터가) 현장에서 처리되고, 메타 데이터만 클라우드로 전송되는 추가적인 이점도 제공합니다. 이 접근 방식은 의료나 운동 기기와 관련된 응용사례에 특히 유용합니다.

그림 8.3 클라우드 및 엣지 계산

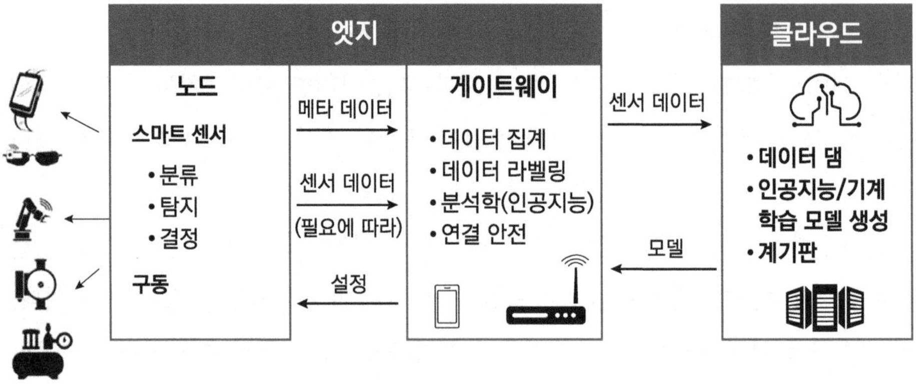

그림 8.3은 물리적인 세계와 상호작용을 나타내며, 엣지 노드를 통해 감지 및 작동이 이루어지며, 데이터 보관은 연결된 클라우드에 저장되는 아키텍처를 보여줍니다.

ST는 LSM6DSOX와 같은 광범위한 STM32 MCU 및 센서 구성품의 MCU 솔루션을 제공합니다. 이러한 MCU 솔루션은 내장된 기계학습 코어와 유한 상태 기계finite state machine를 가지고 있으며, 큐브Cube.AI AI 도구세트를 통해 DNN과 같은 AI 솔루션을 MCU에 구현할 수 있도록 준비할 수 있습니다.

ST는 센서의 내장된 기계학습 코어에서 의사결정 트리를 실행하는 기능을 가진 고급 관성 센서를 제공합니다. 이 기능을 통해 사용자는 스마트워치와 같은 소비자 기기나 전력 소비를 최소화해야 하는 무선 센서 노드와 같은 산업 기기를 위한 다양한 응용개발을 할 수 있습니다. LSM6DSOX 및 ISM330DHCX와 같은 고급 센서는 활동을 추적하거나, 동작 인식 및 진동 감시와 같은 센서 활용에 사용하고 있습니다. 이러한 센서는 수 마이크로암페어µA와 같이 전류 소비량이 극히 적은 *상시*Always-on 사용자 환경을 갖춘 솔루션을 구축하는 데 점점 더 많이 사용되고 있습니다. 이 센서에는 내장 메모리와 고속 I3C 직렬 인터페이스도 있습니다. 센서에 센서 데이터를 저장하고, 높은 통신 속도를 가지는 I3C 버스를 통해 일괄 전송하면, 인터페이스 MCU의 기동 시간을 줄여 에너지를 절약할 수 있습니다. 산업적 활용에서 인간 활동을 추적, 동작 인식 및 진동 측정과 같은 기능을 구축하기 위해, 의사결정 트리나 유한 계산모형은 센서로 다운로드할 수 있습니다.

이 센서용 미들웨어를 사용하면 일반적으로 소비자, 산업 및 자동차 활용을 위한 스마트 장치를 구축하는 데 사용되는 안드로이드와 같은 인기 있는 이동전화 플랫폼과 쉽게 통합할 수 있습니다.

다음으로 엣지 솔루션에도 사용되는 FPGA에 대해 알아보겠습니다.

엣지 분석의 FPGA

인텔 및 자일링스와 같은 회사는 CLB구성 가능한 로직 블록, Configurable Logic Blocks이 있는 반도체 장치인 FPGA를 제조합니다. 프로그램 가능한 상호 연결기능을 통해 쉽게 연결할 수 있습니다. FPGA는 CNN 심층학습 응용소프트웨어의 하드웨어 가속화를 위해 사용될 수 있습니다. 그러나 FPGA는 GPU보다 3~4배 더 적은 전력을 소비합니다. 따라서 FPGA는 최신 AI에서 사용하기에 적합합니다[14].

머신 비전 분야에서 추론에 FPGA를 사용하는 사례는 공장 생산라인입니다. 많은 수의 영상을 실시간에 가까운 시간에 클라우드 기반 시스템으로 전송하여 생산 품질을 분석하는 것은 실용적이지 않은 경우가 많습니다. 이러한 경우 FPGA 기반 엣지 컴퓨팅 시스템은 현장 추론을 위한 실현 가능한 방법을 제공합니다. 또한 FPGA 기반 스마트 카메라는 영상 보안 감시에 사용되고 있습니다.

AI에 대한 몇 가지 공공 부문 적용사례를 살펴보겠습니다.

공공 부문의 AI

이 절에서는 공공 부문에서 사용하는 AI와 기계학습에 대해 살펴볼 것입니다. 법 집행과 범죄에 대한 주제로 시작하겠습니다.

총성 탐지

CDC에 따르면 2017년 미국에서 총기 관련 사망자는 약 4만 명[15]이었으며, 총기 사고의 80%는 보고되지 않은 것으로 보입니다. 총기 폭력은 사회와 국가 경제에 심각한 결과를 초래합니다. 미국 합동 경제 위원회의 2019년 연구에 따르면, 총기 폭력의 경제적 영향은 연간 약 2,290억 달러입니다.

샷스파터ShotSpotter라는 회사[16]는 법 집행 기관에서 사용할 수 있는 총소리 감지기술을 개발했습니다. 이런 종류의 기술은 음향 감지를 위해 여러 개의 센서를 사용하여 발사한 총의 정확한 위치를 계산합니다. 이 분야의 다른 몇몇 회사는 데

14 https://www.usenix.org/system/files/conference/hotedge18/hotedge18-papers-bio-okaghazadeh.pdf

15 https://www.cdc.gov/nchs/fastats/injury.htm

16 https://www.shotspotter.com/safetysmart-platform/

이터부이Databuoy, 엠버박스AmberBox, 제로아이스ZeroEyes 및 총기발사 인식 시스템 Shooter Detection Systems입니다.

샷스파터는 건물이나 가로등에 설치되어 있는 음향 센서와 알고리즘을 조합하여 총소리를 감지하고, 해당 지역을 담당하는 법 집행 부서에 알립니다. 이렇게 하면 절차가 자동화되고, 총의 발사 위치가 더욱 정확해집니다. 시스템은 총 소리의 전송 거리와 발사시간 기록을 사용하여 삼각측량을 통해 발사 원점을 찾습니다. AI를 사용하는 고급 기술은 한 지역에서 여러 명의 총격범을 확인하거나, 동일한 사람에 의한 일련의 총격을 확인하는 데 도움이 될 수 있습니다. 이 회사는 법 집행 요원들이 이동할 때 관련 정보를 얻을 수 있도록 리스폰드Respond라는 모바일 앱을 제공합니다. 샷스파터를 사용함으로써 총기 사건 대응 시간이 크게 줄어들어 경찰력이 적절한 위치로 파견될 수 있게 되었습니다. 수많은 총성 사건이 보고되지 않는 경우가 많지만, 샷스파터는 이러한 공백을 메우는 데 도움이 됩니다. 샌디에고시는 2016년에 샷스파터를 사용하기 시작했으며, 2018년에 비해 2019년에 총기 사건이 감소했습니다. 이 과정에서 사용되는 센서 중 일부는 LED 노드 역할을 하는 샌디에고 시내의 LED 가로등에 장착되어 있었습니다.

샷스파터는 시민들을 더 안전하게 만드는 것을 목표로 하는 공공 부문의 디지털 전환에 대한 좋은 사례 연구입니다. 샷스파터라는 회사는 클라우드 기술을 사용하여 솔루션을 실행하고 있으며, 연간 구독 수익 모델을 보유하고 있습니다. 주로 도시나 캠퍼스에 샷스파터 솔루션을 구축할 때 평방 마일당 비용이 부과됩니다. 이는 AI 기반 디지털 수익이 사업 모델 전환에 힘을 실어주는 좋은 사례입니다. 샷스파터의 솔루션이 DHS미국 국토 안보부, Department of Homeland Security에서 인정받았습니다.

범죄 확산을 탐지하기 위해 기계학습을 사용하는 다른 계획을 살펴보겠습니다.

범죄 확산 탐지

2013년에 발표된 논문에 따르면 스웨덴 인구의 약 1%가 강력 범죄의 63%

를 저지른다고 합니다[17]. 이것은 미국에도 해당됩니다. 캘리포니아의 최근의 계획은 골든 스테이트 킬러Golden State Killer로 알려진 Joseph James DeAngelo Jr.와 관련이 있습니다. 그는 2018년 4월에 붙잡혔고, 총 13건의 살인, 50건의 강간, 100건 이상의 강도 사건을 포함 한 3건의 범죄활동을 주도하였습니다. 이 범죄들은 1974년과 1986년 사이에 일어났으며, 3가지 다른 범죄활동은 다음과 같이 명명되었습니다.

- 캘리포니아 새크라멘토의 동부 지역 강간범
- 남부 캘리포니아의 야간 스토커
- 최초의 야간 스토커

범죄자들이 일련의 범죄를 저지르는 경우가 많기 때문에, 연쇄 범죄를 확인하는 것은 여러 범죄를 함께 해결하는 데 유용합니다. 이 책의 저자 중 한 명(Nath)은 루이지애나주의 법 집행 기관에서 일하면서 연쇄 범죄에 기계학습을 적용했습니다[18].

형사들과 경찰서에는 주로 미해결 사건들이 산더미처럼 쌓여 있습니다. FBI 자료에 따르면, 20% 미만의 재산 범죄(강도 및 절도와 관련된 범죄)가 해결됩니다. 범죄를 지도상에 표시하고 분류를 위해 K-means 알고리즘을 사용하는 것을 포함하는 AI와 기계학습을 사용하여 범죄를 더 빨리 해결할 수 있도록 경찰관들에게 필요한 지원을 제공할 수 있습니다. 이 경우, 범죄 군집은 색상 분류로 도시되었습니다. 이를 통해 형사는 분류화 알고리즘에 따라 어떤 범죄 세트가 유사한 특성을 가지고 있는지 확인할 수 있습니다. 예를 들어, 며칠 동안 20마일 이내에 있는 주유소에 연쇄적으로 침입하는 것이 범죄 행각의 한 사례가 될 수 있습니다. 형사들은 먼저 이러한 분류에 초점을 맞추고, 경험을 바탕으로 더 많은 정보를 찾아 동일한 범죄자들이 저지른 행위처럼 보이는지 확인할 수 있습니다. 이 결정은 각 범죄사건 보고서로부터 증거를 확보하고, 동일한 범죄 집단에 대한 더 풍부한

17 https://www.ncbi.nlm.nih.gov/pmc/articles/PMC3969807/

18 http://cs.brown.edu/courses/csci2950-t/crime.pdf

증거를 개발하는 데 도움이 됩니다.

다음으로, 법 집행을 돕기 위한 AI와 컴퓨터 영상처리의 사용에 대한 최근의 동향을 살펴보도록 하겠습니다.

컴퓨터 영상처리 및 법 집행

2014년에 홍콩에서 만들어진 회사인 센스타임SenseTime을 살펴봅시다. 오늘날, 그것은 75억 달러 이상의 가치가 있는 세계에서 가장 가치가 높은 AR 회사 중 하나입니다. 센스타임은 안면인식 기술을 연구하고 있습니다. 12개 GPU 클러스터에 걸쳐 5,400만 개의 GPU 코어로 구성된 대규모 컴퓨팅 네트워크를 소유하고 있는 것으로 보고되었습니다.

중국의 베이징 다싱 국제공항은 2019년에 운영을 시작하였으며, 공항 건설은 1,790억 달러가 소요되었습니다. 이 공항은 센스타임의 AI 기반 IPSS스마트 여행자 보안 시스템, Intelligent Passenger Security System을 사용하여 여행객 관리를 할 것입니다. IPSS는 안면인식 기술을 사용하여 여행객의 유효한 신분증과 항공권을 인증할 수 있도록 합니다. 또한 항공사 수하물에 꼬리표를 부착하여 분실되지 않도록 합니다.

또 다른 회사인 SITA는 공항에서 사용하기 위해 시타 스마트패스SITA SmartPath라는 유사한 솔루션을 개발했습니다[19]. 이 솔루션은 다음 그림과 같이 안면인식 기술도 사용합니다.

그림 8.4 공항 자동화를 위한 시타 스마트 패스 솔루션

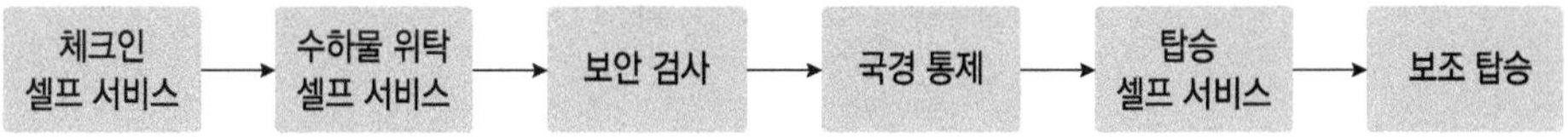

우리는 AI가 가지는 편향성으로 인해, 최근 논란이 많은 이슈에서 기술의 사용에 대해 주의를 기울여야 합니다. 센스타임은 중국 내 무슬림 소수 집단에 대한

19 https://www.sita.aero/solutions-and-services/solutions/sita-smart-path

인권 침해에 연루된 것으로 여겨져, 2019년 미국 정부에 의해 블랙리스트에 올랐습니다. 2020년 6월, IBM은 안면인식 기술의 연구 개발을 중단할 것이라고 발표했습니다. 같은 달 **아마존**도 경찰에 의해 레코그니션Rekognition라는 기술사용을 1년 동안 유예하도록 하였습니다[20]. 최근, 이 기술은 인종적 편견과 사생활 침해 문제에 대해서 면밀히 조사를 받았습니다. MIT의 연구에서 사람의 성별을 인식하는 능력이 있는 상업적으로 이용 가능한 시스템을 조사했습니다. 이 연구는 피부가 검은 여성을 인식하는 오류율이 백인 남성보다 49배 더 높다는 것을 발견했습니다. 마찬가지로, 미국 상무부는 동유럽 사람에 비해 아프리카 남성과 여성의 오류율이 두 배 더 높다는 것을 발견했습니다.

항공 분야의 AI

항공기 제트 엔진의 예측 정비를 위해 AI는 다양한 방식으로 활용되어 왔습니다. 우리는 내시경을 통한 컴퓨터 영상분석의 응용사례를 살펴보았습니다. 다음으로 제트 엔진에 대해서 디지털 트윈을 통한 AI의 활용에 대해 알아보겠습니다. 이 책의 저자 중 한 명(Nath)은 블로그를 통해 이를 설명하였습니다[21].

그림 8.5에서 Y축은 EGT배기가스 온도, Exhaust Gas Temperature이고, X축은 시간입니다. EGT 그림은 엔진 내부의 부품이 고온에 노출되는 시간을 나타내는 좋은 지표입니다. 제트 엔진 내부의 센서를 통해 온도와 시간관계를 기록합니다. 항공기가 활주로에서 이륙할 때, 순항 고도에 도달할 때까지 상승하면서 엔진은 높은 응력을 받습니다. 물리학과 재료 과학의 법칙은 물질이 오랜 시간 동안 매우 높은 온도에 노출되면, 파손되기 쉽다는 것을 우리는 알고 있습니다. 항공기가 이륙할 때마다 엔진 내부는 이와 유사한 고온에 노출이 됩니다.

---

20 https://blog.aboutamazon.com/policy/

21 https://blogs.oracle.com/datascience/applyingindustrial-data-science%3a-a-use-case

그림 8.5 항공기 제트 엔진의 EGT

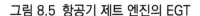

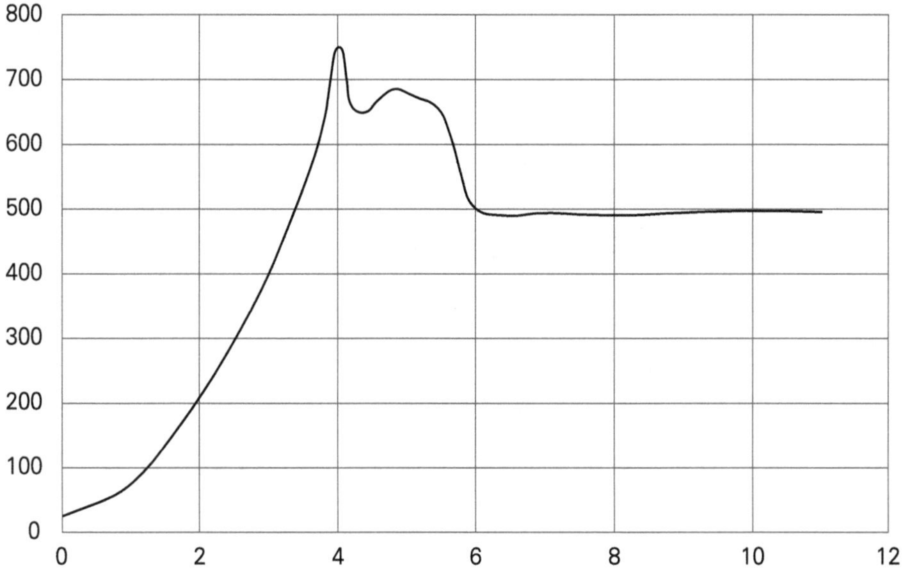

제트 엔진이 어떻게 설계되는지에 대한 전문 지식은 우리에게 물리 기반 분석 모델을 제공합니다. 측정된 센서 데이터 수치는 통계 모델을 제공합니다. 제트 엔진과 그 하위 구성 요소에 대한 지식과 함께, 이 두 가지 정보(모델, 데이터)를 사용하여 특정 엔진의 고유한 디지털 트윈을 구축합니다. 이러한 AI 기반 디지털 트윈을 통해, 우리는 언제 엔진을 수리해야 하는지, 또는 엔진의 연비를 최적화하는 방법에 대해 지능적인 결정을 내릴 수 있습니다.

제트 엔진의 디지털 트윈은 항공기와 해당 엔진의 유지보수 활동에 앞서 미리 알림을 제공하기 때문에 주로 MRO유지보수, 수리 및 정비, Maintenance, Repair, Operation 활동이라고 하는 항공기나 엔진의 **유지보수, 수리** 및 **정비**를 지능적으로 예약하는 데 사용할 수 있습니다. 디지털 트윈 및 내시경 검사의 통찰력을 바탕으로 수리시간에 맞추어 예비 부품을 준비할 수 있습니다. 어떤 종류의 유지관리 활동이 필요한지 알고 있어야 합니다. 이론적으로, 이것은 수술 전에 수술실에서 환자에게 시술을 수행하는 동안 무엇을 기대해야 하는지를 미리 알고 있는 외과의사와 유사합니다. 진단 시험과 영상촬영이 미리 이루어졌기 때문입니다.

다음으로, AI가 조직의 구조와 문화에 미치는 영향에 대해 알아보겠습니다.

8.3 AI의 영향을 받는 조직의 변화

AI 주도 전환의 성공을 위해서는 조직의 변화 관리와 AI 계획이 조율되어야 합니다. AI의 성공적 활용을 위해서는 조직의 다양한 이해관계자들에게 미치는 이익이 분명해야 합니다. AI를 사용한 초기 개발과정에 직원들을 참여시키는 것이 한 가지 방법입니다. 예를 들어, 직원들의 건강과 웰니스를 위해 AI 기반 디지털 비서를 출시할 수 있습니다. 이러한 개발로 직원들이 디지털 비서를 직접 경험할 수 있게 해줄 것입니다. 지식 근로자의 경우, 자신의 속도에 맞춰 AI 지식을 향상하도록 장려할 수 있습니다. 매우 많은 무료 자원이 **MOOC**Massive Open Online Courses의 등장과 함께 이용 가능합니다. 이러한 자원은 다음과 같은 회사에서도 제공됩니다.

- 델: 교육 서비스[22]
- 인텔: AI 개발자 프로그램에 의한 AI 교육과정[23]
- 오라클: 개발자용 AI 및 기계학습[24]
- ST: 교육 자료 및 임베디드 기계학습[25]

이러한 사례들은 교육의 민주화를 보여주며, 모든 수준의 직원들이 AI에 대해 배우고, 부분적으로라도 회사의 AI 주도 전환을 이해할 수 있도록 합니다. *"AI 시대의 번영*Thriving in the era of pervasive AI"이라는 제목의 최근 딜로이트 연구에서, 전 세계 2,700명 이상의 IT 및 사업부 임원을 인터뷰한 후 AI 활용 자를 세 그룹으로 정의했습니다.

---

22 https://education.dellemc.com/content/emc/en-us/home.html

23 https://software.intel.com/content/www/us/en/develop/topics/ai/training/courses.html

24 https://developer.oracle.com/ai-ml/

25 https://www.st.com/content/st_com/en/campaigns/educationalplatforms/iot-edu.html, and https://www.st.com/content/st_com/en/support/learning/stm32-education/stm32-moocs.html

- **시작 그룹:** 이 그룹은 조사 대상자의 약 27%로 구성되어 있으며, AI 도입을 실험 중인 사람들도 포함됩니다.
- **숙련자 그룹:** 이 그룹은 조사 대상자의 47%로 구성되어 있으며, AI 도입으로 인해 중간 수준의 성공을 거두었습니다.
- **경험 많은 그룹:** 이 그룹은 조사 대상자의 약 26%로 구성되어 있고, AI 도입 측면에서 선두를 달리고 있으며, AI 구축을 지원하는 성숙한 디지털 인력구성을 보유하고 있습니다.

이러한 AI를 도입하는 사람들은 다음과 같은 이유로 기계학습, 심층학습, **머신 비전, NLP**자연어 처리, Natural Language Processing **및 RPA**를 도입하는 다양한 단계에 있습니다.

- 경쟁 우위를 확보하기 위해
- 새로운 사업 모델을 만들기 위해
- 사업 절차 최적화 및 개선을 위해
- 직원의 생산성 향상이나 자동화를 위해

기업들은 경쟁 우위를 확보하기 위해 AI 주도 과제를 업무에 적용할 수 있는 창의적인 방법을 생각해야 합니다. 에어비앤비는 AI를 창의적인 방법으로 많이 사용합니다. 이 경우 경쟁사는 전통적인 호텔이지만 에어비앤비는 전반적인 투숙객 및 집주인의 경험을 개선하기 위해 노력합니다. 다음은 에어비앤비가 AI를 사용하는 몇 가지 방법입니다.

- **투숙객의 신뢰도 평가:** 집주인들은 자신의 주거지나 부동산 중 일부를 *모르는* 투숙객들에게 제공합니다. 집은 집주인들의 가장 가치 있는 소유물일 수 있으므로, 그들의 재산이 안전한지 확인하는 것이 중요합니다. AI 알고리즘은 확보 가능한 정보를 사용하여 에어비앤비 자체 양식에 따라 투숙객을 평가합니다. 이를 통해 집주인 재산의 안전을 지키기 위한 목표를 달성할 수 있습니다.
- **메시지 관련 항목:** 투숙객은 여행 중일 수 있으므로, 집주인에게 시간에 민감한 질문을 보내는 경우가 많습니다. AI는 에어비앤비 앱을 통해 메시지의 의

도를 이해하는 데 사용되며, 주로 자동 응답이 생성됩니다.

- **경험치 순위:** 2020년 초 코로나19 팬데믹으로 인해 여행 산업이 무너지면서 에어비앤비는 큰 타격을 입었습니다. 그러나 에어비앤비는 즉각적으로 여행이 필요하지 않은 에어비앤비 익스피리언스Airbnb Experiences라 불리는 새로운 사업[26]을 시작했습니다. 고객에게 적합한 경험experience을 제공하기 위해 에어비앤비는 기계학습을 기반으로 한 검색 순위 배치를 활용하여, 고객에게 *가장 관련성 높은* 에어비앤비 익스피리언스를 보여주고 있습니다.

이러한 사례는 AI 주도의 전환이 현대 산업 환경에서 창의적인 사고방식을 장려하고 있음을 보여주며, 이를 통해 결국 기업들이 내부적으로 올바른 변화를 만들고 AI 주도의 기회를 활용하도록 유도합니다. 그러나 에어비앤비와 같은 회사는 디지털 주도기업이며 유연합니다. 이 회사는 에어비앤비 익스피리언스와 같은 새로운 사업 모델을 빠르게 시도하며, AI를 능숙하게 도입합니다. 이것은 대규모 및 전통적인 회사에 대한 도전일 수 있습니다.

GE 항공이 항공기 엔진 데이터를 가지고 데이터 과학자들과 협력하기 시작했을 때, 기계학습을 사용하여 이상 징후를 찾는 블랙박스 형태의 접근 방식은 항공 엔지니어들에게 큰 어려움이었습니다. 항공 엔지니어들은 물리학과 재료 과학의 법칙에 기초하여 제트 엔진의 행동을 설명하는 데 익숙합니다. 부품 고장에 대한 근본 원인 분석을 수행할 때는 재료의 물리적 특성에 따라 설명해야 합니다. 데이터 과학자들이 센서 데이터에서 생성된 기계학습 결과를 살펴보고, 예측 유지보수를 위한 이상 징후나 조치를 지적했을 때, 블랙박스로부터 도출한 결과는 사람이 설명할 수 없었습니다. 인간이 이해할 수 있는 기계학습 모델의 사례를 살펴보기 위해, 이 장의 앞부분에서 사용된 EGT의 사례로 돌아가 보겠습니다.

특정 GE 엔진이 일반적으로 예상되는 것보다 더 빈번한 서비스를 필요로 할 때, 데이터 과학자들은 이러한 엔진을 특정 목적지로 비행하는 항공기와 연관시킬 수 있었습니다. 그러나 특정 경로에서 사용하는 엔진이 유사한 기간의 다른 경

26 https://www.airbnb.com/s/experiences/online

로보다 더 많은 손상을 가지는 이유를 설명하기에는 충분하지 않았습니다. 이것은 항공 엔지니어들이 엔진이나 그 구성 요소의 알려진 특성으로 쉽게 설명할 수 없는 특정한 데이터 기반으로 결정하는 것을 주저했던 하나의 사례입니다. 이러한 상황을 극복하기 위해 GE 항공은 캘리포니아주 산 라몬에 있는 GE 디지털의 데이터 과학자들과 일부 엔지니어들이 협력했습니다. 이러한 방식으로 항공 엔지니어와 데이터 과학자가 협력하여, 두 가지 관점을 결합하여 문제를 더 빨리 해결할 수 있었습니다. 두 그룹이 한 지붕 아래서 함께 일했을 때, 그들은 실제 문제에 대한 물리학 기반의 설명에 빠르게 도달할 수 있었습니다. 사우디아라비아나 미국의 피닉스처럼 여름에 사막과 같은 더운 곳으로 가는 항공 경로로 자주 비행하던 엔진들은 더 자주 정비가 필요한 엔진들이었습니다. 이는 미세한 모래 입자가 제트 엔진에 유입되어 팬 블레이드 및 기타 내부 구조물에 악영향을 미쳤으며, 특히 엔진이 활주로를 달리거나 이륙 과정중 모래 폭풍이 발생할 때였습니다. 다음 두 가지 참조 자료는 먼지가 엔진에 미치는 악영향을 자세히 설명합니다.

- 제트 엔진을 시험하기 위해 전 세계의 모래를 사용하는 GE[27]
- 고온 및 가혹한 환경: 아비오 에어로Avio Aero에서 400시간의 '모래 폭풍' 테스트[28]

이 절은 기업이 AI를 채택할 때 다양한 사람들로 구성된 그룹을 동일한 수준으로 이끌기 위해 어떻게 유연해야 하는지에 대한 좋은 사례를 제공했습니다. GE의 경우 항공 엔지니어 일부를 데이터 과학자와 협업하도록 이동시킨 것은, 회사가 산업 디지털 전환 여정을 진행하면서 AI에 대해서 조직에게 긍정적인 영향을 줄 수 있도록 하는 좋은 사례였습니다. 이러한 조치는 나중에 GE 항공이 항공 디지털 조직을 만들고, 항공사를 위한 새로운 AI 기반 디지털 서비스를 시작하는 데 도움이 되었습니다.

---

27 https://www.wired.com/2015/06/ge-uses-sand-around-world-test-jet-engines/

28 https://blog.geaviation.com/product/sand-and-sky-how-engineers-are-improving-the-way-airliners-engines-cope-with-the-most-extreme-natural-conditions/

산업 디지털 전환을 위한 보안 고려사항

AI와 기계학습의 활용은 관련 데이터에 크게 의존합니다. 기업 시스템에 AI를 적용하는 경우, 데이터는 보안 수준이 꽤 높은 데이터베이스에서 관리됩니다. 주로, 기업 데이터는 BI비지니스 인텔리전스, Business Intelligence, 분석, AI 및 기계학습을 위해 데이터 저장소와 데이터 마트로 이동됩니다. 이러한 절차를 잘 이해하고, IT 모범 사례를 따르게 되면 보안을 확보할 수 있습니다. 그러나 산업용 디지털 전환 여정에 따라 추가적인 보안 문제가 발생합니다. 이는 다음과 같습니다.

- AI 및 기계학습의 효과적인 사용을 위해 공장 현장의 PLC로부터 취약성을 유발하는 다른 현장의 산업용 제어 시스템 및 운영에 이르기까지 데이터를 수집하기 위한 물리적 장치의 연결이 필요한 경우가 많습니다.
- 일단 수집된 데이터나 미사용 데이터는 회사 운영과 경쟁 우위의 본질을 노출하기 쉽습니다.
- 디지털 트윈도 해킹하여 이를 통해 경쟁업체와 차별화되는 상업적 비밀 및 운영 절차에 대한 통찰력을 얻을 수 있습니다.

디지털 전환 여정에서는 보안의 중요성에 대한 인식을 높여야 합니다. 2020년 6월 디지털 전환 및 사이버 위험이라는 제목의 설문 조사[29]에 따르면, IT 보안 및 C 레벨 경영진으로 구성된 응답자 883명 중 82%가 디지털 전환으로 인해 최소한 한 번의 데이터 침해가 발생했다고 인정하였습니다. 이러한 침해의 원인으로는 전환 속도 증가, 클라우드로의 전환, IoT 사용 증가, IT 분산 및 타사 아웃소싱 등이 있습니다. 포네몬Ponemon 보고서는 다음과 같이 언급했습니다.

> *"성공적인 디지털 전환 절차를 위해서는 IT 보안이 전환을 저해하지 않고 디지털 자산의 보안을 균형 있게 유지해야 합니다."*

29 Digital Transformation & Cyber Risk: What You Need to Know to Stay Safe by the Ponemon Institute

따라서 전환의 일환으로 적절한 사이버 보안 과제에 대한 예산을 책정하는 것이 중요합니다. 전환 여정에서 발생하는 위험을 최소화하기 위해 다음과 같은 몇 가지 자료를 참조하는 것이 좋습니다.

- **IIC:** IoT를 위한 산업용 인터넷 보안 체계[30]
- **NIST:** 사이버 보안 체계[31]
- **CSA**클라우드 보안 연합, Cloud Security Alliance**:** CCM클라우드 컨트롤 매트릭스, Cloud Controls Matrix[32]
- **ENISA**유럽연합 사이버보안청, European Union Agency for Cybersecurity**:** 5G 통신망에 대한 위협 상황[33]

사이버 보안 체계를 활용하면 전환여정에서 보안 상태를 반복적으로 개발reinventing the wheel하는 일을 피할 수 있습니다. 다음 절에서는 종종 전환 여정을 위해 애자일 방식으로 새로운 소프트웨어 응용프로그램을 개발하는 경우 보안 소프트웨어 개발 절차를 보호하는 방법을 살펴보겠습니다.

DevSecOps의 부상

DevSecOps는 **개발, 보안 및 운영**을 의미합니다. DevOps는 개발자와 시스템 관리자를 더욱 가깝게 만들었습니다. DevSecOps는 개발 및 배포 생애주기의 각 단계에 보안을 포함합니다. 그림 8.6은 DevOps와 DevSecOps의 차이를 보여줍니다.

---

30 https://www.iiconsortium.org/IISF.htm

31 https://www.nist.gov/cyberframework

32 https://cloudsecurityalliance.org/research/cloud-controls-matrix/

33 https://www.enisa.europa.eu/publications/enisa-threat-landscape-for-5g-networks

그림 8.6 DevOps 대 DevSecOps[34]

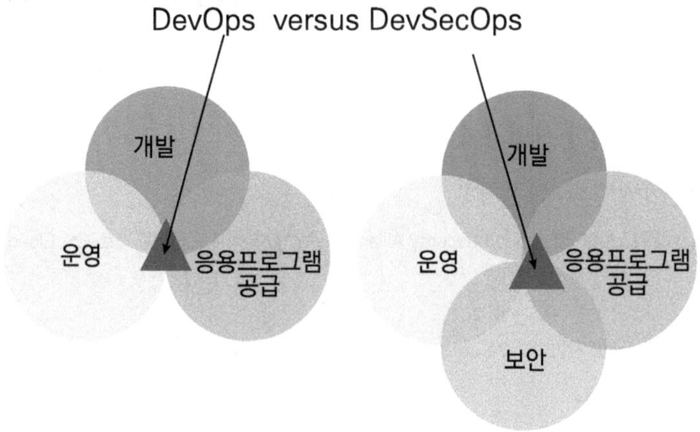

디지털 전환 여정에 빠른 속도로 새로운 소프트웨어 개발을 해야 하는 사례가 포함될 수 있습니다. 결과적으로, 애자일 개발 주기의 중심에 안전한 실천 방법을 내장하는 것이 매우 중요합니다. 이제 응용프로그램 보안 검사 도구에 대해 살펴보겠습니다. 검사에 일반적으로 사용되는 용어는 다음과 같습니다.

- SAST정적 응용프로그램 보안 시험, Static Application Security Testing는 정적 코드를 분석하여 취약성을 확인합니다.
- IAST대화형 응용프로그램 보안 시험, Interactive Application Security Testing는 사람, 계측기 또는 자동화를 통해 실행 시 코드와 해당 동작을 분석합니다.
- DAST동적 응용프로그램 보안 시험, Dynamic Application Security Testing는 웹 응용 프로그램이 시뮬레이션이나 제품에서 실행되는 동안 웹 응용 프로그램의 취약성을 탐지하는 데 도움이 됩니다.
- RASP런타임 응용프로그램 자가 보호, Runtime Application Self-Protection는 응용 프로그램에 대한 공격을 실시간으로 탐지하고, 악의적인 입력이나 작업으로부터 응용프로그램을 보호하는 데 도움이 됩니다. 시간이 지남에 따라 RASP를 사용하여

34 https://commons.wikimedia.org/wiki/File:DevOps_vs_DevSecOps_Mginise.jpg, License: CC BY-SA

동작을 지속적으로 측정할 수 있으므로, 사람의 개입 없이 공격을 확인하고 완화할 수 있습니다.

표 8.1에서는 이러한 다양한 소프트웨어 응용프로그램 검사 도구에 대한 비교를 하였습니다.

표 8.1 다양한 소프트웨어 응용프로그램 검사 도구 비교

구분	SAST	IAST	DAST	RASP
단계	개발	품질보증(QA) 시험	시험, 생산	생산
속도	단시간에	실행 시 즉시	몇 시간에서 며칠까지	실행 시 즉시
지속적인 안전 시험	예	예	아니오	예
CI/CD 통합	예	예	아니오	아니오
통합	통합 개발환경(IDE), 도구 구축, 문제점 추적	도구 구축, 시험 자동화, 문제점 추적, API	없음	언어 런타임, 응용 서버
정확성	중간	높음	중간	높음
실행 가능성	높음	높음	낮음	높음

* 출처: *Synopsis Guide to Application Security Testing Tools.*

응용프로그램 검사를 위한 AI와 기계학습의 사용은 여전히 진화하고 있습니다. 검사 자동화에서 AI와 기계학습의 잠재력에 대한 검토가 2019년 10월에 발표되었습니다[35].

다음 절에서는 산업 시스템을 보호하기 위한 AI의 진화에 대해 살펴보겠습니다.

35 https://link.springer.com/article/10.1007/s11219-019-09472-3

사이버 보안을 위한 AI

산업 디지털 전환 계획을 추진하는 동안 점점 더 많은 시스템이 디지털화되고 인터넷에 연결됨에 따라, 사이버 보안은 전반적인 솔루션 구축 계획 및 전략에서 매우 중요한 고려 사항이 되고 있습니다. 스마트 빌딩, 스마트 홈 및 스마트 산업의 응용 프로그램을 위해 인터넷에 연결된 감지, 작동 및 컴퓨팅 솔루션을 설치하는 것은, 사이버 범죄자가 이러한 시스템에 접근하고 물리적 세계와 관련된 사이버 문제를 일으킬 가능성이 있음을 의미합니다.

스마트 빌딩에 대한 사이버 공격은 대부분 빌딩 자동화 시스템을 대상으로 합니다. 스마트 빌딩의 컴퓨터 시스템은 HVAC 시스템, 엘리베이터, 조명, 경보, 보안 시스템 및 상수도를 제어하고 관리합니다. 스파이웨어spyware, 웜worms, 랜섬웨어ransomware와 같은 악의적인 웜을 사용한 사이버 공격은 스마트 빌딩을 공격하는 데 사용되었습니다.

대부분의 스마트 산업에 활용되는 SCADA감시제어 및 데이터 수집, Supervisory Control and Data Acquisition 시스템, PLC 및 IoT 노드, 게이트웨이 및 엣지 컴퓨팅 장치를 사용합니다. 이러한 시스템은 일반적으로 생산 제어 시스템 통신망에 연결되며, 일반적으로 기업이나 사업 통신망과 물리적으로 분리됩니다. 그러나 스마트 산업 응용프로그램이 스마트 공급망에 대한 예측 유지보수를 위해, 다양한 활용처에 대한 데이터 수집 시스템 및 제어 시스템에 대한 심층적인 가시성을 필요로 하는 경우에는 물리적 분리가 불가능합니다. 따라서 ICS산업 제어 시스템, Industrial Control Systems는 이제 사이버 공격에 취약합니다. 스턱스넷Stuxnet, 두큐 2.0Duqu 2.0 등과 같은 악성 웜을 이용한 사이버 공격은 다양한 산업에서 사용되는 컴퓨터 시스템에 피해를 입히기 위해 사용되었습니다.

AI 알고리즘은 사이버 공격을 방지하고, 다양한 응용 프로그램에 대한 사이버 보안을 개선하기 위해 배치되고 있습니다. 통신망 침입 탐지 및 방지는 기업이나 산업 및 생산 제어 시스템으로 들어오는 악성 트래픽으로부터 인터넷 트래픽을 보호하는 중요한 응용 프로그램 중 하나입니다. DNN과 같은 AI 알고리즘은 악의적인 인터넷 트래픽을 탐지하고, 통신망에 영향을 미치지 않도록 하는 알고리즘을 동적으로 수정하여 통신망을 사이버 공격으로부터 보호하는 데 사용됩니다.

봇네트botnets는 통신망에 대한 서비스 거부denial-of-service 공격을 시작하는 데 사용됩니다. 하나 이상의 보트bot을 실행하는 인터넷 연결 장치 클러스터는 데이터를 훔치고 산업 스파이 활동을 수행하는 데 사용될 수도 있습니다. 베이지안 분류기 및 **SVM**Support Vector Machine, 심층학습 기술 및 인공 신경망과 같은 기계학습 알고리즘이 봇네트 탐지에 사용됩니다.

랜덤 포레스트 및 SVM과 같은 기계학습 알고리즘은 해킹 사고 및 사이버 보안 사고를 예측하는 데 사용됩니다. 의사 결정 트리, 로지스틱 회귀 및 랜덤 포레스트와 같은 지도 기계학습 알고리즘과 DNN과 같은 심층학습 알고리즘이 회계 부정 적발에 사용됩니다. 구글은 지메일Gmail에서 스팸 필터링을 위한 전자 메일 분류를 위해 신경망 및 로지스틱 회귀 도구를 사용합니다.

요약

이 장에서, 우리는 AI의 다양한 전형적인 사례에 대해 배웠습니다. 공장부터 공공 안전까지 AI의 다양한 산업 활용 사례를 살펴봤습니다. 마지막으로, AI가 디지털 전환에 적용됨에 따라, 조직에서 어떤 변화를 주도하고 있는지 살펴봤습니다. 이러한 변화 중 일부는 사이버 보안에 대한 인식을 높일 필요가 있습니다. 그러나 보안 태세를 개선하기 위해 AI를 사용하는 것은 새로운 영역이며, 가까운 미래에 우리는 그것을 더 많이 활용할 수 있을 것입니다.

"*9장 디지털 전환 여정에서 피해야 할 함정*"에서 우리는 산업 디지털 전환 계획에 대한 실패의 초기 지표 중 일부를 살펴볼 것입니다. 이러한 실패에 대한 몇 가지 사례를 살펴보고, 이러한 실패의 주요 원인을 분류하려고 합니다. 전반적으로, 이는 초기 개입과 실패에 대한 위험 회피를 통해 전환적인 과제를 계획하는 데 도움이 될 것입니다.

질문

다음은 이 장에 대한 이해도를 확인하기 위한 몇 가지 질문입니다.

1. AI, 기계학습, 심층학습의 차이점은 무엇입니까?
2. 샷스파터 기술은 무엇에 사용됩니까?
3. AI 기반 안면인식 기술을 사용할 때 발생할 수 있는 단점은 무엇입니까?
4. AI는 공장에서 어떻게 사용됩니까?
5. AI를 전파하는 데 있어 MOOC의 역할은 무엇입니까?

09 디지털 전환 여정에서 피해야 할 함정

*"8장 디지털 전환에서의 AI"*에서 우리는 AI, 기계학습, 심층학습에 대해 배웠습니다. 우리는 공공 부문과 민간 부문에 걸쳐 AI의 다양한 응용사례를 살펴보았으며, 특정한 활용 사례를 위한 엣지에서의 AI도 살펴봤습니다. 마지막으로 AI 도입으로 인해 자주 발생하는 조직 변화에 대해서도 살펴봤습니다.

이 장에서는 디지털 전환의 실패를 판별하는 방법과 그 실패가 발생하는 원인에 대하여 배우게 될 것입니다. 이를 위해 우리는 지난 수십 년 동안의 구체적인 전환사례를 살펴보고, 이러한 전환의 실패와 성공을 평가할 것입니다. 이전 실패의 원인을 파악하면, 향후 과제 실패로 이어질 수 있는 상황을 사전에 인지할 수 있고, 이를 통해 과제 진행 과정을 조정하여 과제 성공 가능성을 높일 수 있습니다.

이 장에서는 다음과 같은 주요 주제를 다룹니다.

- 실패의 지표
- 실패한 전환

9.1 실패의 지표

여러 가지 형태의 실패한 전환이 있을 수 있습니다. 이러한 과제는 기대되는 사업적 가치를 달성하지 못한 개별 과제나, 완료되지 않은 과제가 포함될 수 있으며, 또는 다시 시작해야 하는 과제가 될 수 있습니다. 실패한 전환은 더 심각한 결과를 초래하여, 기업의 전체 제품군이 경쟁 우위를 잃거나 이로 인해 기업 전체가 파산 신청을 하는 결과를 초래할 수 있습니다. 실패한 전환에서의 노력과 이러한 실패로 인한 기업 전체의 붕괴는 우리에게 귀중한 교훈을 제공할 수 있습니다. 다음 절에서 **산업 디지털 전환** 실패의 주요 지표를 살펴보겠습니다.

산업 디지털 전환 전략의 부재

조직은 전환을 위한 전략을 개발했습니까, 아니면 여전히 개념을 증명하기 위한 증거를 모으고 있습니까? 산업 디지털 전환에 대한 논의가 회사에서 시작되는 몇 가지 이유를 나열해 보겠습니다.

- 회사가 활발한 디지털 전환 계획을 가지고 있다는 것을 연례 보고서나 홍보 행사 자료에 올리기 위해
- C 레벨에서 누군가가 무역 박람회를 방문하고 돌아와 다른 기업들이 모두 하려고 한다는 이유만으로 회사를 전환시킬 아이디어로 제안
- 일부 임원들은 자신들의 산업 디지털 전환 여정을 시작했다고 주장하는 스타트업들, 유니콘 회사들, 그리고 대기업의 혁신 센터들을 만나기 위해 실리콘 밸리 여행에 이끌려 감
- 한 경영 컨설팅 회사가 기업의 전환을 지원하기 위해 요청하지 않은 제안서를 제출
- 전환이나 소프트웨어 해커톤에서 우승한 일부 직원들은 산업 디지털 전환에 대해 매우 열정적

위에서 언급한 이유로 기업의 디지털 전환 여정을 시작하는 것을 지지할 수 있지만, 이러한 이유만으로는 기업이 산업 디지털 전환을 시작하기에 충분하지 않습니다.

기업에서 전개되는 산업 디지털 전환 전략의 부재는 주로 재앙의 원인이 됩니다. 셀로니스Celonis가 2019년에 임원 450명을 대상으로 한 설문 조사에 따르면, C 레벨 임원의 45%가 디지털 전환 전략을 시작할 수 있는 방법을 알지 못했습니다[1].

전환의 최종 상태를 정확히 파악하기는 어려울 수 있지만, 전략은 시간에 따라 진화할 수 있는 체계를 제공해야 합니다. 폭스바겐Volkswagen의 경험은 하향식 디지털 전환 전략의 한 사례입니다. 그 회사는 2025년까지 40억 달러 투자 예정으로 디지털 플랫폼을 구축하는 과정에 있습니다. 또한 2025년까지 11억 달러의 새로운 디지털 수익을 목표로 하고 있습니다. 이 디지털 플랫폼은 회사가 디지털 장치를 자동차에 탑재하고, 자동차 소유자들이 새로운 디지털 생태계의 일원으로 만들 수 있도록 할 것입니다. 이 플랫폼을 통해 폭스바겐은 요금 청구 기능이 있는 주차 앱인 위파크WePark, 택배 회사들이 운전자가 없는 차량 트렁크로 택배를 배달할 수 있는 앱인 위딜리버WeDeliver, 주차된 차량 주변에서 재미있는 활동을 추천할 수 있는 앱인 위익스퍼리언스WeExperience, 그리고 최종적으로 차량 공유 앱인 위쉐어WeShare로 고객에게 새로운 경험을 제공할 수 있습니다[2].

현재 하니웰의 소프트웨어 매출은 40억 달러가 넘으며, 이 중 15억 달러는 IIoT 관련 응용사례입니다. 전략은 다음과 같이 구성됩니다.

- 2019년 발표된 하니웰 포지Forge라는 디지털 플랫폼
- OT 시스템의 사이버 보안에 중점을 둡니다[3]

이제 전환의 상태를 나타내는 다른 중요한 지표를 살펴보겠습니다.

1 https://story.celonis.com/square-one-research/

2 https://www.volkswagenag.com/en/news/stories/2018/08/volkswagendevelops-the-largest-digital-ecosystem-in-the-automot.html

3 https://www.sitsi.com/honeywell-its-digital-journey-transforming-industrial-software-centric-company-my-key-takeaways

기타 지표

디지털 전환 계획의 실패를 나타내는 몇 가지 다른 지표를 살펴보겠습니다.

- 이사회가 디지털 전환에 관심을 두지 않고 감독하지 않으며, 이를 관리팀의 손에 맡기면서 방관하고 있습니다. 이는 기업 상위계층의 지원을 불가능하게 합니다.
- 산업부문의 동향 중심보다는 기업내부에 초점(예를 들어, 블록버스터는 연체료를 고객의 관점에서 보지 않고 2억 달러의 수익 손실로 간주했습니다.)
- 계획과 실행의 불일치: **MVP**와 *빠른 실패*Fail-Fast에서 얻은 교훈의 적합하지 않는 사용
- 기술에 대한 지나친 강조와 문화의 전환에 대한 부족한 강조: 자빌Jabil의 2018년 보고서에 따르면 응답자의 74%가 전환을 위한 기술적 어려움보다 문화적 어려움이 더 크다고 생각하는 것으로 나타났습니다.

GE, 포드, P&G는 2010년대 중반에 주요 산업 디지털 전환 과제를 수행했습니다. 이러한 모든 회사들이 전환 전략에 중요한 역할을 했던 CEO들이 전환 여정에 갑자기 사임하거나 은퇴했습니다.

- 2017년 8월 1일 Jeff Immelt GE CEO가 물러난 뒤 같은 해 10월 2일 이사회 의장직을 사임했습니다.
- Mark Fields 포드 CEO는 2017년 8월 사임했습니다.
- 2015년 10월 A.G. Lafley P&G CEO가 물러났습니다.

대부분의 전환 계획은 하향식 지원이 있어야 성공하기 때문에 CEO급의 급격한 변화는 산업 디지털 전환의 실패를 보여주는 주요한 선행 지표입니다. 이러한 변화는 주로 공개기업 주가의 급격한 변동이나 하락과도 관련이 있습니다. 때때로 기업들은 전환과정 중에 이익에 대한 재검토 방안을 들고 나오는데, 이는 또 다른 실패의 적신호가 될 수 있습니다. 2018년 4월 GE가 2016년 영업이익을 2억 2천만 달러로, 2017년 영업이익을 22억 달러로 각각 줄여 재산정한 사례가 있

습니다. 주가와 수익 재산정은 전환 계획의 성공이나 실패와 직접적으로 관련되어 있지 않다는 주장이 있을 수 있지만, 이러한 부정적 요인의 결합은 전환 전략을 더욱 신중하게 검토해야 함을 의미합니다. 회계 보고서의 재산정은 투자자 그룹과 이해관계자들 사이에 복잡하고 민감한 문제를 야기할 가능성이 매우 높습니다[4].

문제의 또 다른 주요 지표는, 변화를 겪고 있는 회사의 일반 직원이 전환의 이유를 명확하게 설명할 수 없는 경우입니다. 직원들은 주로 그들이 하는 일과 방법을 바꾸라는 요구를 받는데, 그들이 그 이유를 이해하지 못할 때는 어렵습니다.

GE는 2012년경 최초의 *디지털 기업*으로 변신하는 것을 결정하였습니다. 2015년 9월 소프트웨어 **전문가조직**Center of Excellence으로 시작한 GE 디지털은 캘리포니아 샌라몬에 본사를 두고 있습니다. 이러한 산업 디지털 전환에 수십억 달러의 투자가 들어갔습니다. GE에 대해서는 이 장의 다음 절에서 자세히 살펴보겠습니다.

마지막으로, 디지털 기술에만 초점을 맞추고, 이해 관계자들의 ROI을 명확하게 정량화하지 않는 전환도 실패의 길로 가고 있습니다. 초기 전환 여정에 성공하지 못한 기업뿐만 아니라, 전환 기회를 놓친 기업에서도 귀중한 교훈을 얻을 수 있습니다. 다음 절에서는 이러한 사례 중 몇 가지를 살펴봅니다.

디지털 전환의 실패

지난 20년에서 30년 사이의 실패 중 일부를 다시 살펴보면, 대규모 전환의 함정이나 부족을 이해하는 데 도움이 될 것입니다. 우리는 이러한 기업의 실패를 관련 산업 부문으로 분류하겠습니다. 우리는 통신 분야를 생각할 때 모토로라Motorola, 노키아Nokia, 블랙베리BlackBerry, AT&T, MCI 월드컴MCI WorldCom 등과 같은 회사들을 자주 떠올립니다. 이 절에서는 휴대폰 3사가 각각 시장지배력을 달

4 https://www.cnbc.com/2018/04/13/general-electric-earnings-restatement-.html

성했다가 복합적인 이유로 실패한 사례에 대해 설명하겠습니다.

우선 모토로라부터 시작하겠습니다.

모토로라

1928년 갈빈 제조회사Galvin Manufacturing Company라는 이름으로 설립된 모토로라 브랜드는 1930년 자동차 라디오를 판매하기 시작하면서 탄생했습니다. 모토로라는 그 이름에 걸맞은 수많은 업적을 가지고 있습니다. 1940년에 모토로라는 최초의 무전기를 만들었으며, 1956년에 첫 번째 호출기를 만들었습니다. 무전기의 개념에 기초한 모토로라의 무선 호출기는 의사들이 25마일 범위 내에서 무선 호출을 받을 수 있도록 하는 뉴욕시의 병원들에서 사용되었습니다. 1969년, Neil Armstrong은 모토로라의 라디오 기술을 통해 *"인간을 위한 작은 발걸음, 인류를 위한 거대한 도약"*이라는 달에서의 첫 번째 유명한 연설을 하였습니다. 1973년 모토로라는 최초의 휴대전화를 개발했고, DynaTAC 8000X로 알려진 최초의 상업용 휴대전화에 대한 FCC 인증을 받았습니다. 모토로라는 또한 **기지국**Base Transceiver Stations과 타워에 설치된 장비를 포함한 휴대전화 기반시설을 개발했습니다. 모토로라는 이러한 선도자 이점으로 1998년까지 매년 전 세계에서 가장 많은 수의 휴대폰을 판매했습니다. 2004년에 출시된 모토로라 레이저RAZR는 4년 동안 1억 3천만 대 이상의 휴대폰이 팔리면서 미국 시장에서 가장 많이 팔린 휴대폰이었습니다. 하지만 모토로라는 그 당시의 전환적인 시장변화를 인식하고도 대응을 하지 못했습니다. 모토로라의 휴대폰 시장 점유율은 2006년 21%에서 2009년 6%로 떨어졌습니다. 잘 설계된 휴대폰이었던 모토로라 레이저의 성공 이후, 변화하는 소비자의 기대를 충족시키기 위해 데이터 기반 서비스를 제공하는 기기로의 전환이 필요했습니다. 이 기간 동안 림 블랙베리RIM BlackBerry는 푸시 이메일 push email 솔루션과 함께 휴대폰 솔루션을 제공하기 시작했습니다. 이메일 서비스는 기업과 개인에게 인기를 끌기 시작했습니다. 림 블랙베리는 기업 직원들에게 안전한 전자 메일 및 즉석 교신 솔루션을 제공하는 안전한 서버 기반 솔루션을 제공했습니다. 이러한 기능을 통해 블랙베리 장치를 사업 도구로 활용할 수 있었고,

모토로라는 빠르게 시장 점유율을 확보했습니다.

모토로라는 휴대폰 하드웨어에 집중하였으며, 아날로그 기술과 나중에 모토로라 레이저와 같은 디지털 기술에서 매우 성공적이었습니다. 그러나 모토로라는 고객 관점에서 전체 모바일 솔루션의 성공은 소프트웨어 솔루션이 중요하다는 혁신적인 전환에 중점을 둔 것은 아니었습니다. 모토로라 설계자들은 휴대전화 제품에 사용할 OS를 선택하는 데에도 주저했습니다. 2003년까지 모토로라 전화기는 독점 OS를 사용했습니다. 2004년부터 모토로라 A 시리즈 전화기는 리눅스 OS를 기반으로 했습니다. 2005년부터 모토로라 Q는 윈도우즈 모바일Windows Mobile로 운영되었습니다. 이러한 장치의 사용자 경험은 좋지 않았습니다. 모토로라가 식스시그마로 알려진 공정 개선 및 제품 품질 관리를 위한 기술과 도구를 채택한 최초의 회사 중 하나임을 고려하면, 이것은 이해하기 어렵습니다. 모토로라는 안드로이드Android OS로 변경하여 2009년 11월 모토로라 드로이드Motorola Droid 전화기를 출시했습니다. 이 전화기는 터치스크린과 슬라이드식 키보드slide-out keyboard가 적용되었습니다. 이 무렵, 애플은 이미 2007년에 판도를 바꾸는 휴대폰인 아이폰을 출시하여 이 산업을 전환시켰습니다. 모토로라는 2007년부터 2009년까지 43억 달러의 손실을 입었습니다. 2009년 모토로라 드로이드 전화기와 후속 장치인 드로이드 2와 드로이드 X 전화기의 출시로 모토로라는 다시 시장 점유율을 얻기 시작했습니다. 하지만, 2011년에 회사는 모토로라 모빌리티Motoroler Mobility와 모토로라 솔루션스Motoroler Solutions으로 분할되었습니다. 안드로이드Android 플랫폼을 기반으로 한 드로이드 전화기의 성공은 구글에게는 매력적으로 인식되어, 2012년 5월 구글은 소비자 기기 중심의 모토로라 모빌리티 부분을 125억 달러에 인수했습니다. 모토로라 모빌리티가 구글 소유의 독립 기업으로 운영되면서, 출시한 모토 GMoto G와 같은 일부 휴대폰은 성공적이었습니다. 그러나 모토로라 모빌리티는 계속해서 시장 점유율을 잃어갔고, 이후 2014년 29억 1천만 달러에 레노버Lenovo에게 매각되었습니다.

다음은 블랙베리를 살펴보겠습니다.

림 블랙베리

림RIM, Research-In-Motion은 보안 이메일이 포함된 최초의 휴대전화를 개발한 회사입니다. 림은 1996년 쌍방향 호출기로 시작했습니다. 1999년에 림은 블랙베리 850이라는 이메일 호출기를 출시했습니다. 블랙베리는 푸시 이메일 서비스의 강점을 바탕으로 꾸준히 시장 점유율을 확보했는데, 이는 당시의 패러다임을 바꾼 기술이었습니다. 2000년에 출시된 림 957은 큰 화면, QWERTY 키보드 및 이동 중 이메일에 접근할 수 있는 기능을 갖춘 블랙베리 기기였으며, 이메일이 사업적 의사소통에 빠르게 채택되고 있던 시기에 사업을 하는 고객에게 중요한 기능이었습니다. 이 기기에는 휴대 전화 기능이 없습니다. 림은 2002년 스마트폰 부문에 해당하는 최초의 휴대 전화기인 블랙베리 5810을 선보였지만, 이 기기에는 마이크와 스피커가 내장되어 있지 않았고, 전화 통화에 외부 헤드셋이 필요했습니다. 이 장치는 사업을 하는 고객이 광범위하게 사용하는 SMS단문 메시지 서비스, Short Message Service 기능을 제공했습니다. 최초의 실제 스마트폰은 2003년 림에 의해 마이크와 스피커가 내장된 블랙베리 7230으로 소개되었습니다. 그것은 또한 컬러 디스플레이를 가지고 있었고 웹 브라우저를 제공했습니다.

블랙베리 기기는 QWERTY 키보드 기능과 함께 사용하기가 매우 쉬웠습니다. 2004년에 출시된 블랙베리 7100t는 각 자판에 두 개의 문자가 있는 더 좁은 키보드와 사용자의 문자입력을 지원하는 단어 예측 소프트웨어를 제공했습니다. 이 장치는 소비자들에게 널리 채택되었습니다. 2006년에 소개된 블랙베리 피얼 8100Blackberry Pearl 8100은 카메라, 음악 재생장치, 비디오 재생장치를 갖추고 있으며 시장에서 가장 성공적인 장치가 되었습니다.

2004년부터 2009년까지 5년 동안 블랙베리 사용자는 100만 명에서 2,500만 명으로 증가하였으며, 블랙베리 가입자는 2012년에 8천만 명으로 정점에 달했습니다. 이 장치들은 매우 인기가 있었습니다. 블랙베리 전화기는 유명 인사들과 국가 원수들에 의해 사용되었으며, 국방부를 포함한 미국 정부에도 블랙베리 사용자가 많았습니다. 림의 쇠퇴는 2008년 블랙베리 스톰Blackberry Storm의 출시와 함께 시작되었습니다. 2007년 애플 아이폰 출시 이후, 대형 터치스크린은 이동전화 사용자 인터페이스를 위한 확실한 선택이 되었습니다. 블랙베리 스톰은 제품에 터치스크린 기능이 통합되었지만 사용자 인터페이스가 불안정했습니다. 블랙베리 OS는 터치스크린용으로 설계되어 있지 않았기 때문입니다. 하지만, QWERTY 키보드에 대한 블랙베리의 슈어타입SureType 기술은 업계에서 독보적이며 블랙베리 사용자들에게는 호평을 받았습니다. 스톰의 실패는 이러한 독특한 경쟁력을 제대로 활용하지 못했기 때문으로 보입니다. 그들의 두 번째 큰 실수는 블랙베리가 타사 앱 개발자들에게 블랙베리 OS용 앱을 개발하도록 장려하지 않았다는 것입니다. 이것은 iOS와 안드로이드 OS용 솔루션을 개발한 수많은 앱 개발자들을 보유한 애플과 구글의 경쟁에 직면한 블랙베리에게 매우 큰 단점이었습니다. 구글이 만든 최초의 휴대전화가 블랙베리 복제품처럼 보였고, 블랙베리가 애플과 구글보다 훨씬 이전에 휴대전화로 앱을 다운로드할 수 있는 기능을 가지고 있었다는 점을 고려할 때 이것은 특히 이해하기가 어렵습니다.

블랙베리는 인기 있는 블랙베리 메신저를 자체 하드웨어에 연결했습니다. 블랙베리 메신저 서비스는 사용자에게 무제한의 즉각적인 통신 서비스를 제공했으며, 2007년에 30억 달러의 수익을 창출했습니다. 페이스북이 190억 달러에 왓츠앱WhatsApp을 인수함으로써, 여러 플랫폼에서 제공할 수 있는 응용프로그램이 매우 성공적으로 될 수 있다는 것을 알고 있습니다. 왓츠앱은 2020년에 20억 명 이상의 사용자를 보유하고 있습니다. 블랙베리는 2016년에 휴대폰 제조를 중단했습니다.

다음은 노키아를 살펴보겠습니다.

노키아

1990년대 후반과 2000년대 초반에, 노키아는 매우 가치 있는 브랜드를 가진 세계의 지배적인 휴대 전화기 제조업체로 여겨졌습니다. 노키아는 1987년에 최초의 소형 휴대전화인 모비라 시티맨 900Mobira Cityman 900을 출시했습니다. 1996년에 개발된 노키아 9000 커뮤니케이터Nokia 9000 Communicator는 전화, 이메일, 인터넷 연결을 포함한 스마트폰의 기능을 가지고 있었습니다. 1990년대 중반 이후

꾸준히 시장 점유율을 확보한 노키아는 2007년 휴대전화 부문에서 50%의 시장 점유율이라는 대기록을 달성했습니다. 그러나 6년이 채 되지 않아 노키아의 시장 점유율은 2013년까지 5% 아래로 떨어졌습니다. 인지도가 높은 브랜드 이름을 가진 시장 지배자가 이렇게 극적으로 몰락한 데에는 몇 가지 이유가 있습니다. 이제 이러한 몰락 이유를 알아보겠습니다.

노키아는 회사 초기에 결정에 책임을 지는 효과적인 리더십팀을 보유했으며, 이러한 리더십은 노키아의 성공을 이끌어내었습니다. 앞서 언급했듯이, 노키아는 1996년에 스마트폰을 개발했습니다. 노키아는 심비안Symbian OS를 가진 스마트폰의 첫 번째 주자였습니다. 심비안이 탑재된 최초의 전화기는 2002년에 출시되었습니다. 노키아는 터치스크린 방식의 사용자 인터페이스에 빠르게 적응하지 못했습니다. 2007년 애플의 아이폰 출시는 단순한 터치스크린 구동 사용자 인터페이스에 대한 소비자의 선호를 분명히 변화시켰습니다. 심비안은 유사한 사용자 환경을 개발하는 데 활용될 수 없었고, 노키아는 그러한 변화에 충분히 빠르게 적응할 수 없었습니다. 노키아는 2011년에 윈도우즈 OS로 옮겼지만 너무 늦었습니다. 노키아의 휴대폰 개발 과정은 하드웨어에 더 중점을 두었으며, 이 회사는 소프트웨어가 제품의 성공에 똑같이 중요한 구성 요소라는 것을 인식하지 못했습니다.

노키아가 50%의 시장 점유율을 가지고 있던 2007년, 거의 모든 수익과 이익은 스마트폰이 아닌 다른 사업부문에서 발생했습니다. 이 기간 동안 이 회사의 투자는 스마트폰 시장 이외의 다른 사업부문 성장을 유지하기 위한 것이었고, 스마트폰 부분의 혁신과 새로운 기술에 대한 연구 개발 투자는 이 기간 동안에 크게 둔화되었습니다. 노키아가 급속한 시장 점유율 성장을 경험한 2000년대 초반에는 공급망 관리가 매우 중요해졌습니다. 그들의 공급망 유지에 들어간 노력이 회사의 다른 우선순위를 무색하게 하였습니다.

노키아는 변화하고 경쟁이 치열한 휴대전화 사업 환경에서 회사의 민첩성을 향상시키기 위해 2000년대 중반에 조직을 매트릭스 구조로 바꾸었습니다. 하지만 이러한 조직개편은 효과적으로 추진되지 못했다고 볼 수 있습니다. 이로 인해 주요 임원들이 회사를 떠나게 되었습니다. 중간 단계의 경영진들은 이런 구조에서 일하는 경험이 없었습니다. 따라서 이 조직 개편은 혁신이 부족하고, 사기에 부정적인 영향과 함께 의사 결정 과정을 늦추는 부정적인 효과를 낳았습니다. 2013년 노키아의 휴대전화 사업을 MS가 79억 달러에 인수했습니다.

휴대전화는 디지털 전환을 추진하는 핵심 요소가 되었습니다. 이제 휴대 전화와 휴대 전화가 제공하는 기술은 보안 전자 메일, 메시징, 정보 접근 및 카메라 지원 응용프로그램에서 소셜 미디어, 은행, 온라인 상품구매 등에 이르기까지 사업 및 개인 모두를 위한 다양한 분야에 적용할 수 있습니다. 앞서 언급했듯이, 모토로라, 림 및 노키아 이 세 회사는 모두 시장에서 선도적인 위치를 차지하고 있었으며, 오늘날 휴대전화에 필요한 기술적 요소를 갖추고 있었습니다. 그러나 이러한 기업들은 변화하는 산업 환경으로 사업 모델을 전환할 수 없었고, 경우에 따라 조직 구조도 변경할 수 없었습니다.

다음 절에서는 실패한 전환의 선택과 이러한 실패의 주요 원인에 대해 살펴보겠습니다.

9.2 실패한 전환

이 절과 이후 절에서는 일부 실패한 산업 디지털 전환 과제에 대해 자세히 살펴보고, 실패한 주요 원인을 살펴봅니다. 먼저 공공 부문을 살펴보겠습니다.

공공 부문의 실패

공공 부문은 수많은 중대한 디지털 전환 실패를 경험했습니다. 일부 실패는 민간 부문의 실패와 매우 유사합니다. 그러나 대부분의 공공 부문 실패는 우리가 "*6장, 공공 부문의 전환*"에서 자세히 논의하였듯이 공공 부문에서 특히 만연된 어려움을 보여줍니다. 우리가 6장에서 논의했듯이, 공공 부문은 많은 기술 부채를 축적하는 경향이 있고, 일반적으로 자격 있는 기술 자원이 부족합니다. 이러한 문제는 공공 계약의 복잡성과 함께 기존의 개발 방법론에 의존하고, 시스템 통합업체에 전환 프로젝트를 외주 개발하는 경향이 있습니다. 공공 부문 과제를 더욱 복잡하게 만드는데 있어, 특히 연방 및 주 차원에서 예산, 일정 및 과제 목표에 영향을 미칠 수 있는 정치적 고려 사항도 포함됩니다.

이 절에서는 두 가지 중요한 정부의 실패 사례에 대해 논의할 예정입니다. 첫 번째는 정부 디지털 서비스 운동을 촉발한 *"1장, 디지털 전환의 소개"*에서 언급한 HealthCare.gov이며, 두 번째는 캘리포니아 DMV 시스템입니다.

HealthCare.gov

*"1장, 디지털 전환의 소개"*에서 논의했듯이, 실패한 HealthCare.gov의 출시로 인해 미국 연방정부의 디지털 서비스 운동에 박차를 가했습니다. 따라서 HealthCare.gov의 출시가 실패한 이유를 살펴볼 필요가 있습니다. HealthCare.gov의 초기 구현에는 많은 어려움이 있었습니다. 우리는 주요 문제 중 몇 가지만 논의할 것입니다.

미국 연방정부의 오바마 케어Affordable Care Act 건강보험 거래소의 웹사이트인 HealthCare.gov 실패의 가장 큰 요인은, 2011년 12월 CGI 페더럴CGI Federal이 과제의 계약자로 선정되었음에도 불구하고, HHS가 시스템이 온라인 상태가 되기 불과 몇 달 전까지 계약자에게 최종 사양을 제공하지 않은 이유입니다. 오바마 행정부가 대통령 선거 전에 그 사양에 대한 발표를 원하지 않았다는 것이 일치하는 일반적인 의견입니다. 그러나 선거가 끝나고 몇 달 후까지도 사양이 전달되지 않은 것은, HHS가 내부적으로 사양을 개발하고 합의할 수 있는 능력이 없었다는 것을 보여줍니다. 그럼에도 불구하고 솔루션을 설계하고 코드화하려는 성급한 노력이, 결과적으로 잘못된 아키텍처, 엉성한 코딩, 패치 시험 및 보안 결함을 초래했습니다.

CGI 페더럴CGI Federal 선정 자체가 오래된 연방정부 조달 절차의 산물이었습니다. 이러한 조달 절차는 *폭포수*와 같은 기존 방법론을 사용하는 대규모 기존 공급업체에 비해 애자일 관행을 사용할 수 있는 새로운 공급업체를 차단하였습니다. 폭포수 방법론은 과제가 시작된 지 1년이 지나서도 요구사항을 알 수 없는 부적절한 개발 방법론 이었습니다. 이러한 과정은 상대적으로 작은 과제였어야 할 것을 5년 동안 93.7백만 달러의 계약 가치를 갖는 큰 투자로 만들어 버렸으며, 민간 부문 고객을 위해 개발된 유사한 솔루션에 비해 비용과 복잡성이 수십 배 높아졌습니다.

마지막으로, HealthCare.gov가 직면한 주요 문제를 해결하기 위해, **CMS**메디케어 및 메디케이드 서비스 센터, Centers for Medicare and Medicaid Services는 사이트를 방문하는 사용자 수를 크게 과소평가하여 솔루션의 일부가 제대로 작동하지 않는 결과를 초래했습니다. 시스템의 문제가 CMS팀에 명확해졌을 때에도 그들은 감독 위원회에 회부되지 않았습니다. 보건복지부의 CIO인 Frank Baitman은 나중에 의회에서 그가 프로그램에 대한 권한이 없었으며, 시스템이 가동되기 전에 문제를 인지하지 못했다고 증언했습니다.

결국, HealthCare.gov의 구제는 미국 정부의 디지털 서비스 운동을 촉발시켰을 뿐만 아니라, Baitman 씨의 의회 증언은 결국 **FITARA**연방 IT 획득 개혁법, Federal IT Acquisition Reform Act의 통과로 이어졌고, 이로 인해 연방 CIO 권한이 증가했습니다.

캘리포니아 DMV

캘리포니아에 살고 있거나, 캘리포니아주 **DMV**자동차국, Department of Motor Vehicles가 악몽이라는 소식을 캘리포니아 사람들로부터 들었다면, 그 이유는 캘리포니아 DMV가 기술 현대화를 시도했다가 한 번이 아니라 두 번이나 실패했기 때문입니다. 1988년과 1994년 사이에 DMV는 탄뎀 코퍼레이션Tandem Corporation과 어니스트앤영Ernst & Young이 주도한 실패한 현대화에 4,400만 달러를 지출했습니다. 과제가 취소되었을 때, DMV의 책임자는 과제를 살리기 위해 1억 5천 7백만 달러가 더 필요할 것이라고 믿었습니다.

캘리포니아주 입법부는 DMV로부터 충분한 설명을 듣지 못했지만, 과제를 조사한 입법 분석가는 기관 직원들이 기술을 이해하지 못했고, 과제의 규모가 과소평가되었으며, 과제 관리 및 감독이 일관되지 않았다고 지적했습니다. 25년이 지난 지금의 시점에서 내용을 검토해 보면, 과제 범위가 명확하게 정의되지 않았다는 것을 볼 수 있었으며, 요구 사항을 관리하는 이해 관계자들은 적용되는 기술을 이해하지 못했습니다.

1994년 DMV는 저렴한 상용 제품을 찾을 것이라고 밝혔지만, 그 이후로 그런 일은 일어나지 않았습니다. 2006년 DMV는 새로운 현대화 과제를 시작하며 휴렛팩카드Hewlett Packard와 6년간 2억 8백만 달러의 계약을 하였습니다. 7년이 지난 뒤, 1억 3천 4백만 달러가 투입된 이 과제는 진행상황이 없다는 이유로 취소되었습니다. 이 경우에도 합리적인 과제 관리를 하려고 하거나, 적어도 나쁜 뉴스를 공유하지 않으려는 의지 부족이 문제였습니다. 과제는 취소되는 날까지 과제의 진행정도를 나타내는 색이 "*노란색*" 상태로 유지되어, 심각한 문제가 있는 "*빨간색*" 상태에 도달하지 못한 채 종료되었습니다.

이러한 실패의 결과는 DMV에서의 긴 대기시간, 부정확한 유권자 등록 및 신분증Real ID 법 시행 문제에서 확인할 수 있습니다. DMV는 또한 2016년과 2018년에 대규모 IT 운영 중단을 겪었고, 2017년 1월부터 2018년 8월까지 20개월 동안 최소 34건의 경미한 운영 중단을 겪었습니다. DMV 성과가 2018년 캘리포니아 주지사 선거에서 주요 캠페인 이슈가 될 정도로 문제가 심각했습니다. 당선 직후, Gavin Newsome 주지사는 **DMV 재창조 타격팀**DMV Reinvention Strike Team을 만들고, DMV를 고칠 수 없는 주지사는 소환되어야 한다고 말했습니다. 이 지사가 26년간의 IT 실패를 뒤집는 데 성공할지는 미지수입니다.

다음은 소비자들이 잘 알고 있는 사례부터 시작하여 몇 가지 민간 부문 사례 연구를 살펴보겠습니다.

민간 부문의 실패

검토할 민간 부문 사례 연구는 **B2C**기업과 소비자 간 거래, Business-to-Consumer 및 **B2B**기업 간 거래, Business-to-Business 범주로 분류됩니다. B2C 사례 연구의 사례로 시작하겠습니다.

블록버스터와 넷플릭스

블록버스터는 영화 및 비디오 게임 임대 부문의 시장 선두주자였습니다. 2000년대 초 넷플릭스의 우편 DVD 구독 사업으로 인해 블록버스터 사업에 차질을 빚으면서 회사는 우여곡절을 겪었습니다. 2000년대 초반, 당시 블록버스터의 CEO인 John Antioco는 넷플릭스와 더 적은 규모의 레드박스Redbox가 시장에 가져온 혁신을 보았습니다. Antioco는 넷플릭스와 비교했을 때 블록버스터 사업모델의 두 가지 약점을 파악했습니다. 바로 연체료에 대한 의존도와 실제 사업모델입니다. Antioco는 이사회에 대대적인 변화를 제안했습니다. 이 변화에는 넷플릭스의 정액요금 모델과 경쟁하기 위해 연체료를 폐지하여 수익을 2억 달러 줄이는 것과, 블록버스터 온라인Blockbust Online이라는 디지털 플랫폼에 2억 달러를 투자하여 온라인 세상에서 블록버스터의 생존을 보장하도록 하는 것이었습니다.

Antioco는 이사회에서 자신의 계획에 대해 승인을 받았지만, 보다 넓은 조직에게 전략적인 변화의 필요성을 명확히 전달하지 못한 것이 안타깝게도 문제였습니다. 결과적으로, 그의 직원 중 한 명인 Jim Keyes는 이러한 변화 비용이 너무 비싸다는 것을 Antioco를 우회하여 이사회에 보고하였으며, 그의 의견이 받아들여졌습니다. Keyes의 행동은 행동주의 투자가 Carl Ican의 노력과 결합하여 이사회가 Antioco에 대한 신뢰를 잃도록 하는 결과를 초래했습니다. Antioco는 해고되고 Keyes로 대체되었으며, 그는 즉시 Antioco의 모든 변화를 뒤집었습니다. 블록버스터는 불과 5년 만인 2010년에 파산했습니다.

실패의 세 가지 원인

전환 실패의 원인은 매우 다양하지만 일반적으로 세 가지 주요 그룹으로 나뉩니다.

- 전환에 대한 비전과 기대, 그리고 실제로 달성할 수 있는 결과 사이의 불일치
- 경제적 실패

• 기술적 실패

그것들을 하나씩 살펴보도록 하겠습니다.

전환에 대한 비전과 기대의 불일치

조직 전체, 부서 또는 과제 내에서 진행되는 것이든, 많은 디지털 전환 과제들은 서로 다른 조직의 부분이나 과제팀이 전환의 목적과 결과에 대해 서로 다른 비전을 가지고 있기 때문에 실패합니다. 불일치는 기대와 결과 사이의 불일치, 사업부서와 IT 부서 간의 불일치, 또는 전환 절차와 조직의 문화 간의 불일치로 나타날 수 있습니다.

많은 경우, 불일치는 과제, 부문이나 조직을 위한 명확한 전략 부재로 인해 발생합니다. 많은 조직들은 상호 이해를 확보하기 전에 본격적인 전환 작업을 시작합니다. 전략적 방향성이 먼저 개발되어야 합니다. 그래야 의사결정 절차, 과제관리 및 사업 절차, 그리고 실제 전환이 뒤따를 수 있습니다. 많은 조직이 전환을 위한 명확한 전략을 개발하고, 전환을 서둘러 시작하는 과정에서 사업 절차를 문서화하고 간소화하는 데 시간을 들이지 못하고 있습니다. 사업 절차 개선이 전환의 목표인지, 아니면 새로운 제품이나 서비스를 공급하는 데 도움이 되는지 여부와 관계없이, 잘 이해되고 문서화되고 최적화된 사업절차는 전환을 가능하게 하는 중요한 요소입니다. 절차 전환은 성공적인 디지털 전환을 위해 문화적 변화만큼이나 중요하며, 전체 조직이 동일한 전환 결과를 향해 나아가도록 보장합니다.

많은 조직이 디지털 전환 전략을 개발하고 모든 지원 절차를 개발 및 구현하는 데 필요한 시간을 들이지만, 전략적 비전을 조직 전체에 전달하는 데는 실패합니다. 이 책의 앞 장에서 논의한 바와 같이 직원 참여와 문화는 성공적인 디지털 전환을 위해 매우 중요합니다. 직원들이 조직의 전략이나 비전을 이해하지 못하면, 전환을 지원할 수 없습니다. 이러한 불일치는 기업 비전을 명확하게 설명하지 않는 경영진에서, 과제의 목적과 목표를 공유하지 않는 과제 관리자에 이르기까지, 조직의 모든 계층에서 발생할 수 있습니다. 어떤 계층에서든 상호간의 생각이 다르면 조직의 성공에 치명적일 수 있습니다.

지금까지 설명한 의견 상충은 개선된 의사소통과 조직의 성공적인 전환을 보장하기 위해 필요한 모든 기초 작업을 완료함으로써 간단한 방식으로 해결할 수 있습니다. 다른 불일치 문제는 해결하기가 더 어렵습니다. 이러한 상충되는 문제를 가진 개인이나 그룹에는 일반적으로 의제가 충돌하는 세 가지 상황이 있습니다.

- 개별 고위 직급
- 부서들
- 직원 그룹들

이론적으로는 디지털 전환 전략의 개발은, 조직 내 모든 고위 책임자들에 대한 생각의 일치가 필요합니다. 특히 정치적 성향이 강하거나, 조직 내에서 가장 고위 책임자가 갈등을 해결하지 못하는 조직에서는 더욱더 그렇습니다. 이러한 경우, 모든 지도자들이 공개적으로 전환을 지지할 수 있지만, 비공개적으로 전환을 저해하는 행동을 할 수 있습니다. 이는 전환이 조직 내에서 자신의 위치를 위협하는 것으로 생각하거나, 전략적 방향에 동의하지 않기 때문일 수 있습니다.

부문이나 부서 차원에서 개별 고위 책임자가 디지털 전환으로 인해 위협을 느낄 수 있는 것처럼, 디지털 전환은 거의 항상 조직의 일부를 중요시하는 반면 다른 어떤 부분은 규모나 가치를 낮출 수 있습니다. 영향을 받은 부서의 직원들이 비전, 조직의 중요성 및 전환된 시스템의 일부가 되는 방법을 이해하는 데 참여하지 않는다면, 이러한 부서는 조직의 디지털 전환을 직간접적으로 방해할 수 있습니다.

마지막으로, 더 넓은 조직의 직원들이 전환에 대한 비전과 조직에 대한 디지털 전환의 가치를 이해하는 데 완전하게 참여하지 않는 경우, 개인(또는 노조가 결성된 작업장의 그룹)이 전환에 적극적으로 저항할 수 있습니다. 직원들은 조직과 개인에게 전환이 왜 중요한지를 이해해야 하며, 이에 적절하게 역할을 가지고 참여 의견을 제시함으로써, 전환 과정에 완전히 참여할 수 있고 효과적인 참여자가 될 수 있습니다.

의견 불일치 문제와 이러한 문제가 조직에서 어떻게 나타나는지 설명하기 위해, 이제 공유된 전략적 비전의 부재로 기인한 실패한 디지털 전환의 몇 가지 사례를 간략히 살펴보겠습니다.

전환에 대한 비전과 기대의 불일치 사례-포드 자동차

2014년, 포드의 CEO인 Mark Fields는 디지털 기능이 장착된 자동차를 만들고, 포드를 *개인 이동수단*personal mobility 사업으로 진입시키기 위한 새로운 사업부서인 포드 스마트 모빌리티Ford Smart Mobility를 발표하여, 혁신 중심의 회사로 거듭나기로 결정했습니다. 이 사업부서는 미시간 주 포드 디어본 본사에서 수천 마일 떨어진 실리콘 밸리에 본부를 두고 있었습니다.

포드의 목표는 이 사업부의 기술이 생산하는 모든 차량의 핵심기술이 되는 것이었지만, 포드 스마트 모빌리티는 독립적인 조직으로 운영되었으며, 포드의 나머지 사업부분과 통합되지 않았습니다. 결과적으로 디어본의 직원들은 스마트 모빌리티를 다른 사업부와 연결되지 않는 별도의 독립체로 보았습니다. 포드는 이 사업부의 목표를 달성하기 위해 많은 돈을 사용했지만, 기술개발 결과는 생산제품에 통합되지 않았고, 핵심 사업에 대한 경영진의 집중력과 자금 부족은 포드 차량의 품질에 부정적인 영향을 미쳤습니다.

주가가 크게 하락하고 2017년 Mark Fields의 사임은 포드 스마트 모빌리티의 실패와 직결되어 있었습니다. Mark Fields는 디지털 혁신을 포드의 모든 영역에서 추진하고자 했으며, 디지털 혁신을 스마트 모빌리티 사업 부문에서만 다루는 것이 아니라, 회사 전반에서 다루고자 했습니다. 그의 목표는 연결성, 이동성, 자율주행 차량, 데이터 및 분석기술의 발전을 활용하여 포드 차량 소유자의 경험을 향상시키는 것이었습니다.

전환에 대한 비전과 기대의 불일치 사례-영국 방송

2008년, **영국 방송**BBC은 테이프가 없는 완전한 디지털 업무로 전환하여 방송 운영을 간소화하는 것을 목표로 1억 5천만 달러 규모의 DMI디지털 미디어 계획, Digital Media Initiative을 시작했습니다. 지멘스와 딜로이트는 이러한 과제를 담당하기로 계약되었습니다. 지멘스는 일반적인 정부 기관의 구매방식대로 경쟁적인 절차가 없이 이 과제를 수주하게 되었으며, 이는 과제의 성과에 대한 명확한 이해 부족으로 이어졌습니다. 과제의 모든 위험을 지멘스에게 부담시키려는 시도는 지멘스와 BBC 간의 부정적인 관계를 유발하였고, 지멘스의 추진상황에 대한 BBC의 인식 부족으로 이어졌습니다. 비용이 초과된 후 BBC는 지멘스와 계약을 해지하고 과제를 완료하기 위해 자체적으로 과제를 진행했지만, 결국 실패로 끝났습니다.

과제가 사내로 이전 되었을 때, 이미 예정보다 18개월이나 늦어 직원들의 스트레스가 발생했고, 결과적으로 기대에 미치지 못하는 출시가 계속되어 이해관계자들의 신뢰를 잃게 되었습니다. 실패를 목전에 둔 가장 중요한 신호 중 하나는, 지멘스팀과 BBC 과제팀 모두 기술에만 집중하고, 조직 및 절차의 변화 관리를 배제했다는 것이었습니다. 결과적으로 과제팀에서 제공한 기능은 BBC에서 채택하지 않았습니다. 이 과제는 2013년에 중단되었고, BBC의 최고 기술 책임자는 퇴직하였으며, 결국 과제는 종료되었습니다.

다음 절에서는 경제적인 이유로 실패한 과제에 대해 설명하겠습니다.

경제적 실패

이러한 전환의 실패는 경제적 이유 때문일 수 있습니다. 제대로 실행되지 않은 전환 계획은 예상 수익을 달성하기 전에 비용이 고갈될 수 있습니다. 디지털 전환을 수행하는 기업이 이러한 전환의 결과를 파악하기 위해 일반적으로 사용하는 검증기준은 무엇인지 살펴보겠습니다. 중요한 것들은 다음과 같습니다.

- 디지털 매출 증가 및 신규 매출
- 생산성 및 현금 흐름
- 전체 **수익 및 손실**
- 고객 경험 및 참여, 신규 고객 부문: 이를 위한 측정 가능한 목표는 고객당 수익성
- 부문 리더십, 사고 리더십, 특허: 무형의 검증 기준

견제와 균형을 유지하기 위해서는 지속적인 검증과 개선이 중요합니다. 이는 전환의 구현 및 배포 주기 동안 진행 상황을 정량적으로 추적하기 위해 필요합니다. 그림 9.1은 이 과정의 세부사항을 보여줍니다.

그림 9.1 디지털 전환을 위한 검증 및 개선 루프(자료: IIC)

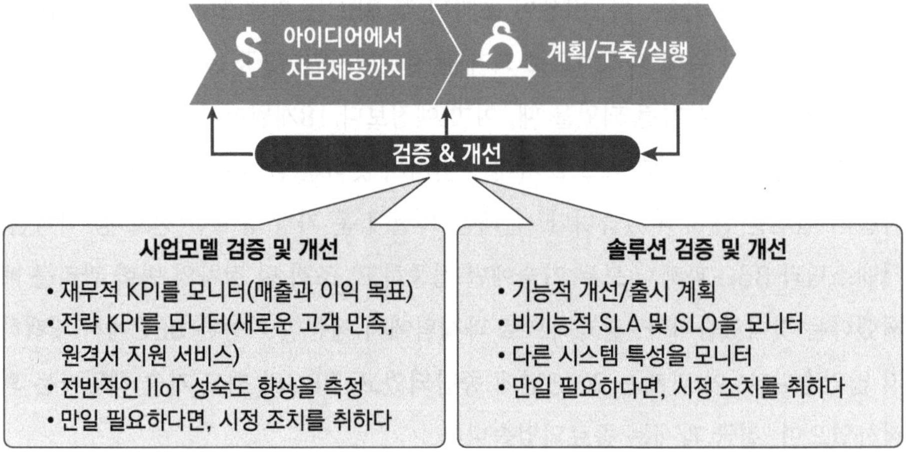
아이디어에서 자금제공까지
계획/구축/실행
검증 & 개선
사업모델 검증 및 개선
• 재무적 KPI를 모니터(매출과 이익 목표)
• 전략 KPI를 모니터(새로운 고객 만족, 원격서 지원 서비스)
• 전반적인 IIoT 성숙도 향상을 측정
• 만일 필요하다면, 시정 조치를 취하다
솔루션 검증 및 개선
• 기능적 개선/출시 계획
• 비기능적 SLA 및 SLO을 모니터
• 다른 시스템 특성을 모니터
• 만일 필요하다면, 시정 조치를 취하다

전환과 관련하여 내린 투자 결정을 기회비용과 비교하여 평가해야 합니다. 모토로라, 림 및 노키아의 경우, 우리는 이 장의 앞부분에서 놓친 기회의 비용이 일반적으로 상당히 높다는 것을 알았습니다. 따라서 아무것도 하지 않는 비용이 순비용을 의미하지는 않습니다. 오히려 많은 경우 회사에 실존적 위협이 될 수 있습니다. 은행들은 현금 자동 인출기와 디지털 뱅킹 앱을 구축하는 데 많은 돈을 지출하였습니다. 이러한 경우 아무것도 하지 않을 경우의 영향을 계산하기는 어려울 수 있습니다. 마찬가지로 디지털 플랫폼 구축에 투자하는 기업은, 기존 사업 모델을 점진적으로 개선하는 데 투자하는 기업에 비해, 이해 관계자들에게 기업의 미래가치를 상대적으로 더 높이고 있습니다.

다음으로 다양한 기술적 요인에 의해 발생하는 장애에 대해 살펴보겠습니다.

기술적 실패

IIC에 따르면 산업 디지털 전환은 운영 환경과 새로운 지식을 활용하여 새로운 사업성과를 실현하는 데 중점을 두고 있습니다. 과거에는 관련 디지털 기술이 부족했기 때문에, 이러한 작업은 전문가의 가정과 뒤늦은 불완전한 정보에 의존해야 했습니다. 따라서 디지털 기술은 전환의 원동력으로서 중요한 역할을 합니다. 그러나 이러한 기술을 선택하고 전환 목표에 맞게 조정하는 것이 실패를 방지하는 핵심입니다.

다음 사례에서는 디지털 기술이 부족했던 자동차 분야의 최근 동향을 살펴 보겠습니다.

기술적 실패 사례- BEV와 FCEV

화석 연료에서 벗어나 재생 가능하고 깨끗한 에너지원을 사용하기 위해 자동차에 전력을 공급하는 데 사용하는 에너지의 전환에 있어 현재 두 가지 선택이 있습니다.

- **BEV**배터리 전기 자동차, Battery-Powered Electric Vehicle
- **FCEV**연료전지 전기 자동차, Fuel Cell-Powered Electric Vehicle

테슬라가 개발한 BEV는 리튬이온 배터리에 저장된 에너지를 사용하여 자동차의 추진력을 발생하기 위한 전기 모터를 구동합니다. 도요타 미라리Toyota Mirai와 같은 FCEV는 자동차의 연료 탱크에 저장된 수소와 공기 중의 산소를 결합하여 전기를 발생하고, 발생된 전기를 자동차 동력으로 공급합니다. 수소 FCEV의 연구개발은 지난 수십 년 동안 진행되어 왔습니다. 아폴로 우주선 캡슐과 달 착륙 장치의 전기 시스템은 연료 전지에 의해 구동되었습니다. 그러나 소비자의 수소 FCEV 채택은 BEV에 비해 크게 뒤떨어져 있습니다.

FCEV 기술은 많은 이점을 가지고 있습니다. 이 기술은 현재 미국 전역의 창고 및 물류 센터에서 사용되는 23,000대 이상의 수소 연료전지 전동지게차에서 사용되고 있습니다. 수소는 우주에서 가장 풍부한 원소입니다. 수소는 수십 년 동안 산업 공정에서 사용되어 왔으며, 수소의 운송방법은 이미 완전히 정착되었습니다. 휘발유 차량과 마찬가지로 수소 FCEV를 주유하는 데는 몇 분이 걸립니다. 이것은 시간이 많이 걸리는 BEV를 충전하는 것과 비교했을 때 큰 장점입니다. 도요타, 혼다 등 주요 자동차 OEM 업체들이 상업적으로 판매하는 수소 FCEV 차량의 주행 범위는 300마일이 넘습니다. 이러한 모든 장점에도 불구하고, 수소 FCEV의 채택은 BEV에 비해 정체되어 있습니다[5].

수소 FCEV 확산이 저조한 주요 이유 중 하나는, 수소 충전 시설의 가용성입니다. 미국 전역에는 39개의 수소 충전소만 있습니다. 이 중 35개 충전소가 캘리포니아에 위치해 있습니다. 2억 8천만 명 이상의 미국인들이 수소 FCEV나 수소 충전소에 접근할 수 없습니다.

2019년에 약 220만 대의 배터리 및 플러그인 하이브리드 BEV가 판매되었습니다. 연간 10만대 이상의 BEV를 판매하는 10개 자동차 회사가 있으며, 이러한 OEM에서 수백 개의 새로운 BEV 모델을 구입할 수 있습니다. BEV는 여러 가지 이유로 소비자들이 선호합니다. BEV의 소유 비용은 동급의 내연 기관 구동 차량과 동등한 수준에 근접하고 있습니다. BEV의 주행 범위가 300마일에 육박하고 탁월한 주행 성능, 보다 조용한 승차감, 낮은 운영비용 및 배기가스 배출이 없어 소비자들이 선호하는 차량입니다. 2020년 3월, 미국 전역에 78,500개의 충전시설을 제공할 수 있는 25,000개 이상의 전기 자동차 충전소가 있습니다. 배터리 기술은 개선되고 있으며, 새로운 금속 이온 화학과 새로운 재료의 발전으로 배터리의 저장 용량은 1회 충전으로 1,000마일 이상으로 주행범위가 증가할 것으로 예상됩니다. 충전소의 광범위한 가용성과 더 오래 지속되는 배터리는 BEV 채택을 더욱 촉진할 것입니다.

다음은 나이키를 살펴보겠습니다.

기술적 실패 사례-나이키

2010년, 나이키는 새로운 사업부인 **NDS**나이키 디지털 스포츠, Nike Digital Sport를 시작했습니다. NDS의 목표는 디지털 주도권을 강화하고, 나이키 사용자가 자신의 활동과 성과를 추적할 수 있도록 필요한 기술 기능을 구축하는 것이었습니다. 나이키와 공유된 이 데이터는 고객에 대한 주요 통찰력을 제공합니다. 하지만, 2014년에 나이키는 NDS 인력이 약 75% 감소하고 있다고 발표했습니다. 퓨

5 https://afdc.energy.gov/vehicles/fuel_cell.html

얼밴드FuelBand 신체단련 제품은 더 이상 출시되지 않게 되었습니다. 나이키는 퓨얼밴드에서 생성된 데이터를 수익화하는 데 도움을 줄 수 있는 적절한 기술을 가진 기술자를 찾을 수 없었다고 주장했습니다. 당시 나이키는 퓨얼밴드를 통해 확보한 데이터 관리와 분석을 할 수 있는 적절한 디지털 플랫폼이 부족했다고 우리는 생각했습니다.

2020년 동안 나이키는 코로나19 위기를 기회로 삼아 디지털 사업을 개선했습니다. 이를 통해 약 200% 성장세를 보인 나이키 여성복 사업부는 여성들이 집에서 업무를 하면서 운동을 위한 요가 바지와 재택근무를 위한 편안한 옷 등 활동적인 복장을 선호한다는 것을 파악하고 정장과 청바지 사업을 그만두었습니다. 나이키는 B2C 시장변화에 적용된 디지털 기술의 좋은 사례입니다.

기술적 실패 사례-GE의 자체 구축과 구매 딜레마

GE는 먼저 항공 및 의료와 같은 영역에서 필요한 규모의 산업 데이터를 처리할 수 있고, 업계의 규정 준수를 위해 자체 데이터 센터를 구축할 계획이었습니다. 처음에 GE는 다중 클라우드 전략을 추구하여, 아마존 AWS, MS 애저 및 기타 주요 공공 클라우드 플랫폼에서 GE의 프레딕스를 실행할 수 있기를 바랐습니다. **PaaS**로 PCF피봇탈 클라우드 파운더리, Pivotal Cloud Foundry를 사용하여 공공 클라우드 공급자로부터 추상화 계층을 생성했습니다. 이 전략을 통해 AWS 및 애저 기반 제품을 모두 제공할 수 있었으며, GE의 최종 고객 기업에게 GE의 프레딕스가 운영되는 클라우드를 선택할 수 있도록 하였습니다. 그러나 GE의 경우 두 개의 클라우드에서 제품을 유지 관리하는 소요 비용이 너무 많이 발생되어, 솔루션의 기능을 빠르고 풍부하게 만드는 데 제약이 발생하였습니다.

GE는 또한 소프트웨어 및 기술 회사를 인수하는 전략보다 유기적인 성장을 선택해야 하는 난처한 상황에 직면했습니다. GE는 고객이 쉽게 채택할 수 있도록 응용제품을 판매하는 것보다는 프레딕스 플랫폼을 활용하도록 하여 **IIoT** 플랫폼을 선도한다는 전략을 선택했습니다. 결국 GE는 IIoT용 프레딕스 플랫폼을 통해 업계를 선도하던 것에서, **APM**응용 프로그램 플랫폼 관리, Application Platform Management 및 생각하는 공장Brilliant Factory과 같은 킬러 응용제품 판매로 전환해야 했습니다. 이 기간 동안 GE는 다음과 같은 기술을 획득했습니다.

- Wurldtech: 사이버 보안용
- APM용 Meridium: 산업 자산 감시용
- ServiceMax: 필드 서비스 관리용
- 기타 많은 소규모 인수Wise.io , Bit Stoo 등
- 신생 기업에 대한 투자: I3산업용 인터넷 인큐베이터, Industrial Internet Incubator는 프로스트 데이터 캐피탈Frost Data Capital과 함께 만들었으며, AI용 마나MAANA 및 엣지 컴퓨팅용 포그혼FogHorn과 같은 신생 기업에 투자를 했습니다[6]

이러한 인수는 GE의 소프트웨어 제품군을 활성화하고 순수한 소프트웨어 고객을 끌어들였지만, 기술 통합에 대한 GE의 어려움을 가중시켰습니다. 비슷한 시기에 자체 산업 디지털 전환에 착수한 또 다른 거대 산업체 지멘스는 다소 다른 접근 방식을 사용했습니다. GE와 지멘스는 B2B 시나리오에서 디지털 전환의 사례입니다. 표 9.1에서는 이 두 개의 디지털 산업 대기업이 선택한 접근 방식을 비교 대비 하였습니다.

표 9.1 GE와 지멘스의 디지털 전환 접근방식의 비교

구분	속성	GE	지멘스
1	창립된 년도	1892	1847
2	매출(2019)	950억 달러	990억 달러
3	종업원(명)	205,000	385,000
4	IIoT 플랫폼	프레딕스(2013)	마인드스피어(2016)
5	핵심 산업	터빈	자동화
6	소프트웨어 기반	클라우드 파운더리	SAP
7	디지털 단위 사업/벤처	GE 디지털(2015)	넥스트47(2016)

6 https://www.ge.com/news/reports/industrial-internet-incubator-backed-by-ge-and-2

8	디지털 투자	10억 불 이상	10억 불 이상
9	본사 국가	미국	독일
10	인수	서비스맥스 (9.15억 불, 후에 매각)	멘딕스Mendix (7억 불)
11	스마트빌딩	커랜트바이 GE	인라이티드(Enlighted) 인수
12	소프트웨어 엔지니어	2016년에 22,000명의 소프웨어 및 IT엔지니어	2016년에 17,500명의 소프트웨어 엔지니어

흥미롭게도, GE와 지멘스는 2014년 알스톰Alstom 인수를 두고 경쟁하였으며, 이로 인해 GE에게 인수 비용을 높이게 되는 요인이 되었습니다. 2013년 GE가 루프킨Lufkin Industries Inc.을 33억 달러에 인수하는 데 드는 투자비용은 원유 가격이 배럴당 100달러 이상에 머물렀다면 이익이 되었을 것입니다. 하지만, 원유 가격은 곧 50달러 아래로 떨어졌습니다. 이러한 원유가격의 하락과 GE가 2016년까지 GE 디지털에 약 50억 달러를 투자하고 2018년까지 주당 2달러의 이익을 달성한다는 목표로 인해, GE와 GE의 산업 디지털 전환 여정에 많은 부담을 주었습니다. GE가 투자한 주요 그룹 중 하나인 트라이안즈Trianz는 향후 20년 동안 가스발전 전기에 대한 수요가 50% 증가할 것이라고 추측했습니다. 풍력, 태양광 등 재생 가능 에너지원이 급성장하면서 가스 발전기를 사용하는 대형 전력회사의 고객층이 많았던 GE 파워GE Power에는 또 다른 타격이 되었습니다. GE 디지털의 모든 자회사가 매각된 후, 현재 GE 디지털의 예상 수익은 대략 10억 달러 정도입니다. 그러나 GE의 일부 사업부는 나중에 GE의 프레딕스(AWS나 애저에서 실행 가능) 대신 애저 및 AWS에서 직접 솔루션을 구축했습니다.

지멘스는 산업 디지털 전환에 대해 보다 체계적이고 지속 가능한 접근 방식을 취했으며, 현재까지 지속적으로 성공하고 있습니다. 그들은 2018년에 156억 유로의 디지털 수익을 보고했습니다. 이 수익 부문에는 소프트웨어와 자동화가 포함되었습니다. 지멘스 마인드스피어Siemens MindSphere는 SAP과 처음 협력자 관계를 맺은 후 2017년 AWS를 사용하기 시작했으며, 2018년에는 MS 애저를 지원하기 시작했습니다. GE의 프레딕스와 달리 지멘스는 자체 데이터 센터 구축을 고려하지 않았습니다. 지멘스는 또한 전자 설계 자동화 분야의 회사인 멘토 그래픽스Mentor Graphics를 2016년 45억 달러에 인수했습니다.

전반적으로, 우리는 GE와 비교했을 때, 지멘스가 디지털 기업이 되기 위한 계획에서 훨씬 더 성공적이었다고 말할 수 있으며, 이는 여러 요인들이 복합적으로 작용했기 때문입니다. ABB, 슈나이더 일렉트릭Schneider Electric, 하니웰, 보쉬Bosch, 히다치Hitachi와 같은 다른 산업체들도 GE, 지멘스와 마찬가지로 자체 산업 디지털 전환 전략을 추구하고 있습니다.

산업 디지털 전환 여정은 또한 사이버 보안 문제로 이어질 수 있습니다.

사이버 보안 문제

기업들이 새로운 디지털 수익을 창출하기 위한 계획을 추진함에 따라 물리적 세계는 점점 디지털 세계와 연결되고 있습니다. 우리 가정의 연결된 "스마트" 온도 조절기가 우리 가정의 공격 가능성을 높이는 것처럼, 물리적 제품의 서비스화는 사이버 보안 우려 증가의 비용을 초래합니다. GE가 사이버 보안업체인 월드테크Wurldtech을 인수한 것도 이런 요인에 기인한 것입니다.

최근 글로벌 경영진 1,500명을 대상으로 한 설문조사에 따르면, 사이버 공격 및 관련 위협은 2020년에도 여전히 주요 위험 관리 문제 중 하나로 남아 있습니다. 디지털 전환이 수많은 새로운 디지털 과제를 만들어감에 따라, 사이버 물리적 시스템cyber-physical systems은 엄격한 보안 검토를 거치지 않는 한 더욱 취약해질 수 있습니다. 전반적으로 산업 디지털 전환에서 보안 및 사이버 회복력의 역할이 중요해졌습니다. 제품 수명 주기 동안 사이버 보안에 대한 초기 단계의 평가와 설계 절차에 대한 적극적인 참여가 핵심입니다. 결과적으로 관련 기업의 CISO최고 정보 보안 책임자, Chief Information Security Officers가 이러한 분야에 점점 더 많이 투자를 하고 있습니다. DevSecOps는 새로운 유행어이며, DevOps 절차에 보안 원칙을 통합하는 것은 관행입니다.

앞 절에서는 경제적, 기술적 요인과 함께 잘못된 비전과 같은 이유로 인해 산업 디지털 전환 계획이 실패한 몇 가지 사례를 살펴봤습니다.

요약

이 장에서는 산업 디지털 전환 계획에 대한 실패를 판단할 수 있는 주요 지표와 실패한 계획에 대한 사례 연구를 통해 배웠습니다. 우리는 대규모 산업 디지털 전환 계획을 비교하고, 그 성공과 실패를 비판적으로 분석했습니다. 마지막으로, 무시할 경우 전환을 무산시킬 수 있는 사이버 보안의 중요성이 증가하는 것에 대해 알아봤습니다.

"*10장, 전환의 가치 측정*"에서는 새로운 디지털 수익, 생산성 및 효율성 향상 및 사회적 편익 측면에서 산업 디지털 전환의 편익을 고려하는 방법에 대해 알아보겠습니다.

질문

다음은 이 장에 대한 이해도를 확인하기 위한 몇 가지 질문입니다.

1. 디지털 산업기업의 전환 사례는 무엇입니까?
2. 산업 디지털 전환의 주요 실패 지표는 무엇입니까?
3. 산업 디지털 전환 과제에서 실패한 기술적 원인의 사례를 제시하세요.
4. 산업 디지털 전환에서 사이버 보안의 역할은 무엇입니까?
5. 경제적 이유로 인해 전환이 실패할 수 있습니까?

10 전환의 가치 측정

앞 장에서, 우리는 산업 디지털 전환의 위험에 대해 배웠으며, 전환 실패의 주요 지표들을 살펴보았습니다. 우리는 디지털 전환의 성공과 실패를 깊이 탐구하기 위해 몇몇 대규모 기업들을 비교했습니다.

이번 장에서는 산업용 디지털 전환에 대한 투자를 목적으로 사업 계획서를 작성하는 방법에 대해 배우게 될 것입니다. 우리는 또한 투자 결과를 평가하는 방법에 대해서도 논의할 것입니다.

이 장에서는 다음 사항을 다룹니다.

- 전환을 위한 사업 계획서 작성
- 생산성 및 효율성 향상
- 디지털 수익
- 사회적 선행

10.1 전환을 위한 사업 계획서 작성

전환 여정을 시작하기 전에 과제를 추진하기 위한 자금이 필요하며, 이를 위해 대부분의 조직에서는 사업 계획서business case가 필요합니다. 자금 조달을 위해 사업 계획서가 필요하지 않은 흔치않은 조직에서도, 조직이 전환의 목표에 완전히 부합되고 전환이 조직에 가치를 제공할 수 있는 사업 계획서를 작성하는 것이 좋습니다. 이는 소규모 과제 하나나, 포춘지 선정 500대 기업의 전체를 전환에 참여할 것인지에 관계없이 중요합니다.

이 장에서는 사업 계획서를 작성하는 절차를 간략하게 살펴보고 디지털 전환을 위한 사업 계획서를 만드는 데 필요한 도구를 제공합니다. 전통적인 제품이나 과제 개발 환경에서 첫 번째 활동은 사업 계획서를 만드는 것입니다. 그러나 디지털 전환과 관련된 일반적인 어려움 중 하나는, 디지털 전환을 위한 명확한 사업 계획서를 만드는 데 있어서, 오로지 애자일 접근방식만을 사용하는 것이 도움이 되지 않는다는 것입니다.

*"2장, 조직 내 문화의 전환"*에서 시작하여 이 책을 통해 배운 것처럼, 디지털 전환의 초기 과정은 제품 개발의 대부분을 시작하기 전에 작은 규모로 시작하여 실행 가능성을 입증하고, 가장 어려운 문제를 해결하며, 궁극적으로 불확실성을 낮추는 것을 포함합니다. 이러한 이유로, 우리는 조직들이 과제의 초기 탐사 단계와 실현 가능성을 증명하는 데 사용할 수 있는 혁신이나 전환 자금을 준비하도록 권장합니다. 그 후에는 제품팀이 디지털 전환 과제를 위한 현실적인 사업 계획서를 작성하는 것이 더 쉬워질 것입니다.

신속한 전환을 위한 방법론에서 스파이크스Spikes[1]는 종종 새롭고 위험한 문제를 탐색하는 데 사용됩니다. 이러한 스파이크스는 시간제한 과정으로, 새로운 기술이나 방법론이 본격적인 개발 과정에서 사용되기 전에 실현 가능성을 시험해 보는 데 사용됩니다.

---

1 https://www.scaledagileframework.com/spikes/

예를 들어, 우리의 목표가 AR을 물리적 자산의 현장 유지보수를 다루는 솔루션에 통합하는 것이라고 가정합니다. AR은 새로운 최첨단 기술이기 때문에, 개발팀 내에서 소프트웨어 개발자 또는 설계자 1~2명을 배치하여 스파이크스 작업을 수행하여 팀을 위한 기술의 타당성을 평가할 수 있습니다. 스파이크스 작업 후에는 AR을 포함할 수 있는 미래 솔루션에 대한 노력과 비용을 쉽게 추정할 수 있습니다. 또는 경우에 따라 팀은 새로운 기술이 위험을 감수할 가치가 없다고 판단할 수도 있습니다. 스파이크스는 개념 검증 중에 솔루션의 실현 가능성을 입증하는 데 사용할 수 있으며, 개발 과정 후반에 제품 개발의 전반적인 진행을 방해하지 않고 예상치 못한 문제에 대응하고 솔루션을 찾는 데 사용할 수도 있습니다.

일단 제품팀이 실현 가능성을 입증한 후에는 사업 계획서를 작성하기 위한 여러 가지 접근 방식이 있습니다. 기술 과제에 대한 일반적인 접근 방식에는 7단계 절차가 포함됩니다.

1. 문제를 정의합니다.
2. 기대되는 이익을 정의합니다.
3. 과제 비용을 추정합니다.
4. 위험을 구별하고 평가합니다.
5. 선호하는 솔루션을 추천합니다.
6. 실행 방식을 설명합니다.
7. ROI를 계산합니다.

디지털 전환 과제를 위한 사업 계획서 개발의 7단계에 대해 간략하게 설명하겠습니다.

중요사항

디지털 전환 과제가 전통적인 사업 계획서 체계에 항상 명확하게 일치하지는 않는다는 점을 염두에 두고, 단계를 진행할 때 특정 과제에 대해 수정할 준비가 되어 있어야 합니다.

문제 정의

사업 계획서의 첫 번째 단계는 문제를 정의하는 것입니다. 디지털 전환 과제는 사업 계획서를 작성하기 전에 개념 검증 단계를 포함하는 것이 좋습니다. 따라서 이 단계는 사업 계획서를 작성할 준비가 되었을 때 완료되어야 합니다. 이 단계를 살펴보겠습니다. 이 절에서는 문제를 언급할 때 새로운 사업 기회에도 동일한 원칙이 적용됩니다. 제품 회사가 새로운 디지털 수익 창출을 목표로 서비스형 제품을 출시하는 것은 이러한 사업 기회의 한 사례가 될 수 있습니다.

문제를 정의함으로써 충족되는 두 가지 기본 목표가 있습니다. 첫 번째는 문제의 본질을 정량화하는 것입니다. 즉, 당신이 해결하고자 하는 문제를 자금 지원자들이 이해 할 수 있는 방식으로 설명하는 것이고, 이를 통해 과제팀이 그들의 작업을 정의할 수 있습니다. 두 번째 목표는 문제의 영역을 설정하는 것입니다. 개발팀이 직면하는 고전적인 문제 중 하나는, 상황을 더 좋게 만들고자 하는 엔지니어의 내재적인 욕구입니다. 문제의 범위가 한정되지 않은 경우, 개발팀은 기능이 투자 가치가 있는 시점을 훨씬 지난 후에도 새로운 기능을 계속 개발할 것입니다. 최종 사용자가 누구인지, 제품에서 무엇이 필요한지 이해하면 문제를 해결하는 데 도움이 됩니다.

잘 정의되지 않은 문제에 대한 구체적인 사례로서, 포춘지 선정 50대 기업 중 하나가 상용 인쇄 시장을 혁신적으로 변화시킬 수 있는 새로운 인쇄 기술을 개발했습니다. 이 기술은 품질의 저하 없이 컬러인쇄 속도를 몇 배 이상으로 높일 수 있는 잠재력을 가지고 있습니다. 제조업체는 이 제품을 7년간 개발했고 제품에 10억 달러 이상을 지출했지만, 제품을 시장에 공급할 수 없었습니다. 엔지니어링 팀은 소수의 고객에게만 중요한 고급 기능을 계속 추가했습니다. 궁극적으로, 새로운 책임자가 참여하게 되어 제품팀이 더 이상의 개발을 중단하고 제품을 시장에 공급하도록 요구하게 되었고, 이를 통해 제품은 시장에서 큰 호응을 받았습니다. 하지만, 제품의 매우 다양한 기능으로 인해 제품은 매우 고가로 만들어졌으며, 이로 인해 제조 기업에게는 손실을 가져왔습니다. 결과적으로 엔지니어링

팀은 제품의 비용을 절감할 수 없어 제품은 단종 되어야 했고, 제조업체는 큰 손실을 입었습니다. 또한, 고객은 자신이 선호하는 제품을 더 이상 사용할 수 없다는 것에 불만을 가졌습니다.

문제 정의를 수립할 때 고려해야 할 몇 가지 질문은 다음과 같습니다.

- 왜 문제가 존재합니까? 문제의 원인을 파악할 수 있습니까?
- 누가 또는 무엇이 문제의 영향을 받습니까? 직원, 고객, 사업 절차?
- 그 문제의 결과는 무엇입니까? 문제가 생산성이나 직원 또는 고객 만족도에 영향을 미칩니까? 시장 진입을 제한하고 있습니까?
- 문제가 해결되면 무엇이 변경됩니까? 귀사의 제품, 서비스 또는 절차는 어떻게 다를 것입니까?
- 해결책은 언제 필요합니까? 법적이나 시장 마감일이 있습니까? 아니면 제한된 기회가 있습니까?

이러한 요인을 고려한 후에는 간단한 문제 정의서를 작성합니다. 문제 정의서는 몇 문장 이하의 문장이어야 하며, 과제에 참여한 모든 사람이 쉽게 이해할 수 있어야 합니다.

기대 이익 정의

이 시점에서 문제를 정의했을 뿐만 아니라. 개념 검증을 완료하여 개발 중인 제품의 가치를 더욱 잘 파악할 수 있습니다. 앞 장에서 설명한 바와 같이 디지털 전환 노력은 고객에게 새로운 제품과 서비스를 제공하는 경우가 많습니다. 그러나 기업의 효율성과 효과성을 높이는 데 중점을 둘 때도 마찬가지로 가치가 있습니다.

고려해야 할 몇 가지 잠재적 이점은 다음과 같습니다.

- **시장 기회:** 이 과제는 새로운 제품을 시장에 출시하거나, 새로운 기능, 더 나

은 품질이나 서비스, 더 낮은 비용으로 기존 제품을 개선하는 것인가요? 이 과제는 귀사에 새로운 사업 영역을 개척할 수 있게 해줄까요?

- **내부 절차 개선:** 과제가 업무 자동화, 또는 간소화하거나 협업을 개선합니까?
- **더 나은 의사 결정:** 이 과제는 더 나은 분석 도구나 빠른 도구를 제공합니까?

이 시점에서, 당신은 이 과제에서 얻을 수 있는 이익 항목의 수를 적절히 파악해야 합니다. 처음 2~5개의 이익 항목으로부터 대부분의 혜택이 제공될 것입니다. 분석에는 몇 가지가 더 포함될 수 있지만, 약 10개 정도의 이익 항목 이후의 가치는 사업 계획서와 무관할 정도로 작을 수 있습니다.

과제 비용 예측

과제의 개념 검증을 통해 과제의 가장 어려운 문제를 해결하고, 과제 비용과 관련된 불확실성을 크게 낮출 수 있지만, 과제에 대한 모든 비용 분석은 여전히 추정치가 될 것입니다. 개발팀의 생산성에 대한 과거 데이터가 있다면 과제 비용을 추정하는 것이 쉬울 것입니다. 과거 생산성 측정치가 속도나 기능 개발 비용과 같은 적절한 생산성 측정치 형태로 있다면, 해당 측정치를 추정하고 기능당 예상 비용을 적용하여 제품 개발 비용을 추정하는 것이 가장 쉽습니다.

- 개발, 시험 및 구현을 위한 시설
- 하드웨어나 소프트웨어 구입비용
- 지원 비용
- 제품에 대한 마케팅 비용 및 판매 수수료

과제 비용을 추정한 후에는 다음 단계로 과제의 위험을 평가합니다.

위험 구별 및 평가

*"9장, 디지털 전환 여정에서 피해야 할 함정"*에서는 디지털 전환 과제가 실패하는 가장 일반적인 원인에 대해 논의했습니다. 이는 디지털 전환 과제에 내재된 위험을 반영합니다. 이러한 위험에는 다음과 같은 내용이 포함됩니다.

- **생각의 일치 위험:** 과제의 목적과 범위(문제 설명)에 대한 모든 이해 관계자의 명확한 이해 부족이나, 시장 상황에 대한 오해로 인해 발생할 수 있습니다.
- **재정적 위험:** 제품의 과도한 개발, 과도한 운영비용, 낮은 가격 전략을 포함한 광범위한 오류의 결과일 수 있습니다.
- **기술적 위험:** 과제팀이 성공적인 제품에 필요한 모든 기능을 제공할 수 없고, 규제 요구 사항을 충족하지 못하거나, 공급업체가 제공하는 도구 및 기능의 노후화로 인해 발생할 수 있습니다.

팀에서 파악한 각 위험에 대해 위험 완화 계획을 수립하고, 이러한 활동을 과제 계획에 포함시켜야 합니다.

선호하는 솔루션을 추천

기존 과제에서는 솔루션 권장사항에 광범위한 대안 분석 및 권장사항이 포함될 수 있습니다. 디지털 전환 과제의 경우 개념 검증을 통해 기술 솔루션을 하나나 최대 두 개의 솔루션으로 좁힐 수 있습니다. 따라서 사업 계획서의 이 절에서는 다음에 대해 설명해야 합니다.

- 개념 검증Proof of Concept 단계에는 선택된 기술 솔루션과 고려되었거나 시험하고 버린 선택들, 그리고 왜 그 선택들이 버려졌는지에 대한 기술적인 이유들을 포함해야 합니다.

- 사업 계획서의 이전 절에서 확인된 제안 솔루션의 비용, 이점 및 위험요소들이 요약되어야 합니다.

솔루션 권장 사항은 사업 계획서 작성을 위한 7번째 단계에서 계산할 ROI와 함께 자금 요청의 핵심이며, 과제를 개념 검증에서 완전한 개발 과제로 전환할 수 있도록 자금 요청과 설득력 있는 사례를 제공해야 합니다.

실행 방식을 설명

사업 계획에서 실행 방식을 설명하는 목적은, 과제 이해 관계자가 목표로 하는 사업이 어떻게 달성될 것인지를 이해 할 수 있도록 하는데 도움이 됩니다. 사업 계획에서 이 부분은 전체 실행 계획 및 일정을 개발하는 것이 포함되지 않습니다. 이 절에서는 결과를 전달하는 데 사용할 절차 및 도구와 대략적인 전달 일정에 대해 설명합니다. 이 절에서 고려해야 할 몇 가지 질문은 다음과 같습니다.

- 과제를 사내에서 완료할 것입니까? 아니면 개발의 일부나 전부를 외부에서 구입할 것입니까?
- 하드웨어와 관련된 제품을 제공하는 경우 직접 제조하시겠습니까? 아니면 외부 제조업체에 위탁 생산을 하시겠습니까?
- 서비스를 제공하는 경우 서비스가 어디에서 주관되고 어떻게 확장됩니까?
- 어떤 개발 방법론을 사용하시겠습니까?
- 어떤 도구와 표준을 사용하시겠습니까? CAD 시스템, 시험 제품군, 개발 언어, 소스 코드 저장소 및 기타 중요한 도구에 대해 생각해 보십시오.
- 과제 단계에서 완료된 제품을 전달하는 데 까지 대략 어느 정도의 시간이 소요될 것인가요?

실행 방식에 대한 당신의 설명을 통해 후원자와 이해 관계자들에게 당신이 제품을 제공할 준비가 되어있다는 신뢰감을 줄 수 있어야 합니다.

ROI 계산

디지털 전환 과제가 얼마나 오래 걸릴지 예측하거나, 과제의 이점을 완전히 이해하는 것이 어렵다는 것은 모두가 인정하지만, 이해 관계자들은 과제가 좋은 투자가 될 것이라는 느낌 없이 과제에 자금을 지원하지는 않을 것입니다. 이 사실은 사업 계획서를 작성하기 전에 완료한 개념 검증의 중요성을 다시 한 번 강조합니다.

개념 검증은 불확실성의 원뿔을 좁혀줄 것이며, 이를 통해 앞부분에서 설명한 사업 계획서를 개발하는 절차 중 3단계 과제 비용 추정과 6단계 일정 계획을 더 잘 지킬 수 있습니다. 또한 개념 검증의 일부로 과제의 기술적 어려움 해결하는 데 성공하면, 2단계 사업 계획서에서 설명한 과제가 달성할 수 있는 이익에 대해 더 잘 이해할 수 있습니다. 모든 것이 여전히 불확실해 보일 수 있지만, 이때까지 과제의 ROI를 계산하고 자금을 조달할 준비가 되어 있습니다.

다음 절에서는 과제의 ROI를 계산하는 절차에 대해 설명합니다.

10.2 생산성 및 효율성 향상

산업 디지털 전환 과정에서 ROI는 새로운 디지털 수익 외에도 사업 생산성 및 절차 효율성 향상의 형태로 나타날 수 있습니다. 항공 운항사 수하물 처리의 사례를 들어 보겠습니다.

항공운항 산업

코로나19 팬데믹 이전에 델타Delta 항공은 연간 약 1억 8천만 명의 승객과 약 1억 2천만 개의 수하물을 운반했습니다. 2016년에 델타는 수하물 처리 솔루션을 현대화하고 RFID 지원 수하물 꼬리표[2]를 사용하기 위해 5천만 달러를 투자하기로 결정했습니다. 이렇게 하면 시스템의 효율성이 향상되고, 수하물을 잘못 취급하여 발생하는 부정적인 영향을 줄일 수 있습니다. 이 RFID 과제의 설계된 목표는 다음과 같습니다.

- 가방을 두고 내리고, 연결 공항의 경로 실수나 목적지 도착 지연 사례에 대한 감소
- 가방이나 도난 및 수하물의 물리적 손상 사례 감소
- 수하물에 대한 항공 운항사 승객의 경험 개선
- IATA 결의안 753호[3]의 규정 준수 개선

SITA Société Internationale de Télécommunications Aéronautiques 회사에 따르면 2019년 항공운항 산업에서 항공 수하물을 잘못 처리한 비용은 약 25억 달러였습니다. 앞의 사례는 델타의 전환계획이 항공운항 산업에서 전반적인 경쟁력 있는 위치를 확보하기 위해, 항공 운항사의 고객 경험을 강화하고 운영 마진을 개선하는 것을 목표로 하는 좋은 사례입니다. 장기적으로 델타 항공은 새로운 디지털 수익 흐름을 위해, 수하물 처리를 위한 디지털 플랫폼을 협력 항공 운항사에게 제공할 수 있습니다.

이번에는 항공기와 관련된 또 다른 항공 운항사 계획을 살펴보겠습니다. 일반적인 상용 항공기는 최대 30년까지 사용될 수 있지만, 제트 엔진의 수명은 25년이라고 가정해 보겠습니다. 만약 항공 운항사가 엔진의 유지보수와 서비스에 대해 전적으로 책임이 있다면, 부품뿐만 아니라 예비 엔진도 가지고 있어야 할 것입니다. 특정 항공기가 종종 엔진 제작에 대한 선택권을 가진다는 점에 유의해야 합니다. 따라서 기체의 결정으로 반드시 제트 엔진의 제작이 필요한 것은 아닙니다. 항공 운항사의 추가적인 어려움은 주요 공항이나 허브 공항 위치가 아닌 공항에서 항공기 엔진 서비스의 필요성이 발생할 수 있다는 것입니다. 예비 엔진이나

2 https://news.delta.com/delta-introduces-innovative-baggage-tracking-process
3 https://www.iata.org/en/programs/ops-infra/baggage/baggage-tracking/

부품이 해당 공항에 존재하지 않는 경우에는 항공기가 운항하지 못하는 시간이 발생하며, 이로 인해 항공 운항사의 손실은 4만 달러에 이를 수 있습니다. 취소되거나 지연된 항공편은 다른 항공편에도 연쇄적인 영향을 미칠 수 있습니다. 결과적으로 항공 운항사들은 운영 중단의 위험을 OEM에 이전하고 장기 서비스 계약을 구입하는 경우가 많습니다. 연간 서비스 계약이 엔진 비용의 약 20%, 즉 연간 500만 달러라고 가정해 보겠습니다. 이러한 유지보수 계약과 관련된 SLA서비스 레벨 협약, Service Level Agreement을 통해 항공 운항사는 승객운송에 집중할 수 있으며, 항공기 제작사가 항공기 운항정지의 운영 위험을 책임지도록 보장할 수 있습니다. 이는 항공 운항사의 생산성 향상으로 이어집니다.

항공기 제작사의 관점에서 볼 때, 일상적인 사업계획에서는 제트 엔진 당 500만 달러의 비용으로 가동 시간과 서비스를 책임지고 있습니다. 유지 보수하는 대규모 엔진을 기준으로 예상 유지보수 비용이 연간 350만 달러라고 가정합니다. 이는 서비스 계약에서 약 1.5/5.0 또는 총 마진 30%에 해당합니다. 이제 이 항공기 제작사는 산업 디지털 전환 계획의 일환으로 디지털 플랫폼에 투자합니다. 이 플랫폼은 항공기가 비행 중인 동안 요약된 센서 데이터를 사용하며, 착륙 후에는 더 세부적인 데이터를 사용합니다.

- 후속 비행을 위해 항공기 엔진이 안전하게 사용될 수 있도록 보장
- 후속 검사나 유지보수 일정 계획을 위한 선행 지표 포착
- 어떤 종류의 유지보수가 필요한지 파악하는 데 도움이 됨
- 엔진이 연료를 최적으로 사용하는지 확인

위의 모든 것들은 엔진 자체의 비용과 항공기에 대한 엔진의 중요성 때문에 고부가가치 사업입니다. 이 디지털 플랫폼을 사용하면 유지보수 비용이 연간 250만 달러로 절감된다고 가정해 보겠습니다. 이러한 전환계획으로 인해 엔진당 서비스 계약 마진이 연평균 100만 달러씩 개선된 것입니다. 이러한 디지털 플랫폼의 운영비용이 항공기 제작사에 의해 유지 관리되는 전체 엔진 군으로 확산된다고 가정합니다. 이러한 경우 서비스 계약의 마진이 30%에서 50%로 개선됩니다. 디지털 플랫폼의 연간 평균사용 비용을 75만 달러라고 가정하고, 안정적인 상태

에서 이러한 특정 사업에서 33.3%(25만 달러/75만 달러)의 ROI를 달성한다고 가정합니다. 단순화된 ROI 계산이지만 비용과 이익의 구성요소를 보여줍니다.

이제 항공 운항사 입장에서 살펴보도록 하겠습니다. 항공 운항사가 정비 절차를 간소화하고, 계획되지 않은 항공기 운항중단 사건의 대부분이 계획된 정비 활동으로 변경되어, 전반적인 항공기 활용도와 항공 운항사 승객 만족도를 개선하는 경우, 모든 항공기 운항에 대해 유사하게 적용할 수 있습니다. 그런 다음 동일한 디지털 플랫폼을 항공 운항사 고객에게 판매하여, 자체적으로 유지 보수하는 유사 및 관련 장비에 대한 예측 유지보수를 수행할 수 있습니다. 이러한 장비는 항공 운항사의 수하물 및 화물 처리 장비, **지상 동력 장치**Ground Power Units, 제빙기 등이 될 수 있습니다. 이러한 장비는 다른 제조업체의 제품일 수 있습니다. 이러한 사업 확대로 항공기 엔진 공급자는 다양한 유형의 중요한 물리적 자산을 관리할 수 있는 응용프로그램이 탑재된 디지털 플랫폼 서비스를 제공하고, 새로운 디지털 수익을 창출하기 위해 가입비를 청구할 수 있습니다. 그들은 또한 자산의 운영 효율성을 위한 앱을 항공 운항사에 판매할 수 있습니다.

GE의 디지털 산업 사업모델에서 GE 항공 및 다양한 사업부문은 GE의 프레딕스 플랫폼과 프레딕스에 구축된 응용프로그램을 사용하여 서비스 사업을 개선했습니다. 생각하는 공장Brilliant Factory과 같은 다른 활용사례는 스마트 팩토리 응용프로그램을 제공하기 위해, 제조업체에 판매되어 디지털 수익을 창출했습니다. 이전 절에서는 산업 디지털 전환 결과인 디지털 플랫폼 관련 제품 및 서비스의 ROI를 정량화할 수 있는 가능한 방법을 살펴보았습니다.

가트너는 디지털 전환 계획의 진행 상황을 추적하기 위해 제한된 수의 KPI를 사용할 것을 권장합니다. 이러한 KPI는 사업 결과와 연계성을 찾기 쉽고, 주요 지표가 될 수 있는 KPI로 제한되어야 합니다. 예를 들어, GE 제트 엔진을 사용하는 항공기가 정시에 출발하는 것이 선행 지표가 될 것이고, 항공 운항사에 대한 승객의 고객 만족도는 지연 지표가 될 것입니다. 이러한 KPI는 실행 가능하고 사업 책임자가 쉽게 설명할 수 있어야 합니다[4].

다음 절에서는 산업 디지털 전환을 통해 창출된 새로운 디지털 수익에 대해 살펴보겠습니다.

10.3 디지털 수익

이 절에서는 전환으로 인한 새로운 디지털 수익에 초점을 맞추며, 이는 회사의 최대 매출을 개선하는 데 도움이 됩니다. 먼저 에너지 산업의 사례를 들어 보겠습니다.

전력의 가치 사슬

여기서 전력 가치 사슬을 살펴보겠습니다. 전력회사들은 전기를 생산하기 위해 가스나 석탄 발전기를 사용합니다. 더운 여름날의 냉방용과 추운겨울날의 난방용에 필요한 변동하는 전기 수요를 충족시키기 위해, 전력회사들은 일반적으로 에너지 거래에 참여해야 합니다. 북 캘리포니아는 2020년 8월에 과도한 고온으로 인해 심각한 전기 부족에 직면하여 상당한 운영 정전이 발생했습니다. 이러한 이유는 주로 전력회사가 대규모로 전기를 저장할 수 없기 때문에 발생합니다. 매일, 심지어는 매 시간마다 변동하는 에너지 공급과 수요 때문에 에너지 가격의 변동 범위는 매우 높습니다. 평균적으로 미국 거주 고객은 킬로와트시kWh당 약 13센트를 지불합니다. 하지만, 워싱턴 주에서는 10센트 미만이거나 하와이에서는 30센트 이상일 수 있습니다.

4 https://www.gartner.com/smarterwithgartner/how-to-measure-digital-transformation-progress/

소비자 수요나 부하가 변화함에 따라, 전력회사는 수요-공급 평형을 위한 공급 측면을 관리해야 합니다. 그렇지 않으면 수요가 공급을 초과할 때 전력을 차단할 수 있습니다. 부하는 날씨 변화, 산업 활동, 옥상 태양광 패널과 같은 재생 가능한 발전자원의 사용으로 인해 변동될 수 있습니다. 공급이나 발전사는 자본 비용, 연료비용 및 인적 비용과 같은 변동비용에 대응해야 합니다. 전력 회사는 설치된 용량에서 특정 지속 가능한 최대 에너지 생성량을 추정하고, 부하를 예측합니다. 부하와 공급 사이에 격차가 발생할 경우, 개방 시장에서 에너지를 사전에 구입해야 하며, 이에 대한 할증료를 지불하는 경우가 많습니다. 마찬가지로, 전력회사는 잉여 용량을 다른 사람들에게 판매할 수 있습니다.

디지털 수익을 위한 새로운 방법은 EEO전기 경제 최적화, Electricity Economic Optimizer라는 이름을 가진 참조 가능한 활용 제품군이 있습니다. 이것은 전기 가치 사슬을 활용한 산업 디지털 전환의 좋은 사례가 될 것입니다. EEO는 발전사 OEM이 제공하는 디지털 제품으로, 발전사는 전력 생산, 전송 및 분배의 디지털 산업 세계에서 필요한 전문 지식을 보유하고 있습니다. EEO의 주요 기능은 다음과 같습니다.

- 날씨 예측, 과거 소비 데이터, 거시 및 미시 경제 요인을 사용하여 전기 수요를 예측합니다.
- 설치된 발전 용량, 과거 가동 시간, 계획된 유지보수 활동, 날씨 및 연료 가격과 같은 외부 요인을 사용하여 전기 공급량을 예측합니다.
- 전기 부족이 발생하기에 앞서, 구입할 에너지의 양과 구입 시기에 대한 의사 결정 트리를 제공합니다.
- 과거의 가격 및 시장 상황에 따라 전력을 입찰하기 위한 공정한 가격에 대한 조언을 제공합니다.
- 발전량을 줄이거나 에너지 거래 시장에서 초과 용량을 판매하기로 결정하는 시기에 대한 조언을 제공합니다.

이러한 사례에서 전환의 ROI는 EEO 공급업체가 이러한 응용프로그램과 디지털 플랫폼을 개발하고, 유지 관리하는 비용과 비교하여 새로운 가입 수익으로 측정합니다. 시설기반 기업은 ROI를 운영 모델의 생산성 및 효율성 향상으로 측정합니다.

지멘스, GE 및 ABB와 같은 대형 디지털 산업체는 종종 디지털 기능이 산업 장비 판매를 촉진하고 차별화 요소로 작용한다는 것을 분명히 인식했습니다. 산업 제품은 관련 디지털 서비스와 함께 고객과의 관계를 강화합니다. 경우에 따라 독립적인 디지털 수익이 없을 수도 있지만, 더 많은 제품 판매나 서비스 계약은 디지털 기능에 의해 가능해졌습니다. 산업 디지털 전환은 또한 비선형 수익 모델을 구축하고, 수익에 대한 배수multiplier on earnings를 증가시켜 주가를 높일 수 있습니다. 디지털 플랫폼과 디지털 수익을 보유한 기업은 대개 평가가치보다 더 높은 수익을 창출합니다. 예를 들어, 2012년에 시작한 카바나Carvana(주식: CVNA)의 시장 평가액은 2020년 8월 기준으로 320억 달러가 넘는데, 이는 중고차 업계에 디지털 플랫폼 기반 기업이 어떻게 평가되는지 보여주는 좋은 사례입니다. 비교대상으로 포드(주식: F)는 280억 달러의 기업가치가 있습니다. 간단히 말해서, 전통적인 산업체들은 디지털 플랫폼 중심의 사업 부분에서, 가능한 잠재적인 기하급수적인 성장을 이끌어내기 위해 노력하고 있습니다. 이 전환의 도식적 표현은 그림 10.1을 참조하십시오.

그림 10.1 전환으로 인한 기하급수적 성장 가능성

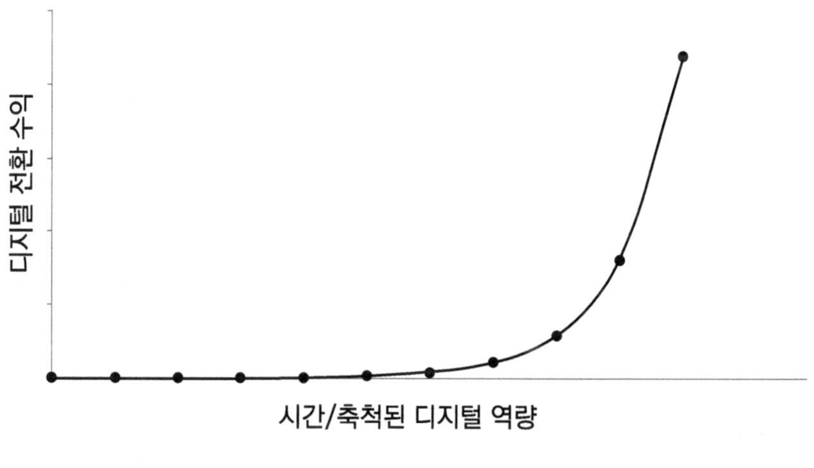

다음 절에서는 디지털 공항에 대해 살펴봅니다. 공항은 도시나 카운티에 의

해 소유되고 운영되지만, 민간 소유인 항공 운항사, 소매점, 지상 교통 및 렌터카 회사와 긴밀하게 협력합니다.

디지털 공항

이 책에서 이미 살펴보았듯이, 많은 공공 부문 조직은 지난 10년 동안 디지털 전환을 진행하고 있습니다. 대부분의 공공 부문 조직은 기존 서비스를 온라인으로 이전했으며, 신용카드 수수료와 같은 추가 수수료는 적습니다. 이러한 디지털 서비스는 조직과 상호작용하는 과정에서 대중의 경험을 개선하기 위해 설계되었으며, 새로운 수익을 창출하기 위한 것은 아닙니다. 실제로 많은 공공 부문 조직은 법적으로 새로운 수익원을 창출할 수 없습니다. 하지만, 한 가지 주목할 만한 예외는 공항입니다.

공항은 새로운 서비스를 제공하고 새로운 요금을 책정하는 데 있어, 주로 시설 운영을 관리하는 역할은 매우 자유롭습니다. 경우에 따라 절차의 디지털화는 공항 수익에 간접적으로 영향을 미칩니다. 예를 들어, 보안 검색대에 자동 출입구를 도입하면 승객들이 줄을 서서 기다리는 시간을 줄일 수 있고, 보안대를 통과한 후 쇼핑하고 식사할 시간을 더 많이 제공할 수 있습니다. 공항 공급업체의 이러한 추가 수익은 공항의 추가 수수료로 발생됩니다. 다른 경우에, 공항은 직접적인 서비스 공급자로서나 공항 사용자에게 서비스를 제공하는 최종 공급자에게 수수료를 부과함으로써, 새로운 디지털화된 절차로부터 직접적으로 새로운 수익을 얻을 수 있습니다.

디지털 기술로부터 새로운 수익을 창출하는 공항의 사례로는 SFO샌프란시스코 공항, San Francisco Airport의 승차공유 픽업 요금 징수가 있습니다. 택시와 마을 자동차에 부과된 픽업 요금은 SFO의 주요 수입원이었습니다. 하지만, 승차공유 서비스의 도입과 그에 따른 인기로 인해 공항 수익에 엄청난 타격을 입혔습니다. 승차공유 운전자들은 SFO의 규칙을 위반함과 동시에 공항에서 픽업할 때마다 벌금 고지서를 받는 위험을 무릅썼습니다. SFO는 주요 승차공유 공급업체인 우버, 리프트 및 사이드카Sidecar와 협약을 맺고, 공항에서 승객을 합법적으로 태울 수 있도록 하였습니다. 승차공유 앱과 모바일 전화기에 내장된 GPS와 연동하여 SFO의 통제구역 내에서 승차공유 업체가 승객의 승차 요청을 확인할 수 있도록 하는 추적 시스템을 구축했습니다. 또한 SFO는 이 응용프로그램을 다른 공항에서도 면허료를 지급하고 사용할 수 있도록 했으며, 내부적으로 개발된 응용프로그램을 제품화함으로써 추가 수익을 창출했습니다. 이 응용제품을 사용함으로써 공항 이용료와 면허료에서 매년 수백만 달러의 수익이 증가했습니다.

LAX로스앤젤레스 국제공항, Los Angeles International Airport을 운영하는 LAWA로스앤젤레스 월드공항, Los Angeles World Airports은 공항 방문객들이 공항을 구경하고 식사를 하러 가거나 비행 전에 마지막으로 물건을 가지러 갈 곳을 찾는 데 초점을 맞춘 웹 사이트를 제공합니다. 이 플랫폼의 구현으로 공항은 기업가 Anabell Lawee가 공항에서 사전 주문한 음식을 승객에게 직접 배달하기 위해 설립한 새로운 회사인 브리즈Breeze와 제휴하여 음식을 제공함으로써 추가 수익을 창출할 수 있는 기회를 제공했습니다. LAX는 브리즈의 첫 번째 고객입니다. 승객들은 LAWA의 웹사이트에서 브리즈 앱을 통해 음식을 주문하거나 주문 문자를 보낼 수 있습니다. 음식은 공항 내에 소매점이 없는 기존 음식 준비 시설인 *가상 주방*ghost kitchens에서 준비됩니다. 디지털 기술의 사용을 통해 공항은 주요 터미널 공간 밖의 주방을 사용하여, 음식 준비의 간접비를 줄이고 터미널에서 운영하는 식당보다 더 많은 수익을 거둘 수 있습니다.

다음 절에서는 상대적으로 적은 규모의 집 공유 시장을 주류로 만들고, 호텔과 직접 경쟁하게 만든 회사인 에어비앤비에 대해 논의할 것입니다.

에어비앤비 익스피리언스

에어비앤비는 15년 경력의 디즈니 임원인 Catherine Powell을 에어비앤비 익스피리언스Airbnb Experience 대표로 영입했습니다. 에어비앤비의 목표는 숙박 공유를 넘어 수익 흐름을 다양화하는 것이었습니다. 고객과의 결합은 간단했습니다. 디즈니는 손님들에게 기억에 남는 *경험*Experience을 만들어 주는 것으로 유명합니다. 에어비앤비 트립Airbnb Trips은 2016년에 시작하였으며, 2018년에 에어비앤비 익스퍼리언스로 변경되어 2018년 첫 3분기에 약 1,500만 달러의 새로운 수익을 창출했습니다. 새로운 디지털 수익은 2019년 2분기에 10억 달러 이상으로 빠르게 증가했습니다. 2020년 초, 에어비앤비는 전 세계 약 1,000개 도시에서 약 40,000개의 경험을 제공합니다.

1998년 7월~8월 하버드 비즈니스 리뷰Harvard Business Review 기사에서 *경험 경제*experience economy라는 용어가 처음 사용되었습니다. 이 개념이 성숙하는 데 시간이 소요되었습니다. 코로나19 펜데믹 기간 동안 에어비앤비는 *"집에서 세계를 만나다*Meet the World from Home"라는 슬로건으로 경험에 브랜드를 부여했습니다[5].

경험에 대한 투자는 여행 산업이 급격히 침체된 2020년 초에, 에어비앤비가 집에서의 경험에 쉽게 초점을 맞출 수 있도록 했습니다. 경험의 수익은 급격한 숙박 공유 수익 감소에 대한 부분적인 대체물입니다. 이 시나리오에서 *디지털 전환*은 여행 산업에서 살아남기 위한 수단이 되었습니다. 에어비앤비의 경우, ROI는 양적일 뿐만 아니라 질적이며 위기를 극복하기 위한 수단입니다.

이제 디지털 전환의 사회적 이익에 대해 살펴보겠습니다.

10.4 사회적 선행

디지털 전환의 세 번째 이익은 사회적 선행social good입니다. 사회적 선행은 상당한 수의 사람들에게 이익이 되는 것입니다. 예를 들어, 깨끗한 공기, 물, 그리고 땅을 보장하는 미국 환경 보호국의 임무는 사회적 선행입니다. 사회적 선행은 정부와 자선 단체에 의해 수행되는 많은 일들의 기반입니다.

---

5 https://www.airbnb.com/s/experiences/online

1970년에, 20세기의 가장 유명한 경제학자 중 한 명인 Milton Fried는 CEO의 역할, 즉 기업의 역할이 개인이나 사회에 미치는 영향을 고려하지 않고 기업 가치를 극대화하는 것이라는 이론을 제시했습니다. 이 이론은 널리 받아들여졌고, 외부효과로 알려진 다른 것들에 대한 영향을 고려하지 않고 이익을 극대화하는 기업의 효과는 환경오염과 같은 상당한 부정적인 결과를 초래했습니다. 그러나 최근 몇 년 동안, 대부분의 민간 부문 조직은 부정적인 외부 효과의 영향을 인식하고, 사회적 선행 제공자로서의 역할을 수용했습니다. 그들은 선행이 기업에 좋은 가치를 창출한다는 것을 깨달았습니다. 예를 들어, 델 테크놀로지Dell Technologies의 임무 명세서는 *"인간의 진보를 이끄는 기술을 개발"*하는 것이며, 이 회사의 2030년 목표 중에는 지속 가능성에 초점을 맞춘 6가지 목표와 포용성 및 교육 수준을 높이는 다른 목표가 있습니다. 인텔은 반도체 공장에서 물을 100% 재사용 하는 것을 목표로 설정했습니다[6]. 이는 *"1장, 디지털 전환의 소개"*에서 설명한 바와 같이 깨끗한 물과 위생이라는 유엔의 여섯 번째 지속 가능성 목표와 관련이 있습니다.

디지털 전환은 민간 및 공공 부문 조직 모두가 사회적 선행을 창출할 수 있도록 했습니다. 공공 부문과 비영리 부문의 모든 디지털 전환은, 전환을 제공하는 사람들에 의해 사회적 선행이 되도록 의도된 것은 틀림없는 사실입니다. 공공 부문과 비영리 단체를 더 효과적으로 만들어, 이러한 조직이 동일한 자금으로 더 많은 프로그램과 서비스를 제공할 수 있도록 하는 그러한 전환도 사회적 선행으로 간주될 수 있습니다. 즉, 본 절의 나머지 부분에서는 직접적으로 주민들이 서비스에 접근하기 쉽게 하거나, 전반적인 삶의 질을 향상시키는 공공 및 민간 부문의 디지털 전환에 초점을 맞춘 사례를 소개할 것입니다. 사회적 선행을 제공한 디지털 전환의 더 많은 사례를 보려면 *"6장, 공공 부문의 전환"*의 사례를 다시 참조하십시오.

6 https://www.intel.com/content/www/us/en/environment/water-restoration.html

국제 연합

아마도 가장 광범위한 비영리 단체는 유엔일 것입니다. *"1장, 디지털 전환의 소개"*에서 우리는 유엔의 17가지 지속 가능성 개발 목표에 대해 논의했습니다. 대부분의 목표를 향한 진보는, 디지털 전환을 통해 가속화될 수 있으며, 지속 가능한 도시와 기아 제로와 같은 목표 중 일부는 디지털 전환을 통한 새로운 접근 방식이 필요할 정도로 그 영역이 방대합니다. 이 절에서 사례를 논의하면서, 우리는 그것들이 어떻게 유엔의 체계와 일치하는지 공유할 것입니다.

케냐

2008년, 케냐는 2030년까지 부유한 중산층을 가진 산업화된 국가로 전환시키기 위한 계획을 시작했습니다. 2011년, 정부는 국가의 전환을 가속화하고, 시민들에게 권한을 부여하고, 부패를 줄이기 위해 후두마 케냐Huduma Kenya의 노력을 시작했습니다. 후두마 케냐가 만들어졌을 때, 케냐의 거의 모든 공공 서비스는 사람을 통해 수행되었습니다. 케냐 국민이 정부 서비스를 받기 위해서는 케냐의 수도 나이로비에 하나밖에 없는 정부 서비스센터까지 장거리 여행을 하고, 수작업으로 대민업무를 처리하는 정부직원들의 서비스를 받기 위해 길게 줄을 서서 기다리는 것이었습니다. 많은 수동적인 절차와 통제가 부족한 상황에서 부패가 심화되었습니다. 게다가 나이로비로의 여행비용이 일반 시민들에게는 비싸서, 개인들은 주로 나이로비로 이동하기 위해 가축과 같은 자산을 팔아야 했으며, 절차의 비효율성으로 인해 업무를 하루에 완료할 수 없는 경우가 많았습니다. 그러한 경우 시민들은 다음날 나이로비로 돌아가기 위해 더 많은 자산을 팔아야 했습니다.

후두마 케냐의 목표는 시민들이 살고 있는 도시와 마을을 떠나지 않고 필요한 대민 서비스를 받을 수 있도록 서비스를 분산시키는 것이었습니다. 또한 정부와 시민 모두가 감당할 수 있는 가격으로 이를 추진할 수 있도록 하는 것이었습니다. 후두마 케냐는 새로운 정부 서비스 모음인 후두마 채널스Huduma Channels을 만들었습니다. 첫 번째 서비스는 후두마 센터스Huduma Centers라고 불리는 전국에 52개의 지사를 만들었습니다. 이를 위해, 수동 절차가 자동화되고, 지역 사무실의 직원이 노트북을 이용하여 민원을 처리할 수 있도록 서비스가 제공되었습니다. 모든 데이터가 클라우드에서 안전하게 유지되었습니다. 또한 후두마 채널스는 다음과 같은 몇 가지 다른 기능을 제공했습니다.

- *후두마 라이프 앱*Huduma Life App: 주민들이 스마트폰에서 직접 많은 정부 서비스에 접속할 수 있는 스마트폰용 앱
- *후두마 컨택트 센터*Huduma Contact Center: 디지털 기술을 사용하여 모든 정부 기관의 통화를 접속하고 관리하는 단일 번호
- *후두마 카드*Huduma Card: 시민들이 공공 및 민간 서비스에 대한 디지털 결제를 할 수 있는 선불카드

한 정부 조사결과는 후두마 케냐로 인해, 케냐 사람들의 교통비용과 수입손실에서 수백만 달러를 절약하고 부패율을 96% 감소시켰다는 것을 입증했습니다. 후두마 케냐는 케냐 사람들의 삶을 개선하는 데 매우 성공적이어서, 이 프로그램은 공공 서비스 제공 개선에 대한 유엔 공공 서비스상을 수상했습니다.

후두마 케냐 프로그램은 1번째 지속가능 발전목표인 "빈곤 해결"과 9번째 지속가능 발전목표인 "산업, 혁신, 기반시설 촉진"을 지원합니다. *"1장, 디지털 전환의 소개"*에서 이러한 유엔 지속가능성 목표를 다룰 때, 우리는 디지털 전환을 사용하여 사회적 선행에 대한 높은 가치를 가지고 있는 문제를 해결할 수 있는 기회라고 언급했습니다.

MS – 사회적 영향에 미치는 기술

기업은 지속 가능한 조직이 되거나 장애인이 더 안전하거나 더 쉽게 접근할 수 있는 제품과 서비스를 제공함으로써 사회적 선행을 자체 전환에 포함시킬 수 있지만, 일부 민간부문 기업은 비영리 단체와 정부의 디지털 전환을 지원하기 위

해 협력관계를 구축합니다. 이러한 과제 중 하나는 MS의 **TSI**사회기여를 위한 기술, Technology for Social Impact 그룹으로, 비영리 단체와 협력하여 디지털 전환을 지원합니다. TSI가 비영리 조직을 지원한 몇 가지 사례는 다음과 같습니다.

- 필리핀의 **GK**Gawad Kalinga는 MS와 협력하여 자연 재해 시 자원봉사자의 배치 및 지원을 관리하는 데 사용할 수 있는 온라인 플랫폼을 만들었습니다. 재난 이후에는 GK는 동일한 플랫폼을 사용하여 개인이 지속 가능한 생계를 유지할 수 있도록 지원하여 지역사회 회복을 가속화합니다.
- 태국 사회 혁신 재단Thai Social Innovation Foundation은 장애를 가진 사람들에게 직업을 연결하는 것을 돕습니다. TSI와 협업하기 전에는, 그들의 절차가 완전히 종이 기반으로 이루어져 있어 취업을 시킬 수 있는 사람의 수가 제한되었습니다. TSI는 재단의 일하는 방식과 문서를 디지털화하여 재단의 영향력을 몇 배로 높일 수 있도록 지원했습니다.
- 캄보디아 **아동보호조직**Child Protection Unit은 TSI와 협력하여 데이터를 클라우드로 이동함으로써, 경찰관이 정보에 접근하고 현장에서 협업하여 더 많은 실종 아동을 더 빨리 찾을 수 있도록 지원했습니다.

MS는 하나의 사례에 불과합니다. 많은 기업들이 디지털 전환 전문 지식을 활용하여 비영리 단체가 보다 효율적이고 효과적으로 임무를 수행할 수 있도록 지원하고 있습니다. MS의 TSI는 지속 가능성을 달성하기 위한 협력, 목표 17을 구축함으로써 유엔의 지속 가능성 목표와 일치합니다. 협력을 통해 제공되는 과제는 목표 1인 "빈곤 감소", 목표 10인 "불평등 감소", 목표 8인 "양질의 일자리 및 경제 성장" 등을 통해 다양한 목표를 해결합니다.

코로나19 대응

코로나19 펜데믹의 초기 단계에서 민간 기업들은 부족한 PPE개인 보호 장비, Personal Protective Equipment와 의료 기기를 공급하기 위해 디지털 기술을 재설계하고

용도를 변경했습니다.

2020년 4월, 포드자동차 회사는 미시간 주 로슨빌 공장을 재개하고, 트럭 제조에서 천 명의 종업원을 환기설비 제조로 전환하여, GE 헬스케어의 하도급업체로서 GE 에어론 모델 A-E GE Airon Model A-E 환기설비를 월 3만 대의 목표로 생산하였습니다. 복잡한 정밀 제조 활동에 적합한 GM, 테슬라 및 피아트 Fiat 크라이슬러를 포함한 전 세계 자동차 제조업체들은, 산소 호흡기와 인공호흡기를 제조하기 위해 자원을 재배치했습니다. 영국에서는 롤스로이스 Rolls Royce와 맥라렌 McLaren이 수천 대의 환풍기를 생산하는 대기업 공동체인 환풍기 챌린지 Ventilator Challenge에 동참했습니다. 설계 및 제조 일정에 따라 운영되는 회사는 일반적으로 설계와 생산 확장을 위한 시설변경이 몇 년이 소요되는데, CAD 및 고속 시제품 제작을 포함한 디지털 기술을 사용하여 몇 주 만에 문제를 해결하였습니다.

전 세계 기업들은 자신들의 역량에 가장 적합한 전염병 대응 작업에 생산 시설의 용도를 변경했습니다. 포드에서 폼랩스 Formlabs에 이르기까지 제조 및 시제품 제작 능력을 갖춘 모든 규모의 회사들이 코로나19용 얼굴 마스크와 면봉을 생산하기 시작했습니다. 헤인즈 Hanes, 에디바우어 Eddie Bauer 및 갭 Gap을 포함한 의류 브랜드들은, 얼굴 마스크, 수술 마스크, 보호복, 그리고 다른 PPE를 만들었습니다. 작은 포도주 양조장부터 페르노리카 Pernod Ricard와 같은 글로벌 브랜드에 이르기까지 알코올 음료 제조업체들은 손 소독제를 생산했습니다.

크고 작은 수천 개 기업의 운영 방식이 갑자기 전환함에 따라 디지털 기술을 광범위하게 사용해야 했습니다. 아마도 코로나19로 인한 디지털 전환을 지원하는 가장 널리 알려진 기술은 3D 프린팅일 것입니다. 신속한 시제품 제작 연구소를 운영하는 거의 모든 제조업체, 대학 연구소 및 가정용 취미 활동가들은, 3D 프린팅 용도를 변경하여 얼굴용 마스크를 제작했습니다. 또한 주요 제조 운영 부서에서는 복잡한 컴퓨터화된 제조 시스템을 다시 프로그램하고 시설조정을 통해, 다양한 부품에 대해 다양한 작업을 수행했습니다. 이는 전통적인 고정화된 제조 공정으로는 불가능한 일이었습니다.

아마도 팬데믹에서 가장 어려운 전환은 정교한 글로벌 공급망을 재설계하고,

서로 다른 위치에서 다양한 원료를 공급하도록 공급망을 재설계하는 것이었을 것입니다. 항공 운송의 제약으로 공급망이 장애를 가지게 되자, 제조업체들은 생산활동의 목적에 적합하게 변경한 원재료 및 하위 구성부품에 대한 새로운 공급업체를 찾았습니다.

이러한 노력은 제 2차 세계 대전 동안 사회 복지를 위해 생산을 전환한 이후로 볼 수 없었던 제조와 유통의 방향 전환을 초래했습니다. 코로나19에 대한 전 세계적인 대응은 유엔의 지속 가능성 목표와 일치할 수 있지만, 전 세계가 코로나19의 위협을 퇴치하고 제거하기 위한 솔루션을 찾고 있기 때문에 가장 명확하게 목표 3 "건강 및 복지"를 지원합니다.

이 절에서는 공공 부문, 민간 부문 및 비영리 부문에서 사회적 선행을 제공하는 디지털 전환의 사례를 살펴보았고, 이 모든 것이 유엔의 글로벌 목표와 어떻게 일치하는지를 알아보았습니다.

요약

이 장에서는 전환의 가치를 측정하는 방법을 배웠습니다. 디지털 전환을 위한 사업 계획서를 만드는 방법과 사업가치의 세 가지 유형에 대해 배웠습니다. 산업 디지털 전환을 통해 얻을 수 있는 이러한 사업 가치의 세 가지 유형은, 생산성 및 효율성 향상, 새로운 디지털 수익 및 사회적 선행입니다. 이 장에서는 자금을 확보하고 전환을 시작하는 데 필요한 도구를 제공했습니다.

다음 장에서는 지금까지 배운 모든 것을 한 곳에 모아 성공의 청사진을 만들겠습니다. 디지털 전환의 성공을 보장하고, 따라갈 수 있는 성공사례를 제공하며, 디지털 전환을 지속할 수 있는 방법에 대해 설명하겠습니다.

질문

다음은 이 장에 대한 이해도를 확인하기 위한 몇 가지 질문입니다.

1. 디지털 전환을 위한 사업 계획서를 개발하는 7가지 단계는 무엇입니까?
2. 사업 계획서를 작성하기 전에 개념 검증을 완료하는 것이 중요한 이유는 무엇입니까?
3. 디지털 전환 과제에서 얻을 수 있는 세 가지 이점에 대해 설명하세요.
4. ROI 분석의 주요 요인은 무엇입니까?
5. 디지털 전환의 사회적 이점에 대한 몇 가지 사례를 제시해 보세요.

11 성공을 위한 청사진

앞 장에서는 디지털 전환의 가치를 측정하는 방법에 대해 배웠습니다. 전환을 위한 사업 계획서를 만드는 방법에 대해서도 배웠습니다. 또한 디지털 전환을 통해 얻을 수 있는 세 가지 유형의 가치, 즉 생산성 및 효율성 향상, 새로운 수익 흐름, 사회적 선행에 대해서도 배웠습니다.

이번 장에서는 산업 디지털 전환의 성공을 확보하기 위한 모범 사례와 이를 장기적으로 지속하는 방법에 대해 알아보겠습니다. 그리고 회사의 전환에 유용하게 사용할 수 있는 혁신 모델과 사례를 소개하겠습니다.

이 장에서는 다음과 같은 내용을 다룹니다.

- 디지털 전환을 성공하는 방법
- 전환 실행 지침서
- 사업 모델 캔버스
- 전환의 속도 유지

11.1 디지털 전환을 성공하는 방법

우리는 책의 마지막 장에 도달했고, 성공적인 디지털 전환을 실행하기 위해 우리가 배운 모든 것을 함께 할 때입니다. 이 절에서는 디지털 전환의 목표가 달성할 수 있도록 하는데 있어서 중요한 성공 요인에 대해 설명할 것입니다. 전체 조직이나 단일 과제의 성공적인 전환을 달성하기 위해서 다음과 같은 중요한 8가지 요소에 대해 설명할 예정입니다.

- 달성하려는 목표 파악
- 올바른 개념 검증의 완성
- 조직의 지원 및 자원 확보
- 초기 팀 및 과제의 현명한 선정
- 문화의 일체화와 팀의 기술을 연마
- 당신이 말했던 대로 행동
- 진행 상황 측정
- 신중한 확장

다음으로 각 성공 요인에 대해 더 자세하게 살펴보겠습니다.

달성하려는 목표 파악

디지털 전환을 시작하기 전에 전환의 목표를 명확히 이해하는 것이 중요합니다. 당신의 목표는 조직의 성공에 중요한 하나의 제품을 제공하는 것입니까? 아니면 전체 조직이 제품을 구입하고 개발하는 방식을 전환하는 것입니까? 전환을 시작하기 전에 노력의 범위를 명확하게 하는 것이 중요합니다. 이러한 명확성은 향후 계획 및 실행 노력의 범위를 넓히는 데 도움이 됩니다. 또한 조직 전체에 걸쳐 목표를 효과적으로 전달하고, 기대치를 조율하는 데에도 도움이 됩니다. 일반적인 목표 중 일부를 검토한 *"1장, 디지털 전환의 소개"*에서 논의한 내용은 목표를 정의하는 데 도움이 될 수 있습니다.

올바른 개념 검증의 완성

과제팀은 주로 사용자 인터페이스를 보여주거나, 전체 사용 사례를 제공하는 개념 검증을 완료하려고 합니다. POC개념 검증, Proof of Concept의 목표는 개발 초기에 전력을 다하여 개발하는 동안 마주칠 가장 어려운 문제들을 해결할 수 있다는 것을 보여주는 것입니다. 새로운 배터리 기술을 개발해야 하거나, 완벽한 인증이 필요한 경우, 가장 어려운 문제를 해결하고 제품을 만들 준비가 되었다는 것을 검증할 수 있는 개념 검증을 선택하십시오. *"2장, 조직 내 문화의 전환"*에서 그림 2.3~2.5와 첨부된 자료는 과제의 초기 단계와 실험을 통해 위험을 줄이는 방법에 대해 설명하였습니다. 가장 어려운 기술적 문제를 해결한 후에는 *"10장, 전환의 가치 측정"*에 설명된 대로 사업 계획서를 명확하게 정리할 수 있습니다. 가장 어려운 문제를 해결할 수 없는 경우(실현 가능한 솔루션이 없거나 비용이 많이 드는 솔루션) 지금이 과제를 취소할 때입니다. 빨리 실패하고 실패로부터 배우는 것이 성공만큼이나 중요하다는 것을 기억하세요.

조직의 지원 및 자원 확보

디지털 전환에 대한 범위를 결정했으면, 지원과 자원을 확보할 수 있습니다. 디지털 전환을 지원하려면 조직 전체에 걸친 지원을 확보해야 합니다. CEO든, 중간 관리자든, 개인적인 기여자든, 당신은 당신의 전환과제에 필요한 자금을 지원하고 직원을 배치할 수 있는 책임자들의 지지를 확보해야 합니다. 또한 디지털 전환을 직접적으로 실행할 수 있는 직원의 지원이 필요합니다. *"2장, 조직 내 문화의 전환"*, 특히 디지털 전환을 위한 기술 및 역량 부분을 포함하여 이 책을 통해 배웠듯이, 성공적인 디지털 전환에는 관련된 모든 사람의 적극적인 지원이 필요합니다.

초기 팀 및 과제의 현명한 선정

디지털 전환이 성공하기 위해서는 디지털 전환에 회의적이거나 적대적이기보다는, 디지털 전환에 관심을 갖고 기대하는 사람들을 선택하는 것이 중요합니다. 핵심적인 디지털 전환 과제팀 외부에서는 조직 회의론과 반발이 일어날 가능성이 충분히 높습니다. 전환에 참여하는 것을 처벌이라고 느끼거나, 그렇지 않으면 전환에 대해서 부정적인 사람들을 모집하려고 하는 노력으로 인해 자신을 더 힘들게 하지 마십시오. 우리는 이를 *"자발적인 연대*coalition of the willing*"*의 결집체를 형성하는 것으로 자주 언급합니다. 마찬가지로, 조직의 가장 크고 어려운 문제를 공격할 수 있는 권한이나 버닝 플랫폼Burning platform[1]을 제공하는 위기가 발생하지 않는 한, 당신의 목표가 당신의 전체 기업을 전환시키는 것부터 시작하지 마세요. 전환 과정 중 어떤 일이 잘못되어도, 자신 있게 해결할 수 있는 작고 관리 가능한 과제부터 시작하세요.

문화의 일체화와 팀의 기술을 연마

*"2장, 조직 내 문화의 전환"*에서 논의했듯이, 직원들은 디지털 전환을 성공적으로 실행하기 위해 새로운 기술과 일하는 방식을 배워야 합니다. 이곳에서 문화적 일체화와 기술 개발은 함께 설명되어 있으며, 이는 서로 얽혀 있기 때문에 *"2장, 조직 내 문화의 전환"*에서 함께 논의됩니다. 디지털 전환에 대한 문화적 일체

1 위기 상황에서 가만히 있기 보다는 새로운 변화 및 도전을 하는 접근 방법을 말함. 사람들로 하여금 급진적인 변화 전략을 채택하도록 독려

화를 성공적으로 수행하려면, 개인적이나 팀으로서 새로운 전문적 기술과 새로운 업무 방식 모두를 개발해야 합니다.

전환 과제에 참여할 각 팀과 개인, 그리고 그들의 역할과 전환 노력에서 성공적인 참여자가 되기 위해 필요한 새로운 전문 기술을 파악하는 것이 중요합니다. 각 개인에 대한 교육계획을 작성해야 합니다. 직원의 교육계획을 수립할 때는 전문 기술과 소프트스킬을 모두 포함하는 것이 중요합니다. 조직에 최대의 가치를 제공하기 위해, 통합된 팀에게 소프트스킬 교육을 제공하는 것도 중요합니다. 전환을 완료하는 데 필요한 교육 유형에 대한 자세한 내용은 *"2장, 조직 내 문화의 전환"*을 참조하십시오.

당신이 말했던 대로 행동

말과 행동을 일치하는 것은 간단할 것 같지만, 특히 문제 해결과 기능 추가에 매료된 기술자에게는 어려울 수 있습니다. 당신이 정의하고 약속한 제품을 개발하십시오. 그 제품보다 더 많은 기능이나 더 적은 기능을 가진 제품, 또는 개발팀이 중간에 찾아낸 완전히 다른 제품이 아닙니다. 정말로 방향 전환이 필요한 경우들이 있습니다. 예를 들어, 정부 기관의 개발팀이 산업계가 원하지 않는 솔루션을 개발하고 있다는 것을 발견했을 때처럼 진정으로 방향 전환이 요구되는 경우가 있습니다. 이러한 경우, 정부 기관은 방향을 전환하여 산업계에서 사용할 수 있는 솔루션을 개발해야 합니다. 그렇지 않다면, 계획한 초기 방향을 유지함으로써 기대치를 충족시키는 것으로, 당신과 당신의 전환 노력에 대해서 신뢰를 쌓을 수 있게 됩니다.

진행 상황 확인

올바른 제품을 개발할 뿐만 아니라, 제품을 올바르게 개발하는 것이 중요합니다. 즉, 고품질의 제품을 예정대로 개발하는 것입니다. 그러기 위해서는 계획과 비교하여 팀의 성과를 측정하는 것이 중요합니다. 디지털 제품은 사전 정의된 개발 계획을 가지고 있지 않은 애자일팀이 개발하는 경우가 많지만, 개발팀은 적시에 개발을 완료하고, 내부 및 외부 마감일을 준수해야 합니다. 과제를 시작할 때 팀은 성과를 평가하는 데 사용할 검사기준들을 선택해야 합니다. 이러한 검사기준에는 성공적인 회귀 테스트와 같은 품질 지표와 기능개발 속도와 같은 성능 지표가 포함될 수 있습니다. 특정 검사기준은 사업적 요구에 따라 결정되어야 합니다. 중요한 것은 진행 상황을 추적하고, 결과물이나 품질 문제를 조기에 확인할 수 있는 검증 방법 등을 보유해야 한다는 것입니다.

신중한 확장

확장은 많은 전환 노력이 실패하는 원인입니다. 계획된 전환 작업 범위에 관계없이 한 과제나 팀에서 더 큰 과제 및 팀 그룹으로 이동할 때는 주의해야 합니다. 확장 계획을 신중하게 준비하고, 초기 제품과 마찬가지로 이 장의 모든 지침을 준수하여, 전환이 자체적인 어려움으로 인해 지연되거나 실패되지 않도록 해야 합니다. *"2장, 조직 내 문화의 전환"*에서는 전환을 효과적으로 확장하는 데 도움이 되는 여러 가지 전략을 제공합니다.

이제 당신의 전환을 위한 중요한 성공 요인을 파악했으므로, 다음 장에서는 소규모 제품부터 문샷 제품에 이르기까지, 모든 유형의 전환에 대한 성공을 촉진하는 데 사용할 수 있는 여러 가지 실행 지침서를 제공하겠습니다.

11.2 전환 실행 지침서

조직이 디지털 전환을 추진하고 제도화할 수 있도록 지원하기 위해 취하는 접근 방식 중 하나는, 팀이 전환을 실행할 때 따라야 할 전략과 접근 방식을 제공하는 안내서나 일련의 실행 지침서playbook를 만드는 것입니다. 이 장에서는 사용자가 업무에 사용하거나 적용할 수 있는 몇 가지 사례를 공유하고, 조직에 맞는 실행 지침서를 만드는 데 도움이 되는 몇 가지 지침을 제공합니다.

실행 지침서는 디지털 전환 여정을 가능하게 하는 여러 가지 방법을 제공합니다.

- 실행 지침서는 팀, 고객 및 협력자에게 여러분이 무엇을 하고 있는지, 디지털 전환이 과거에 했던 방식과 어떻게 다른지에 대해 설명합니다.
- 그들은 새로운 작업 방식을 공식화하고, 새로운 관행을 정의하는 표준을 설정합니다.
- 실행 지침서는 디지털 전환 작업을 전문화하고 팀이 포춘지 선정 500대 기업이든, 단일 제품 그룹이든 상관없이 방향을 설정할 수 있도록 지원합니다.
- 실행 지침서는 이견이 있을 때 개인에게 관행을 옹호하도록 강요하기보다는, 해결 방침을 설정함으로써 정치적 대립을 축소할 수 있습니다.

모든 조직은 실행 지침서로 시작하는 것이 좋습니다. 이미 실행 지침서 없이 전환을 시작한 경우, 지금 추가할지 여부를 고려하십시오. 팀이 표준 및 우선순위를 설정하는 데 어려움을 겪거나, 충돌하거나, 최종 사용자에게 동일한 개념을 반복적으로 설명하는 경우에는 실행 지침서를 만들거나 채택해야 할 시점일 수 있습니다.

기존 기술을 사용한 제품 및 절차의 전환

가장 일반적인 디지털 전환은 업무흐름을 디지털화하거나, 서비스 제공을 수작업에서 온라인으로 이동하는 등 기존 절차나 제품을 재설계하는 작업이 포함됩니다. 이러한 전환에는 기존 팀, 절차, 제품 및 서비스가 포함되는 경향이 있습니다. 이 장에서 설명할 실행 지침서는 이 장의 후반부에서 설명할 실행 지침서보다 변화를 위한 조직을 준비하는 데 더 중점을 둡니다. 이후의 지침서는 새로운 제품과 기술에 초점을 맞출 것입니다.

주로 정부 기관에서 공개적으로 사용할 수 있는 많은 디지털 전환 실행 지침서가 있습니다. 이 장에서는 이러한 지침서 중 몇 가지와 전환 실행 지침서를 개발하는 방법에 대해 설명합니다. 이러한 실행 지침서는 전환을 가능하게 하는 제품 전환과 여러 가지 활동에 사용할 수 있습니다. 몇 가지 사례를 살펴보겠습니다.

- 기본적인 디지털 전환은 USDS 실행 지침서[2]를 참조하십시오.
- 미국 보훈처 디지털 서비스 핸드북[3]은 신제품을 효과적으로 개발하는 데 도움이 되는 핵심 협업방식을 배울 수 있도록 도와줍니다.
- 영국정부gov.uk 서비스 매뉴얼[4]을 활용하여 서비스 표준에서 핵심 성과 지표 작성에 이르기까지 모든 사항에 대한 아이디어를 수집할 수 있습니다.

만약 공공 부문에서 일하고 있는 사람은 정부 조달 절차에 관한 도움이 필요할 것입니다. 이 경우 테크파TechFar[5] 실행 지침서를 통해 과제 속도를 높이는 데 사용할 수 있는 조달 절차의 유연성을 이해할 수 있습니다. 또는 새로운 제품과 절차를 개발하기 위해 협력 중인 사업부와 더 나은 협력 관계를 맺는 방법을 이해하기 위해 18F 협력 원칙18F partnership principles[6]을 사용할 수 있습니다.

일반적으로 민간 부문 조직의 실행 지침서는 기업 경쟁력의 일부이기 때문에 일반 대중에게 제공하지 않습니다. 이것이 공공 부문의 어디에서 일하든 상관없이 이처럼 귀중한 참고 자료를 실행 지침서로 만드는 이유입니다. 그러나 일부 민간 부문 조직은 특정 실행 지침서를 공개적으로 공유하기 시작했습니다. 다음은 민간 부문 실행 지침서의 몇 가지 사례입니다.

---

2 https://playbook.cio.gov/

3 https://18f.gsa.gov/partnership-principles/

4 https://www.gov.uk/service-manual

5 https://playbook.cio.gov/techfar/

6 https://18f.gsa.gov/partnership-principles/

- 데이터 협업 회사인 브라이티브Brighthive는 일련의 책임 있는 데이터 사용을 위한 실행 지침서[7]를 발간했습니다.
- GE는 두 가지 형태의 데이터 전환 실행 지침서를 발표하였으며, 짧은 형태[8]과 긴 형태[9] 실행 지침서를 공개하였습니다.
- 랜딩 AILanding AI는 AI 채택을 통한 전환 추진에 관한 실행 지침서를 발표하였고, 관련 실행 지침서[10]를 공개하였습니다.
- 매킨지 디지털은 자동차 산업 공급업체의 디지털 전환에 대한 실행 지침서[11]를 공개하였습니다.
- 링센트랄RingCentral은 원격 작업을 지원하는 데 중점을 두고 실행 지침서[12]를 발간했습니다.
- *"8장, 디지털 전환에서의 AI"*에서, 우리는 전환 여정 동안 사이버 보안에 대한 인식을 높여야 하는 필요성에 대해 논의했습니다. 사이버 보안 실행 지침서를 개발하는 최상의 방법에 대한 모범 사례[13]를 공개하였습니다.

다양한 실행 지침서를 검토한 후에는 전환을 위해 기존 실행 지침서를 채택하거나, 자체 실행 지침서를 만들 수 있습니다. 독자적인 실행 지침서를 만들기로 결정한 경우 성공적인 전환을 위해 중요하다고 생각하는 모든 것이 포함될 수 있습니다. 이러한 아이디어를 염두에 두고 실행 지침서에 포함시킬 수 있는 몇 가지 사항을 소개합니다.

---

7 https://playbooks.brighthive.io/

8 https://www.ge.com/digital/sites/default/files/download_assets/2019-Digital-Transformation- Playbook-GE.pdf

9 http://media.salon-energie.com/Presentation/ge_digital_industrial_transformation_playbook_whitepaper_761202.pdf

10 https://landing.ai/wp-content/uploads/2020/05/LandingAI_Transformation_Playbook_11-19.pdf

11 https://www.mckinsey.com/business-functions/mckinsey-digital/our-insights/a-blueprint-for-successful-digital-transformations-for-automotive-suppliers

12 https://www.ringcentral.com/contact_center_playbook.html

13 https://www.infosecurityeurope.com/novadocuments/414937

- **디지털 전환을 위한 가치 제안:** 전환이 필요한 이유를 설명하는 간단한 서술입니다. 이는 모두에게 전환의 가치를 일깨워 줍니다.
- **역할:** 개발 절차에서 팀원, 사용자 및 이해 관계자의 역할을 정의합니다. 이를 통해 모든 사람이 과제의 성공을 위해 헌신하는 내용을 이해할 수 있습니다.
- **우선순위 지정:** 과제 우선순위 결정 기준을 설정합니다. 전환에 여러 과제가 포함된 경우, 고객과 이해 관계자가 우선 작업 과제를 선정하는 방법을 찾는데 도움이 됩니다.
- **지침 원칙:** 설계 원칙을 나열하여 조직의 모든 사람이 설계 원칙을 이해하고 있는지 확인합니다. 이것은 과제 전반에 걸쳐 의사 결정에 도움이 될 것입니다.
- **과제 계획:** 과제 계획 과정과 사용자 스토리 사용과 같은 접근 방식을 정의합니다. 이렇게 하면 과제 전반에 걸쳐 모든 사람이 일체화 된 상태로 유지할 수 있습니다.
- **과제 관리:** 과제가 어떻게 운영되는지 설명합니다. 여기에는 과제의 모든 주요 단계가 포함되어야 합니다. 개발 방법론이나 제품 평가 및 출시 방법과 같은 자세한 내용은 갈등이나 혼동이 있는 특정 영역이 있는 경우 포함할 수 있습니다. 과거 과제에서 성과 측정이 관심 영역이었던 경우라면 검증방안도 포함할 수 있습니다.
- **출시 후 역할:** 출시 후 과제팀, 제품 소유자 및 기타 이해 관계자에 대한 소유권과 책임을 정의합니다.
- **기술 표준:** 기술 표준이나 제약 조건을 정의합니다. 예를 들어, 모든 개발 도구가 오픈소스이거나, 특정 평가 도구가 사용될 수 있습니다. 이를 통해 모든 사용자가 사용할 도구와 준수해야 하는 모든 제약 조건을 알 수 있습니다.
- **규정 준수:** 조직과 관련된 모든 법적 요구 사항을 정의합니다. 이를 통해 모든 사람이 처음부터 동일한 입장을 유지할 수 있으므로, 잠재적인 벌금이나 기타 규제 문제를 피할 수 있습니다.

여러분이 실행 지침서에 무엇을 넣든지 간에 실행 지침서가 짧고 핵심적인 것이 중요합니다. 실행 지침서의 가장 중요한 역할은 디지털 전환의 이해 관계자들과 소통하는 것입니다. 그러기 위해서는 실행 지침서가 매력적이고 읽기 쉬워야 합니다. 그림 11.1은 USDS의 실행 지침서에서 발췌한 내용을 보여줍니다.

그림 11.1 미국 디지털 서비스 지침서[14]

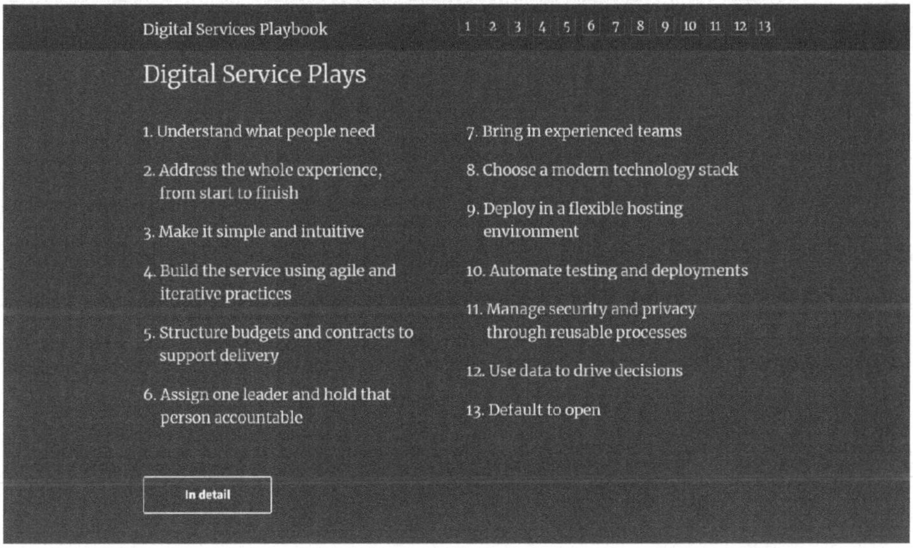

이 실행 지침서는 13개의 USDS 지침을 짧은 문장, 선언문, 주의를 끄는 문장으로 나열하고, 독자들이 더 많은 것을 배울 수 있는 개별 지침에 대한 링크를 제공합니다. 특정 지침을 클릭하면 지침에 대한 간단한 두 세 문장의 설명, 지침을 실행하는 데 도움이 되는 짧은 확인 항목, 지침에 대해 더 깊이 생각하는 데 도움이 되는 몇 가지 핵심 질문을 찾을 수 있습니다. 이것은 시각적으로 흥미롭고 활용하기 쉽기 때문에 실행 지침서에 적합한 구조입니다.

이제 여러분은 많은 실행 지침서를 보았으니 시작할 준비가 되었습니다. 이 장에서 검토한 실행 지침서 중 하나를 채택하거나, 팀에 더 적합한 공개 실행 지

14 https://playbook.cio.gov/

침서를 웹에서 검색하거나, 자신만의 실행 지침서를 만들 수 있습니다. 실행 지침서의 목표는 팀의 작업을 안내하고 광범위한 이해 관계자 공동체와 소통하는 것입니다. 자신만의 실행 지침서를 만들거나, 사용 가능한 실행 지침서를 수정하거나, 그대로 채택하든 상관없이, 목표와 목표를 달성하는 데 도움이 될 것입니다.

11.3 사업 모델 캔버스

실행 지침서를 통해 팀이 최소한의 변경으로 많은 과제를 수행할 수 있도록 안내해야 하지만, 팀의 모든 구성원이 과제의 목표와 기대치를 완전히 이해할 수 있도록 각 개별 과제를 간결하게 구성하는 데 도움이 되는 도구가 필요할 수도 있습니다. 전체 과제의 시각적 표현을 만들고 싶다면, 2005년 Alexander Osterwalder가 소개한 사업 모델 캔버스business model canvas가 유용한 도구가 될 수 있습니다.

그림 11.2 사업 모델 캔버스 견본[15]

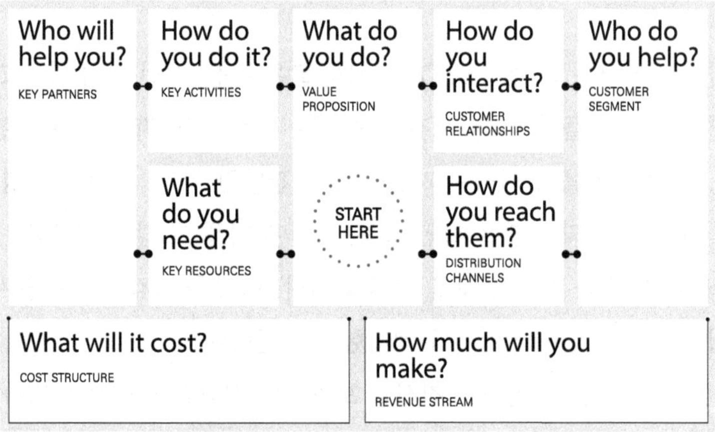

15 https://subscription.packtpub.com/book/cloud-and-networking/9781800207677/13/ch13lvl1sec77/business-model-canvas, License: CC BY-SA-NC

디지털 전환 캔버스라고 불리는 사업 모델 캔버스의 변형은 Ricardo Ivison Mata에 의해 개발되었으며 그림 11.3에 나와 있습니다. 디지털 전환 캔버스를 사용하여 개인 건강관리를 계획하는 방법을 보여줍니다. 이러한 한 페이지 분량의 시각 자료는 전환 목표와 여정을 요약하는 데 매우 인기가 있습니다.

그림 11.3 개인 건강 전환 계획을 위한 디지털 전환 캔버스[16]

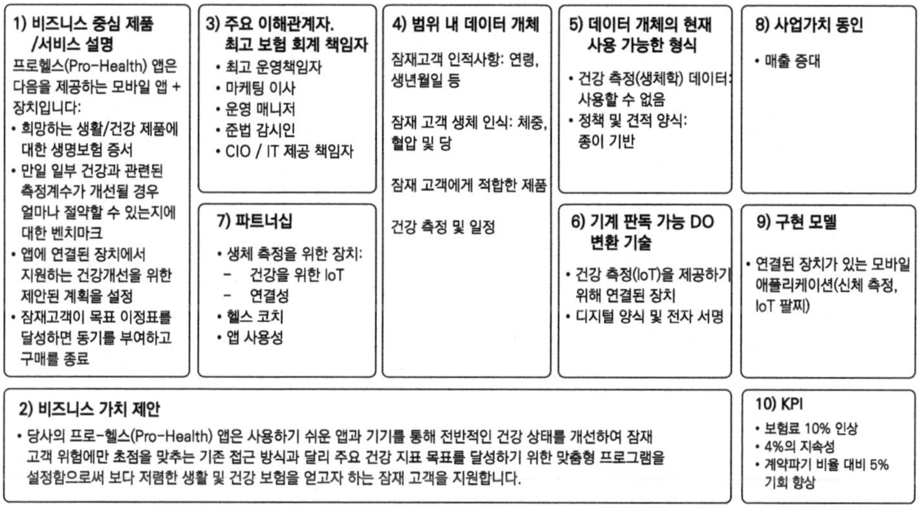

1) 비즈니스 중심 제품 /서비스 설명
프로헬스(Pro-Health) 앱은 다음을 제공하는 모바일 앱 + 장치입니다:
• 희망하는 생활/건강 제품에 대한 생명보험 증서
• 만일 일부 건강과 관련된 측정계수가 개선될 경우 얼마나 절약할 수 있는지에 대한 벤치마크
• 앱에 연결된 장치에서 지원하는 건강개선을 위한 제안된 계획을 설정
• 잠재고객이 목표 이정표를 달성하면 동기를 부여하고 구매를 종료
3) 주요 이해관계자. 최고 보험 회계 책임자
• 최고 운영책임자
• 마케팅 이사
• 운영 매니저
• 준법 감시인
• CIO / IT 제공 책임자
4) 범위 내 데이터 개체
잠재고객 인적사항: 연령, 생년월일 등
잠재 고객 생체 인식: 체중, 혈압 및 당
잠재 고객에게 적합한 제품
건강 측정 및 일정
5) 데이터 개체의 현재 사용 가능한 형식
• 건강 측정(생체학) 데이터: 사용할 수 없음
• 정책 및 견적 양식: 종이 기반
8) 사업가치 동인
• 매출 증대
7) 파트너십
• 생체 측정을 위한 장치:
– 건강을 위한 IoT
– 연결성
• 헬스 코치
• 앱 사용성
6) 기계 판독 가능 DO 변환 기술
• 건강 측정(IoT)을 제공하기 위해 연결된 장치
• 디지털 양식 및 전자 서명
9) 구현 모델
• 연결된 장치가 있는 모바일 애플리케이션(신체 측정, IoT 팔찌)
2) 비즈니스 가치 제안
• 당사의 프로-헬스(Pro-Health) 앱은 사용하기 쉬운 앱과 기기를 통해 전반적인 건강 상태를 개선하여 잠재 고객 위험에만 초점을 맞추는 기존 접근 방식과 달리 주요 건강 지표 목표를 달성하기 위한 맞춤형 프로그램을 설정함으로써 보다 저렴한 생활 및 건강 보험을 얻고자 하는 잠재 고객을 지원합니다.
10) KPI
• 보험료 10% 인상
• 4%의 지속성
• 계약파기 비율 대비 5% 기회 향상

이제 기존 절차와 제품을 전환하는 데 도움이 되는 실행 지침서와 사업 모델 캔버스 도구를 이해했으므로, 신제품 개발에 도움이 될 모델을 검토해 보겠습니다.

새로운 기회를 받아드리기 위한 디지털 전환

새로운 기술과 사업 기회를 확인하고 수용하는 전환을 위한 혁신 모델을 살펴보겠습니다. 이 모델은 70:20:10% 규칙으로 간단히 설명할 수 있으며, 그림

16 https://medium.com/@ricardoivison/the-digital-transformation-canvas-a56b29ed219d

11.4에 나와 있습니다. 여기서 사용되는 비율은 70, 20 및 10이지만, 회사와 상황에 따라 75:15:10 또는 80:10:10이 될 수 있으며, 또는 당신의 조직에 적합한 비율을 결정할 수 있습니다. 여기에서는 방향 안내만 제공하며, 이를 기초로 하여 추가로 조정할 수 있습니다.

그림 11.4 산업 디지털 전환 혁신 패러다임

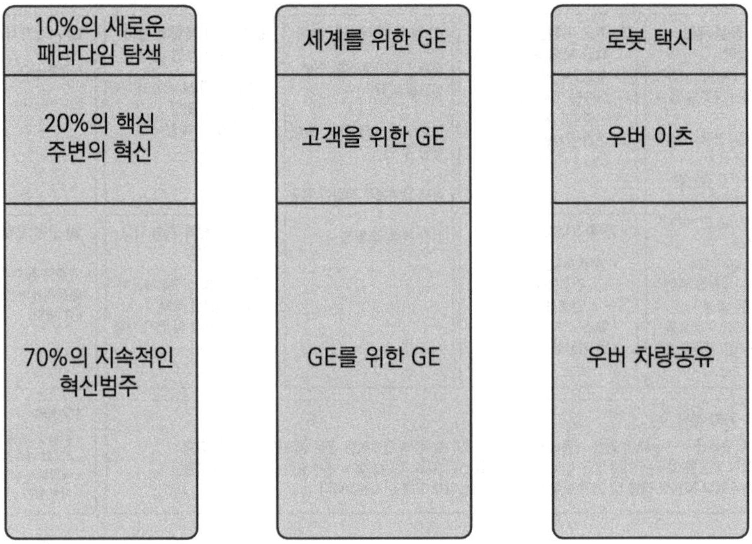

그림 11.4의 간단한 모델에 따르면, 세 가지 범주는 다음과 같습니다.

- **지속적인 혁신 범주:** 이 범주는 기존 절차, 제품 및 서비스에 대한 사업 핵심부의 점진적인 전환을 의미합니다. 이는 대부분의 전통적인 기업이 대부분의 자원을 사용하는 곳입니다. 예를 들어, GE는 산업 제품에 센서를 추가하고 이러한 자산에서 얻은 데이터를 활용하여 AI 및 다양한 해석을 수행해왔습니다. 다양한 **사업부**에서 내부적으로 사용할 수 있는 산업용 IoT 플랫폼을 구축하여 생산성과 이익률을 향상시키는 것은 사업 핵심을 둘러싼 점진적인 전환이 될 것입니다. 마찬가지로, 이 플랫폼의 통찰력을 활용하여 스마트 제조 기능과 전반적인 산업 제품 개선도 이 분야에 포함될 것입니다. 회사는 이를 *"GE를 위한 GE"*, 즉 이 경우 GE 디지털(첫 번째 GE)이 구

축한 산업용 인터넷 플랫폼 및 응용 프로그램을 사업부들(두 번째 GE)에서 사용하는 것으로 정의했습니다. 일반적으로 사업부의 CIO와 CTO는 사업 책임자와 협력하여 이 활동을 수행합니다. 또한 GE 디지털이나 외부 협력자를 활용하여 새로운 디지털 기술의 채택을 가속화할 수 있습니다.

- **핵심 주변의 혁신:** 이 범주는 주로 주요 사업에 인접한 새로운 디지털 수익의 탐색을 의미합니다. GE의 사례로 돌아가자면, 산업 자산 또는 제품 서비스화를 현재 산업 고객을 기반으로 서비스화 하는 것이 이 범주에 포함될 것입니다. 이것은 *고객을 위한 GE*GE for Customers 범주로서, 여기서 고객이란 기존 산업 자산을 가지고 있는 고객을 의미합니다. GE의 경우, 이러한 혁신이 그들의 산업 제품을 경쟁사 제품보다 차별화되도록 만듭니다. 지멘스, ABB, 하니웰 및 다른 회사들이 모두 동일한 작업을 수행하려고 노력하고 있음에 의심의 여지가 없습니다. 일반적으로 이 단계에서는 CDO 조직이 변화 속도를 가속화해야 하는 경우가 많습니다. 이 단계에서 CDO의 부서는 종종 디지털 플랫폼을 구축한 경험이 있는 외부 디지털 인재를 영입합니다. 우버 이츠와 에어비앤비 익스퍼리언스는 핵심 사업을 중심으로 한 전환이기 때문에, 우리의 관점에 따르면 이 범주에 속할 것입니다. 전체 가족을 위한 단일 포괄 패키지로 승차 공유, 객실 공유, 음식 배달 및 목적지 경험의 조합을 제공하는 회사가 이 범주의 사례가 될 수 있습니다.
- **새로운 패러다임 탐색:** 이 범주는 특히 기존 기업에게 가장 혁신적이고, 따라서 가장 위험한 전환 분야입니다. 일반적으로 대기업에서 벤처기업의 신규 인수 및 투자는 이 범주입니다. 우리는 종종 이러한 활동을 문샷Moonshot 기회로 묘사하는 것을 듣게 될 것입니다. 이는 새롭고 가급적이면 높은 이윤을 남기는 디지털 수익으로 새로운 사업 라인을 구축하는 것을 목표로 야심차고 획기적인 과제가 수행되는 곳입니다. 그림 11.5를 참조하십시오. GE의 경우 *"세상을 위한 GE*GE for World*"*의 아이디어는 다음과 같습니다.

그림 11.5 문샷 과제

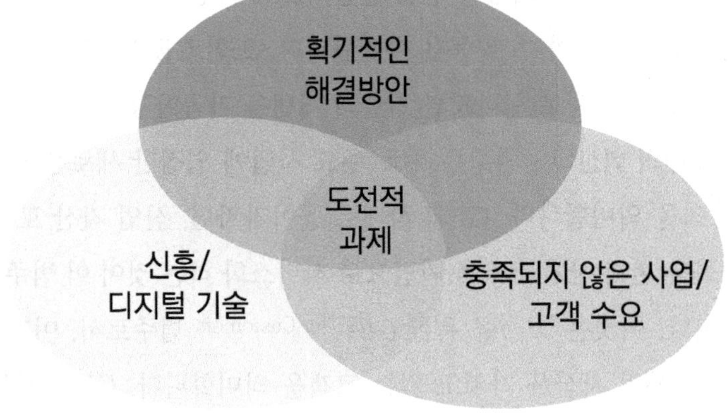

GE의 프레딕스 플랫폼과 그 위에 구축된 응용프로그램을 자동차 제조, CPG 소비자 패키지 상품, consumer packaged goods, 화학 산업, 상업용 건물 및 도시와 같은 새로운 고객 부문에 판매함으로써, GE를 소프트웨어 서비스 공급업체로 만들어 물리적 환경과 디지털 환경을 하나로 묶을 수 있습니다. 디지털 플랫폼 및 소프트웨어 서비스 사업은 일반적으로 산업용 제품 사업보다 마진이 훨씬 높으며, 회사의 주식 시장 평가에서 훨씬 높은 배수로 적용됩니다. 이 범주에 속하는 사업체는 우버, 리프트, 테슬라, 웨이모Waymo와 같은 회사로서, 로봇택시로 사용하기 위한 자율주행 플랫폼이나, 사람이 운전하지 않는 자율주행차 공유사업이 포함될 수 있습니다. 에어비앤비의 *문샷*Moonshot 기회를 위한 재미있는 아이디어는 우주 호텔을 개척하는 것입니다[17]

공공부문에 적용된 혁신모델

70:20:10의 혁신 모델이 공공 부문에 적용됩니까? 공공 부문 조직은 결코 이익에 의해 움직이는 것이 아니며, 새로운 수익을 추구하는 경우도 거의 없습니

17 https://www.space.com/40207-space-hotel-launch-2021-aurora-station.html

다. 그들은 또한 위험을 피하는 경향이 있습니다. 이러한 환경들이 전환을 제한할 수도 있지만, *"6장, 공공 부문의 전환"*에서 논의한 바와 같이 전환을 완전히 배제하지는 않습니다. 이 모델이 적용되는 공공 부문에 특정한 사례는 공항입니다. 공공 부문에서 공항은 항공(항공 운항사 운영 및 승객 요금과 직접 관련), 비 항공(소매 및 지상 교통 관련 수익) 및 세금 수익(tax dollars)의 세 가지 주요 수입원이 있습니다. 이제 CIO Ian Law가 이끄는 **SFO**의 혁신적인 과제에 대해 살펴보겠습니다.

샌프란시스코 공항의 CIO Ian Law가 주도하는 혁신적인 과제에 대해 살펴보겠습니다.

- **동적 게이트 할당:** 항공사들은 특정 항공 운항사를 위한 고정 게이트가 있는 것이 아니라, 승객 운송과 연결 항공기의 양에 따라 동적으로 게이트를 할당합니다.
- **공항 내부 길잡이 네비게이션:** 승객은 스마트폰을 활용하여 출발 게이트로 이동하는 등 길잡이 네비게이션을 사용할 수 있습니다.
- **소음 방지:** IoT 센서는 게이트에 정류된 후에도 엔진이 꺼지지 않아 소음으로 인한 불편을 발생하는 항공기 엔진을 감지하는 데 사용됩니다.
- **가상 TSA 대기 순서:** 승객들은 검색대에서 긴 줄을 서서 기다리는 동안 신체적 접촉을 줄이기 위해 가상의 대기 순서로 변경할 수 있습니다.
- **디지털 공간:** 공항 소매점의 매출은 전통적으로 물리적 공간에 연계되어 왔으나, 현재는 소매점의 디지털 공간을 통해 수익을 창출할 수 있습니다. 예를 들어, 스마트폰 앱을 통해 게이트 근처 키오스크에서 커피나 음식을 주문하고 수령하여 수익을 창출할 수 있습니다. Ian Law의 *"공항: 디지털 공간의 경영*[18]*"* 이라는 글에서 이 주제가 다루어졌습니다.
- **택시를 위한 가상 대기 순서:** TSA 회선에 대한 가상 대기 순서와 유사한 사례입니다.
- **승차 공유 관리:** 우버 및 리프트와 같은 회사와의 수익 공유. 여기에서 특허

18 Airports: Managing the Digital Square Foot

세부 정보[19]를 참조하십시오.

70:20:10 혁신 모델의 관점에서 이 목록을 평가할 때, 처음 4개 항목은 핵심 항공 활동으로 70% 목록에 넣고, 다음 2개 항목은 소매 및 지상 운송으로 인한 비항공 수익으로 20% 목록에 넣습니다, 마지막 항목은 10% 목록에 포함됩니다. 이는 승차 공유 회사로부터 수익을 창출하는 획기적인 수단일 뿐만 아니라, 이 디지털 전환 솔루션을 미국이나 해외의 다른 민간 공항에게 제공하여 수익화가 가능한 특허 기술입니다. 이 승차 공유 관리 계획은 공공 부문에서 제공되는 성공적인 문샷 과제에 대한 설명과 일치합니다.

다음 장에서는 문샷 기회에 대해 자세히 살펴보겠습니다.

문샷 디지털 전환

문샷 과제Moonshot Project는 기업이 편안한 사업 영역에서 벗어나서, 기존의 성공적인 제품과 서비스를 중단하는 것을 고려할 수도 있는 기회입니다. 이는 전통적인 경쟁업체나 비전통적인 경쟁업체가 그들의 사업을 와해시킬 가능성이 있기 때문입니다. 문샷 과제의 시각화는 그림 11.5를 참조하십시오. 때로는 기업 합병을 통해 얻은 다양한 새로운 기술을 활용하는 것이. 문샷 과제에 포함될 수도 있습니다.

문샷 과제 견본

디지털 전환 과제는 대기업 내에서 탐색 과제로 간주할 수 있습니다. 광범위

---

19 https://patft.uspto.gov/netacgi/nph-Parser?Sect1=PTO2&Sect2=HITOFF&p=1&u=%2Fnetahtml%2FPTO%2Fsearch-bool.html&r=1&f=G&l=50&co1=AND&d=PTX-T&s1=10,535,021&OS=10,535,021&RS=10,535,021

한 위험 편익 분석을 거치지 않은 과제는 이 구조로 간주할 수 있습니다. 이 모델은 많은 대기업에서 성공적으로 채택되었습니다. 2010년, 구글은 캘리포니아 마운틴 뷰에 있는 메인 캠퍼스에서 약 1.5마일 떨어진 곳에 X 디벨롭먼트회사X Development Company라는 자회사를 설립했습니다. 이 회사는 *문샷 과제*로 알려진 범주에 속하는 연구 개발 활동을 하고 있습니다. 이 회사는 매년 수백 가지 아이디어를 검토하며, 그중 몇 가지는 모든 자원을 지원하는 과제로 전환됩니다. 필요한 모든 자원이 투자된 X 문샷X Moonshot의 한 사례는 웨이모라는 새로운 회사로 성공적인 전환이 되었고, 현재 구글 모회사인 알파벳Alphabet의 자회사입니다.

사업 계획서

2012년 GE가 산업용 인터넷을 시작하는 여정에서 그들은 *"1%의 힘*[20]"에 대해 논의했습니다. 이 표에 따르면 운항과정에서 연료 효율이 1% 증가하면 15년 동안 300억 달러를 절약할 수 있습니다. 이와 같이 발전과정에서 1% 연료 절감이 된다면 15년 동안 절감액은 660억 달러입니다. 산업용 인터넷에 대한 투자로 인한 이러한 거대한 사업 결과는 문샷 과제처럼 보입니다. 그러나 이러한 논의는 GE가 발전 및 항공 분야에서 시장의 우위를 점하고 있기 때문에 예측을 제시할 수 있습니다. 전 세계 전력 3분의 1이 GE의 장비에서 생산되고 있으며, 전 세계 상용 항공기의 70%가 GE와 그 합작 회사가 제조한 제트 엔진을 사용하고 있습니다. 이 사례를 통해 시장 선도력이 기업에게 대규모의 세계적 결과를 가져올 수 있는 혁신적인 솔루션을 추구할 수 있는 기회를 가져온다는 것을 보여주었습니다. 특정 산업 분야에서 GE의 시장 점유율이 높기 때문에, 2020년 9월에 *"잘 돌아가는 세상을 만들자"*라는 슬로건을 내놓았습니다. 그러나 이러한 대규모 노력에는 높은 수준의 투자가 필요하고, 시장 역학의 변화에 민감하므로 높은 위험도가 수반됩니다. 이러한 사업 계획서는 연료를 필요로 하지 않는 태양열 및 풍력 터빈과 같은 재생 가능 에너지원의 증가로 인해 GE의 야심찬 계획을 어렵게 하였습니다.

---

20 https://www.ge.com/news/reports/the-industrial-internet-is-already-changing-our

마찬가지로 2020년 봄부터 시작된 코로나19 펜데믹은 적어도 몇 년 동안 전 세계 항공 산업의 규모를 급격히 감소시켰습니다. 문샷 과제의 사업 타당성 검토는 다른 사람들의 경험을 고려하고 다양한 검토 단계를 거쳐야 합니다.

문샷 과제의 맥락에서 유니콘unicorn이라는 용어를 듣게 될 것입니다. *유니콘*은 주로 10억 달러 이상의 가치가 있는 스타트업을 지칭합니다. 이 용어는 2013년 벤처 투자가 Aileen Lee에 의해 만들어졌습니다. 기존 기업들이 새로운 디지털 사업을 창출하고자 할 때, 유니콘 기업을 벤치마크[21]로 사용하는 경우가 많습니다. 기존 기업들은 주로 고객에게 제공되는 사업 가치를 획기적으로 높이기 위해 위험한 투자나 큰 투자를 기꺼이 합니다. 이를 흔히 10X 가치[22]라고 합니다. 바꾸어 말하면, 10억 달러 가치를 구축하기 위해서는 1억 달러의 문샷 과제에 투자가 필요합니다. 달성하고자 하는 목표가 유니콘을 창출하는 것이라면, 사업 계획서는 1억 달러 투자를 강력하게 옹호할 수 있어야 합니다. 문샷 과제는 유니콘을 만드는 것이며, 사업 계획서는 1억 달러 투자에 대한 강력한 근거를 제공해야 합니다. 결과적으로, 구글과 같은 회사들은 초기 단계에서 많은 아이디어와 과제를 평가하고, 어떤 것이 다음 유니콘이 될 가능성이 있는지를 판단하기 위해 세부적인 검토 과정을 거칩니다. GE는 이러한 검증 과정을 빠른 실패라고 부르곤 했습니다. 즉, 빠른 실험을 실행하여 실패를 하는 경우 실패를 통해 배우거나 포기하며, 초기 시제품이 성공한 경우 개선하여 다음 단계로 진입합니다.

문샷 과제팀

문샷 과제팀은 발명을 주도하고, 혁신적인 사고방식을 가진 사람들로 구성되는 것이 필요 합니다. 여기에서 발명은 이전에는 존재하지 않았던 새로운 기계, 제품이나 절차의 창조로 정의됩니다. 한편, 혁신은 제품, 절차나 아이디어에 가치를 추가하는 새로운 솔루션으로 전환하는 것으로 정의됩니다.

---

21 https://www.cbinsights.com/research-unicorn-companies

22 https://singularityhub.com/2017/04/03/how-to-make-an-exponential-business-model-to-10x-growth/

이 팀은 새로운 영역을 기획할 때, 자원 제약, 기술적 장애물 및 불확실성과 같은 다양한 어려움을 극복하는 데 필요한 지식과 광범위한 경험을 갖춘 산업 전문가를 보유해야 합니다. 조직의 역동성과 때로는 경쟁적인 목표로 인해 이렇게 다양한 훈련된 전문가 그룹은 상대방으로부터 배우고, 지식을 다른 사람과 공유하거나, 예기치 않은 문제를 해결하기 위해 필요할 때 다른 팀원의 업무부하를 공유할 만큼 협력적이지 않을 수도 있습니다.

팀 책임자는 문샷 과제팀을 이끄는 데 매우 중요한 역할을 합니다. 전문가팀 구성원들이 협업할 수 있는 환경을 조성하기 위해서는, 관련 산업의 전문성을 갖추고 업무 중심적이고 관계 중심적인 팀장을 찾는 것이 이상적입니다.

또한 *"2장, 조직 내 문화의 전환"*에서 논의한 바와 같이 팀원들의 협업 기술을 향상시키기 위해 교육을 고려하는 것이 중요합니다. 이러한 맥락에서 팀의 갈등을 생산적으로 해결하고, 사람들이 다른 사람의 관점을 이해하도록 장려하는 기술은 매우 중요합니다. 비공식적인 행사를 통해 팀 내 공동체 의식을 구축하는 것도 효과적일 수 있습니다.

팀 구성원의 역할을 정의하고 이러한 역할을 팀 전체가 잘 이해하는지 확인하는 것이 중요합니다. 문제 해결에 대한 접근 방식이 잘 정의되지 않고 창의성이 필요한 작업에서 팀원들의 역할이 잘 정의되면 협력하는 경향이 더 강해질 것입니다.

다음은 문샷 과제에 대한 체계적인 접근법을 살펴보겠습니다.

문샷 과제를 위한 혁신적인 절차

문샷 과제의 혁신적인 절차는 항상 문제 진술의 정의로부터 시작됩니다. 이 절차의 6단계는 그림 11.6에 나와 있습니다.

그림 11.6 절차 단계

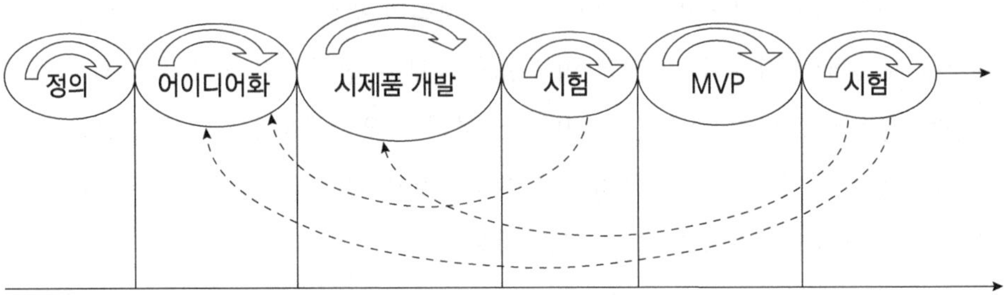

그림 11.6의 절차 단계는 *"2장, 조직 내 문화의 전환"*에서 논의된 애자일 개발 패러다임과 잘 일치합니다.

문제 설정의 정의

정의 단계에서는 디지털 전환을 통해 달성할 수 있는 개선 사항에 대한 정보가 수집됩니다. 이 정보에는 사업 절차 수정, 가능한 절차 개선이나 고객 주도 보완에 대한 제안된 선택이 포함될 수 있습니다. 그런 다음 이 정보는 문제를 설정하기 위해 문샷 과제팀에 의해 분석됩니다.

아이디어화

이 단계는 과제팀이 정의 단계에서 개발된 문제 설정에 대한 다양한 아이디어와 솔루션을 생성하는 단계입니다. 이 단계는 모든 팀 구성원이 함께 모여 해결해야 할 문제에 대한 모든 정보와 지식을 일치시키는 행사로 시작할 수 있습니다. 과제 후원자, 디자이너, 엔지니어, 마케팅 및 판매 직원을 포함한 관련 이해 관계자를 이 활동에 포함시키는 것이 유용할 수 있습니다. 문제가 매우 크고 복잡할 경우 이 과정을 위해 문제를 관리 가능한 세부 분야로 나누는 것이 좋습니다. 아이디어는 브레인스토밍이나 스케치와 같은 다양한 기술을 통해 달성될 수 있습니다. 브레인스토밍은 설계자들에게 매우 인기 있는 아이디어 기술입니다. 창의적이고 전략적이며 때로는 간접적인 접근법을 사용하여 문제를 해결하기 위한 즉각적인 사고를 촉진합니다. 그것은 팀원들이 자신의 아이디어를 사용할 뿐만 아니라 다른 사람들의 아이디어를 기반으로 해결할 수 있도록 합니다.

아이디어화 과정을 통해 과제팀 구성원들은 질문을 하고, 다양한 관점을 결합하여, 일반적인 것을 뛰어넘는 다양한 혁신적인 솔루션을 생성할 수 있습니다.

시제품 개발

아이디어화 단계는 시제품 개발에 사용할 수 있는 최고의 해결방안을 찾는데 도움이 될 것입니다. 시제품은 다양한 이해 관계자들에게 제품이 어떻게 생겼는지 이해할 수 있도록 도움을 줍니다. 이 단계에서는 다양한 시제품을 개발할 수 있습니다. 선택과정에서는 기능성 시제품, 사용자 경험을 위한 시제품이나, 부분 작동이 되는 시제품이 포함될 수 있습니다. 시제품을 사용하면 가능한 최상의 해결방안을 조기에 검증할 수 있으며, 팀은 제안된 전환적인 해결방안에 대한 피드백을 얻을 수 있습니다.

광범위한 실험 단계

시제품 및 MVP 단계 이후의 실험단계는 이 절차의 가장 중요한 부분입니다. 이 단계에서 과제가 다음 단계로 진행되거나, 개발 취소를 할 수 있는 중요한 결정 사항을 제공합니다. 실험 절차는 가설을 평가하고, 제품 요구 사항을 검증하며, 의도된 제품에 대한 사용자 피드백을 얻기 위해 설계되었습니다.

문샷 과제는 많은 실험을 필요로 합니다. 단계 초기에 신속하게 시제품을 개발하고 광범위한 실험을 수행하여 문제를 파악하는 것이 매우 중요합니다. 신속한 시제품 제작 및 실험을 여러 번 반복하면, 여러 가지 다른 해결방안과 이러한 해결방안에 대한 타당성과 확장할 것인지에 대한 광범위한 통찰력을 얻을 수 있습니다. 이러한 접근 방식은 잠재적인 해결방안의 복잡성을 신속하게 노출하고, 팀이 다음 단계로 이동하거나 과제를 종료하기 위한 객관적인 결정에 도달할 수 있도록 정보를 제공할 수 있습니다.

시제품 단계 이후의 실험 계획에는 일반 사용자 및 특별한 사용자와 함께 다양한 이해관계자로부터 피드백을 얻는 것이 포함되어야 합니다.

최소 실행가능 제품MVP 단계

이름에서 알 수 있듯이 MVP는 사용자가 사용할 수 있도록 하는 데 필요한 최소의 기능으로 제작되었습니다. MVP는 기본적인 작업 모델이기 때문에 제품 설계와 실행 가능성을 검증하는 데 도움이 될 수 있습니다. MVP에서 최소의 기능을 선택하는 것은 상황에 따라 다르며, 마케팅 및 영업 기능을 포함한 다양한 이해 관계자의 도움을 받아 과제팀과 협력하여 결정됩니다. MVP를 개발하면 고객이 자원(재능, 비용 및 시간)을 지속적으로 공급하여 성공적인 개발 가능성과 최종 제품을 채택할 수 있는 가능성에 대한 최대한의 정보를 얻을 수 있습니다.

과제를 완료하거나 취소하는 방법

탐구나 문샷 과제는 가능한 첨단 기술을 기반으로 하는 비전통적인 해결방안으로 복잡한 문제를 해결하기 위해 설계되었습니다. 인재, 돈, 시간은 부족한 자원이기 때문에, 과제나 아이디어를 언제 취소할지 결정하는 것이 매우 중요합니다. ① 시제품이 개발된 후와 ② MVP가 개발된 후의 두 가지 중요한 실험 단계가 있습니다. 과제팀은 평가팀을 위한 규정과 문제에 대한 가능한 최선의 해결책을 실현할 수 있는 잠재력을 가지고 있어야 합니다. 평가팀은 실험 결과를 바탕으로 과제의 실행 가능성을 평가하기 위해, 이 두 가지 실험 단계 중 하나에서 신속한 평가를 수행할 수 있습니다. 평가팀은 다음 단계의 개발을 위해 과제를 완료하거나, 아이디어 단계로 돌아가거나, 과제를 취소할 것을 권장할 수 있습니다. 시제품이나 MVP 단계에서 과제를 취소하면 조직은 학습 내용을 유지할 수 있고, 동시에 다음 과제를 수행할 수 있도록 빠르게 문샷 과제팀을 해체할 수 있습니다.

이 장에서는 과제를 계속(졸업)할지, 아니면 돌아(취소)갈 것인지를 결정하기 위해 구조화된 절차를 거치는 방법에 대해 배웠습니다.

문샷 과제를 위한 X 디벨롭먼트의 몇 가지 교훈

X 디벨롭먼트는 알파벳의 자회사입니다. 구글이 2010년 문샷 과제를 수행하는 연구개발 조직으로 설립했습니다. 다음은 이 회사가 가지는 몇 가지 기본 원칙입니다.

- 10%의 점진적인 개선이 아닌, 10배 향상된 기술 해결방안을 찾으십시오[23].
- X 디벨롭먼트의 책임자인 Astro Teller는 문샷 과제에 대해 비전을 지지하는 무제한의 낙관주의와 그 비전에 현실성을 부여하는 열정적인 회의주의와의 균형을 유지하는 것을 제안합니다[24].
- 과제를 평가하는 가장 좋은 사람은 선수 겸 코치와 같습니다. 그들은 만들어내고 관리하며, 다시 만드는 것으로 돌아갑니다[25].
- 가장 어려운 일을 먼저 하세요[26].

이제 문샷 과제를 살펴봤으니, 시간이 지남에 따라 혁신을 지속하고 확장하는 방법을 살펴봅시다.

11.4 전환의 속도 유지

전환에 중요한 성공 요인을 검토하고 실행 지침서의 사례를 살펴보았습니다. 다음으로는 디지털 전환을 지속하고 확장하는 방법에 대해 이야기해 보겠습니다. 전환을 확장하는 것에 대해 이야기 할 때는, 이 장의 첫머리에 있는 아이디어로 돌아가서 전환의 목표를 명확히 해야 합니다. 전환에는 여러 가지 잠재적인 목표가 있습니다. 가장 일반적인 세 가지는 다음과 같습니다.

- 단일 제품이나 절차 개발

---

23 https://www.wired.com/2013/02/moonshots-matter-heres-how-to-make-them-happen/

24 https://www.cmu.edu/news/stories/archives/2016/october/astro-teller-frontiers.html

25 https://www.theatlantic.com/magazine/archive/2017/11/x-google-moonshot-factory/540648/

26 https://www.inc.com/business-insider/alphabet-google-x-moonshot-labs-how-people-work- productivity-monkey-first.html

- 디지털 전문가 조직 구축
- 전체 기업의 전환

다음에는 각 목표를 더 자세히 검토하겠습니다.

단일 제품이나 절차의 개발

전환의 목표가 단일 제품을 개발하는 것이었다면, 일단 제품이나 절차를 개발한 후에는 전환을 지속할 필요가 없습니다. 그러나 일회성 전환에 관심이 있는 조직은 거의 없습니다. 전환이 실망스러웠어도, 일단 제품이 완성되면 대부분의 조직은 전환 여정을 지속하는 것이 가치가 있다는 것을 알게 될 것입니다. 이러한 조직은 전문가조직을 구축할 것인지, 아니면 더 광범위한 전환에 착수할 것인지를 선택해야 하며, 이에 대해서는 다음 절에서 논의할 것입니다.

디지털 전문가 조직의 구축

많은 조직은 조직 전체에 걸쳐 디지털 전환을 확장하려고 노력하는 대신, 디지털 전문가 조직center of excellence을 구축하겠다고 결정합니다. 이러한 결정은 주로 혁신 연구실의 당연한 결과물입니다. 디지털 전문가조직은 다음 절에서 논의할 확장 문제와는 부닥치지 않습니다. 그러나 디지털 전문가 조직이 디지털 전환을 지속하기 위한 노력을 할 때, 그들만이 가지는 일련의 어려움이 있습니다.

디지털 전환을 전문가 조직 중심으로 실행할 경우, 일부 엔지니어는 흥미로운 과제에 참여하고, 나머지 엔지니어는 지속적인 작업에 참여하는 것과 같은 파편화된 조직으로 보여질 수 있습니다. 이로 인해 조직의 나머지 부분에서 불만이 발생할 수 있습니다. 또한, 이로 인해 시간이 지남에 따라 조직의 요구 사항을 파악할 수 없게 되고, 팀이 정적이기 때문에 새로운 기술과 아이디어를 주입해도 성장과 변화가 일어나지 않는 고도로 통합적이지만 고립된 디지털 전환팀의 모습으로 귀착될 수 있습니다.

전문가 조직의 책임자는 전문가 조직이 올바른 과제에 지속적으로 노력하고 관련성을 유지할 수 있도록 조직의 다른 부분과 관계를 구축하는 데 집중해야 합니다. 또한 조직의 다른 부분과 조직 외부에서 새 직원이 정기적으로 조직에 합류하도록 보장하는 순환 프로그램을 개발해야 합니다. 마지막으로, 제품 소유자와 전문가 조직 외부의 다른 사업 및 기술 전문가가 각 과제에 대해 전문가 조직에 파견되거나, 전문가 조직의 직원이 사업에 파견되어야 합니다. 이를 통해 사업 요구사항을 공유하여 과제 성공 가능성을 크게 높일 수 있습니다.

전문가 조직을 위한 성공적인 모델의 사례로 USDS를 들 수 있습니다. USDS 직원은 조직에 새로운 인력이 지속적으로 유입될 수 있도록 4년 임기로 제한됩니다. 또한 USDS는 독립적으로 과제를 완료하지 않습니다. 예를 들어 USDS는 자신이 지원하는 부서 및 기관에 배치되어, 독립적으로 활동하기보다는 지원하는 부서 및 기관의 과제팀 일부로서 활동하게 됩니다.

기업 단위의 전환

디지털 전환을 위한 가장 야심찬 모델은 기업 수준으로 확장하는 것입니다. 디지털 전환을 전체 기업으로 확장하는 것은 매우 어려운 일이며, 이러한 노력을 통해 성공한 조직은 매우 적습니다. 그러나 궁극적으로 전체 기업으로 전환을 확장하려는 의도가 있더라도, 첫 번째 과제 성공 이후의 합리적인 다음 단계는 아닙니다.

조직의 첫 번째 디지털 전환 노력이 성공적으로 이루어지면 전환을 둘러싼 엄청난 흥분과 에너지가 발생할 것입니다. 대부분의 경우 첫 번째 디지털 전환의 성공을 경험한 조직 내 다른팀도 팀 전환에 관심이 있을 것입니다. 성공적인 디지털 전환 과제 이후 조직의 흥분은, 이 장의 첫 번째 부문에서 논의된 자발적 연대로 확대할 수 있는 기회입니다.

*“2장, 조직 내 문화의 전환”*에서는 Geoffrey Moore의 기술 채택 모델에 대해 논의했습니다. 이 모델의 원칙은 조직에서 디지털 전환의 채택을 설명하는 데 사용될 수 있습니다. 초기 디지털 전환 과제팀은 Moore 모델의 혁신가들입니다. 디지털 전환 노력에 참여하고자 관심을 표명하는 고위 책임자, 관리자 및 과제팀 구성원은 앞선 수용자로 볼 수 있습니다. 이러한 팀은 매우 쉽게 참여할 수 있으며, 조직 전체에 디지털 전환의 아이디어와 실천 사례를 전파하는 데 활용할 수 있습니다. 앞선 수용자가 충분하고 조직 전반에 걸쳐 필요한 문화적 전환 및 개발 기회(*“2장, 조직 내 문화의 전환”*에서도 설명됨)가 주어지는 경우, 조직의 대다수에 적용될 때까지 전환은 유기적으로 성장할 수 있습니다. 이러한 전환 모델은 전환의 중요성을 전달하고, 전환에 필요한 새로운 문화를 수용하며, 새로운 작업 방식으로 직원을 교육할 수 있도록 자원을 제공할 수 있는 전환을 지원하는 고위 경영진이 필요합니다. 이러한 모델은 새로운 방식으로 일하는 팀원들에게 보상을 해주는 경영진이 필요로 합니다. 마지막으로, 직원들은 새로운 문화와 기술을 수용하고 전환의 일부가 되어야 합니다.

디지털 전환을 확장하기 위한 보다 체계적인 접근 방식은 디지털 공장 모델입니다. 이 모델에서는 조직 전체에 걸쳐 체계적인 방식으로 전환이 전개됩니다. 이 모델에서는 고위 경영진이 여러 개의 디지털 공장을 만들어 일반적으로 각 사업 부문별로 하나씩 제공하여 지원하도록 합니다. 각각의 공장들이 그들의 사업부에 새로운 디지털 제품들을 공급하기 위해서, 개별 공장은 초기 디지털 전환팀과 전문가 조직에게 새로운 기술과 방법론에 대한 주제별 전문 지식을 의존합니다. 이 모델은 자발적인 연대에 의존하지 않습니다. 그러나 디지털 공장이 만든 이러한 구조화된 환경은 다르게 운영하고 다른 제품을 제공하는데 필수적인 새로운 디지털 문화를 창조하고 직원들에게 하드 및 소프트기술을 제공해야 하는 필요성은 항상 존재합니다.

이 장의 앞부분에서 언급한 것처럼 대규모 조직 전체에서 디지털 전환을 확장하는 것은 어렵습니다. *“9장, 디지털 전환 여정에서 피해야 할 함정”*에서는 CDO 역할이 만들어졌다가 없어진 이 후에, ABB와 GE 디지털을 포함하여 확장에 실패한 여러 가지 전환 사례에 대해 설명했습니다. 그러나 예상치 못한 장소에서 디지털 전환을 확장한 조직의 사례도 있습니다. 다음으로 몇 가지를 살펴보겠습니다.

에이비 인베브

에이비 인베브AB InBev는 양조장에서 시작하여 소매업체와 고객까지 확장하여 조직을 성공적으로 전환했습니다. 에이비 인베브는 맥주 공장의 혁신 연구소인 *비어 개러지*Beer Garage를 만들었습니다. 이 연구소에서는 맥주의 효율성 및 품질 향상으로부터 소셜 미디어의 감정 감시에 이르기까지 모든 작업을 수행하기 위해 AI, 기계학습 및 IoT를 사용하여 실험을 수행하였습니다.

연구소를 벗어나 양조장과 현장에 새로운 기능이 배치되었습니다. 이 양조장은 IoT를 활용하여 각 맥주 배치의 품질, 온도 및 생산량을 검침하는 연결된 양조장으로 전환되었습니다. 에이비 인베브팀은 또한 매장이 온라인으로 제품을 요청하고, 기계학습을 사용하여 추가 주문 제품을 제안할 수 있는 모바일용 앱을 만들었습니다. 소매업체는 더 이상 주문을 위해 판매 직원이 현장에 도착할 때까지 기다릴 필요가 없습니다. 이 앱을 통해 영업 직원은 현장에 있을 때 소매업체와 가치 있는 대화에 집중할 수 있습니다.

유니레버

2010년, 세계에서 가장 큰 CPG 회사 중 하나인 유니레버Unilever는 쇠퇴하는 시장에서 사업을 운영하고 있음을 알게 되었습니다. 포장 식품에서 벗어나 건강 및 미용 제품으로 이동함으로써, 시장의 변화에 대응했습니다. 이는 유니레버가 디지털 전환 여정을 시작하면서 규모에 맞게 민첩하게 대처하는 방법을 배워야 한다는 것을 의미했습니다.

먼저 유니레버는 시장 조사 회사에서 고객 정보를 구매하는 방식에서, 제품 등록, 매장 충성도 프로그램 및 기타 출처에서 익명화된 데이터를 수집하여 9억 개 이상의 고객 기록 데이터베이스를 구축하는 방식으로 고객층을 장악했습니다. 그들은 이 대규모 데이터베이스를 사용하여 고객과 시장을 분석하고 제품 선택 및 마케팅 계획을 추진했습니다.

다음으로 2018년 유니레버의 신임 CEO인 Alan Jope는 사업의 모든 측면을 디지털화하고 데이터를 활용하여, 회사로서의 가치를 높이려는 유니레버의 새로운 전략을 명시적으로 설명했습니다. 유니레버는 빅 데이터를 기반으로 더 나은 의사 결정을 더 빨리 내리고, 비용을 절감하며, 더 많은 제품을 판매할 수 있었습니다. 예를 들어, 유니레버의 데이터베이스는 인도에서 베이비 도브Baby Dove의 광고를 목표로 하고, 기존 방식과 동일한 브랜드 인지도를 5분의 1 비용으로 달성할 수 있도록 했습니다.

유니레버는 또한 전 세계에 디지털 거점을 설립했습니다. 이 소규모 팀들은 과거의 행동을 기반으로 고객을 연구하고 세분화하는 분석가들로 구성되었습니다. AI를 활용하여 다가오는 추세를 예측합니다. 이 팀들은 과거와 예측된 행동에 대해 배운 것을 결합하여, 소비자를 대상으로 한 콘텐츠를 구축했습니다.

고객을 이해하는 것도 중요하지만, 고객에게 제품을 공급할 수 있는 것도 마찬가지로 중요합니다. 일단 회사가 고객을 더 잘 이해하고 나면, 공급망 관리와 마스터 데이터 관리가 병목 현상을 일으키고 있다는 것을 알게 되었습니다. 이 문제를 해결하기 위해 기업은 RPA를 구현하여 공급망 및 데이터 관리 절차를 간소화와 자동화하여 제품을 소비자에게 보다 신속하게 제공했습니다.

이러한 마지막 사례는 디지털 전환이 쉽지는 않지만, 조직의 모든 활동을 포함하도록 확장되어 조직이 더 민첩하고 더 나은 결과를 달성할 수 있음을 보여줍니다.

가정에서의 디지털 전환

책을 마무리하면서, 여러분 중 일부는 여러분이 직장에서 디지털 전환을 이끌 위치에 있지 않다고 생각할 수도 있습니다. 디지털 전환은 풀뿌리적인 노력이 될 수 있으며, 여러분은 직장에서 디지털 전환 과제를 시작할 수 있는 능력이 여러분이 생각하는 것보다 더 많을 수도 있습니다. 직장에서 전환을 주도할 수 있는지 여부에 관계없이, 개인적인 전환 과제를 완료하기 위한 기술들은 존재합니다.

*"6장, 공공 부문의 전환"*에서, 우리는 빌리지 그린에 대해 논의했고 당신만의

빌리지 그린을 건설하기 위한 지침에 대한 링크를 제공했습니다. 여러분이 참여할 수 있는 다른 많은 시민 과학citizen science 과제들은 우리가 이 책에서 논의한 디지털 기술을 사용하여 경험을 쌓을 수 있게 해줄 것입니다. 미국 정부 시민 과학 사이트[27], 내셔널 지오그래픽National Geographic[28] 및 NASA[29]를 포함한 여러 곳에서 이러한 과제를 찾을 수 있습니다.

조직화된 시민 과학에 참여하는 것 외에도, 여러분은 여러분만의 디지털 전환을 만들 수 있습니다. 가장 일반적인 개인의 디지털 전환은 가정의 디지털 전환입니다. 우리가 젯슨가족Jetsons의 하늘을 나는 자동차와 로봇 가정부의 세계에 살고 있지는 않지만, 여러분의 집을 전환시키기 위해 구현할 수 있는 많은 흥미로운 기술들이 있습니다. 그림 11.7은 스마트폰 앱이 제어하는 일반적인 스마트 홈을 보여줍니다.

그림 11.7 일반적인 스마트 홈 및 이동전화용 앱

27 https://www.citizenscience.gov/#

28 https://www.nationalgeographic.org/idea/citizen-science-projects/

29 https://science.nasa.gov/citizenscience

우리는 우리의 작가 중 한 명의 집을 사례로 들 것입니다. 완전히 스마트한 가정은 아니지만, 저자는 디지털 기술을 사용하여 운영비용을 절감하고 편의성을 높이기 위해 디지털 전환을 적용했습니다. 저자는 아래와 같은 디지털 기술을 구현했으며, 이러한 모든 기술은 시장에서 쉽게 찾을 수 있습니다. 이러한 기술 중 일부는 상당한 투자가 필요하지만, 더 비싼 기술은 임대할 수 있으며, 일부는 150달러 미만으로 구입할 수 있습니다.

- **태양 전지판:** 저자는 실리콘 밸리 가정에서 사용하는 전기의 거의 100%를 대체할 수 있는 충분한 양의 태양 전지판을 설치했으며, 가장 최근 1년 동안 실제적인 연말 청구서는 15달러였습니다.
- **에너지 저장 보조 배터리 장치:** 저자는 낮에 생산된 전력을 야간에 사용할 수 있도록 저장할 뿐만 아니라, 비용을 최적화하기 위해 전력 사용량을 관리하는 두 개의 보조 배터리 팩을 보유하고 있습니다. 이러한 배터리로 인해 최대 에너지 사용 시간에는 전력을 전력망으로 보내고, 요금이 가장 낮은 시간에는 전력망에서 전력을 끌어옵니다. 배터리는 인터넷에 연결되어 있고 정전 가능성이 높을 때 완전히 충전되고 전력을 절약합니다. 태양광 패널과 배터리 시스템은 통합 스마트폰 앱을 통해 관리되며, 이 앱을 사용하면 저자가 에너지 가격 일정표와 에너지 저장 임계값을 설정하고 발전량과 배터리 상태를 감시할 수 있습니다. 물론 배터리는 정전 시에도 원활한 보조 역할을 합니다. 최근 토요일 아침, 저자는 이웃이 전기가 나갔는지 묻기 위해 문을 두드릴 때까지 정전 사실을 알지 못했습니다. 전원이 나갔고 전기 에너지를 저장한 배터리가 예상대로 작동되었습니다.
- **BEV:** 저자는 가정의 전력 사용량에 따라, 저장된 배터리 전력이나 낮은 에너지 가격대의 장점을 활용하여 계획된 일정대로 충전하는 BEV도 보유하고 있습니다. BEV는 저자의 휘발유 요금과 주유소에서 보내는 시간을 완전히 없앴습니다. 또한 이 차량은 정기적으로 새로운 기능을 제공받아 시간이 지남에 따라 차량의 성능이 향상되도록 하는데, 이는 기존 차량에서는 불가능한 일입니다.
- **스마트 온도조절기:** 저자는 프로그래밍이 가능한 스마트 온도조절기를 가지고 있으며, 가족 구성원들이 조절한 온도 데이터를 학습하고 프로그램을 조정합니

다. 또한 모바일 기기에 연결되어 작가가 집에서 출발하고 도착하는 시간에 따라 자동으로 온도를 조절할 수 있습니다. 여행에서 출발하거나 돌아오는 경우와 같이 원격으로 온도를 조정할 수도 있습니다.

- **카메라:** 저자는 집에 사람이 없을 때 애완동물을 감시하기 위해 카메라를 전략적으로 설치했습니다. 이 카메라들은 집 안이나 문 앞에서 움직임을 감지하고 저자에게 경고할 수 있습니다. 카메라는 또한 모바일 장치와 통합되어, 일정에 따라 관리하거나 저자가 집을 나갈 때 장치가 켜지고 저자가 집에 들어올 때 장치가 꺼지도록 설정할 수 있습니다.
- **경보 시스템:** 가정에서 정확히 새로운 기능은 아니지만, 저자의 경보시스템을 포함한 대부분의 최신 경보 시스템은 완전히 무선이며, 케이블을 사용하지 않고 기존 가정에 설치할 수 있습니다. 이제 경보 시스템은 모바일 장치와 통합되며, 원격으로 설정 및 해제할 수 있습니다.

저자의 집에는 다양한 가정용 디지털 기술이 있지만, 집에 설치할 수 있는 더 많은 고급 기술이 있으며, 일부는 전구를 끼우는 것만큼의 노력으로 설치할 수 있습니다. 다음과 같은 기술이 포함됩니다.

- 스마트 조명
- 스마트 초인종
- 로봇 청소기
- 실내 공기질 모니터
- 실내 공기 청정기
- 스마트 물주기 시스템
- 물 사용 감시 시스템
- 물 재활용 시스템

스마트 홈 기술 환경은 여전히 진화하고 있지만, 이러한 기술 중 다수는 모바일 장치나 스마트 스피커와 같은 단일 시스템으로 통합 및 제어될 수 있습니다. 단기적으로 로봇 가정부가 없을지라도, 가정을 스마트 홈으로 개선하는 것은 가정을 더 편안하고 효율적으로 만들 뿐만 아니라 새로운 기술을 경험해 볼 수 있는 좋은 기회가 될 수 있습니다.

요약

이 장에서는 디지털 전환이 성공하는 데 중요한 성공 요인에 대해 배웠습니다. 또한 디지털 실행 지침서에 대하여 배웠으며, 전환을 추진하는 조직을 위해 실행을 위한 안내서를 제공하였습니다. 마지막으로 디지털 전환을 유지하고 확장하는 방법과 어려움에 대해 배웠습니다.

이 책에서, 우리는 개념단계에서 구현단계까지 산업 디지털 전환을 설명했습니다. 이 책의 첫 세 장은 디지털 전환의 기본을 이해하는 데 초점을 맞췄습니다. 우리는 디지털 전환이 무엇인지, 왜 문화가 성공적인 전환에 중요한지, 그리고 디지털 전환을 가능하게 하는 새로운 기술에 대해 배웠습니다. 책의 두 번째 부문에서는 공공 부문뿐만 아니라, 다양한 산업에서의 전환에 대해서도 배웠습니다. 또한 전환 생태계를 탐구하고 산업 디지털 전환에 대한 AI의 중요성을 설명했습니다. 책의 마지막 부문에서는 디지털 전환 여정에 초점을 맞췄습니다. 우리는 전환 여정에서 피해야 할 위험을 파악하고, 전환을 계획하고, 성공을 측정할 수 있는 도구를 제공했습니다.

이 책을 읽고 산업 디지털 전환의 중요성을 이해하기 위한 여정에 동참해 주셔서 감사합니다. 귀하의 디지털 전환 여정이 성공적으로 마무리되기를 기원합니다.

질문

다음은 이 장에 대한 이해도를 평가하기 위한 몇 가지 질문입니다.

1. 디지털 전환의 성공을 위한 중요한 요소는 무엇입니까?
2. 디지털 전환의 성공을 위해 실행 지침서가 중요한 이유는 무엇입니까?
3. 혁신 모델에 대한 70:20:10% 규칙을 설명하세요.
4. 문샷 과제Moonshot Project란 무엇입니까?
5. 디지털 전환을 지속하기 위한 모델은 무엇입니까?
6. 전문가 조직을 유지하는 데 있어 어떤 어려움이 있습니까?
7. 소프트웨어 공장이란 무엇입니까?

색인

한글

ㄱ

ㄴ

ㄷ

ㄹ

ㅁ

ㅈ

영어

3

A

B

J

K

L

M

N

역자소개

김낙인

한국과학기술원 기계공학과에서 박사학위를 취득하고 민간기업과 정부 산하 기관에서 36년 동안 연구개발, 정부관련 각종 위원회 활동을 하였으며 정부의 연구개발 사업에 대한 기획 및 평가 전임자로서 근무를 하였다. 민간기업 분야에서는 우리나라 대표적인 기계기업에서 30여 년 동안 다양한 핵심 요소기술 개발을 직접적으로 수행하였고, 기술기획 책임자로서 전사적 연구개발 체계를 구축하는 데 기여하였다. 공공부분에서는 국가 단위의 각종 기술개발 사업의 기획 및 평가, 공공 연구기관에 대한 평가 위원회 활동을 하였다. 최근에는 주력 제조산업 부분에 대한 연구개발 사업기획 및 평가, 산업정책 수립을 담당하였고, 정부의 산업 디지털 전환 촉진법 및 세부적인 실행 정책 수립을 하는 데 직접적인 참여를 하였다.

산업 디지털 전환

초판발행 2024년 8월 30일

지은이 Shyam Varan Nath · Ann Dunkin · Mahesh Chowdhary · Nital Patel
옮긴이 김낙인
펴낸이 안종만 · 안상준

편 집 탁종민
기획/마케팅 정연환
표지디자인 이영경
제 작 고철민 · 김원표

펴낸곳 (주) 박영사
서울특별시 금천구 가산디지털2로 53, 210호(가산동, 한라시그마밸리)
등록 1959.3.11. 제300-1959-1호(倫)
전 화 02)733-6771
f a x 02)736-4818
e-mail pys@pybook.co.kr
homepage www.pybook.co.kr
ISBN 979-11-303-2121-9 93500

정 가 32,000원